精品课程新形态教材
21世纪应用型人才培养系列教材
新时代创新型人才培养精品教材

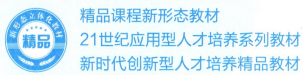

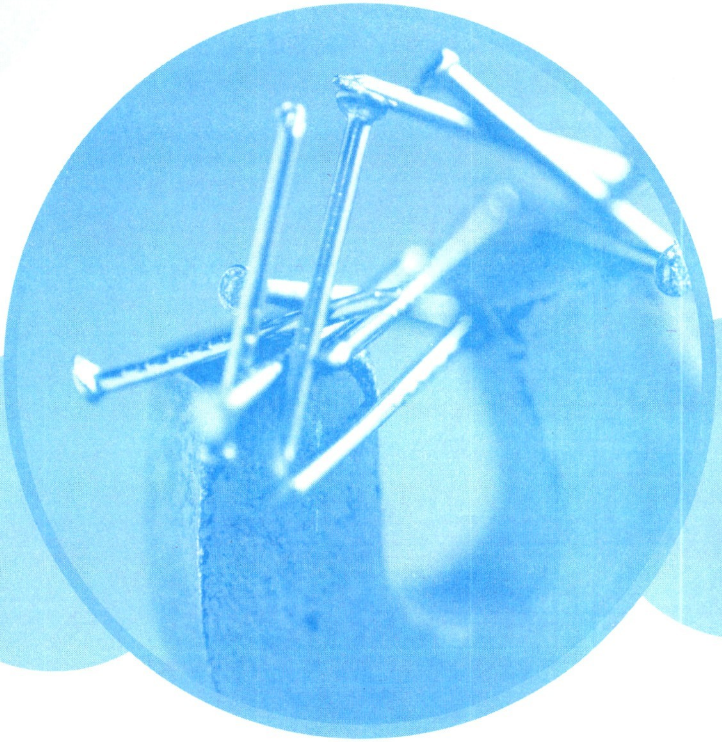

大学物理（上册）

DAXUE WULI (SHANGCE)

主编◎曾贵平　方保龙

中国海洋大学出版社
CHINA OCEAN UNIVERSITY PRESS
·青岛·

图书在版编目(CIP)数据

大学物理/曾贵平，方保龙主编．--青岛：中国海洋大学出版社，2025．1．--ISBN 978-7-5670-4065-6

Ⅰ．O4

中国国家版本馆 CIP 数据核字第 2024NU7817 号

出版发行 中国海洋大学出版社
社　　址 青岛市香港东路 23 号　　**邮政编码** 266071
出 版 人 刘文菁
网　　址 http://pub.ouc.edu.cn
电子信箱 2258327282@qq.com
订购电话 010-82477073(传真)　　**电　　话** 0532-85902349
责任编辑 矫恒鹏
印　　制 涿州汇美亿浓印刷有限公司
版　　次 2025 年 1 月第 1 版
印　　次 2025 年 1 月第 1 次印刷
成品尺寸 185 mm×260 mm
印　　张 39
字　　数 888 千
印　　数 1-8000
定　　价 87.00 元(全两册)

《大学物理》编委会

主　编：曾贵平　方保龙

副主编：张晓晗　孙明军　施培松
张小敏

前言
PREFACE

物理学是研究物质的基本结构、基本运动形式、相互作用的科学。它的基本理论渗透到了自然科学的各个领域，应用于生产技术的许多部门，是其他自然科学和工程技术的基础。因此，大学物理课程已成为高校理工科非物理专业一门重要的通识性必修基础课。国内理工科大学生通过几年的学习，需要获得多项能力，其中一项是“具有从事工程工作所需的相关数学、自然科学以及经济和管理知识的能力”。其中具有自然科学知识的能力，主要通过大学物理的学习来获得。通过学习，学生能够运用物理学的知识与研究方法以及高等数学知识，对日常生活以及各专业课程中的相关问题进行正确表达、分析、判断、建模、计算，为解决复杂工程问题提供支持。因此，大学物理的学习既为学生学习专业知识提供必要的物理基础，也能增强学生分析问题和解决问题的能力，培养学生的探索精神和创新意识，树立科学的世界观。

目前，国内大学物理教材的发展大致有两种趋势。影响比较大的教材比较注重知识结构的完整性，内容全，涉及的知识比较深入，越来越注重知识的应用，因此需要较多物理知识的专业选用这类教材。注重应用确实是比较好的发展趋势，然而知识比较深入，对于普通一本以下的高校学生来说就难以掌握。另一种发展趋势是对传统的大学物理教材进行一再的简化，以适应物理课时少的高校选用。然而，理工科学生需要发展解决复杂工程问题的能力，若大学物理过于简化，深度不够，学生获得的物理知识较少，将不利于培养学生解决复杂工程问题的能力。

大学物理涵盖经典力学、振动与波、热学、光学、电磁学与现代物理基础几部分内容，涉及的知识很多，很多知识点之间又有联系，然而大学物理课程普遍面临课时压缩的问题。对此，我们按照课程改革“以实际应用为目的，以专业需求为导向，以能力培养为重点”的原则，对大学物理的教学内容进行了整合，将知识单元进行了模块化，目的是要在少学时的情况下提高学生学习物理的效率。这种编排也体现了党的二十大对教材的要求——结合学科特点、坚持效果导向。在此背景下，我们编写了这套教材。

考虑到电磁学中的磁现象是由运动电荷产生的，电与磁之间有内在的联系，静电场与稳恒磁场涉及的电场与磁场的描述、遵循的规律(高斯定理与环路定理)、电介质与磁介质等，两者之间知识结构类似，具有类比性，可以彼此联想，通过对比还可以显示出两者之间的差异性。因此，本教材将静电场与稳恒磁场中的电场与磁场、电通量与磁通量、真空中的高斯定理与环路定理、介质中的高斯定理与环路定理等内容组成一章；将电场力与电场力做功、磁场力与磁场力做功、静电场中的导体、电容器等内容组成另外一章；将电场的能量放入变化的电磁场中，跟磁场的能量并列。除此之外，大学物理中有些知识也有内在的逻辑关系，也可以类比、联想，例如电磁波与机械波。因此，本教材在机械振动中也涉及电磁振动，在机械波中加入电磁波的内容。另外，将质点的角动量与角动量守恒放入质点动力学中，跟在质点的动量与动量守恒这一节之后。本教材的这种编排主要是使学生通过类比加深对物理知识的理解，有利于学生提高学习效率，使他们在有限的时间内能够掌握必要的物理知识。

本教材是针对理工科非物理类专业的学生编写的，因此，教材注重基本知识的表述，教材中针对每一个物理量、主要的知识点都配有相关的例题或练习题，以便学生能够理解并掌握物理概念、物理量的定义、主要的规律等基本知识。另外，本教材针对不同的知识有相应的实际应用介绍，教材中所选用的例题、练习题尽可能来源于实际问题或者专业课程中的问题，这种安排主要为了培养学生的应用能力，运用物理原理解决实际问题的能力。在教材中还编入了一些拓展内容，老师可以安排学生进行自学，以提高学生的自学能力，也可以开阔学生的视野，激发学生对自然科学的兴趣。

鉴于不同的专业需要的物理知识不一样，老师可以在教材中选取不同的部分来进行教学。

在本教材的编写过程中，参编的老师还有王海云、卞临滨、陈锋、谢瑜、盛建军、熊伟等，他们负责对编写的教材进行审核，对教材的编写提出了很多很好的建议，在此表示诚挚感谢！

由于编者水平有限，教材中难免有疏漏与不足之处，敬请老师与同学们提出宝贵意见，以便我们今后进一步的完善。

编　者

物理量的名称、符号和单位(SI制)表

物理量名称	符号	单位名称	单位符号	备注
长度	l, L	米	m	
时间	t	秒	s	
质量	m	千克	kg	
[质量]质量密度	ρ	千克每立方米	kg/m^3	指体密度
[质量]面密度	σ	千克每平方米	kg/m^2	
[质量]线密度	μ	千克每米	kg/m	
角度	α, β, γ, θ, φ	弧度	rad	
速度	V, v, $\boldsymbol{v}$	米每秒	m/s	
加速度	a	米每平方秒	m/s^2	
角速度	ω	弧度每秒	rad/s	
角加速度	β	弧度每平方秒	rad/s^2	
摩擦因数	μ		1	“1”表示无单位
劲度系数	k	牛顿每米	N/m	
力	F, f	牛顿	N	
动量	P, p	千克米每秒	kg · m/s	
冲量	I	千克米每秒	kg · m/s	
角动量	L	千克平方米每秒	$kg \cdot m^2/s$	又称动量矩
转动惯量	J	千克平方米	$kg \cdot m^2$	
力矩	M	牛顿米	N · m	
压强	P	牛顿每平方米	N/m^2	
周期	T	秒	s	
频率	ν	赫兹	Hz	
角频率	ω	弧度每秒	rad/s	
转速	n	转每秒	r/s	
功	W	焦尔	J	
功率	P	瓦特	W	
动能	E_k	焦尔	J	
势能	E_p	焦尔	J	
能量	E	焦尔	J	
电量	Q, q	库仑	C	
电荷密度	ρ	库仑每立方米	C/m^3	指体密度
电荷面密度	σ	库仑每平方米	C/m^2	
电荷线密度	λ	库仑每米	C/m	
电流密度	j	安培每平方米	A/m^2	
真空电容率	ε_0	法拉每米	F/m	又称真空介电常数
相对电容率	ε_r		1	又称相对介电常数

续表

物理量名称	符号	单位名称	单位符号	备注
真空磁导率	μ_0	亨利每米	H/m	
相对磁导率	μ_r		1	
电场强度	E	伏特每米	V/m	
磁感应强度	B	特斯拉	T	
电势	U	伏特	V	
电势差	ΔU	伏特	V	
电势能	E_p	焦耳	J	
电容	C	法拉	F	
电通量	Φ_e	伏特米	V · m	或 N · m^2/C
磁通量	Φ	韦伯	Wb	
电偶极矩	P_e，p_e	库伦米	C · m	
磁矩	P_m，p_m	安培每平方米	A/m^2	
电极化强度	P	库仑每平方米	C/m^2	
磁化强度	M	安培每米	A/m	
电动势	ε，δ	伏特	V	
电位移	D	库仑每平方米	C/m^2	
磁场强度	H	安培每米	A/m	
自感系数	L	亨利	H	
互感系数	M	亨利	H	
位移电流密度	j_d	安培每平方米	A/m^2	
位移电流	I_d	安培	A	
摄氏温标	t	摄氏度	℃	
热力学温标	T	开	K	
容积、体积	V	立方米	m^3	
摩尔质量	M	千克每摩尔	kg/mol	
分子平均平动动能	$\bar{\varepsilon}_t$	焦尔	J	
分子平均转动动能	$\bar{\varepsilon}_r$	焦尔	J	
分子平均动能	$\bar{\varepsilon}$	焦尔	J	
内能	E	焦尔	J	
熵	S	焦尔每开	J/K	
平均自由程	$\bar{\lambda}$	米	m	
平均碰撞频率	$\bar{Z}$	次数每秒	/s	
热量	Q	焦尔	J	
比热容	c	焦尔每千克每开	J/(kg · K)	
摩尔热容	C_m	焦尔每摩尔每开	J/(mol · K)	
比热容比	γ		1	
热机效率	η		1	
致冷系数	e		1	
波长	λ	米	m	
波速	u	米每秒	m/s	
焦距	f	米	m	
光强	I	瓦特每平方米	W/m^2	
辐出度	$M(T)$	瓦特每平方米	W/m^2	

常用基本物理常量

国际科技数据委员会(CODATA)调整的基本物理常数值(2018)

名称	符号	数值	一般计算取值	单位
真空中光速	c	2.99792458×10^{8}(精确)	3.00×10^{8}	m/s
引力常数	G	$6.67430(15)\times10^{-11}$	6.67×10^{-11}	$m^3/(kg\cdot s^2)$
标准重力加速度	g	9.80665(精确)	9.8	m/s^2
基本电荷	e	$1.602176634\times10^{-19}$(精确)	1.60×10^{-19}	C
真空电容率	ε_0	$8.8541878128(13)\times10^{-12}$	8.85×10^{-12}	$C^2/(N\cdot m^2)$
真空磁导率	μ_0	$1.25663706212(19)\times10^{-6}$	$4\pi\times10^{-7}$	N/A^2
经典的电子半径	r_e	$2.8179403262(13)\times10^{-15}$	2.82×10^{-15}	m
电子质量	m_e	$9.1093837015(28)\times10^{-31}$	9.11×10^{-31}	kg
质子质量	m_p	$1.67262192369(51)\times10^{-27}$	1.67×10^{-27}	kg
中子质量	m_n	$1.67492749804(95)\times10^{-27}$	1.67×10^{-27}	kg
原子质量常数	m_u	$1.66053906660(50)\times10^{-27}$	1.66×10^{-27}	kg
标准大气压	atm	1.01325×10^{5}(精确)	1.01×10^{5}	Pa
理想气体摩尔体积(273.15 K, 101.325 kPa)	V_m	22.41396954×10^{-3}(精确)	22.4×10^{-3}	m^3/mol
摩尔气体常数	R	8.314462618(精确)	8.31	J/(mol·K)
阿伏伽德罗常数	N_A	6.02214076×10^{23}(精确)	6.02×10^{23}	/mol
玻尔兹曼常数	k	1.380649×10^{-23}(精确)	1.38×10^{-23}	J/K
普朗克常数	h	6.62607015×10^{-34}(精确)	6.63×10^{-34}	J·s
里德伯常数	R	$1.0973731568160(21)\times10^{7}$	1.10×10^{7}	/m
玻尔半径	a_0	$5.29177210903(80)\times10^{-11}$	5.29×10^{-11}	m
康普顿波长	λ_c	$2.42631023867(73)\times10^{-12}$	2.43×10^{-12}	m
维恩位移定律常数	b	2.897771955×10^{-3}(精确)	2.90×10^{-3}	m·K
斯特藩-玻尔兹曼常数	σ	5.670374419×10^{-8}(精确)	5.67×10^{-8}	$W/(m^2\cdot K^4)$

国际单位制倍数单位的词头

因数	词头名称	符号	因数	词头名称	符号
10^{-1}	分(deci)	d	10^{18}	艾(可萨)(exa)	E
10^{-2}	厘(centi)	c	10^{15}	拍(它)(peta)	P
10^{-3}	毫(milli)	m	10^{12}	太(拉)(tera)	T
10^{-6}	微(micro)	μ	10^{9}	吉(咖)(giga)	G
10^{-9}	纳(诺)(nano)	n	10^{6}	兆(mega)	M
10^{-12}	皮(可)(pico)	p	10^{3}	千(kilo)	k
10^{-15}	飞(母托)(femto)	f	10^{2}	百(hecto)	h
10^{-18}	阿(托)(atto)	a	10^{1}	十(deco)	da

目录
CONTENTS

力学基础

第 1 章　质点运动学 ······ 2
1.1　参考系、坐标系、质点 ······ 2
1.2　描述质点运动的物理量 ······ 4
1.3　平面曲线运动 ······ 11
1.4　相对运动 ······ 18
习题 ······ 23

第 2 章　质点动力学 ······ 27
2.1　牛顿运动定律 ······ 27
*2.2　非惯性系中的惯性力 ······ 39
2.3　动量定理　动量守恒定律 ······ 44
2.4　角动量定理　角动量守恒定律 ······ 53
2.5　功与能　机械能守恒 ······ 59
*2.6　理想流体的基本规律 ······ 76
习题 ······ 84

第 3 章　刚体力学基础 ······ 92
3.1　描述刚体运动的物理量 ······ 92
3.2　刚体定轴转动的转动定理 ······ 95
3.3　刚体定轴转动的功与能 ······ 108

3.4 刚体定轴转动的角动量定理 角动量守恒定律 …… 111
习题 …… 124

第4章 机械振动 …… 130
4.1 简谐振动的动力学 …… 130
4.2 简谐振动的运动学 …… 135
4.3 简谐振动的能量 …… 144
4.4 阻尼振动 受迫振动与共振 …… 145
4.5 简谐振动的合成 …… 149
习题 …… 158

第5章 机械波 …… 162
5.1 机械波的形成与传播 …… 162
5.2 平面简谐波的波函数 …… 168
5.3 波的能量 …… 177
5.4 惠更斯原理 …… 182
5.5 波的干涉 …… 184
5.6 驻波 …… 189
5.7 多普勒效应 冲击波 …… 197
5.8 电磁波 …… 202
习题 …… 207

第6章 狭义相对论基础 …… 212
6.1 经典时空观与力学相对性原理 …… 212
6.2 狭义相对论基本原理 …… 215
6.3 狭义相对论的时空观 …… 222
6.4 狭义相对论动力学 …… 229
习题 …… 234

热学基础

第7章 气体动理论基础 …… 238
7.1 理想气体与状态方程 …… 238
7.2 理想气体的压强与温度 …… 244

7.3 理想气体的内能 …… 250
7.4 麦克斯韦分子速率分布规律 …… 255
*7.5 玻耳兹曼分布律 …… 260
*7.6 平均碰撞频率与平均自由程 …… 261
习题 …… 263

第8章 热力学基础 …… 266
8.1 准静态过程中的内能增量、功与热量 …… 266
8.2 热力学第一定律 …… 270
8.3 等值准静态过程 …… 272
8.4 循环过程 …… 282
8.5 热力学第二定律 …… 289
8.6 熵增原理 …… 291
*8.7 热力学第二定律的统计意义 …… 297
习题 …… 299

大学物理专业术语英文词汇 …… 303

参考文献 …… 306

力学基础

1687年，牛顿撰写的《自然哲学的数学原理》出版，这标志着牛顿力学(又称经典力学)体系建立起来了。牛顿力学的诞生得益于他之前欧洲许多科学家的努力，哥白尼、伽利略、开普勒、笛卡尔、惠更斯是其中的杰出代表，他们在天文学、力学、光学、数学等方面的贡献，为经典力学奠定了坚实的基础。哥白尼的日心说摆脱了托勒密地心说对人类认识的千年束缚。伽利略与开普勒对牛顿经典力学体系的建立更是有着极其重要的影响。伽利略通过对自由落体的研究，已经发现了惯性运动和在重力作用下的匀加速运动，奠定了牛顿第一定律和第二定律的基本思想。伽利略关于抛物体运动规律的发现，对牛顿万有引力的学说也有深刻的启示作用。开普勒所发现的行星运动定律则是牛顿万有引力学说产生的最重要前提。笛卡尔与惠更斯对打击、碰撞问题的研究促使了动量守恒规律的发现。在此基础之上，英国科学家牛顿实现了天上力学和地上力学的综合，形成了统一的力学体系——经典力学。经典力学体系的建立，是人类认识自然在历史上的第一次大飞跃和理论的大综合，标志着近代理论自然科学的诞生，并成为其他各门自然科学的典范。

牛顿力学开辟了一个新的时代，并对科学发展的进程以及人类生产生活和思维方式产生了极其深刻的影响，使人类在思想观念上开始真正走向科学化和现代化。牛顿研究经典力学的科学方法论和认识论，如运用分析和综合相结合的方法、公理化方法、科学的简单性原则、寻求因果关系中相似性统一性原则、以实验为基础发现物体的普遍性原则和正确对待归纳结论的原则，对后世科学的发展也影响深远。经典力学对哲学和人类思想发展，也产生了重大影响。唯物主义辩证法的建立，在很大程度上得益于牛顿经典力学体系的建立。

经典力学适用于研究低速物体的运动，当物体运动的速率很大(接近光速)时，经典力学对时间、空间、物体质量的认识，对微观世界中物质的运动则显示出它的局限性，不再适用。人类迈入20世纪，相对论与量子力学的相继建立，使人们对自然界的认识进入更高的层次，但这并不否定经典力学适用于研究低速宏观物体的运动。人类制造的车辆、飞机、火箭、卫星的速度远远低于光速，运用牛顿力学的规律是可以处理这些物体的运动的。

力学是研究物质机械运动规律的科学。力学已形成了几十个分支学科，如固体力学、天体力学、结构力学、流体力学、空气动力学、爆炸力学、理论力学、计算力学、岩土力学、振动学、水动力学、电磁流体力学、生物力学等，因而力学是大部分工科的基础课程，如工程、土木、机械、船舶、桥梁、隧道、航空航天、车辆、热能动力、流体机械等。另外，经典力学的另一个分支——热力学，也是化学、能源、材料、动力机械等工科的重要基础课程。总之，力学是物理学的发端和基础，它引领并推动了基础学科的发展，在人类的日常生活、工业生产、科学技术研究中一直发挥着巨大的作用。

力学基础部分由质点运动学、质点动力学与刚体力学基础组成。

第1章 质点运动学

质点运动学不涉及物体的受力，将实际的物体简化为质点，主要介绍描述质点运动的物理量如何定义，以及在不同参考系中这些物理量之间的关系。

学习目标：学习本章需要了解参考系、坐标系、质点、轨道的概念；理解运动的叠加原理、自然坐标系；需要掌握质点的位矢、位移、平均速度、平均速率、速度、速率、平均加速度与加速度这些物理量的定义，在直角坐标系、自然坐标系中的表达式；对于质点做圆周运动，需要掌握质点转动的角位置、角位移、角速度与角加速度的定义，以及角量与线量的关系；还需要掌握运动学中的两类问题以及相对运动问题。通过本章的学习，希望能够体会大学物理的内容与高中所学知识的差别。

素质目标：通过本章的学习，以原子钟在北斗导航系统中的应用为例，了解我国在原子钟、北斗导航系统等领域的发展状况与优势所在。

1.1 参考系、坐标系、质点

1.1.1 参考系

物体任何时刻都在不停地运动，运动具有绝对性，运动是物体的固有属性。然而，我们要描述一个物体的运动，肯定是相对其他物体而言的，运动学研究的就是这种相对运动。物体之间或物体中各点之间相对位置改变的运动，称之为机械运动。为了研究某物体的运动，我们就要选定描述该物体运动的参照物，这种参照物就是参考系。参考系可以是一个物体，也可以是一组物体，例如地面上某物体在运动，那么地面上的一个物体或者地面上相对静止的多个物体就可以作为一个参考系。如果这些物体之间有相对运动，那么每一个物体都可以作为一个参考系，例如地面上的一棵树、一辆运动的汽车，都可以作为一个参考系。可见，要描述一个物体的运动，可以选取的参考系很多。那如何选择参考系呢？应以观测方便与运动的描述简单为原则，具体的情况具体分析。例如，要描述地面上物体在小范围内相对于地面的运动，将地面选作参照物。如果要描述物体在地面上大范围内的运动，比如说飞机、大气、人造地球卫星等，这个时候我们就选地心参考系——以地心指向一些恒星建立的参考系。如果要描述围绕太阳运动的行星、宇宙飞船的运动，此时就要选日心参考系——以太阳中心指向一些恒星构成的参考系。还有，如果几个物体围绕着它们的质量中心在运动，可以将该质量中心作为参考系，这就是质心参考系。

在不同参考系中，对同一个物体运动的描述结果是不一样的。例如，以地面与地面上运动的某列车作为两个参考系，来观察同一个物体(某汽车)的运动，从两参考系中观测该物体运动的轨道、速度与加速度可能是不一样的。这种情况称之为运动描述的相对性。

1.1.2　坐标系

选定了参考系，就应对空间进行度量，或者说在空间中放上标尺，这就是建立坐标系。所谓建立坐标系，通俗地讲就是先在参考系上选定一点(即坐标原点)，然后以该点为基点在空间中放置测量长度的标尺，就可以对空间进行度量，于是任意时刻物体在空间中的位置就可以确定了。对空间度量的标尺或标准不同，建立的坐标系是不一样的。我们常用的坐标系有直角坐标系、极坐标系、自然坐标系、柱面坐标系、球面坐标系。还有其他的坐标系，例如在地球表面画上经纬线，这就是地理坐标系，新闻报道中某处地震的经纬度就是地震处的地理坐标。

由于这种度量的标准不同，建立的坐标系就不同，因此在不同的坐标系中描述同一个物体的运动，得到的描述结果，也就是数学表达式就不同。例如，一个物体在二维平面上做圆周运动，如果在二维直角坐标系中，圆周运动的轨道方程是 $x^2+y^2=R^2$，但在极坐标系中，轨道方程则是 $\rho=R$。那么如何来选取坐标系呢？跟参考系的选择一样，应该以描述方便、简单为原则。

选定了参考系，建立了坐标系后，还需要确定测量长度、时间的单位标准，然后才能准确确定物体在空间中的位置、运动的时间。时间、空间长度的标准要客观，不依赖于环境、地理位置等因素的影响。为此，在 1967 年的国际计量大会确定了时间的单位标准，1 秒(s)是铯(133)原子基态的两个超精细能级在零磁场中跃迁所对应的辐射的 9 192 631 770 个周期的持续时间。1983 年国际计量大会确定了长度的单位标准，1 米(m)是光在真空中在时间间隔为(1/299 792 458 s)内所经路径的长度。

1.1.3　质点

参考系、坐标系、时间与长度的客观标尺确定后，就可以描述物体的运动。然而大千世界，任何真实的物体及其运动过程都是复杂的，需要对真实的物体及其运动过程进行理想化的简化，这就是建立物理模型，经过简化提出来的物理模型才容易进行数学的定量描述，才能从复杂的表面现象中找到最本质、最基本的规律。质点(或质元)就是这样一个物理模型，它将有形状大小的真实物体看成没有形状大小，只具有物体全部质量的一个几何点。满足如下两种条件之一即可将实际物体简化为质点：①物体不变形，不做转动(此时物体上各点的速度及加速度都相同，物体上任一点可以代表所有点的运动)；②物体本身线度远小于它活动范围(此时物体的变形及转动显得并不重要)。

获得了质点的运动规律，进一步就可以获得多个质点(即质点系)的运动规律，更进一步，也可以确定连续质点构成的有形状大小的物体(即刚体)的运动规律，再进一步亦可以确定刚体系的运动规律。我们应注意这种解决实际问题的途径，首先把复杂的问题进行简化，由质点至质点系、刚体、刚体系，一步一步深入即能获得真实世界中物体的运动状况。

1.2 描述质点运动的物理量

1.2.1 位置矢量

要确定质点的位置，最直观的方法就是在参考系上选定坐标原点 o，以 o 为起点，以运动质点所在位置为终点引入有向线段 $\boldsymbol{op}$，如图 1.1 所示。该有向线段称为位置矢量，简称**位矢**，一般用矢量 $\boldsymbol{r}$ 来表示。引入 $\boldsymbol{r}$ 的单位矢量 $\boldsymbol{e}_r$，r 是位矢 $\boldsymbol{r}$ 的大小(或位矢的模)，则

$$\boldsymbol{r}=r\cdot\boldsymbol{e}_r$$

请思考：质点在运动过程中其位矢方向不变，质点的运动是否做直线运动？如果质点沿直线运动，其位矢的方向是否一定不变？

位置矢量可以在具体的坐标系中表示出来。如图 1.1 所示，以 o 点为原点建立直角坐标系 o-xyz，在直角坐标系中，质点在 t 时刻的位置(p 点)，既可以用它的直角坐标(x, y, z)来表示，也可以用位矢 $\boldsymbol{r}$ 来表示，两者有一一对应的关系。由于矢量 $\boldsymbol{r}$ 在三个坐标轴上的投影值分别为 x、y 与 z，在三个坐标轴上分别引入单位矢量 $\boldsymbol{i}$、$\boldsymbol{j}$ 与 $\boldsymbol{k}$，则位矢 $\boldsymbol{r}$ 可以分解为三个分矢量 $x\boldsymbol{i}$、$y\boldsymbol{j}$ 与 $z\boldsymbol{k}$，它在直角坐标系中可表示为

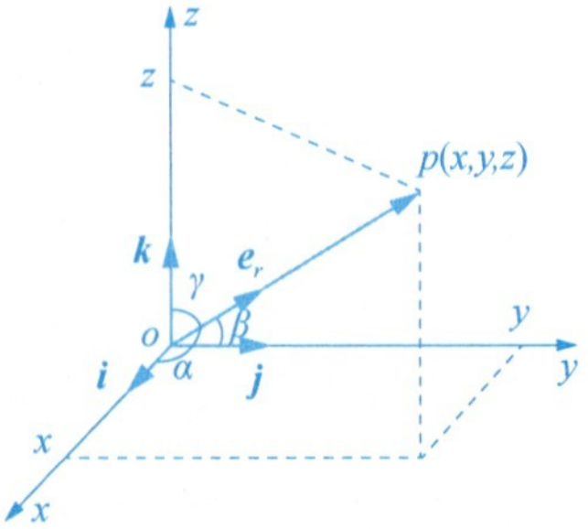

图 1.1 位置矢量

$$\boldsymbol{r}=x\boldsymbol{i}+y\boldsymbol{j}+z\boldsymbol{k}$$

质点距原点的距离，即位矢 $\boldsymbol{r}$ 的大小为

$$r=|\boldsymbol{r}|=\sqrt{x^2+y^2+z^2}$$

由于位矢 $\boldsymbol{r}$ 有方向，要表示它的方向，也可以用引入位矢的方向角(或方位角)——即位矢与三个坐标轴正向夹的角(α, β, γ)——来表示其方向。如图 1.1 所示，三个方向角的余弦可表示为

$$\cos\alpha=\frac{x}{r},\ \cos\beta=\frac{y}{r},\ \cos\gamma=\frac{z}{r}$$

三者之间有如下关系

$$\cos^2\alpha+\cos^2\beta+\cos^2\gamma=1$$

由上式可见，如果知道了位矢的两个方向角，第三个方向角就可以用上式确定，也就是说三个方向角变量中只有两个独立变量。

如果能确定质点在任意时刻的位置，则质点的位矢 $\boldsymbol{r}$ 是时间 t 的函数，即

$$\boldsymbol{r}=\boldsymbol{r}(t)$$

上式描述了质点在任意时刻的位置，该方程称为质点的运动方程。在直角坐标系中，知道了质点的位置坐标随时间 t 变化的函数，则质点在直角坐标系中的运动方程可表示为

$$\boldsymbol{r}(t)=x(t)\boldsymbol{i}+y(t)\boldsymbol{j}+z(t)\boldsymbol{k}$$

或

$$\begin{cases}x=x(t)\\y=y(t)\\z=z(t)\end{cases}$$

质点的运动方程可以写成矢量形式，也可以写成分量形式，原因在于**运动的叠加原理**——质点的一个运动可以看成几个各自独立进行的运动叠加而成。例如，质点的抛物线运动，可以看成是一个水平方向的匀速运动与竖直方向的匀变速运动叠加而成，所以运动方程可以写成分量形式。

从上式可见，如果从质点运动的分量方程中可以消去时间变量 t，得到的方程就能够反映出质点运动的轨道形状，此方程称为**轨道**(或**轨迹**)方程。有时候从质点运动的分量方程中只能部分消去 t，从中也能够反映出质点运动的轨道形状。

例 1.1　已知两个质点的运动方程，试确定它们的轨道形状。(1)质点的运动方程为 $\boldsymbol{r}=a\cos t\boldsymbol{i}+b\sin t\boldsymbol{j}$；(2)质点的运动方程为 $x=R\cos\omega t$，$y=R\sin\omega t$，$z=\dfrac{h}{2\pi}\omega t$，式中 R、h、ω 为正常量。

解：(1)由运动方程知 $x=a\cos t$，$y=b\sin t$，则得

$$\frac{x^2}{a^2}+\frac{y^2}{b^2}=1$$

可见此质点的轨道是椭圆。

(2)由运动方程 $x=R\cos\omega t$，$y=R\sin\omega t$，可得

$$x^2+y^2=R^2$$

由此可见此质点的轨道在 xy 平面上的投影是圆，又因为 $z=\frac{h}{2\pi}\omega t$，可见此质点沿 z 轴匀速运动，因此它的轨道为空间螺旋线。

1.2.2 位移

知道了质点任意时刻的位置，那么就可以确定质点在一段时间内位置的移动量，这就是位移。如图 1.2 所示，质点 t_1 时刻位于 p_1 处，位矢为 $\boldsymbol{r}_1$，t_2 时刻沿轨道运动到 p_2 处，位矢为 $\boldsymbol{r}_2$，则在时间段 $\Delta t(=t_2-t_1)$ 发生了位移，可以用起点 p_1 指向终点 p_2 的有向线段 $\boldsymbol{p}_1\boldsymbol{p}_2$ 来表示。位移是矢量，它反映出一段时间内质点运动的距离与方向。位移与始、末位置矢量构成了矢量三角形，即

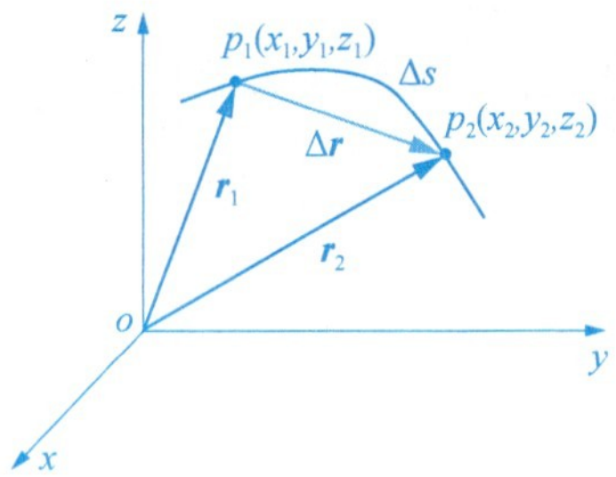

图 1.2 位移

$$\Delta \boldsymbol{r}=\boldsymbol{r}_2-\boldsymbol{r}_1$$

如图 1.2 所示，在直角坐标系中，质点在起点 p_1 的坐标为 (x_1, y_1, z_1)，在终点 p_2 的坐标为 (x_2, y_2, z_2)，则质点在 Δt 时间段的位移为

$$\begin{aligned}\Delta \boldsymbol{r} &=\boldsymbol{r}_2-\boldsymbol{r}_1=(x_2-x_1)\boldsymbol{i}+(y_2-y_1)\boldsymbol{j}+(z_2-z_1)\boldsymbol{k}\\ &=\Delta x\boldsymbol{i}+\Delta y\boldsymbol{j}+\Delta z\boldsymbol{k}\end{aligned}$$

相对于位移，实际上质点在 Δt 时间段沿轨道运动，从起点 p_1 移动到终点 p_2 的路径长度 Δs 称为路程。

应该注意：路程 Δs 是绝对量，而位移 $\Delta \boldsymbol{r}$ 是矢量，两者不能直接比较，但两者的大小可以进行比较。如图 1.2 所示，因为两点之间直线最短，所以 $\Delta s \geqslant |\Delta \boldsymbol{r}|$，质点沿直线运动可取等号。另外，位移的大小 $|\Delta \boldsymbol{r}|$ 不能写成 Δr，Δr 的定义式为

$$\Delta r=r_2-r_1$$

它表示 Δt 时间段内质点位矢大小的变化量，即质点沿径向的移动量，如图 1.3 所示。类似地，Δr 为标量，而 $\Delta \boldsymbol{r}$ 为矢量，两者只能比较大小。在三角形 op_1p_2 中，由于三角形的两边之差小于第三边，所以有 $\Delta r \leqslant |\Delta \boldsymbol{r}|$，同样质点沿直线运动可取等号。

当 $\Delta t \to 0$ 时，位移、路程是趋于零的无限小量，分别称为**元位移**与**元路程**，记作 $\mathrm{d}\boldsymbol{r}$ 与 $\mathrm{d}s$。见图 1.2，当 $\Delta t \to 0$ 时 p_2 点无限靠近 p_1 点，质点从 p_1 点经 $\mathrm{d}t$ 时间发出的元位移 $\mathrm{d}\boldsymbol{r}$ 的方向，沿 p_1 点处轨道的切线并指向质点前进的方向，如图 1.4 所示，p_1 点以 p 来标记。可见，元位移的大小就等于元路程，即 $|\mathrm{d}\boldsymbol{r}|=\mathrm{d}s$。引入元位移 $\mathrm{d}\boldsymbol{r}$ 的切向单位矢量 $\boldsymbol{\tau}$，于是元位移可以写成

$$\mathrm{d}\boldsymbol{r}=\mathrm{d}s\boldsymbol{\tau}$$

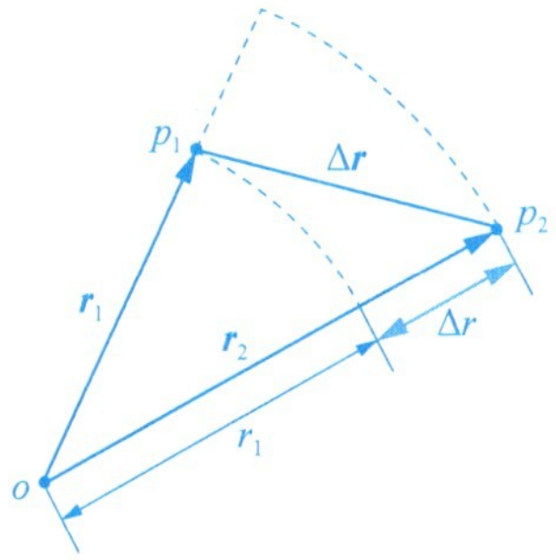

图 1.3　位矢大小的变化量

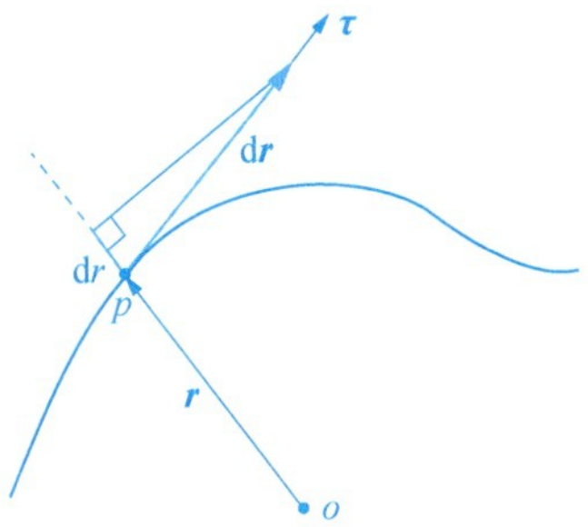

图 1.4　元位移 $\mathrm{d}\boldsymbol{r}$ 与 $\mathrm{d}r$ 的关系

需要注意的是，元位移的大小 $|\mathrm{d}\boldsymbol{r}|$ 不能写成 $\mathrm{d}r$，$\mathrm{d}r$ 是当 $\Delta t \to 0$ 时(即 p_2 点无限靠近 p_1 点) $\Delta r = r_2 - r_1$ 的无限小量。它与元位移大小的关系见图 1.4，从 $\mathrm{d}\boldsymbol{r}$ 的端点向位矢 $\boldsymbol{r}$ 的延长线引垂线，构成了一个直角三角形，$|\mathrm{d}\boldsymbol{r}|$ 即是直角三角形的斜边，$\mathrm{d}r$ 是一条直角边。可见，$\mathrm{d}r$ 是元位移 $\mathrm{d}\boldsymbol{r}$ 在径向(位矢方向)的分量，是位矢长度 r 在径向上的无限小增量。

1.2.3　速度

位移只是表示质点一段时间的移动量，而要表示质点位置移动的快慢与方向，这就要引入速度这一物理量。首先，引入反映一段时间质点位置移动快慢的速度，这就是平均速度。

1. 平均速度

平均速度是质点在一个时间段的位移 $\Delta \boldsymbol{r}$ 与该段时间 Δt 的比值，即

$$\bar{\boldsymbol{v}} = \frac{\Delta \boldsymbol{r}}{\Delta t}$$

平均速度是矢量，方向与位移的方向一致。在直角坐标系中，质点的平均速度表示为

$$\bar{\boldsymbol{v}} = \frac{\Delta \boldsymbol{r}}{\Delta t} = \frac{\Delta x}{\Delta t}\boldsymbol{i} + \frac{\Delta y}{\Delta t}\boldsymbol{j} + \frac{\Delta z}{\Delta t}\boldsymbol{k} = \bar{v}_x \boldsymbol{i} + \bar{v}_y \boldsymbol{j} + \bar{v}_z \boldsymbol{k}$$

式中，$\bar{v}_x = \dfrac{\Delta x}{\Delta t}$ 是平均速度在 x 轴上的分量，类似地 $\bar{v}_y$、$\bar{v}_z$ 分别是在 y 轴、z 轴上的分量。

平均速度只能反映质点在一段时间内向某个方向运动的平均快慢，并不能准确反映质点任意时刻或任意位置运动的快慢。例如，质点在闭合轨道上运动一周，该过程质点的平均速度为零，然而实际上质点在轨道上可能运动得很快。因此，要准确反映出质点运动的快慢，就要引入瞬时速度。

2. 瞬时速度

当 $\Delta t \to 0$ 时平均速度的极限值称为瞬时速度，简称速度，即

$$\boldsymbol{v} = \lim_{\Delta t \to 0} \frac{\Delta \boldsymbol{r}}{\Delta t} = \frac{\mathrm{d}\boldsymbol{r}}{\mathrm{d}t}$$

由上式可以这么理解速度：如图 1.5 所示，在轨道上质点从 p 点经 $\mathrm{d}t$ 时间段移动了一个元位移 $\mathrm{d}\boldsymbol{r}$，元位移与所用时间 $\mathrm{d}t$ 相除，即为质点在该处的速度，或速度是无限短时间的平均速度。速度是矢量，它的方向由元位移的方向确定，即 p 点处的速度沿轨道在该点处的切线并指向质点前进的方向。速度的大小为 $v=\frac{|\mathrm{d}\boldsymbol{r}|}{\mathrm{d}t}$，但要注意，速度的大小不能写成 $v=\frac{\mathrm{d}r}{\mathrm{d}t}$，因为$\frac{\mathrm{d}r}{\mathrm{d}t}$表示速度在径向上的分量，见图 1.5。

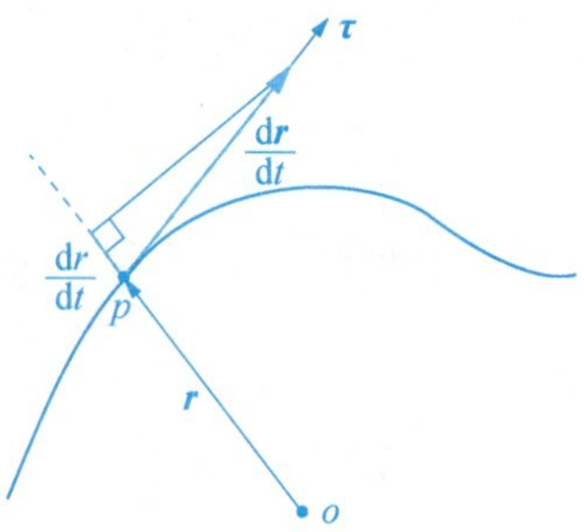

图 1.5　速度

请思考： 速度就是很短时间内的平均速度，这种说法正确吗？能否按照速度的定义通过实验来测量速度？另外，质点在运动的过程中，若速度的方向不变，仅大小改变，质点沿直线还是曲线运动？

在直角坐标系中，质点在 t 时刻的速度为

$$\boldsymbol{v}=\frac{\mathrm{d}\boldsymbol{r}}{\mathrm{d}t}=\frac{\mathrm{d}x}{\mathrm{d}t}\boldsymbol{i}+\frac{\mathrm{d}y}{\mathrm{d}t}\boldsymbol{j}+\frac{\mathrm{d}z}{\mathrm{d}t}\boldsymbol{k}=v_x\boldsymbol{i}+v_y\boldsymbol{j}+v_z\boldsymbol{k}$$

式中，$v_x=\frac{\mathrm{d}x}{\mathrm{d}t}$是速度在 x 轴上的分量，类似地 v_y、v_z 分别是在 y 轴、z 轴上的分量。速度的大小为

$$v=\sqrt{v_x^2+v_y^2+v_z^2}$$

实际上，质点在轨道上运动，一段时间内移动的路程不同于位移。为了反映质点沿轨道运动路程变化的快慢，类似于平均速度与速度，为此引入平均速率与速率。

3. 平均速率

平均速率是质点在一个时间段内所行经的路程 Δs 与该时间段 Δt 的比值，即

$$\bar{v}=\frac{\Delta s}{\Delta t}$$

4. 瞬时速率

当 $\Delta t\to 0$ 时平均速率的极限值称为瞬时速率，简称速率，即

$$v=\lim_{\Delta t\to 0}\frac{\Delta s}{\Delta t}=\frac{\mathrm{d}s}{\mathrm{d}t}$$

注意：①平均速度 $\bar{\boldsymbol{v}}$ 与平均速率 $\bar{v}$ 的定义不同，前者是矢量，后者为绝对量。由于 $\Delta s\geqslant|\Delta\boldsymbol{r}|$，因此平均速率与平均速度的大小关系为 $\bar{v}\geqslant|\bar{\boldsymbol{v}}|$；②速度 $\boldsymbol{v}$ 与速率 v 的定义不同，前者是矢量，后者为绝对量。由于 $\mathrm{d}s=|\mathrm{d}\boldsymbol{r}|$，可见

$$v=\frac{|\mathrm{d}\boldsymbol{r}|}{\mathrm{d}t}=\frac{\mathrm{d}s}{\mathrm{d}t}$$

因此速度的大小即为速率。

上述内容确定了质点运动的位置与速度，这两个量是确定质点机械运动状态的物理量。只要质点的这两个量确定了，那么质点运动的状态就确定了。

1.2.4　加速度

质点在运动的过程中速度可能发生变化，为了反映速度变化的快慢程度就要引入加速度。类似于平均速度与速度的引入，先引入反映质点一段时间速度变化快慢程度的平均加速度，随后引入反映任意时刻速度变化快慢程度的瞬时加速度。如图 1.6 所示，质点 t_1 时刻位于 p_1 位置，速度为 $\boldsymbol{v}_1$，t_2 时刻沿轨道运动到 p_2 位置，速度为 $\boldsymbol{v}_2$，在时间段 $\Delta t(=t_2-t_1)$ 内质点速度的增量为 $\Delta\boldsymbol{v}=\boldsymbol{v}_2-\boldsymbol{v}_1$。

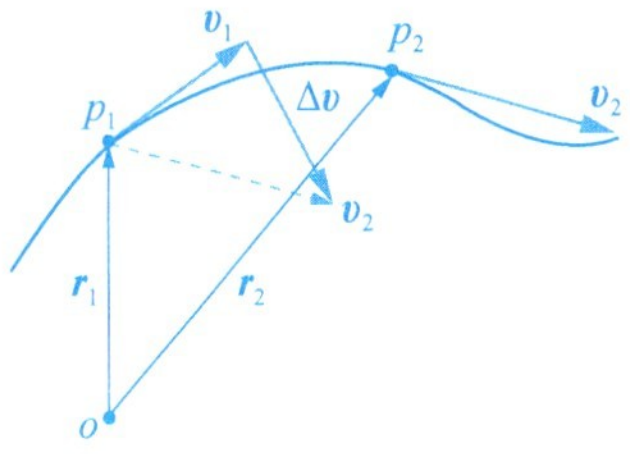

图 1.6　速度的增量

1. 平均加速度

平均加速度是质点在一个时间段内的速度增量 $\Delta\boldsymbol{v}$ 与该时间段 Δt 的比值，即

$$\bar{\boldsymbol{a}}=\frac{\Delta\boldsymbol{v}}{\Delta t}=\frac{\boldsymbol{v}_2-\boldsymbol{v}_1}{\Delta t}$$

2. 瞬时加速度

当 $\Delta t\to 0$ 时平均加速度的极限值称为瞬时速度，简称加速度，即

$$\boldsymbol{a}=\lim_{\Delta t\to 0}\frac{\Delta\boldsymbol{v}}{\Delta t}=\frac{\mathrm{d}\boldsymbol{v}}{\mathrm{d}t}=\frac{\mathrm{d}^2\boldsymbol{r}}{\mathrm{d}t^2}$$

由于 $\boldsymbol{v}$ 是 $\boldsymbol{r}$ 对时间的一阶导数，因此上式中加速度 $\boldsymbol{a}$ 也等于 $\boldsymbol{r}$ 对时间的二阶导数。

在直角坐标系中，加速度可以表示为

$$\begin{aligned}\boldsymbol{a}&=\frac{\mathrm{d}\boldsymbol{v}}{\mathrm{d}t}=\frac{\mathrm{d}v_x}{\mathrm{d}t}\boldsymbol{i}+\frac{\mathrm{d}v_y}{\mathrm{d}t}\boldsymbol{j}+\frac{\mathrm{d}v_z}{\mathrm{d}t}\boldsymbol{k}=\frac{\mathrm{d}^2x}{\mathrm{d}t^2}\boldsymbol{i}+\frac{\mathrm{d}^2y}{\mathrm{d}t^2}\boldsymbol{j}+\frac{\mathrm{d}^2z}{\mathrm{d}t^2}\boldsymbol{k}\\&=a_x\boldsymbol{i}+a_y\boldsymbol{j}+a_z\boldsymbol{k}\end{aligned}$$

式中，$a_x=\dfrac{\mathrm{d}^2x}{\mathrm{d}t^2}$是加速度在 x 轴上的分量，类似地 a_y、a_z 分别是在 y 轴、z 轴上的分量。加速度的大小为

$$a=\sqrt{a_x^2+a_y^2+a_z^2}$$

定义了描述质点运动的位矢、位移、速度和加速度后，就可以研究质点机械运动的一般问题。这些运动问题可以归类于两个基本类型：①已知质点在任意时刻的位矢(即运动方程)，通过求导可以得到质点在任意时刻的速度与加速度；②已知质点的加速度或速度以及初始条件，通过积分可以得到质点的速度与位矢。见下面举例。

例 1.2　某质点按 $x=5t^2$(m)，$y=t^3$(m)规律运动。(1)以时间 t 为变量，写出质点 t 时刻的位置矢量；(2)写出 $t=1$ s 与 $t=3$ s 时刻质点的位置矢量，求该时间段内质点的位移；

(3)求 $t=1$ s 至 $t=3$ s 时间段内质点的平均速度；(4)求质点 t 时刻的速度，写出 $t=1$ s 时质点的速度；(5)求 $t=1$ s 至 $t=3$ s 时间段内质点的平均加速度；(6)求质点 t 时刻的加速度，写出 $t=1$ s 时刻质点的加速度。

解：(1)由题意质点 t 时刻的位矢为

$$\boldsymbol{r}(t)=5t^2\boldsymbol{i}+t^3\boldsymbol{j}(\mathrm{m})$$

(2)当 $t=1$ s 时、$t=3$ s 时的位矢分别为

$$\boldsymbol{r}(1)=5\boldsymbol{i}+\boldsymbol{j}(\mathrm{m})$$

$$\boldsymbol{r}(3)=45\boldsymbol{i}+27\boldsymbol{j}\ (\mathrm{m})$$

位移为

$$\Delta\boldsymbol{r}=\boldsymbol{r}(3)-\boldsymbol{r}(1)=40\boldsymbol{i}+26\boldsymbol{j}\ (\mathrm{m})$$

(3)平均速度为

$$\bar{\boldsymbol{v}}=\frac{\Delta\boldsymbol{r}}{\Delta t}=\frac{40\boldsymbol{i}+26\boldsymbol{j}}{3-1}=20\boldsymbol{i}+13\boldsymbol{j}\ (\mathrm{m/s})$$

(4) t 时刻速度为

$$\boldsymbol{v}(t)=\frac{\mathrm{d}\boldsymbol{r}(t)}{\mathrm{d}t}=10t\boldsymbol{i}+3t^2\boldsymbol{j}\ (\mathrm{m/s})$$

则 $t=1$ s 时的速度为

$$\boldsymbol{v}(1)=10\boldsymbol{i}+3\boldsymbol{j}\ (\mathrm{m/s})$$

(5) $t=3$ s 时的速度为

$$\boldsymbol{v}(3)=30\boldsymbol{i}+27\boldsymbol{j}\ (\mathrm{m/s})$$

平均加速度为

$$\bar{\boldsymbol{a}}=\frac{\boldsymbol{v}(3)-\boldsymbol{v}(1)}{\Delta t}=\frac{20\boldsymbol{i}+24\boldsymbol{j}}{3-1}=10\boldsymbol{i}+12\boldsymbol{j}\ (\mathrm{m/s^2})$$

(6) t 时刻加速度为

$$\boldsymbol{a}(t)=\frac{\mathrm{d}\boldsymbol{v}(t)}{\mathrm{d}t}=10\boldsymbol{i}+6t\boldsymbol{j}\ (\mathrm{m/s^2})$$

当 $t=1$ s 时的加速度为

$$\boldsymbol{a}(1)=\frac{\mathrm{d}\boldsymbol{v}(t)}{\mathrm{d}t}=10\boldsymbol{i}+6\boldsymbol{j}\ (\mathrm{m/s^2})$$

例 1.3　某质点在二维平面上的运动，初始位矢 $\boldsymbol{r}_0=2\boldsymbol{i}$ (m)，初始速度 $\boldsymbol{v}_0=3\boldsymbol{j}$ (m/s)，质点做加速运动，加速度 $\boldsymbol{a}=2t\boldsymbol{i}-3t^2\boldsymbol{j}$ (m/s^2)。求：(1) t 时刻质点的速度；(2)质点的运动方程。

解：(1)由于 $\boldsymbol{a}=\mathrm{d}\boldsymbol{v}/\mathrm{d}t$，分离变量即有

$$\mathrm{d}\boldsymbol{v}=\boldsymbol{a}\mathrm{d}t=(2t\boldsymbol{i}-3t^2\boldsymbol{j})\mathrm{d}t$$

已知初始条件：$t=0$ 时 $\boldsymbol{v}_0=3\boldsymbol{j}$ (m)。设 t 时刻质点的速度为 $\boldsymbol{v}$，对上式积分可得质点的速度为

$$\int_{\boldsymbol{v}_0}^{\boldsymbol{v}} \mathrm{d}\boldsymbol{v} = \int_0^t (2t\boldsymbol{i} - 3t^2\boldsymbol{j})\,\mathrm{d}t$$

得
$$\boldsymbol{v} = \boldsymbol{v}_0 + (t^2\boldsymbol{i} - t^3\boldsymbol{j}) = t^2\boldsymbol{i} + (3 - t^3)\boldsymbol{j}\ (\mathrm{m/s})$$

（2）由于 $\boldsymbol{v}=\mathrm{d}\boldsymbol{r}/\mathrm{d}t$，对上式分离变量为

$$\mathrm{d}\boldsymbol{r} = \boldsymbol{v}\mathrm{d}t = [t^2\boldsymbol{i} + (3-t^3)\boldsymbol{j}]\,\mathrm{d}t$$

已知初始条件：$t=0$ 时 $\boldsymbol{r}_0=2\boldsymbol{i}$（m）。设 t 时刻质点的位矢为 $\boldsymbol{r}$。对上式积分可得质点的运动方程为

$$\int_{\boldsymbol{r}_0}^{\boldsymbol{r}} \mathrm{d}\boldsymbol{r} = \int_0^t [t^2\boldsymbol{i} + (3 - t^3)\boldsymbol{j}]\,\mathrm{d}t$$

得
$$\boldsymbol{r} = \boldsymbol{r}_0 + \frac{1}{3}t^3\boldsymbol{i} + \left(3t - \frac{1}{4}t^4\right)\boldsymbol{j} = \left(2 + \frac{1}{3}t^3\right)\boldsymbol{i} + \left(3t - \frac{1}{4}t^4\right)\boldsymbol{j}\ (\mathrm{m})$$

例 1.4　某质点沿 x 轴运动，其加速度与坐标的关系为 $a=-kx$，k 为常数。已知 $t=0$ 时刻质点初始位置为 $x_0=0$，初速度为 $v_0=v_m$，求质点的速度与坐标的关系。

解：已知加速度，即有

$$a = -kx = \frac{\mathrm{d}v}{\mathrm{d}t}$$

变换为

$$-kx = \frac{\mathrm{d}v\,\mathrm{d}x}{\mathrm{d}x\,\mathrm{d}t} = v\frac{\mathrm{d}v}{\mathrm{d}x}$$

即
$$-kx\mathrm{d}x = v\mathrm{d}v$$

由初始条件，上式两边积分为

$$\int_{v_m}^{v} v\mathrm{d}v = -k\int_0^x x\mathrm{d}x$$

得
$$v^2 = v_m^2 - kx^2$$

请思考：如果将速度的大小$\dfrac{|\mathrm{d}\boldsymbol{r}|}{\mathrm{d}t}$误写成$\dfrac{\mathrm{d}r}{\mathrm{d}t}$，后者也是速度的概念，表示速度在径向上的分量。如果将加速度的大小$\dfrac{|\mathrm{d}\boldsymbol{v}|}{\mathrm{d}t}$误写成$\dfrac{\mathrm{d}v}{\mathrm{d}t}$，后者也是加速度的概念，那后者是什么加速度？

1.3　平面曲线运动

1.3.1　平面自然坐标系

如果质点在平面上沿曲线运动，在平面自然坐标系中描述质点的加速度，可以清晰地

揭示出加速度分量的物理意义，研究圆周运动也有其独特的优势。平面自然坐标系类似于一维的直线坐标系 ox，只是前者的坐标轴在曲线轨道上，后者的坐标轴在直线轨道上。如图 1.7 所示，在质点的轨道上任取一点 o' 为自然坐标系的原点，指定曲线的正向，就建立了平面上的自然坐标系 $o's$。t 时刻质点运动到 p 点，就由 p 点的自然坐标 s($o'p$ 这一段轨道的长度)来确定质点的位置。但要注意，s 跟 x 坐标一样是标量，可正可负，而 $|s|$ 是轨道的长度，是路程。t 时刻质点运动到 p 点，位矢为 $\boldsymbol{r}$，于是位矢 $\boldsymbol{r}$ 与自然坐标 s 有一一对应的关系，s 与 $\boldsymbol{r}$ 在描述质点位置上等效。如果能确定质点在任意时刻的自然坐标 s，即获得了自然坐标系中质点的运动方程

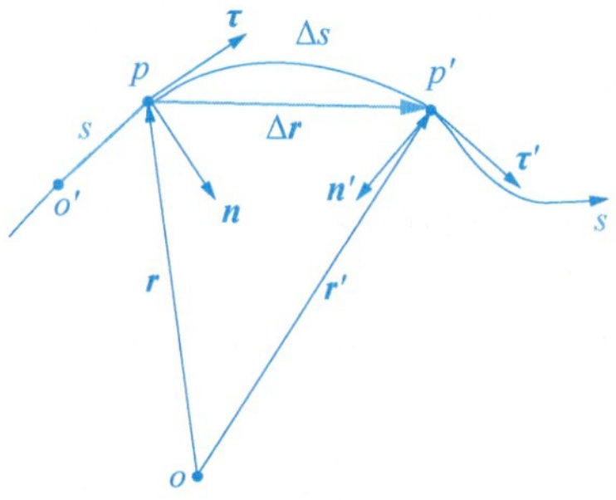

图 1.7　平面自然坐标系

$$s=s(t)$$

为了在自然坐标系中表示矢量的方向性，可在运动的质点上建立一个二维的直角坐标系，以相互垂直的两个单位矢量——切向单位矢量 $\boldsymbol{\tau}$ 和法向单位矢量 $\boldsymbol{n}$——来表示该直角坐标系，如图 1.7 所示。切向单位矢量 $\boldsymbol{\tau}$ 沿曲线的切线并指向自然坐标增加的方向，法向单位矢量 $\boldsymbol{n}$ 沿曲线的法向(与切向单位矢量垂直)并指向曲线的凹侧。于是速度、加速度可以在该坐标系中进行正交分解。

1.3.2　自然坐标系中的速度

在自然坐标系中，由于从 p 点发出的元位移可以表示为 $\mathrm{d}\boldsymbol{r}=\mathrm{d}s\boldsymbol{\tau}$，则速度为

$$\boldsymbol{v}=\frac{\mathrm{d}\boldsymbol{r}}{\mathrm{d}t}=\frac{\mathrm{d}s}{\mathrm{d}t}\boldsymbol{\tau}=v\boldsymbol{\tau}，\ 其中\ v=\frac{\mathrm{d}s}{\mathrm{d}t}$$

请思考：上式中的 v 是自然坐标系中标量形式的速度，跟最先定义的速率有何关系？

自然坐标系中速度 v 不同于前面定义的速率 v，前面定义的速率 v 只有非负值，而此处的 v 可正可负是标量，但两者大小相等。质点做曲线运动，速度只有切向分量，自然坐标系中亦是如此。当质点沿 s 增加的方向运动，此时 $v>0$，表明速度与 $\boldsymbol{\tau}$ 同向；当质点沿 s 减小的方向运动，此时 $v<0$，表明速度与 $\boldsymbol{\tau}$ 反向。

1.3.3　自然坐标系中的加速度

由于切向和法向单位矢量($\boldsymbol{\tau}$，$\boldsymbol{n}$)随着质点运动而运动，两单位矢量的方向随时间而变，是时间的函数。按加速度的定义，有

$$\boldsymbol{a}=\frac{\mathrm{d}\boldsymbol{v}}{\mathrm{d}t}=\frac{\mathrm{d}}{\mathrm{d}t}(v\boldsymbol{\tau})=\frac{\mathrm{d}v}{\mathrm{d}t}\boldsymbol{\tau}+v\frac{\mathrm{d}\boldsymbol{\tau}}{\mathrm{d}t}$$

可见，自然坐标系中加速度亦可以表示成两个分量。第一个分加速度跟 v 的变化率有

关，因此是表示速度大小变化快慢的加速度，称为**切向加速度**。第二个分加速度跟切向单位矢量的变化率有关，因此是反映速度方向变化快慢的加速度，称为**法向加速度**。

下面来推导法向加速度的表达式。见图 1.7，质点经 Δt 时间段运动到 p' 点，对应的单位矢量为 $(\boldsymbol{\tau}', \boldsymbol{n}')$。将它们平移至 p 点，即可看出单位矢量的增量，见图 1.8 所示。记 $\boldsymbol{\tau}$ 与 $\boldsymbol{\tau}'$ 夹角为 $\Delta\theta$，则 Δt 时间切向单位矢量增量的大小为

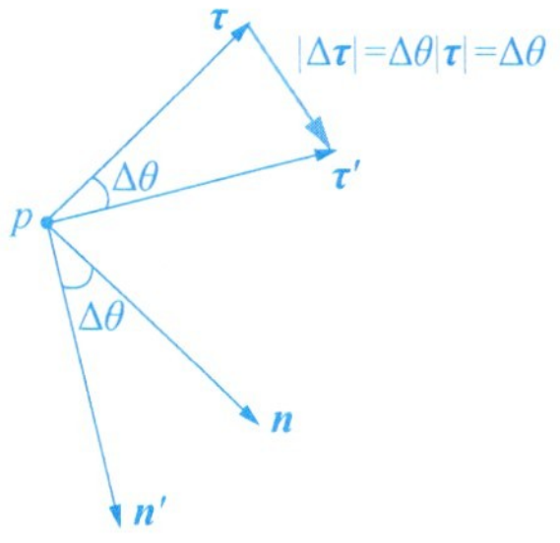

图 1.8　单位矢量的增量

$$|\Delta\boldsymbol{\tau}| = 2|\boldsymbol{\tau}|\sin\frac{\Delta\theta}{2} = 2\sin\frac{\Delta\theta}{2}$$

当 $\Delta t \to 0$ 时 $\Delta\theta \to 0$，利用小角近似上式即为 $|\mathrm{d}\boldsymbol{\tau}| = \mathrm{d}\theta$，而 $\mathrm{d}\boldsymbol{\tau}$ 的方向沿法向单位矢量 $\boldsymbol{n}$ 的方向，得

$$\mathrm{d}\boldsymbol{\tau} = \mathrm{d}\theta\boldsymbol{n}$$

则

$$\frac{\mathrm{d}\boldsymbol{\tau}}{\mathrm{d}t} = \frac{\mathrm{d}\theta}{\mathrm{d}t}\boldsymbol{n} = \frac{\mathrm{d}\theta\,\mathrm{d}s}{\mathrm{d}s\,\mathrm{d}t}\boldsymbol{n} = \frac{\mathrm{d}\theta}{\mathrm{d}s}v\boldsymbol{n}$$

质点在 p 点处轨道的曲率半径为 ρ，$\rho = \mathrm{d}s/\mathrm{d}\theta$，则上式为

$$\frac{\mathrm{d}\boldsymbol{\tau}}{\mathrm{d}t} = \frac{v}{\rho}\boldsymbol{n}$$

则自然坐标系中的加速度为

$$\boldsymbol{a} = \frac{\mathrm{d}v}{\mathrm{d}t}\boldsymbol{\tau} + \frac{v^2}{\rho}\boldsymbol{n} = \frac{\mathrm{d}^2 s}{\mathrm{d}t^2}\boldsymbol{\tau} + \frac{v^2}{\rho}\boldsymbol{n} = a_\tau\boldsymbol{\tau} + a_n\boldsymbol{n}$$

式中，a_τ 为切向加速度、a_n 为法向加速度，分别是加速度 $\boldsymbol{a}$ 在切向与法向单位矢量 $(\boldsymbol{\tau}, \boldsymbol{n})$ 方向上的分量。加速度 $\boldsymbol{a}$ 的大小

$$a = \sqrt{a_\tau^2 + a_n^2} = \sqrt{(\mathrm{d}v/\mathrm{d}t)^2 + (v^2/\rho)^2}$$

由于法向加速度与 $\boldsymbol{n}$ 同向，切向加速度无论与 $\boldsymbol{\tau}$ 同向还是反向，实际加速度 $\boldsymbol{a}$ 总是指向曲线的凹侧，如图 1.9 所示。

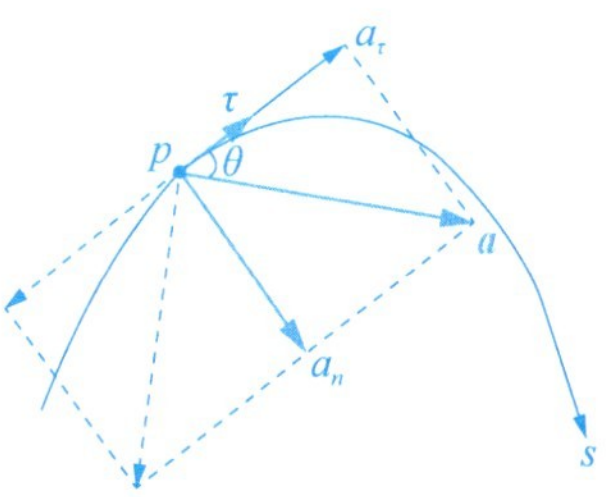

图 1.9　加速度指向曲线凹侧

加速度 $\boldsymbol{a}$ 与 $\boldsymbol{\tau}$ 的夹角可由 $\tan\theta = \dfrac{a_n}{a_\tau}$ 来确定。

例 1.5　如图 1.10 所示，某质点在半径为 $R = 10$ m 的圆形轨道上运动，若以轨道上 o' 点为原点顺时针为正向建立自然坐标系 $o's$，质点的运动方程可表示为 $s = 20\pi - \pi t^2$(m)。求质点在 $t = 5$ s 时刻的速度与加速度。

解： 由运动方程可得 t 时刻质点的速度与加速度，为

$$v = \frac{\mathrm{d}s}{\mathrm{d}t} = -2\pi t$$

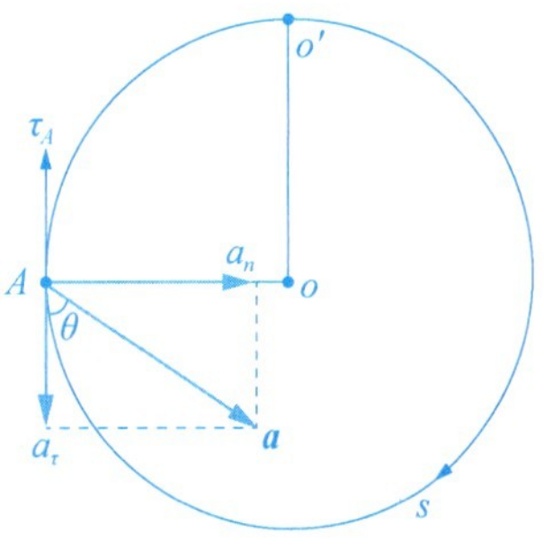

图 1.10　质点在圆轨道上运动

$$a_\tau=\frac{dv}{dt}=-2\pi$$

$$a_n=\frac{v^2}{\rho}=\frac{4\pi^2t^2}{R}$$

当 $t=5$ s 时，速度、加速度分别为

$$v=-2\pi\times5=-31.42\ \text{m/s}$$

$$a_\tau=-6.28\ \text{m/s}^2$$

$$a_n=\frac{4\pi^2\times5^2}{10}=98.70\ \text{m/s}^2$$

负号表明质点在 A 点处的速度、切向加速度方向与 A 点的切向单位矢量 $\boldsymbol{\tau}_A$ 反向。加速度的大小为

$$a=\sqrt{a_\tau^2+a_n^2}=\sqrt{4\pi^2+100\pi^4}=98.90\ \text{m/s}^2$$

当 $t=5$ s 时，质点的坐标 $s=-5\pi$(m)，位于图中 A 点，oA 垂直于 oo'。见图 1.10，加速度 $\boldsymbol{a}$ 与 $-\boldsymbol{\tau}_A$ 的夹角为

$$\tan\theta=\frac{a_n}{|a_\tau|}=\frac{10\pi^2}{2\pi}=5\pi$$

即

$$\theta=86.36°$$

例 1.6 一质点按 $x=a\cos\omega t$，$y=b\sin\omega t$ 规律在平面上运动，a、b、ω 为正常量。当 $t=\dfrac{\pi}{2\omega}$时刻，求：(1)质点的切向与法向加速度；(2)质点所在位置处轨道的曲率半径。

解：(1)由题意可得质点运动的轨道为椭圆

$$\frac{x^2}{a^2}+\frac{y^2}{b^2}=1$$

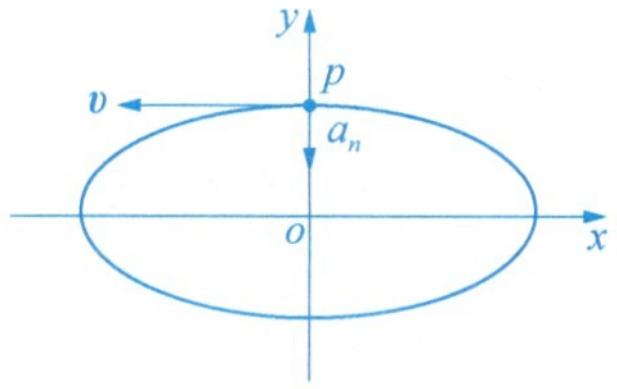

图 1.11 质点在椭圆轨道上运动

质点逆时针转动，$t=\dfrac{\pi}{2\omega}$时刻到达 p 点，如图 1.11 所示，此时质点的

$$v=v_x,\quad a_\tau=a_x,\quad a_n=a_y$$

即

$$v=\frac{dx}{dt}=-a\omega\sin\omega t=-a\omega\sin\omega\frac{\pi}{2\omega}=-a\omega$$

$$a_\tau=\frac{d^2x}{dt^2}=-a\omega^2\cos\omega t=-a\omega^2\cos\omega\frac{\pi}{2\omega}=0$$

$$a_n=\frac{d^2y}{dt^2}=-b\omega^2\sin\omega t=-b\omega^2\sin\omega\frac{\pi}{2\omega}=-b\omega^2$$

负号表明速度、法向加速度分别沿 x 轴、y 轴负向。

(2)曲率半径由 $a_n=\dfrac{v^2}{\rho}$确定，即

$$\rho=\frac{v^2}{a_n}=\frac{(-a\omega)^2}{|-b\omega^2|}=\frac{a^2}{b}$$

1.3.4　圆周运动

人类社会已经是轮子上的社会，各种车辆、机床的飞轮在做圆周运动，因此我们必须认识这种运动，解决相关的运动问题。圆周运动是轨道曲率半径均为 R 的特殊曲线运动，当质点做圆周运动时，在圆上取一点作为自然坐标系的原点 o'，指定自然坐标系的正向，如图 1.12 所示，建立自然坐标系。如果获得了质点在自然坐标中的运动方程 $s=s(t)$，则对它求导可以得到质点运动的速度和加速度。

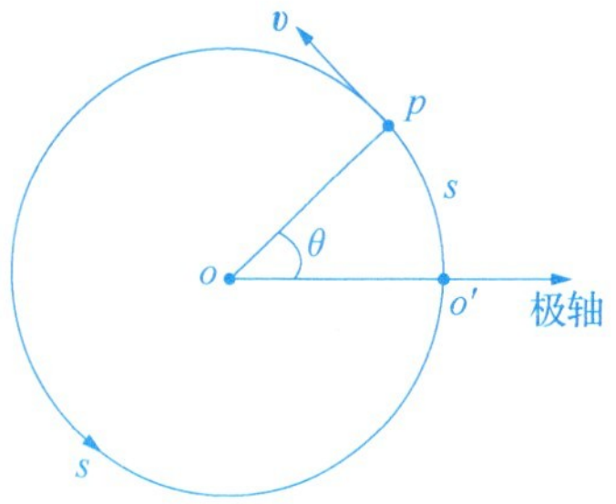

图 1.12　圆周运动

例 1.7　如图 1.13 所示，飞机绕半径 $R=1$ km 的圆形在竖直平面内飞行，飞行路程服从 $s(t)=50+t^3$(m) 的规律，飞机过最低 A 点时的速率 $v_A=192$ m/s。求飞机过 A 点时的切向加速度 a_τ、法向加速度 a_n 和总加速度 $\boldsymbol{a}$。

解： 由题意，自然坐标系中的速度为

$$v=\frac{ds}{dt}=\frac{d(50+t^3)}{dt}=3t^2$$

则切向加速度、法向加速度分别为

$$a_\tau=\frac{dv}{dt}=6t$$

$$a_n=\frac{v^2}{\rho}=\frac{9t^4}{R}$$

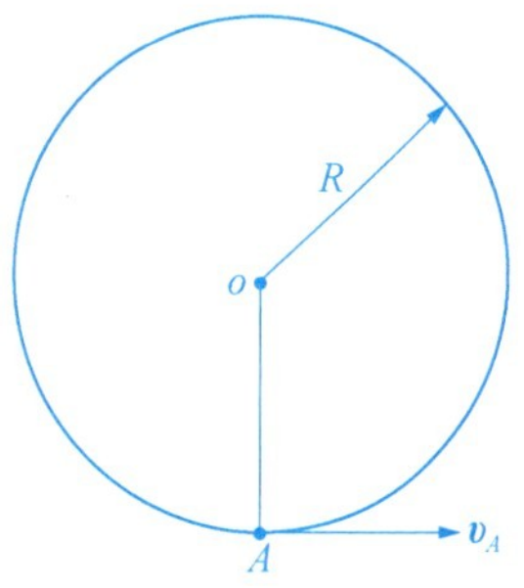

图 1.13　飞机在圆轨道上运动

因飞机飞过 A 点的速率为

$$v_A=192=3t_A^2$$

得

$$t_A=8 \text{ s}$$

则该时刻的加速度为

$$a_\tau=48 \text{ m/s}^2$$

$$a_n=\frac{9\times8^4}{1000}=36.86 \text{ m/s}^2$$

即

$$\boldsymbol{a}=48\boldsymbol{\tau}+36.86\boldsymbol{n}\ (\text{m/s}^2)$$

总加速度大小为

$$a=\sqrt{48^2+36.86^2}=60.52 \text{ m/s}^2$$

质点做圆周运动，引入极坐标系描述质点的运动更为简便。见图 1.12，以圆心 o 为极点，过 o'点引出射线为极轴，建立极坐标系。由于极径 R 不变，极坐标系中确定质点的位

置只需极角 θ 即可，θ 即为角位置。如果能确定质点在任意时刻的角位置，即获得了极坐标系中质点的运动方程，为

$$\theta=\theta(t)$$

由运动方程可以得到 $\Delta t(=t_2-t_1)$ 时间段内质点的角位移为

$$\Delta\theta=\theta(t_2)-\theta(t_1)$$

对于角位移的方向，按右手定则确定：右手四指卷曲表示质点的旋转方向，与四指垂直的大拇指指向即是角位移的方向。然而，由于不满足矢量合成的交换律，有限大小的角位移并不是矢量，只有 $\Delta t\to 0$ 时的角位移才是矢量①。

类似于由位移引入速度、加速度，由角位移就可以引入角速度 ω、角加速度 β。

$$\omega=\lim_{\Delta t\to 0}\frac{\Delta\theta}{\Delta t}=\frac{\mathrm{d}\theta}{\mathrm{d}t}$$

$$\beta=\lim_{\Delta t\to 0}\frac{\Delta\omega}{\Delta t}=\frac{\mathrm{d}\omega}{\mathrm{d}t}=\frac{\mathrm{d}^2\theta}{\mathrm{d}t^2}$$

角速度是反映质点角位置随时间变化快慢的物理量，角加速度则是反映角速度变化快慢的物理量，两者均是矢量。角速度的方向按右手定则确定：如图 1.14(a)所示，右手四指卷曲表示质点的旋转方向，与四指垂直的大拇指的指向即是角速度方向。角加速度的方向由角速度的增量方向确定。如果质点转动的角速度越来越大，那么角速度增量的方向与原角速度同向；如果转动的角速度越来越小以至反向，那么角速度增量的方向与原角速度反向，因此角加速度的方向与角速度要么同向要么反向。过圆心作垂直于圆面的直线，见图 1.14(b)所示，指定直线的正向(以 $\boldsymbol{k}$ 单位矢量表示该方向)，建立一维的直线坐标系。角速度与角加速度就可以在此坐标系中表示，它们的方向与 $\boldsymbol{k}$ 同向，其值为正，反向为负。当角速度与角加速度同向，则质点加速旋转，两者反向则减速旋转。正如质点沿一维直线运动，当速度与加速度同向，则质点加速运动，两者反向，则减速运动。因此，可以类似于质点的直线运动，来研究质点的圆周运动。

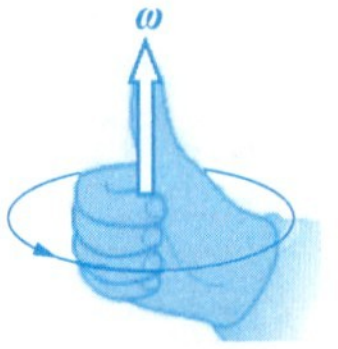

(a)右手定则确定角速度的方向

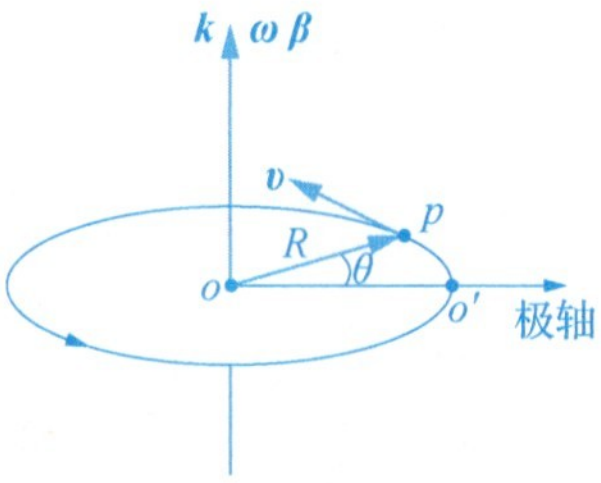

(b)角速度与角加速度的关系

图 1.14　角速度与角加速度的方向

① 赵近芳，王登龙. 大学物理学(上)[M]. 第 6 版. 北京：北京邮电大学出版社，2021.

1. 匀速圆周运动

质点做匀速圆周运动时 $\beta=0$，$\omega=\mathrm{d}\theta/\mathrm{d}t$ 是恒量，已知初始条件（$t=0$ 时 $\theta=\theta_0$），经过分离变量积分，可得 t 时刻质点的角位置为

$$\theta=\theta_0+\omega t$$

2. 恒角加速圆周运动

当质点做恒角加速运动时，$\beta=\mathrm{d}\omega/\mathrm{d}t$ 是常量，已知初始条件（$t=0$ 时 $\theta=\theta_0$，$\omega=\omega_0$），经过分离变量积分，即可得到 t 时刻质点的角速度与角加速度，结果为

$$\omega=\omega_0+\beta t$$

$$\theta=\theta_0+\omega_0 t+\frac{1}{2}\beta t^2$$

由以上两式可得

$$\omega^2-\omega_0^2=2\beta(\theta-\theta_0)$$

在圆周运动中，质点运动的角速度、角加速度等量与角位置有关，称之为角量，而之前引入的速度、加速度等量与线位置有关，则称为线量，角量与线量两者之间有关系。由于圆周运动中 $s=R\cdot\theta$，见图 1.12，则

$$v=\frac{\mathrm{d}s}{\mathrm{d}t}=R\frac{\mathrm{d}\theta}{\mathrm{d}t}=R\omega$$

若从圆心指向质点引出位置矢量 $\boldsymbol{R}$，则质点的线速度 $\boldsymbol{v}$ 的方向由角速度 $\boldsymbol{\omega}$ 与 $\boldsymbol{R}$ 按右手定则确定：见图 1.14(b)，右手四指指向 $\boldsymbol{\omega}$ 方向，然后以小于 π 角向 $\boldsymbol{R}$ 方向弯曲，则与四指垂直的大拇指的指向即为 $\boldsymbol{v}$ 的方向。因此有

$$\boldsymbol{v}=\boldsymbol{\omega}\times\boldsymbol{R}$$

加速度的线量与角量之间的关系则为

$$a_\tau=\frac{\mathrm{d}v}{\mathrm{d}t}=\frac{\mathrm{d}(R\omega)}{\mathrm{d}t}=R\beta$$

$$a_n=\frac{v^2}{R}=R\omega^2$$

角位置与角位移、角速度、角加速度的单位(SI)分别为：弧度(rad)、弧度/秒(rad/s)、弧度/秒^2(rad/s^2)

例 1.8　某质点在半径 $R=1$ m 的圆轨道上转动，其角位置与时间的关系为 $\theta=2+3t+t^3$(rad)。求：(1) $t=3$ s 时刻质点的角速度与角加速度；(2) $t=3$ s 时刻质点的速度、法向加速度与切向加速度。

解：(1) 已知质点在极坐标系中的运动方程，因此

$$\omega=\frac{\mathrm{d}\theta}{\mathrm{d}t}=3+3t^2$$

$$\beta=\frac{\mathrm{d}\omega}{\mathrm{d}t}=6t$$

当 $t=3$ s 时质点的角速度与角加速度分别为

$$\omega(3)=3+3\times3^2=30\ \text{rad/s}$$

$$\beta(3)=6\times3=18\ \text{rad/s}^2$$

(2) t 时刻质点的速度、法向加速度、切向加速度分别为

$$v=R\omega=3+3t^2$$

$$a_\tau=R\beta=6t$$

$$a_n=R\omega^2=(3+3t^2)^2$$

当 $t=3$ s 时质点的速度、法向加速度、切向加速度分别为

$$v(3)=3+3\times3^2=30\ \text{m/s}$$

$$a_\tau(3)=6\times3=18\ \text{m/s}^2$$

$$a_n(3)=(3+3\times3^2)^2=900\ \text{m/s}^2$$

1.4 相对运动

如前所述，从不同的参考系来观测某质点的运动，结果一般不同，这称为运动描述的相对性。尽管同一质点在不同参考系中的运动形式不同，但它们是有联系的。相对运动就是要获得同一质点在有相对运动的两个参考系中运动形式之间的关系。利用这种关系，也可以对难以直接测量的物体运动进行间接测量。例如，地面上的观测者可以直接观测列车的运动，列车上的观测者也可以直接观测列车内部物体的运动，因此，地面上的观测者可以通过列车上的观测者间接获得列车内部物体的运动。

选择一个静止的参考系作为**基本参考系** S，或称为**静止参考系**，其上建立的坐标系为 $o-xyz$。选择相对于基本参考系运动的参考系为**运动参考系** S'，其上建立的坐标系为 $o'-x'y'z'$。将质点相对 S 系的运动称为**绝对运动**，相对 S' 系的运动称为**相对运动**，而 S' 系相对于 S 系的运动称为**牵连运动**。这里只考虑相对简单的情况：两坐标系对应的坐标轴保持平行做平移运动(转动情况复杂，不考虑)。如图 1.15 所示，当质点位于 p 点时在 S 与 S' 两坐标系中的位矢 $\boldsymbol{r}$ 与 $\boldsymbol{r}'$ 分别称为**绝对位矢与相对位矢**，此时 S' 系的坐标原点 o' 在 S 系中的位矢 $\boldsymbol{r}_0$ 称为**牵连位矢**。三者构成了矢量三角形，于是有

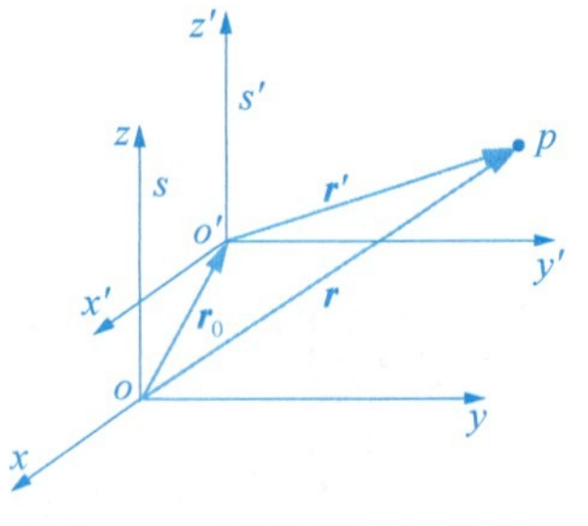

图 1.15　两坐标系的变换

$$\boldsymbol{r}=\boldsymbol{r}_0+\boldsymbol{r}'$$

由于位矢是时间的函数，对上式求导，则有

$$\frac{d\boldsymbol{r}}{dt}=\frac{d\boldsymbol{r}_0}{dt}+\frac{d\boldsymbol{r}'}{dt}$$

式中，第一项是在静止参考系 S 中测量质点的速度，称为**绝对速度**，记为 $\boldsymbol{v}$。第二项是 S' 系相对 S 系的速度，称为**牵连速度**，记为 $\boldsymbol{v}_0$。按照速度的定义，S' 系中质点的速度应定义为 $\boldsymbol{v}'=d\boldsymbol{r}'/dt'$，由于牛顿时空观认为时间间隔是绝对的——在不同参考系中测量同一物理过程的时间相等，应有 $dt=dt'$，因此第三项是运动参考系测得质点的速度，称为**相对速度**，记为 $\boldsymbol{v}'$。于是

$$\boldsymbol{v}=\boldsymbol{v}_0+\boldsymbol{v}' \tag{1.1}$$

三个速度之间也构成了矢量三角形关系，如图 1.16 所示。

请思考：如图 1.17 所示，一个圆盘绕过圆心垂直于圆面的竖直轴转动，角速度为 $\boldsymbol{\omega}_1$，圆盘上有一物体(视为质点)在半径为 r 的圆环轨道上相对圆盘转动，角速度为 $\boldsymbol{\omega}_2$，地面上的观测者观测到该物体绕转轴转动的角速度为 $\boldsymbol{\omega}$。这三个角速度矢量有何关系？如果已知的是物体在轨道上相对于圆盘运动的线速度为 $\boldsymbol{v}$，那么这三个角速度的关系式如何表示？

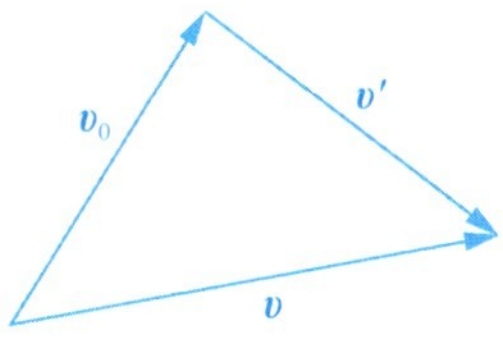

图 1.16　速度矢量三角形

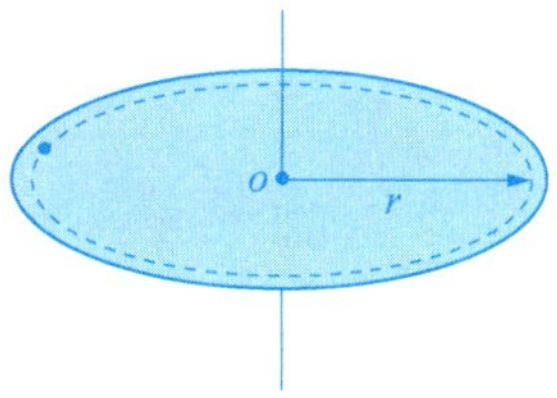

图 1.17　质点在转动的圆盘上转动

对式(1.1)求导，则有

$$\frac{d\boldsymbol{v}}{dt}=\frac{d\boldsymbol{v}_0}{dt}+\frac{d\boldsymbol{v}'}{dt}$$

类似地，上式中第一项是在 S 系测量质点的**绝对加速度**，记为 $\boldsymbol{a}$，第二项是 S' 系相对 S 系的**牵连加速度**，记为 $\boldsymbol{a}_0$，第三项则是在 S' 系测量质点的**相对加速度**，记为 $\boldsymbol{a}'$。于是

$$\boldsymbol{a}=\boldsymbol{a}_0+\boldsymbol{a}'$$

同样，三个加速度之间亦构成了矢量三角形关系。

三个速度构成矢量三角形关系，因此只要知道其中的两个速度，就可以得到第三个速度。加速度、位矢也是如此。见下面举例。

例 1.9　某时刻地面上的雷达探测到两颗北斗导航卫星，雷达与卫星的连线夹角 $\varphi=30°$，观测到两卫星的速度方向与连线垂直，如图 1.18(a)所示，A 卫星的速度大小 $v_A=7.2$ km/s，B 卫星的速度大小 $v_B=7.8$ km/s。求 B 卫星相对 A 卫星的速度。

解：以 A 卫星为基本参考系，以雷达为运动系，则 $-\boldsymbol{v}_A$ 为牵连速度，$\boldsymbol{v}_B$ 为相对速度。B 卫星相对 A 卫星的速度即为绝对速度 $\boldsymbol{v}$，三速度构成矢量三角形，见图 1.18(b)所示。依题意，$\boldsymbol{v}_A$ 与 $\boldsymbol{v}_B$ 夹 30°角，有

$$v=\sqrt{v_A^2+v_B^2-2v_Av_B\cos\varphi}$$
$$=\sqrt{7.2^2+7.8^2-2\times7.2\times7.8\times\cos30^\circ}$$
$$=3.93\ \text{km/s}$$

设 $\boldsymbol{v}$ 与 $\boldsymbol{v}_B$ 夹 θ 角，由

$$\frac{v}{\sin30^\circ}=\frac{v_A}{\sin\theta}$$

得
$$\sin\theta=\frac{v_A}{2v}=\frac{7.2}{2\times3.93}=0.92$$

即
$$\theta=66.93^\circ$$

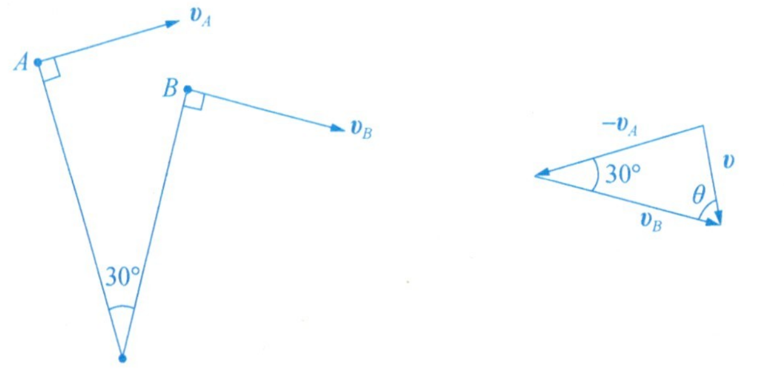

(a)两卫星的对地速度　　(b)两卫星的相对速度

图 1.18

例 1.10　如图 1.19(a)所示，升降机内有一倾角 $\varphi=30^\circ$的斜面固定在底板上。当升降机以加速度 $a_0=2.0\ \text{m/s}^2$ 竖直上升时，从升降机内观测物体沿斜面下滑的加速度 $a'=5.8\ \text{m/s}^2$。求从地面观测物体的加速度。

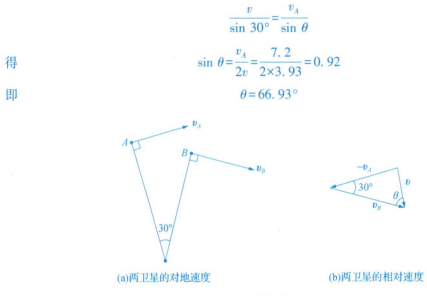

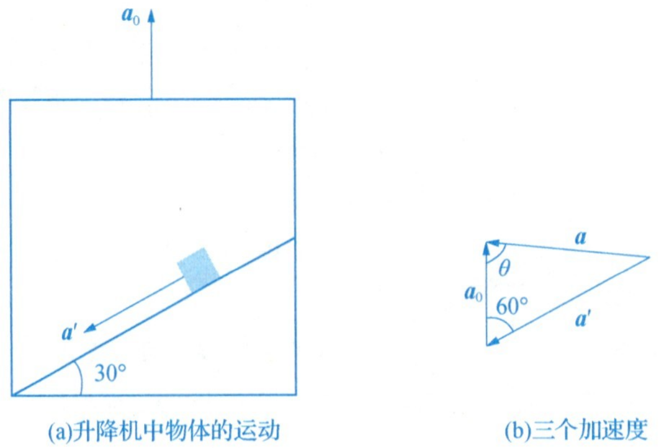

(a)升降机中物体的运动　　(b)三个加速度

图 1.19

解： 以地面为静止参考系，升降机为运动系，由题知 $\boldsymbol{a}_0$ 为牵连加速度，$\boldsymbol{a}'$为相对加速

度，设 $\boldsymbol{a}$ 为绝对加速度。三加速度构成矢量三角形，见图 1.19(b)所示，$-\boldsymbol{a}'$ 与 $\boldsymbol{a}_0$ 夹 60°角。$\boldsymbol{a}$ 的大小为

$$a=\sqrt{a_0^2+a'^2-2a_0a'\cos 60°}$$
$$=\sqrt{2^2+5.8^2-2\times2\times5.8\times0.5}=5.10\ \text{m/s}^2$$

见图(b)，设 $\boldsymbol{a}$ 与 $\boldsymbol{a}_0$ 夹 θ 角，由

$$\frac{a}{\sin 60°}=\frac{a'}{\sin\theta}$$

得

$$\sin\theta=\frac{5.8}{5.10}\times\frac{\sqrt{3}}{2}$$
$$\theta=80.03°$$

补充知识

极坐标系中的速度与加速度

1. 平面极坐标系

质点在平面上运动，如图 1.20 所示，在平面上建立极坐标系。设 t 时刻质点的极坐标为$(r,\ \theta)$。$\boldsymbol{e}_r$ 为径向单位矢量，方向从极点指向质点；$\boldsymbol{e}_\theta$ 为横向单位矢量，方向与径向单位矢量垂直，且指向 θ 增加的方向。t 时刻质点的位矢为 $\boldsymbol{r}=r\boldsymbol{e}_r$。如果获得了质点的位矢随时间变化的关系，就得到质点的运动方程。运动方程可表示为 $\boldsymbol{r}(t)=r(t)\boldsymbol{e}_r(t)$，在极坐标系中分量形式的运动方程即为

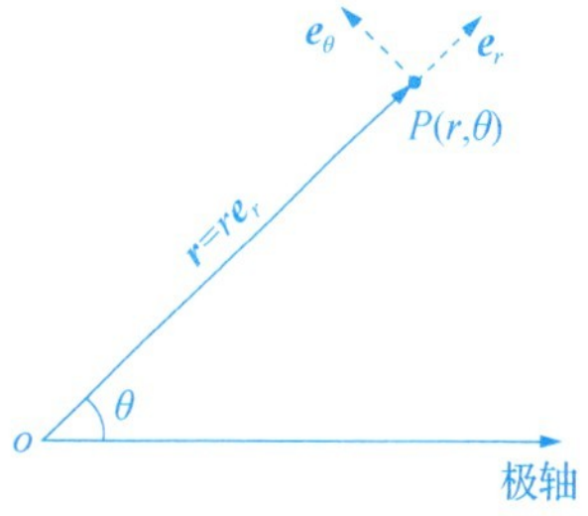

图 1.20　极坐标系中的位矢

$$r=r(t),\quad \theta=\theta(t)$$

质点的轨迹方程为

$$r=r(\theta)$$

设初始时刻质点位于位置 P，经过 dt 时间段，质点运动至 P'位置，对应极角的变化量为 dθ，如图 1.21(a)所示。经过 dt 时间，径向单位矢量由 $\boldsymbol{e}_r$ 变化到 $\boldsymbol{e}'_r$，转过的角度为 dθ。径向单位矢量的增量 d$\boldsymbol{e}_r$ 的大小即为以$|\boldsymbol{e}_r|$为半径，圆心角为 dθ 所对应的弧长，如图 1.21(b)所示。其方向垂直于 $\boldsymbol{e}_r$ 并且指向 θ 增加的方向，即与 $\boldsymbol{e}_\theta$ 同向。于是

$$\mathrm{d}\boldsymbol{e}_r=\mathrm{d}\theta\cdot\boldsymbol{e}_\theta$$

得

$$\frac{\mathrm{d}\boldsymbol{e}_r}{\mathrm{d}t}=\frac{\mathrm{d}\theta}{\mathrm{d}t}\boldsymbol{e}_\theta$$

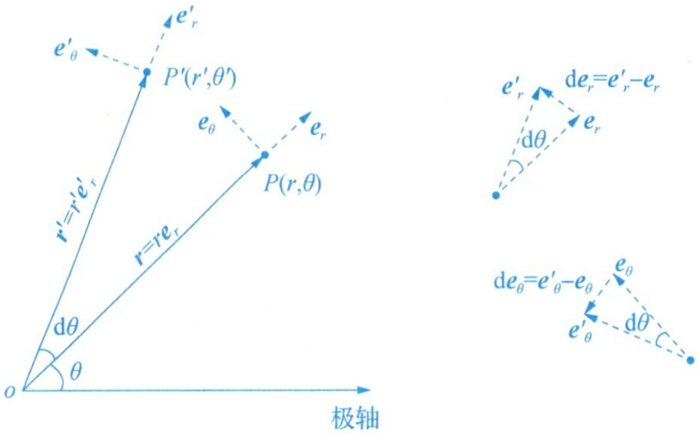

(a)极角的变化量　　(b)两单位矢量的增量

图 1.21　极坐标系中单位矢量的增量

同理，经过时间 dt，横向单位矢量由 $\boldsymbol{e}_\theta$ 变化到 $\boldsymbol{e}'_\theta$，转过的角度为 dθ。横向单位矢量的增量 d$\boldsymbol{e}_\theta$ 的大小即为以 $|\boldsymbol{e}_\theta|$ 为半径，圆心角为 dθ 所对应的弧长，其方向与径向单位矢量 $\boldsymbol{e}_r$ 反向，如图 1.21(b)所示。即有

$$\mathrm{d}\boldsymbol{e}_\theta=-\mathrm{d}\theta\cdot\boldsymbol{e}_r$$

得

$$\frac{\mathrm{d}\boldsymbol{e}_\theta}{\mathrm{d}t}=-\frac{\mathrm{d}\theta}{\mathrm{d}t}\boldsymbol{e}_r$$

2. 极坐标系中的速度

有了单位矢量随时间的变化率，由速度的定义式，可得质点在极坐标系中的速度为

$$\begin{aligned}\boldsymbol{v}&=\frac{\mathrm{d}\boldsymbol{r}}{\mathrm{d}t}=\frac{\mathrm{d}(r\boldsymbol{e}_r)}{\mathrm{d}t}=\frac{\mathrm{d}r}{\mathrm{d}t}\boldsymbol{e}_r+r\frac{\mathrm{d}\boldsymbol{e}_r}{\mathrm{d}t}=\frac{\mathrm{d}r}{\mathrm{d}t}\boldsymbol{e}_r+r\frac{\mathrm{d}\theta}{\mathrm{d}t}\boldsymbol{e}_\theta\\&=v_r\boldsymbol{e}_r+v_\theta\boldsymbol{e}_\theta\end{aligned}$$

式中，$v_r=\frac{\mathrm{d}r}{\mathrm{d}t}$为质点的径向速度，是由位矢的量值变化所引起的分速度；$v_\theta=r\frac{\mathrm{d}\theta}{\mathrm{d}t}$为横向速度，是由位矢的方向变化所引起的分速度，其中 $\omega=\frac{\mathrm{d}\theta}{\mathrm{d}t}$为角速度。速度的大小为

$$v=\sqrt{v_r^2+v_\theta^2}=\sqrt{\left(\frac{\mathrm{d}r}{\mathrm{d}t}\right)^2+\left(r\frac{\mathrm{d}\theta}{\mathrm{d}t}\right)^2}$$

3. 极坐标系中的加速度

得到极坐标系中速度的表达式后，由加速度的定义式，可得质点在极坐标系中的加速度为

$$\boldsymbol{a}=\frac{\mathrm{d}\boldsymbol{v}}{\mathrm{d}t}=\frac{\mathrm{d}}{\mathrm{d}t}\left(\frac{\mathrm{d}r}{\mathrm{d}t}\boldsymbol{e}_r+r\frac{\mathrm{d}\theta}{\mathrm{d}t}\boldsymbol{e}_\theta\right)$$

其中

$$\frac{d}{dt}\left(\frac{dr}{dt}\boldsymbol{e}_r\right)=\frac{d^2r}{dt^2}\boldsymbol{e}_r+\frac{dr}{dt}\frac{d\boldsymbol{e}_r}{dt}=\frac{d^2r}{dt^2}\boldsymbol{e}_r+\frac{dr}{dt}\frac{d\theta}{dt}\boldsymbol{e}_\theta$$

$$\frac{d}{dt}\left(r\frac{d\theta}{dt}\boldsymbol{e}_\theta\right)=\frac{dr}{dt}\frac{d\theta}{dt}\boldsymbol{e}_\theta+r\frac{d^2\theta}{dt^2}\boldsymbol{e}_\theta+r\frac{d\theta}{dt}\frac{d\boldsymbol{e}_\theta}{dt}$$

$$=\frac{dr}{dt}\frac{d\theta}{dt}\boldsymbol{e}_\theta+r\frac{d^2\theta}{dt^2}\boldsymbol{e}_\theta-r\left(\frac{d\theta}{dt}\right)^2\boldsymbol{e}_r$$

即

$$\boldsymbol{a}=\left[\frac{d^2r}{dt^2}-r\left(\frac{d\theta}{dt}\right)^2\right]\boldsymbol{e}_r+\left[r\frac{d^2\theta}{dt^2}+2\frac{dr}{dt}\frac{d\theta}{dt}\right]\boldsymbol{e}_\theta=a_r\boldsymbol{e}_r+a_\theta\boldsymbol{e}_\theta$$

式中，$a_r=\frac{d^2r}{dt^2}-r\left(\frac{d\theta}{dt}\right)^2$ 为质点的径向加速度；$a_\theta=r\frac{d^2\theta}{dt^2}+2\frac{dr}{dt}\frac{d\theta}{dt}$ 为横向加速度，两者跟质点位矢的数值与方向变化的快慢都有关，其中 $\beta=\frac{d^2\theta}{dt^2}$ 为角加速度。加速度的大小为

$$a=\sqrt{a_r^2+a_\theta^2}$$

质点在二维平面上运动，有时在极坐标系中处理问题是比较方便的。

习　题

1.1　物体沿一闭合路径运动，经 Δt 时间后回到出发点 A，如题 1.1 图所示，初速度 $\boldsymbol{v}_1$，末速度 $\boldsymbol{v}_2$，且 $|\boldsymbol{v}_1|=|\boldsymbol{v}_2|$，则在 Δt 时间内其平均速度 $\overline{\boldsymbol{v}}$ 与平均加速度 $\overline{\boldsymbol{a}}$ 分别为(　　)。

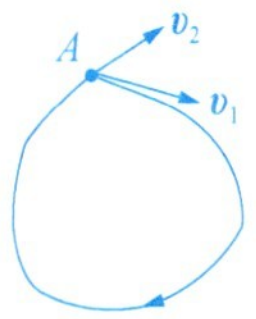

题 1.1 图

A. $\overline{\boldsymbol{v}}=0$，$\overline{\boldsymbol{a}}=0$

B. $\overline{\boldsymbol{v}}=0$，$\overline{\boldsymbol{a}}\neq 0$

C. $\overline{\boldsymbol{v}}\neq 0$，$\overline{\boldsymbol{a}}=0$

D. $\overline{\boldsymbol{v}}\neq 0$，$\overline{\boldsymbol{a}}\neq 0$

1.2　一质点沿半径为 R 的圆周做匀速率运动，转动周期为 T，在 $2T$ 时间间隔中，其平均速度大小和平均速率分别为(　　)。

A. $\frac{2\pi R}{T}$，$\frac{2\pi R}{T}$　　B. 0，$\frac{2\pi R}{T}$

C. 0，0　　D. $\frac{2\pi R}{T}$，0

1.3　质点做曲线运动，r、$\boldsymbol{v}$、v、a、a_τ、s 分别表示位矢大小、速度、速率、加速度的大小、切向加速度、路程，针对下列 4 个表达式正确的判断是(　　)。

① $\frac{dv}{dt}=a_\tau$；② $\frac{ds}{dt}=\boldsymbol{v}$；③ $\frac{dr}{dt}=v$；④ $\left|\frac{d\boldsymbol{v}}{dt}\right|=a$

A. ①、②正确　　B. ①、③正确

C. ②、③正确　　D. ①、④正确

1.4 质点在平面上运动，其位矢为 $\boldsymbol{r}=at^2\boldsymbol{i}+bt^2\boldsymbol{j}$，式中 a、b 为常量，则质点做(　　)。

A. 抛物线运动　　B. 一般曲线运动

C. 匀速直线运动　　D. 变速直线运动

1.5 质点按 $x=5\cos\frac{\pi}{3}t$ (m)，$y=3\sin\frac{\pi}{3}t$ (m)规律运动。则 $t=1$ s 时刻的加速度为(　　)。

A. $-\frac{5}{18}\pi^2\boldsymbol{i}-\frac{\sqrt{3}}{6}\pi^2\boldsymbol{j}$　　B. $-\frac{5}{18}\pi^2\boldsymbol{i}+\frac{\sqrt{3}}{6}\pi^2\boldsymbol{j}$

C. $\frac{5\sqrt{3}}{18}\pi^2\boldsymbol{i}+\frac{1}{6}\pi^2\boldsymbol{j}$　　D. $\frac{5\sqrt{3}}{18}\pi^2\boldsymbol{i}-\frac{1}{6}\pi^2\boldsymbol{j}$

1.6 一质点按 $x=5\cos 6\pi t$ (m)，$y=8\sin 6\pi t$ (m)规律在平面上运动。则 $t=1/12$ s 时刻其法向加速度 a_n 的大小为(　　)。

A. 288π m/s^2　　B. $288\pi^2$ m/s^2

C. $144\pi^2$ m/s^2　　D. 144π m/s^2

1.7 某物体沿直线运动，运动规律为 $\mathrm{d}v/\mathrm{d}t=-kv^2t$，式中 k 为正常数。当 $t=0$ 时，初速为 v_0，则速度 v 与时间 t 的函数关系是(　　)。

A. $\frac{1}{v}=-\frac{kt^2}{2}+\frac{1}{v_0}$　　B. $v=\frac{kt^2}{2}+v_0$

C. $\frac{1}{v}=\frac{kt^2}{2}+\frac{1}{v_0}$　　D. $v=-\frac{kt^2}{2}+v_0$

1.8 忽略空气的阻力，一质点做斜抛运动。如题 1.8 图所示，当它到达轨道的 p 点时其速度为 $\boldsymbol{v}$，与水平面的夹角为 θ。则 p 点处轨道的曲率半径为(　　)。

A. $\frac{v_0^2\cos^2\theta}{g}$　　B. $\frac{g}{v_0^2\cos^2\theta}$

C. $\frac{v^2\cos\theta}{g}$　　D. $\frac{v^2}{g\cos\theta}$

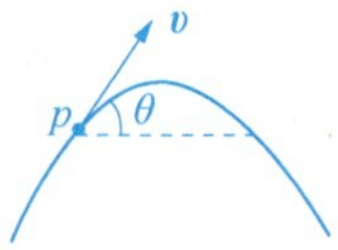

题 1.8 图

1.9 下列说法正确的是(　　)。

A. 质点做圆周运动时的加速度指向圆心

B. 匀速圆周运动的加速度为恒量

C. 只有法向加速度的运动一定是圆周运动

D. 只有切向加速度的运动一定是直线运动

1.10 质点以初速度 $\boldsymbol{v}_0$ 做斜抛运动，$\boldsymbol{v}_0$ 与水平面的夹角为 θ。忽略空气阻力，则轨道最高点处的切向加速度 $a_\tau=$________，法向加速度 $a_n=$________，曲率半径 $\rho=$________。

1.11 某质点按 $x=a\cos\omega t$，$y=b\sin\omega t$ 规律在平面上运动，式中 a、b、ω 为正常量。则 $t=0$ 时刻，质点所在处的切向加速度 $a_\tau=$________，法向加速度 $a_n=$________，轨道的曲

率半径 $\rho=$________。

1.12 如题 1.12 图所示，小滑块沿固定的光滑的 1/4 圆弧从 A 点由静止开始下滑，圆弧半径为 R，则小滑块在 A 点处的切向加速度 $a_\tau=$________，小滑块在 B 点处的法向加速度 $a_n=$________。

1.13 机械设备上经常利用皮带传动，用一个主动轮带动一个从动轮转动。已知主动轮的半径为 $r=0.1$ m 的轮子，从动轮的半径为 $R=0.3$ m，如题 1.13 图所示。如果主动轮的转速为 1200 r/min，则从动轮的转速为________ r/min，其轮子边缘的线速度为________ m/s。

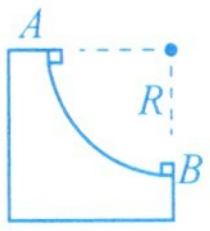

题 1.12 图

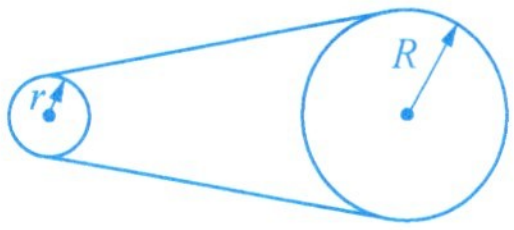

题 1.13 图

1.14 半径 $r=1$ m 的飞轮，以恒角加速度 $\beta=-5\ \text{rad/s}^2$ 转动，$t=0$ 时刻飞轮的角速度 $\omega_0=5$ rad/s。当 $t=3$ s 时飞轮边缘上点的线速度 $v=$________ m/s。

1.15 质点在二维平面上的运动方程为 $\boldsymbol{r}(t)=2t\boldsymbol{i}-3t^2\boldsymbol{j}$ (m)。计算：(1) $t=1$ s 至 $t=4$ s 时间段质点的位移；(2) $t=1$ s 至 $t=4$ s 时间段质点的平均速度；(3) $t=1$ s 时刻质点的速度；(4) $t=1$ s 至 $t=4$ s 时间段质点的平均加速度；(5) $t=1$ s 时刻质点的加速度。

1.16 质点沿直线做加速运动，加速度随时间变化的关系为 $a=2+t$ (m/s^2)。已知 $t=0$ 时刻质点的位置 $x_0=2$ m，速度 $v_0=2$ m/s，求：(1) t 时刻质点的速度；(2) 质点的运动方程。

1.17 如题 1.17 图所示，灯距地面高度为 H，一个人身高为 h，在灯下以匀速率 v_0 沿水平直线行走。试计算他的头顶在地上的影子 M 点沿地面移动的速度大小。

1.18 如题 1.18 图所示，杆 AB 以匀角速度 ω 绕 A 点转动，并带动水平杆 OC 上的质点 M 运动，设起始时刻 AB 杆在竖直位置，$OA=h$。求：(1) 质点 M 沿水平杆 OC 的运动方程；(2) 质点 M 沿杆 OC 运动的速度和加速度的大小。

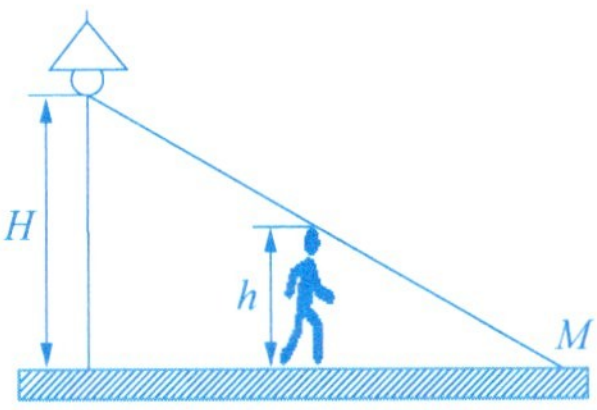

题 1.17 图

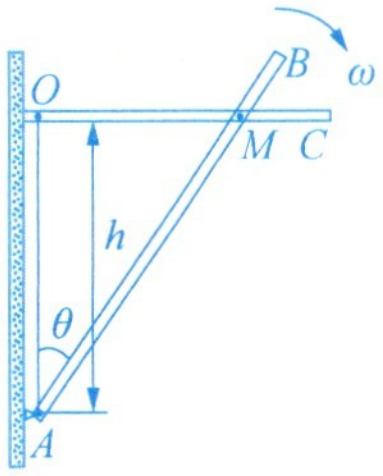

题 1.18 图

1.19 某质点沿半径为 R 的圆周按 $s=v_0t+bt^2$ 规律运动，v_0、b 是正值常数。求：(1) t 时刻质点的速度；(2) t 时刻质点的切向与法向加速度、加速度的大小。

1.20 某质点在水平面内沿一半径为 $R=2$ m 的圆轨道转动。转动的角速度 ω 与时间 t 的函数关系为 $\omega=kt^2$(rad/s)，k 为常量。已知 $t=2$ s 时刻质点的速度为 32 m/s。求 $t=1$ s 时刻质点的速度与加速度的大小。

1.21 半径为 30 cm 的飞轮，从静止开始以 0.5 rad/s^2 的角加速度转动，求飞轮边缘上一点在飞轮转过 240°时的加速度的大小。

1.22 高台滑雪是一项惊险刺激的滑雪运动。如题 1.22 图所示，某滑雪运动员从高台滑雪滑道到达一斜面的顶端，以水平速率 $v_0=120$ km/h 冲出滑道，斜面与水平面的夹角 $\theta=37°$，忽略空气阻力，求运动员下落到斜面的位置距斜面顶端的距离。

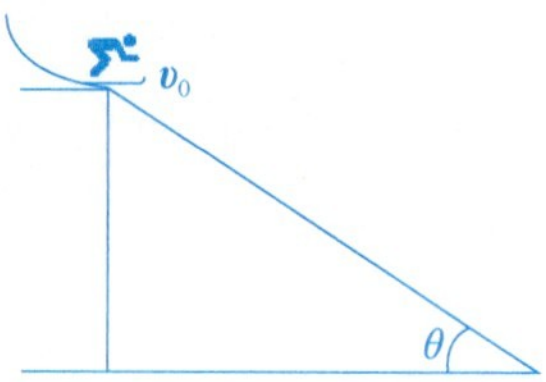

题 1.22 图

1.23 一个摩托车骑手站在地面上，观测到雨滴下落速度的方向向东偏离竖直方向的角度 $\theta=30°$，当他以速率 $v_0=54$ km/h 沿平直公路匀速向东行驶，观测到雨点以跟水平面夹 $\varphi=45°$ 角迎面飞来，问地面上观测到雨滴下落的速度多大？

1.24 平直公路上一辆汽车以速度 $v_{c0}=54$ km/h 匀速行驶。无人机在汽车上方跟踪汽车，以 $v_{j0}=72$ km/h 的速度追上来。某时刻汽车以加速度 $a_c=3$ m/s^2 加速行驶，无人机则以加速度 $a_j=2$ m/s^2 加速行驶。以汽车或无人机开始加速为计时起点，求 $t=10$ s 时刻从无人机上观测到汽车的速度。

第 2 章 质点动力学

本章是牛顿力学的核心内容。质点动力学研究的是质点在力的作用下运动遵循的规律。动力学的根本任务就是要回答在周围其他物体的作用下，所考察的物体如何运动、与周围物体间如何交换能量。

学习目标：学习本章需要了解惯性系、非惯性系、质心等概念；需要理解动量、冲量、力矩、角动量、势能等物理量的定义；主要掌握质点运动遵循的动力学规律(牛顿定律)，质点转动遵循的动力学规律(转动定理)，质点(系)运动过程遵循的动量定理、角动量定理及其守恒规律，功与能之间的关系及其守恒规律。在高中阶段我们已经学习过牛顿力学的大部分内容，现在进一步学习，重点是要加深对原有知识的理解，掌握新的知识，能够运用高等数学工具，应用力学规律对实际力学问题进行分析、计算等。

素质目标：通过本章的学习，以火箭发射、风洞的研究为例，了解我国在航空航天、风洞等领域发展状况与优势所在。

2.1 牛顿运动定律

2.1.1 牛顿三定律

1. 牛顿第一定律

牛顿第一定律又称惯性定律，其表述为：任何物体都保持静止或匀速直线运动的状态，直到外力迫使它改变这种运动状态为止。

第一定律是牛顿从伽利略、笛卡尔的实验观察与抽象概括中得到的。第一定律定义了

“惯性”和“力”这两个重要的概念。惯性是物体保持原有运动状态的属性，或者说是抵抗运动状态(或速度)改变的特性。自然界的物体并非孤立的，它们之间有相互影响、相互作用，物体之间彼此的相互作用称为力，力是改变物体速度的原因，即力是物体产生加速度的原因。惯性是物体的固有属性，无论物体是否受力，都具有这种属性。这种固有属性用惯性质量(简称质量)来描述它。质量越大的物体惯性越大。物体保持静止或做匀速直线运动称之为惯性运动。做惯性运动的物体不受外力或所受合外力为零。

第一定律是否在所有的参考系中都成立？并非如此！例如，两人同时从高台向下跳水，彼此观察对方的运动，看到对方相对自己是静止的。两人由第一定律得到结论：对方并不受力或者所受合外力为零。然而，实际上两人所受合外力均为重力(忽略空气阻力)。这说明第一定律只适用于一些特殊的参考系。这类参考系称之为惯性系。何为惯性系？不受力或所受合力为零的物体，相对某参考系做惯性运动，该参考系即为**惯性系**，否则为**非惯性系**。

由于牛顿第一定律是实验定律，谁是惯性系只能通过观察和实验来确定。例如，当水平气垫导轨上物体所受合外力为零时，可观测到该物体做惯性运动，由此可以判断气垫导轨(即地面或地球)是惯性系。然而，当我们从地球之外来观察，气垫导轨上的物体实际随着地球在做匀速圆周运动，它的合外力(即向心力)并不为零。以位于赤道处 1 kg 的物体来考虑，向心力约 3.37×10^{-2} N，该向心力很小且指向圆周的中心，如果不做高精密测量，此向心力对气垫导轨上物体的运动影响很小，可以忽略。有鉴于此，如果研究地面上小范围内运动的物体，地球参考系就是一个比较好的近似惯性系。如果研究大范围中物体的运动，例如大气、洋流、人造卫星的运动，地球参考系就不能看作惯性系。这时就要考虑地球自转的影响，此时地心参考系是更好的近似惯性系。

在相对地面做匀速运动的轮船上固定了一个水平的气垫导轨，如果导轨上的物体相对导轨做匀速运动，它相对地面必然也做匀速运动。若物体相对导轨做加速运动，它相对地面必然也做加速运动。因此，有这样的推论：凡相对于惯性系做惯性运动的参考系都是惯性系，凡相对于惯性系做加速运动的参考系都是非惯性系。

2. 牛顿第二定律

1) 牛顿第二定律

牛顿将伽利略的思想进一步推广到有力作用的场合，提出了牛顿第二运动定律，其最初的表述为：运动的变化与所加的动力成正比，并且发生在该力所沿的直线的方向上。现在牛顿第二定律的表述为：在受到外力作用时，物体所获得加速度的大小与外力成正比，与物体的质量成反比，加速度的方向与外力的方向相同，即 $\boldsymbol{F}=km\boldsymbol{a}$。在国际单位制(SI)中比例系数 $k=1$。因此，牛顿第二定律的常见数学表达形式为

$$\boldsymbol{F}=m\boldsymbol{a} \tag{2.1}$$

牛顿第二定律表明了力的瞬时作用效果：物体一旦受到力的作用就会得到加速度，撤消力加速度随之消失，即力和加速度同时产生、同时变化、同时消失。

应该注意到，第二定律只适用于描述能看成质点的物体的运动，对于不能看成质点的物体运动，一般不能直接利用第二定律来处理问题。另外，现代物理实验表明，第二定律适用于描述低速、宏观物体的运动，针对高速、微观物体的运动，第二定律并不适用。

根据牛顿力学(或经典力学)的观点：物体的质量、物体之间的作用力不依赖于参考系，即在不同参考系中测量物体的质量、作用力，其结果相同。然而，在不同参考系中测量物体的加速度是不同的，物体的加速度依赖于参考系，因此第二定律也涉及适用于参考系的问题。这里指出，牛顿第二定律适用于惯性参考系，见 2.2 节的解释。

2)力的独立作用原理

如果多个力($\boldsymbol{F}_1$，$\boldsymbol{F}_2$，…，$\boldsymbol{F}_n$)同时作用在一个物体上，则各力使物体获得各自的加速度($\boldsymbol{a}_1$，$\boldsymbol{a}_2$，…，$\boldsymbol{a}_n$)。或者说，作用于物体上的不同力，各自产生自己的效果而互不影响。这被称为力的独立作用原理，该原理作为牛顿第二定律的推论由牛顿首先提出。物体所受合力 $\boldsymbol{F}$ 是各分力的矢量和，获得的合加速度 $\boldsymbol{a}$ 等于各分加速度的矢量和，可表示为

$$\boldsymbol{F}=\boldsymbol{F}_1+\boldsymbol{F}_1+\cdots+\boldsymbol{F}_1=m(\boldsymbol{a}_1+\boldsymbol{a}_2+\cdots+\boldsymbol{a}_n)=m\boldsymbol{a}$$

由上式可见：物体所受合力等于它的质量乘以合加速度；物体同时受到多个力的作用，当合力不为零时，物体才会在合力 $\boldsymbol{F}$ 方向获得合加速度 $\boldsymbol{a}$，否则不会获得加速度。

请思考：若物体运动的速率不变，它所受合外力是否一定为零？

由于力与加速度均是矢量，因此牛顿第二定律具有矢量性——方程式(2.1)两边矢量的各分量应该相等，即第二定律可以写成分量形式。以前利用第二定律解决具体问题时，实际上是用第二定律的分量形式来处理问题。在直角坐标系中，牛顿第二定律的分量形式为

$$F_x=ma_x=m\frac{\mathrm{d}v_x}{\mathrm{d}t},\quad F_y=ma_y=m\frac{\mathrm{d}v_y}{\mathrm{d}t},\quad F_z=ma_z=m\frac{\mathrm{d}v_z}{\mathrm{d}t}$$

在自然坐标系中，质点做曲线运动，那么将质点的受力、加速度在切向与法向上进行分解，如图 2.1 所示，即

$$\boldsymbol{F}=F_\tau\boldsymbol{\tau}+F_n\boldsymbol{n}$$

$$\boldsymbol{a}=a_\tau\boldsymbol{\tau}+a_n\boldsymbol{n}=\frac{\mathrm{d}v}{\mathrm{d}t}\boldsymbol{\tau}+\frac{v^2}{\rho}\boldsymbol{n}$$

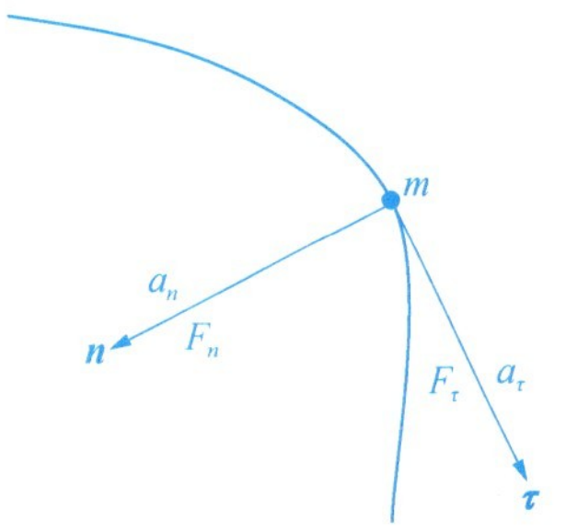

图 2.1　力与加速度的分解

将上两式代入式(2.1)中，由此得到自然坐标系中牛顿第二定律的分量形式为

$$F_\tau=ma_\tau=m\frac{\mathrm{d}v}{\mathrm{d}t}$$

$$F_n=ma_n=m\frac{v^2}{\rho}$$

3. 牛顿第三定律

牛顿第三定律又称作用力与反作用力定律，其表述为：相互作用的两个物体之间的作

用力 $\boldsymbol{F}_1$ 和反作用力 $\boldsymbol{F}_2$ 总是大小相等，方向相反，作用在同一条直线上。即

$$\boldsymbol{F}_1=-\boldsymbol{F}_2$$

需要说明的是：①作用力与反作用力一定是属于同一性质的力，例如两个物体之间作用的一对万有引力，两个静止的电荷之间作用的一对库仑力。另外，作用力与反作用力总是成对出现，同时产生，同时存在，同时消失；②作用力与反作用力分别作用在两个物体上，它们不是一对平衡力，因此它们是对各自作用的物体产生效果；③第三定律适用的参考系不要求是惯性系；④对于接触力，例如压力、拉力等，第三定律总是正确的。对于非接触力，例如万有引力、电磁力，涉及力的作用通过场(引力场、电磁场)来传递，其作用传递需要时间，作用与反作用的同时性不成立。但我们涉及的力学问题中，物体相距较近，相对运动的速度又不大，且认为作用场是稳恒的，故该定律仍近似成立。

2.1.2 国际单位制和量纲*

应用物理规律进行数值计算时，各物理量的单位必须“配套”。相互配套的一组单位称为“单位制”。目前国内外通用的单位制叫国际单位制，符号为 SI。

基本单位：在确定各物理量的单位时，总是根据它们之间的相互关系选定少数几个物理量作为基本量，并人为地规定它们的单位，这样的单位叫基本单位。

国际单位制(SI)规定了 7 个基本量及 7 个基本单位，如表 2.1 所列。

表 2.1 基本物理量及其单位

名称	长度	时间	质量	电流	物质的量	热力学温度	发光强度
单位	米	秒	千克	安培	摩尔	开尔文	坎德拉
单位符号	m	s	kg	A	mol	K	cd
基本量符号	L	T	M	I	N	Θ	J

导出单位：除了基本量的单位之外，还有两个辅助单位(平面角弧度 rad、立体角球面度 Sr)，而其他物理量都可以根据一定的关系从基本量导出，这些物理量称为**导出量**。导出量的单位都是基本单位与辅助单位的组合，称为**导出单位**，例如速度(m/s)、加速度(m/s^2)、力($kg\cdot m/s^2$)等。

不考虑数字因素，将一个导出量用若干基本量的乘方之积表示，这种表达式称为该物理量的**量纲**。基本量的表示符号是：长度 L、质量 M、时间 T、电流 I、温度 Θ、物质的量 N 和发光强度 J。导出量 $[Q]$ 的量纲可用基本量表示，例如加速度 $[a]=LT^{-2}$、力 $[F]=LMT^{-2}$、动量 $[p]=LMT^{-1}$ 等。

只有量纲相同的项才能进行加减或用等式联接，据此可检验运算结果是否正确。如果某物理量运算的最终结果的量纲不正确，那运算结果肯定不对。例如，通过计算得到加速度的量纲不是 LT^{-2}，即单位不是 m/s^2，那就说明计算错误。

2.1.3　基本力与非基本力

如前所述，能够使物体获得加速度的因素就是力。力的名称很多，按性质分类有重力、摩擦力、弹性力、流体阻力、表面张力、库仑力、洛伦兹力、安培力、核力等，按效果分类有拉力、压力、支持力、浮力、回复力、向心力等，还有接触力与非接触力、内力与外力等其他分类方式。然而，这些力来源于四个基本的力。

1. 基本力

现已发现，自然界中物质之间的基本相互作用有四种，对应四种基本力。它们分别是，引力相互作用对应万有引力，电磁相互作用对应电磁力，强相互作用对应强力，弱相互作用对应弱力。

1) 万有引力

万有引力的发现是牛顿的杰出的贡献之一。无论是地上、天上的两个物体，只要有质量，它们之间就存在相互吸引力。将物体视为质点，以 m_1 物体为原点，引出指向 m_2 物体的位置矢量 $\boldsymbol{r}$，$\boldsymbol{e}_r$ 为 $\boldsymbol{r}$ 的单位矢量，则 m_2 物体受到 m_1 物体的引力为

$$\boldsymbol{F}_{12}=-G\frac{m_1m_2}{r^2}\boldsymbol{e}_r=-G\frac{m_1m_2}{r^3}\boldsymbol{r}$$

式中，G 为引力常数。

牛顿第二定律中的质量常被称为惯性质量，而万有引力中出现的质量被称为引力质量。实验证明，任何物体的惯性质量同它的引力质量严格地成正比。当选择适当的万有引力常数 $G=6.67430\times10^{-11}\ \mathrm{N\cdot m^2/kg^2}$，就可以使同一物体的两个质量的数值相等，即 $m_{引}=m_{惯}$。后面不再区分引力质量与惯性质量，两者统一称为质量。

2) 电磁力

电磁力是在带电粒子或带电体之间存在的力。如果两个电荷静止，两者之间的受力称为库仑力或静电力。然而，当两个电荷运动时，两者之间的力并非仅有库仑力，还有运动电荷激发的磁场给对方施加的洛伦兹力，以及感生电场施加的电场力。电磁力是指这些力的总称，见电磁学部分的内容。

电荷之间的电磁力通过电磁场作为传递媒介来施加作用。由于原子与分子是由电荷构成的，它们之间的相互作用力主要是电磁力，上述的摩擦力、弹性力、流体阻力、表面张力等都是相互靠近的原子或分子之间作用力的宏观表现，因此本质上来源于电磁力。

3) 强力与弱力

强力与弱力均存在于原子核内部，均属于短程力。强力是质子、中子、介子等强子之间的作用力，作用力程 $<10^{-15}$ m。弱力是电子、夸克、中微子等费米子之间的力，作用力程 $<10^{-18}$ m。

四种基本力有没有内在联系，能否统一起来？这是物理学最为值得探索的工作之一。至今物理学已经实现了电与磁的统一，还将电磁相互作用和弱相互作用统一起来，未来的

目标是将万有引力跟其他力统一起来。

2. 非基本力

除了这四种基本力外，其他的力均来源于四种基本力，主要来源于电磁力与万有引力。常见的力有重力、弹性力、摩擦力、流体阻力、表面张力等。前三种力高中阶段已经学习过，下面介绍一下后两种力。

1) 流体阻力

气体与液体称为流体，物体在流体中运动，由于流体的黏性作用，会在物体表面产生与物面相切的摩擦力，全部摩擦力的合力称为摩擦阻力。另外，由于垂直于物体前后表面的流体压力不同，还会产生与物体表面垂直的流体压力合成的阻力，称为压差阻力。对于流线形物体，流体阻力以摩擦阻力为主。对于非流线形物体，流体阻力以压差阻力为主。做加速运动的物体会带动周围流体一起加速，将产生一部分附加的阻力。当机翼等物体在流体中运动时，在物体后面形成涡流，与之有关的阻力称为诱导阻力。当物体跨过声速或以超声速在气流中运动会产生一种激波，激波引起机械能的损失，由此引起的阻力称为波阻。船舶在水面上航行时会产生水波，与此有关的阻力称为兴波阻力。这些阻力都属于流体阻力。

物体相对流体低速运动，流体阻力的大小 f 与相对速率 v 成正比例关系，可表示为

$$f=kv$$

式中的比例系数 k 取决于物体的大小、形状、表面的粗糙程度、流体的黏度等多种因素。

当物体相对流体的速率增大，物体后面形成涡流，此时的阻力大小 f 与相对速率 v 的平方成正比例关系，可表示为

$$f=kv^2$$

当物体相对流体的速率更高，物体受到的流体阻力与相对速率的关系更复杂。

例 2.1 某小球从空中由静止下落，受到空气的阻力，阻力与小球的速率成正比例关系，比例系数为 k。试求：(1) 小球下落的速度；(2) 小球的运动方程。

解：(1) 小球做一维直线运动，以小球下落起点为坐标原点，开始下落作为计时起点，向下为正建立 oy 坐标系。如图 2.2 所示，小球运动过程受重力与阻力作用，所受阻力可表示为

$$f=-kv$$

上式中的负号表示阻力方向与速度方向反向。由牛顿第二定律有

$$mg-kv=ma=m\frac{\mathrm{d}v}{\mathrm{d}t}$$

对上式分离变量为

$$\mathrm{d}t=\frac{m\mathrm{d}v}{mg-kv}$$

图 2.2　小球运动的受力

已知初始条件：$t=0$ 时 $v_0=0$。对上式积分，可得小球的速度

$$\int_{v_0}^{v}\frac{m\mathrm{d}v}{mg-kv}=\int_{0}^{t}\mathrm{d}t$$

即
$$v=\frac{mg}{k}(1-\mathrm{e}^{-kt/m})$$

(2)由于 $v=\mathrm{d}y/\mathrm{d}t$，对上式分离变量为

$$\mathrm{d}y=\frac{mg}{k}(1-\mathrm{e}^{-kt/m})\mathrm{d}t$$

已知初始条件：$t=0$ 时 $y_0=0$。对上式积分，可得小球的运动方程

$$\int_{y_0}^{y}\mathrm{d}y=\frac{mg}{k}\int_{0}^{t}(1-\mathrm{e}^{-kt/m})\mathrm{d}t$$

即
$$y=\frac{mg}{k}t+\frac{m^2g}{k^2}(\mathrm{e}^{-kt/m}-1)$$

由此可见，当小球下落的时间足够长，所受阻力将等于重力，随后小球就将匀速下落。类似的问题有很多，例如物体在液体中下沉，运动员跳伞等，可以进行类似的处理，得到物体运动情况。

2)表面张力

在液体和气体的分界处，以及两种不能混合的液体之间的分界处，形成了液体表面。由于表面层里的分子比液体内部稀疏，分子间的距离比液体内部大一些，分子间的相互作用表现为吸引力。这类似如弹簧被拉伸时，弹簧将有收缩的趋势。如图2.3(a)所示，设想在液体表面存在一小块薄膜层，如果它的面积被扩张，那么该膜层就要产生使液体表面积缩小的拉力，此即是表面张力。张力 $\boldsymbol{F}$ 的方向跟膜层的边界垂直，并与液面相切。见图2.3(a)，设一段很短的分界线长为 l，该段分界线两边的张力为 F，则

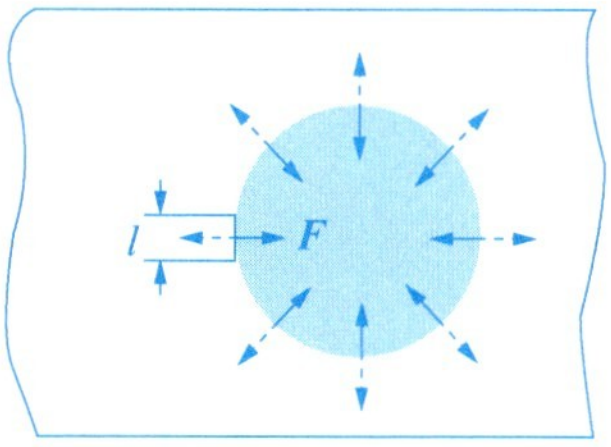

(a)

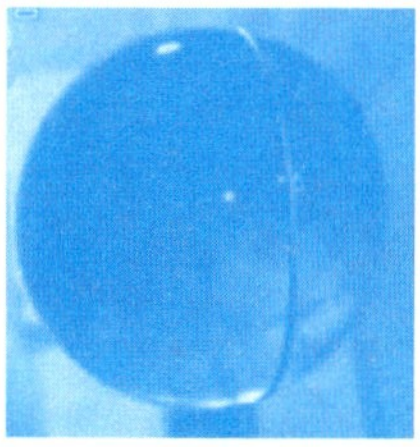
(b)

图2.3 表面张力

$$F=\gamma l$$

上式中 γ 表示液体的表面张力系数。液体的表面张力系数跟液体的种类、温度、液体中的杂质、相邻物质的化学性质等因素有关：一般密度小、容易蒸发的液体，其表面张力系数小，分子量大的液体其表面张力系数大；当温度升高，表面张力系数随之减小，两者近似为线性关系；在液体中加入杂质可促使液体的表面张力系数增大或减小，例如水中加盐后表面张力系数就增大了；相邻物质的表面分子会跟液体表面的分子相互作用，从而影响液

体的表面张力系数。

日常生活中可以观察到很多由于液体表面张力引起的现象，例如：荷叶上的水珠，将硬币平放于水面上而不沉，在水杯中注水使水面稍高出杯口而不外溢，有些小昆虫能在水面上行走等。图 2.3(b)是我国女宇航员王亚平在天宫一号太空舱中做的水球实验，显示了液体的表面张力。

例 2.2 图 2.4 是一种测量液体的表面张力系数的实验装置示意图。将一个内、外直径分别为 D_1、D_2 的细金属环悬挂在测力计上，然后将金属环浸入装有液体的玻璃容器中，随后缓慢地提拉金属环，金属环就会拉起一个与液面相连的圆筒形液膜。由于液体的表面张力作用，测力计的拉力逐渐到达最大值 f_{max}(超过此值，液膜即破裂)。金属环的质量以 m 表示，试推导出液体的表面张力系数 γ 的表示式。

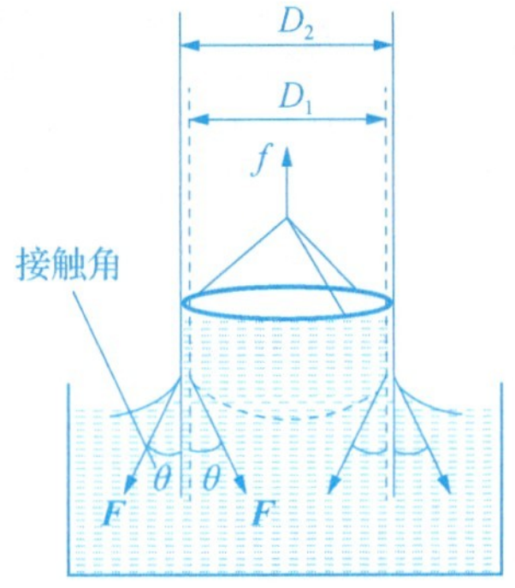

图 2.4 测表面张力系数的实验图

解： 测力计的最大拉力值 f_{max} 应等于金属环的重力 mg、液体膜的重力 $m'g$ 与液膜的张力 F 之和，即

$$f_{max}=mg+m'g+F$$

见图 2.4，拉起液膜的过程中接触角逐渐减小，当液膜破裂时液膜的张力竖直向下。圆筒形液膜有内外两个表面，周长之和为 $\pi(D_1+D_2)$，因此液膜的表面张力为

$$F=\gamma\pi(D_1+D_1)$$

由以上两式得

$$\gamma=\frac{f_{max}-mg-m'g}{\pi(D_1+D_2)}$$

忽略液膜的重力，则为

$$\gamma=\frac{f_{max}-mg}{\pi(D_1+D_2)}$$

2.1.4 牛顿定律的应用

正如运动学中的两类问题，动力学的典型问题也可归结为两类：①已知作用于物体(可视为质点)上的力，由牛顿定律来确定该物体的运动情况或平衡状态；②已知物体的运动情况或平衡状态，由牛顿定律来推究作用于物体上的各种力。应用牛顿定律来处理问题一般先对所研究的物体进行受力分析，再确定约束条件，随后由牛顿定律列方程，接下来解方程得到结果，最后针对结果进行讨论。牛顿定律的应用见如下举例。

例 2.3 如图 2.5(a)所示，质量为 $m=1$ kg 的小物体静止在水平地面上，距高为 $h=3$ m 的杆的距离为 $L=4$ m。用一根细绳与小物体连接绕过杆的顶端，用水平恒力 $F=5$ N 开始拉绳子，小物体与地面的摩擦因数为 $\mu=0.25$。忽略绳的质量、绳与杆的摩擦力，求小物体靠近杆时的速率。

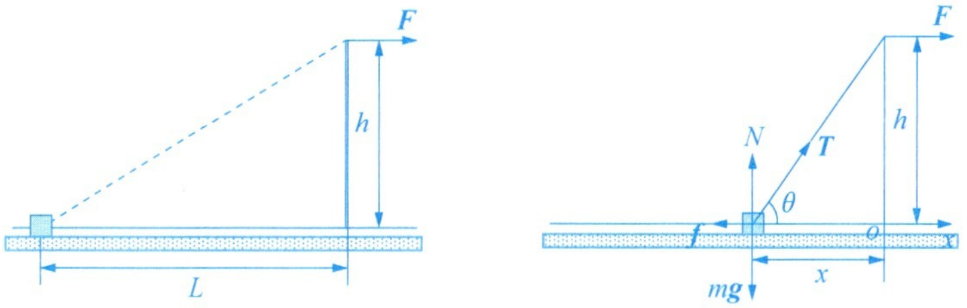

(a)小物体静止在地面上　　(b)小物体运动的受力

图 2.5

解：小物体可视为质点。以杆的位置为原点向右为 x 轴正向建立 ox 坐标系，见图 2.5(b)所示。当小物体运动到 x 位置时绳子与 x 轴夹角设为 θ，小物体受到绳子的拉力 $T=F$，还有向下的重力 mg，向上的支持力 $N=mg-T\sin\theta$，向左的摩擦力 $f=\mu N=\mu(mg-T\sin\theta)$。沿运动方向由牛顿第二定律有

$$F\cos\theta-\mu(mg-F\sin\theta)=ma$$

即

$$\frac{F\cos\theta-\mu(mg-F\sin\theta)}{m}=\frac{\mathrm{d}v}{\mathrm{d}t}=\frac{\mathrm{d}v\,\mathrm{d}x}{\mathrm{d}x\,\mathrm{d}t}=v\frac{\mathrm{d}v}{\mathrm{d}x} \qquad ①$$

见图 2.5(b)，有

$$\sin\theta=\frac{h}{\sqrt{x^2+h^2}},\quad \cos\theta=\frac{-x}{\sqrt{x^2+h^2}}$$

对①式分离变量为

$$v\mathrm{d}v=\left(-\frac{F}{m}\frac{x}{\sqrt{x^2+h^2}}-\mu g+\frac{\mu F}{m}\frac{h}{\sqrt{x^2+h^2}}\right)\mathrm{d}x$$

考虑到初始条件：$x=-L$ 时 $v=0$。对上式积分为

$$\int_0^v v\mathrm{d}v=-\frac{F}{m}\int_{-L}^0\frac{x\mathrm{d}x}{\sqrt{x^2+h^2}}-\mu g\int_{-L}^0\mathrm{d}x+\frac{\mu Fh}{m}\int_{-L}^0\frac{\mathrm{d}x}{\sqrt{x^2+h^2}}$$

即

$$\frac{1}{2}v^2=-\frac{F}{m}\sqrt{x^2+h^2}\Big|_{-L}^0-\mu gL+\frac{\mu Fh}{m}\ln(x+\sqrt{x^2+h^2})\Big|_{-L}^0$$

得

$$v=\left[\frac{2F}{m}(\sqrt{L^2+h^2}-h)-2\mu gL+\frac{2\mu Fh}{m}\ln\frac{h}{\sqrt{L^2+h^2}-L}\right]^{1/2}$$

代入数据可得

$$v=1.85\ \mathrm{m/s}$$

例 2.4 如图 2.6 所示，半径为 R 的圆环固定在光滑水平桌面上，小物体紧贴环的内侧做圆周运动，物体与环之间的摩擦因数为 μ，开始时物体的速率为 v_0。求：(1) t 时刻物体的速率；(2) 物体速率从 v_0 减少到 $v_0/2$ 时经历的时间以及经过的路程。

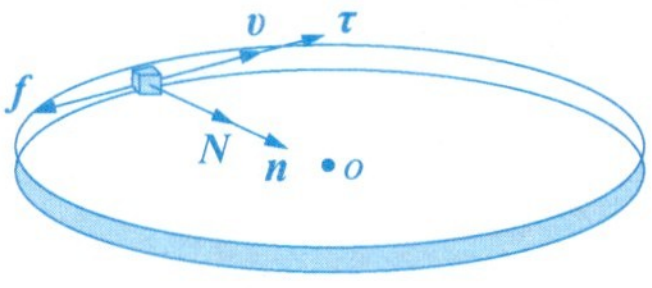

图 2.6 小物体紧贴环内侧运动

解：(1) 小物体做圆周运动，在切向与法向上的受力如图 2.6 所示，环给物体的压力 $\boldsymbol{N}$ 指向法向单位矢量 $\boldsymbol{n}$ 的方向，物体与环的摩擦力 $\boldsymbol{f}$ 的方向与切向单位矢量 $\boldsymbol{\tau}$ 反向。另外，物体受重力与桌面的支持力，但它们是一对平衡力，不影响物体的运动。设物体质量为 m，由自然坐标系中牛顿第二定律的分量形式有

$$-\mu N = ma_\tau = m\frac{\mathrm{d}v}{\mathrm{d}t}$$

$$N = ma_n = m\frac{v^2}{R}$$

由以上两式得

$$\mu\frac{v^2}{R} = -\frac{\mathrm{d}v}{\mathrm{d}t}$$

初始条件：$t=0$ 时 $v=v_0$。对上式分离变量积分为

$$-\frac{\mu}{R}\int_0^t \mathrm{d}t = \int_{v_0}^{v}\frac{\mathrm{d}v}{v^2}$$

得

$$v = \frac{Rv_0}{R+\mu v_0 t}$$

(2) 当物体的速率从 v_0 减少到 $v_0/2$ 时，由上式可得所经历的时间为

$$t' = \frac{R}{\mu v_0}$$

物体在该段时间经过的路程为

$$s = \int_0^{t'} v\mathrm{d}t = \int_0^{t'}\frac{Rv_0}{R+v_0\mu t}\mathrm{d}t = \frac{R}{\mu}\ln 2$$

对于此题，如果要问：需经过多长时间物体停止下来？从速度表达式中可见，当 $t\to\infty$ 时，$v\to 0$，可见物体要经过无限长时间才停止下来。这显然不合实际情况。题解出现这种误差是因为忽略了其他阻力。如果考虑物体运动还要受到桌面的摩擦力，物体停止下来不需要无限长时间。假定物体与桌面的摩擦因数也为 μ，物体停止下来需要的时间求解如下。

解：由自然坐标系中牛顿第二定律的分量形式有

$$-\mu N - \mu mg = m\frac{\mathrm{d}v}{\mathrm{d}t} \quad ①$$

$$N = m\frac{v^2}{R} \quad ②$$

由上两式得

$$-\mu\frac{v^2}{R}-\mu g=\frac{\mathrm{d}v}{\mathrm{d}t}$$

对上式分离变量积分有

$$-\frac{\mu}{R}\int_0^t\mathrm{d}t=\int_{v_0}^{v}\frac{\mathrm{d}v}{v^2+gR}$$

得

$$v=\frac{v_0\sqrt{gR}-gR\tan\left(\sqrt{g/R}\mu t\right)}{\sqrt{gR}+v_0\tan\left(\sqrt{g/R}\mu t\right)}$$

由此，令 $v=0$ 可以确定物体停止需要的时间，可见所需时间并不是无限长。还可以考虑物体更接近实际的运动情况：物体运动不仅要受到圆环、桌面的摩擦力，还要受到空气的阻力。考虑物体低速运动，受到的空气阻力为 $f=-kv$。那么列出的①式将是

$$-\mu N-\mu mg-kv=m\frac{\mathrm{d}v}{\mathrm{d}t}$$

结合②式得

$$-\mu m\frac{v^2}{R}-\mu mg-kv=m\frac{\mathrm{d}v}{\mathrm{d}t}$$

随后进行类似的数学处理，可以得到物体更为真实的运动情况。

例 2.5　用玩具枪对空中发射子弹，子弹在运动过程中所受空气阻力为 $f=-kv$，k 为阻力系数。设子弹的质量为 m、初速为 v_0、发射角为 θ，求子弹的运动方程。

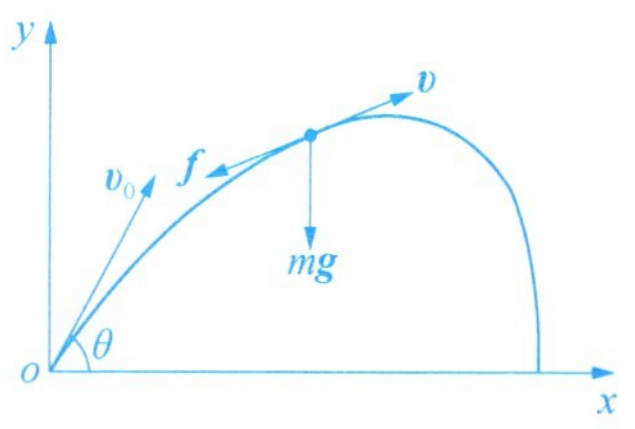

图 2.7　子弹运动的受力

解：如图 2.7 所示，建立平面直角坐标系 xoy。子弹受重力 $m\boldsymbol{g}$ 与空气阻力 $\boldsymbol{f}$。阻力方向跟速度反向，它在 xy 轴上的分力分别为 $f_x=-kv_x$，$f_y=-kv_y$。由牛顿第二定律在 xy 轴上列方程为

$$m\frac{\mathrm{d}v_x}{\mathrm{d}t}=-kv_x \qquad ①$$

$$m\frac{\mathrm{d}v_y}{\mathrm{d}t}=-mg-kv_y \qquad ②$$

初始条件：$t=0$ 时，$v_{0x}=v_0\cos\theta$，$v_{0y}=v_0\sin\theta$。由①式分离变量积分为

$$\int_{v_{0x}}^{v_x}\frac{\mathrm{d}v_x}{v_x}=-\frac{k}{m}\int_0^t\mathrm{d}t$$

得

$$v_x=v_0\cos\theta\mathrm{e}^{-kt/m} \qquad ③$$

由②式分离变量积分为

$$\int_{v_{0y}}^{v_y}\frac{k\mathrm{d}v_y}{mg+kv_y}=-\frac{k}{m}\int_0^t\mathrm{d}t$$

得
$$v_y=\left(v_0\sin\theta+\frac{mg}{k}\right)e^{-kt/m}-\frac{mg}{k} \quad ④$$

初始条件：$t=0$ 时，$x=0$，$y=0$。由 $v_x=dx/dt$，$v_y=dy/dt$，由③式分离变量积分为

$$\int_0^x dx=\int_0^t v_0\cos\theta e^{-kt/m}dt$$

得
$$x=\frac{mv_0\cos\theta}{k}(1-e^{-kt/m})$$

由④式分离变量积分为

$$\int_0^y dy=\int_0^t\left[\left(v_0\sin\theta+\frac{mg}{k}\right)e^{-kt/m}-\frac{mg}{k}\right]dt$$

得
$$y=\frac{m}{k}\left(v_0\sin\theta+\frac{mg}{k}\right)(1-e^{-kt/m})-\frac{mg}{k}t$$

至此得到了子弹的分量形式的运动方程。从中消去时间变量 t，就可以得到子弹的轨道方程，可见它明显不是抛物线，它被称为弹道曲线。如果进一步考虑流体阻力跟物体的速度、形状、流体密度等因素的关系，还可以得到更为精确的弹道曲线。

***混沌**

从以上例题我们可能得到这样的认知：如果越详细地获得物体的受力与初始条件，利用牛顿定律就能更准确地确定或者预测物体的运动——任意时刻的速度、位置。自牛顿以来，科学界形成了一种认知，任何复杂的自然界系统都可以用一组确定的方程来描述，只要知道初始条件，通过求解这组方程，就可准确地预测系统中物体运动的未来或追溯它的过去。这种认知被称为决定论的可预测性，牛顿力学也就被称为确定性理论。当然，由牛顿第二定律列出的方程就越复杂，随后的数学求解，可能难以得到速度与位置的明确的数学表达式，但现在能够借助计算机进行数值处理得到结果。正因为可预测，人们将牛顿力学应用于科学研究、社会生产活动的各个方面，获得了巨大的成功。历史上法国数学家拉普拉斯曾经夸口：给定宇宙的初始条件，我们就可以预言它的未来。

一个物理系统可以分为线性系统与非线性系统。如果系统中物体的受力跟位置或速度呈线性关系，这种系统称为线性系统，若呈非线性关系则为非线性系统。线性与非线性系统还可以这么表述：表达某过程的物理规律(即微分方程)中，只包含函数及其导数的一次项的系统，即为线性系统，若含有二次等高阶项，则称为非线性的。例如，前面的例题2.5中，子弹运动受到的力就是线性力，子弹处在一个线性系统中运动。如果子弹受到的阻力与 v^2 成正比，子弹就处在一个非线性系统中运动。

到了20世纪60年代，牛顿力学的这种确定性认知受到了严重的挑战。人们发现对于线性系统，应用牛顿力学预测系统中物体的运动与实际吻合，而对于非线性系统，预测物体的运动则对初始值极为敏感。对于同一个非线性系统，针对两个有微小差值的初始条件，利用牛顿力学预测系统中物体随后的运动状态，结果发现短时间内的两个预测结果相

差不大，而随着时间的延长，两个预测结果之间的差异越来越大。如图 2.8 所示[①]，美国气象学家洛伦茨利用计算机预测气候的演变，对于两个差值微小的初值，两预测结果的差异越来越大。对于非线性系统，物体的运动对初始条件非常敏感，运动的长期效应呈现出随机的、不可预测的特点，这种现象被称为**混沌**，其运动状态称为**混沌运动**。人们发现，混沌现象的随机性来源于非线性系统中微小差异的增长量将按指数增加的方式进行，因而具有对初始值敏感的行为。另外，人们在分析自然界系统中物体的运动时，经常采用理想化模型，微小的作用力会被忽略。对于非线性系统，经过一段时间，微小的作用力也会产生显著的影响。混沌现象可形象地表述为“蝴蝶效应”：一只南美洲亚马孙河流域热带雨林中的蝴蝶，偶尔扇动几下翅膀，可能在两周以后引起美国得克萨斯州的一场龙卷风。

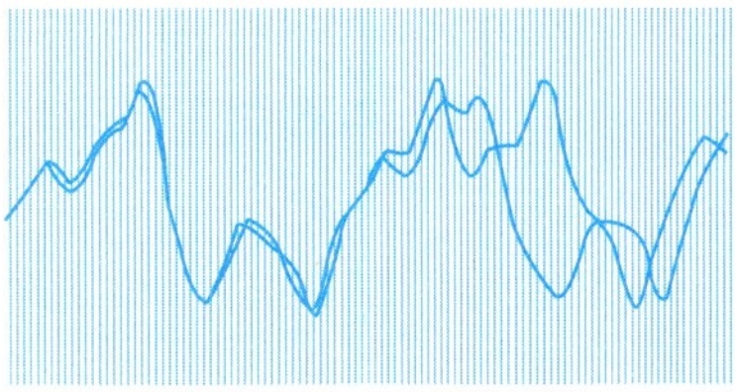

图 2.8　洛伦茨的气候演变曲线

应该注意的是，混沌现象并没有否定牛顿力学的确定性。只要非线性系统的初始条件能够准确确定，由牛顿力学就可以准确预测物体的运动状态，然而很多情况下系统的初始条件是难以绝对准确地获得，于是物体长期的运动状态就难以准确地预测，以至于不可预测。因此，不能将确定性和可预测性等同起来，一个运动即使是确定性的，也可以是不可预测的，二者并不矛盾。

人们对混沌现象的研究方兴未艾，已经从数学与物理领域向自然科学的其他领域延伸，甚至延伸到人文科学领域。

*2.2　非惯性系中的惯性力

2.2.1　平动的非惯性系中的惯性力

前一节引入惯性系时得到了这样的推论：凡相对于惯性系做惯性运动的参考系都是惯性系，做加速运动的参考系则是非惯性系。如图 2.9(a)所示，考察一个车厢相对于水平地面做平动。当车厢相对地面做匀速直线运动或静止，那么地面参考系 S 与车厢参考系 S' 都是惯性系。如图 2.9(b)所示，当车厢以加速度 $\boldsymbol{a}_0$ 相对地面向右行驶，那么地面参考系 S 是惯性系，车厢参考系 S' 则是非惯性系。

① 张三慧. 大学基础物理学[M]. 第 2 版上册. 北京：清华大学出版社，2007.

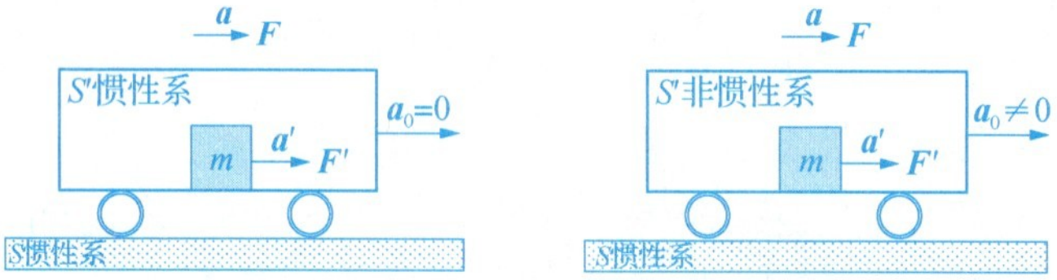

(a)平动的车厢为惯性系　　(b)平动的车厢为非惯性系

图 2.9　平动车厢为惯性系与非惯性系时物体的运动

对于图 2.9(a)中的情况，设车厢底面光滑，考察车厢中质量为 m 的物体(视为质点)。当物体受 $\boldsymbol{F}$ 力作用，从 S 系与 S' 系中观测物体获得的加速度分别记为 $\boldsymbol{a}$、$\boldsymbol{a}'$。两加速度的关系 $\boldsymbol{a}=\boldsymbol{a}'$，因为 S' 系相对 S 系的加速度 $\boldsymbol{a}_0=0$。在惯性系 S 中观测物体运动满足牛顿第二定律 $\boldsymbol{F}=m\boldsymbol{a}$。根据牛顿力学的观点，物体的质量、物体之间的作用力不依赖于参考系——在不同参考系中测量物体的质量、作用力结果相同。在惯性系 S' 中观测物体受力记为 $\boldsymbol{F}'$，那么必然有 $\boldsymbol{F}'=\boldsymbol{F}=m\boldsymbol{a}=m\boldsymbol{a}'$。可见，在所有惯性系中牛顿第二定律的数学表达式不变，换言之，牛顿第二定律适用于所有的惯性系。事实上也是这样，在相对于地面匀速运动的轮船或列车内部做力学实验，跟在地面做同样的实验得到的结果是一样的，例如做自由落体实验、抛体实验等，结果一样。因此，不可能借助于在惯性系中做力学实验来判断该参考系是否在做惯性运动，力学规律在任何惯性系中的数学形式不变，或者说所有惯性系都是等价的，这称为**力学相对性原理**(或**伽利略相对性原理**)。

对于图 2.9(b)中的情况，当物体受 $\boldsymbol{F}$ 力作用，从惯性系 S 与非惯性系 S' 系中观测物体的加速度 $\boldsymbol{a}$ 与 $\boldsymbol{a}'$，跟加速度 $\boldsymbol{a}_0$ 的关系为 $\boldsymbol{a}=\boldsymbol{a}_0+\boldsymbol{a}'$。在 S' 系中，$\boldsymbol{F}'=\boldsymbol{F}$，那么

$$\boldsymbol{F}'=\boldsymbol{F}=m\boldsymbol{a}=m(\boldsymbol{a}_0+\boldsymbol{a}')=m\boldsymbol{a}_0+m\boldsymbol{a}' \tag{2.2}$$

由此可见，在非惯性系 S' 中牛顿第二定律的数学表达式不能保持 $\boldsymbol{F}'=m\boldsymbol{a}'$ 的形式，这说明在非惯性系中物体的运动不遵循牛顿第二定律的规律，也就是牛顿第二定律在非惯性系中不成立。如果将上式中的 $m\boldsymbol{a}_0$ 移到方程的左边，将它看成力，这个力被称为**惯性力**，即

$$\boldsymbol{F}_i=-m\boldsymbol{a}_0$$

则式(2.2)变为

$$\boldsymbol{F}'+\boldsymbol{F}_i=m\boldsymbol{a}'$$

这显示在非惯性系 S' 中，物体的受力($\boldsymbol{F}'+\boldsymbol{F}_i$)与加速度 $\boldsymbol{a}'$ 以及质量 m 的关系仍然满足牛顿第二定律的形式，于是第二定律在非惯性系中也成立。

人们乘坐汽车，当汽车启动或紧急刹车时，身体会不由自主地后仰或前俯，就好像身体被力推动一样，身体感受到的这个“力”就是惯性力。由于汽车启动或刹车时有加速度，而人要保持惯性运动才使人感受到这个力，因此惯性力来源于非惯性系的加速运动与物体的惯性运动。但应该注意到的是，惯性力是人为引入的假想力，不是真实的力，因为找不到惯性力的施力者与它的反作用力。引入惯性力的好处，是使第二定律在非惯性系中的数

学方程形式不变，这就便于用第二定律处理非惯性系中的力学问题。见下面的例题。

例 2.6　如图 2.10(a)所示，升降机内有一个水平桌面，桌面上的物体 A 通过细绳绕过定滑轮跟物体 B 连接，物体 A、B 的质量均为 m。升降机以 $a_0=g/2$ 的加速度上升，物体 A、B 也在加速运动。物体 A 与桌面间的摩擦因数为 μ。不计绳子和定滑轮的质量，绳子不可伸长，求物体 B 相对地面的加速度以及绳中的张力。

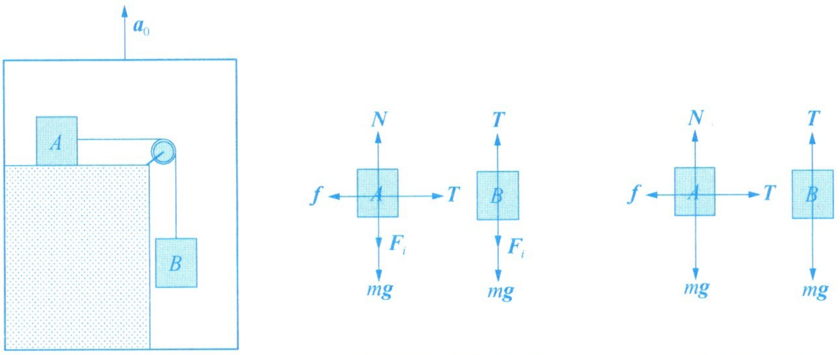

(a)升降机中两物体　(b)非惯性系中物体受力　(c)惯性系中物体受力

图 2.10

解：以升降机为非惯性系来处理问题。物体 A、B 的受力分析见图 2.10(b)所示。设物体 A、B 相对升降机的加速度分别为 a'_A、a'_B，两者大小相等，绳中的张力大小为 T。两物体受到向下的惯性力，大小为 $F_i=mg/2$。物体 A 受到的支持力与摩擦力分别为

$$N=F_i+mg$$

$$f=\mu N=\mu(F_i+mg)$$

在升降机参考系中，针对物体 A、B 由牛顿第二定律列方程，分别为

$$T-f=ma'_A$$

$$mg+F_i-T=ma'_B$$

由以上方程联立求得

$$a'_A=a'_B=\frac{3}{4}(1-\mu)g$$

$$T=\frac{3}{4}(1+\mu)mg$$

取向下为正向，则 B 物体相对地面的加速度为

$$a_B=a'_B-a_0=\frac{1}{4}(1-3\mu)g$$

由此可见，物体 B 相对地面的加速度方向，当 $\mu<1/3$ 时向下；当 $\mu=1/3$ 时加速度为零；当 $\mu>1/3$ 时则向上。

另法：以地面惯性系来处理问题。物体 A、B 的受力分析见图 2.10(c)所示。在地面参考系中，物体 A 竖直方向的加速度为 a_0，水平方向的加速度记为 a_{Ax}，它受到的摩擦力

为 $f=\mu N$。针对物体 A、B 在竖直与水平方向由牛顿第二定律列方程，分别为

$$N-mg=ma_0$$

$$T-f=ma_{Ax}$$

$$mg-T=ma_B$$

由于物体 A 的 a_{Ax} 大小等于物体 B 相对于升降机的加速度，取向下为正向，即

$$a_{Ax}=a'_B=a_B+a_0$$

由以上方程联立求得

$$a_B=\frac{1}{4}(1-3\mu)g$$

$$T=\frac{3}{4}(1+\mu)mg$$

2.2.2 转动的非惯性系中的惯性力

考虑物体(视为质点)在水平光滑圆盘上跟随圆盘做匀速圆周运动。地面参考系 S 为惯性系，圆盘转动有向心加速度，圆盘参考系 S′为非惯性系。如图 2.11 所示，从地面参考系 S 来观测，物体的运动遵循牛顿规律：弹簧的弹性力 F 提供物体做匀速圆周运动的向心力，a_n 为物体的向心加速度，即有

$$F=ma_n=mR\omega^2$$

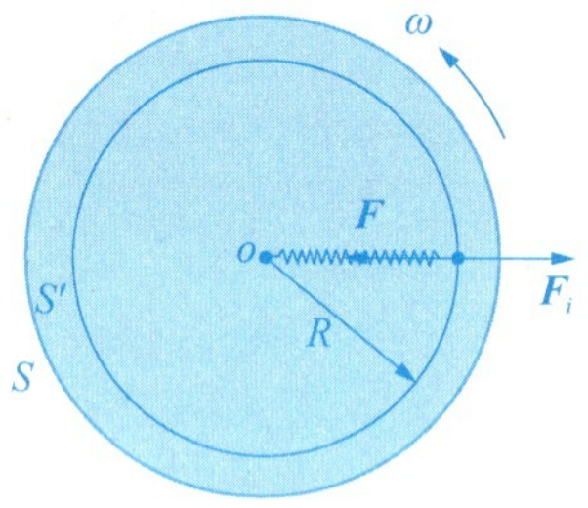

图 2.11 物体相对圆盘静止

而在圆盘参考系 S′中观测，发现物体是静止的，但 S′系中的观察者能看到弹簧有伸长，弹簧给物体施加了弹性力，因此他认为应该有一个跟弹性力平衡的力，即 $\boldsymbol{F}+\boldsymbol{F}_i=0$，$\boldsymbol{F}_i$ 力就是转动时的惯性力，称之为**惯性离心力**，即有

$$F_i=-F=-mR\omega^2$$

式中，负号表示惯性离心力跟向心力反向。

人们乘坐汽车，当汽车转弯时，身体会向弯道的外侧倾斜，就好像身体被力向外侧推动一样，身体感受到的这个“力”就是惯性离心力。应该注意到，惯性离心力同样来源于非惯性系的加速运动与物体的惯性运动。惯性离心力也是人为引入的假想力，同样找不到惯性离心力的施力者以及它的反作用力。下面是一个相关例题。

例 2.7 离心调速器的机械结构如图 2.12(a)所示，圆环 A、B 跟两对连杆连接构成支架，可绕光滑竖直轴转动，圆环 A 的高度固定，圆环 B 的高度可升降。长连杆的下端固定小球，连杆长为 l，小球的质量为 m。圆环 A 上有齿轮，通过传动装置可以带动圆环、连杆与小球转动。球的直径远小于连杆长度以及球至转轴的距离，忽略连杆的质量与摩擦，当小球匀速转动的角速度为 ω 时，求连杆张开的角度 θ。

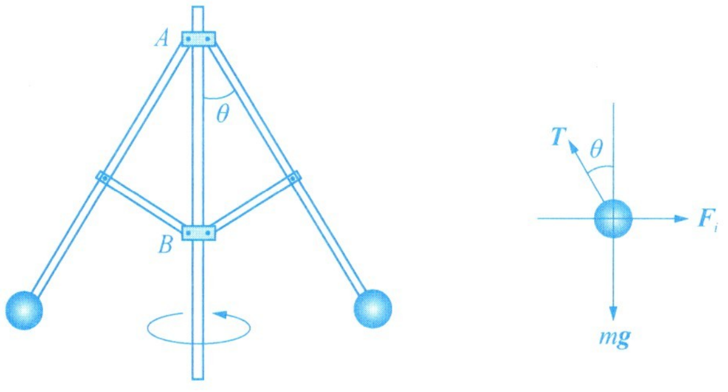

(a)离心调速器的结构图　　(b)小球的受力

图 2.12

解： 以转动的支架为参考系，在非惯性系中处理问题。小球视为质点，其受力分析见图 2.12(b)所示，有杆的拉力 $\boldsymbol{T}$、小球的重力 $m\boldsymbol{g}$ 以及惯性离心力 $\boldsymbol{F}_i$。在这三个力的作用下，小球相对支架静止，即有

$$\boldsymbol{T}+\boldsymbol{F}_i+m\boldsymbol{g}=0$$

在水平与竖直方向则有

$$T\sin\theta=F_i=m\omega^2 l\sin\theta$$

$$T\cos\theta=mg$$

由以上方程联立求得

$$\cos\theta=\frac{g}{\omega^2 l}$$

即

$$\theta=\arccos\frac{g}{\omega^2 l}$$

科里奥利力

图 2.11 显示的是物体相对圆盘静止的情况，如果物体相对于圆盘以角速度 $\omega'=v'/R$ 匀速转动，$\boldsymbol{v}'$ 为相对圆盘的线速度，如图 2.13 所示。从地面参考系来看，物体在向心力 F 的作用下以角速度 $\omega+v'/R$ 匀速转动，即有

$$F=mR\left(\omega+\frac{v'}{R}\right)^2=m\frac{v'^2}{R}+mR\omega^2+2mv'\omega$$

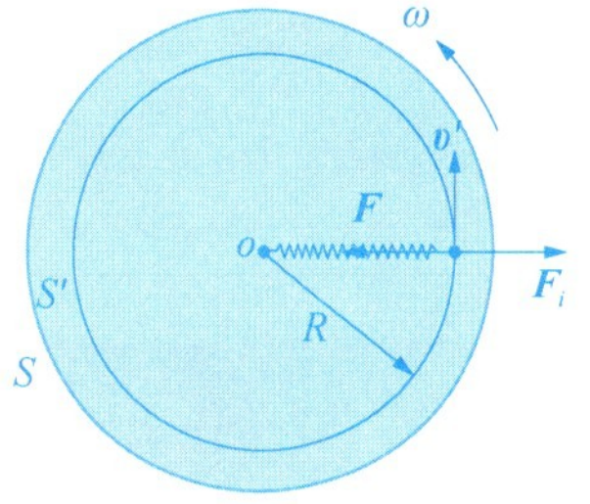

图 2.13　物体相对圆盘转动

将上式改写为

$$m\frac{v'^2}{R}=F-mR\omega^2-2mv'\omega$$

上式为物体相对非惯性系圆盘做匀速圆周运动遵循的规律，方程右边的向心力有三项，F 是真实的弹性力，$F_i=-mR\omega^2$ 是惯性离心力，而 $F_k=-2mv'\omega$ 就是**科里奥利力**。科

里奥利力是法国科学家科里奥利提出来的，也是一个假想力。可以证明，当物体以任意方向的速度 $\boldsymbol{v}'$ 相对转动的参考系运动，转动的非惯性系引起的科里奥利力可表示为

$$\boldsymbol{F}_k = 2m\boldsymbol{v}' \times \boldsymbol{\omega}$$

式中，$\boldsymbol{\omega}$ 是转动参考系的角速度。那么，图 2.13 中物体感受科里奥利力的方向垂直于圆盘转动轴向外。

由于存在自转，严格来看地球并不是惯性系，而是一个转动的非惯性系。如图 2.14(a)所示，地球上空的气流、地表的水流、飞行的炮弹等物体，如果有沿经度方向的速度，那么物体就要受到纬度方向的科里奥利力的影响。例如北半球上空向北流动的大气、飞行的炮弹等，就会受到向东的科里奥利力，使得物体运动过程中要向东偏转。因此，科里奥利力对气流、水流、炮弹等物体的运动方向起到了重要的作用。如图 2.14(b)显示的是科里奥利力对地球上信风形成的影响。科里奥利力还可以解释傅科摆的旋转摆动。人们利用科里奥利力的原理也制成了一些测量仪器，例如质量流量计、惯性传感器等。

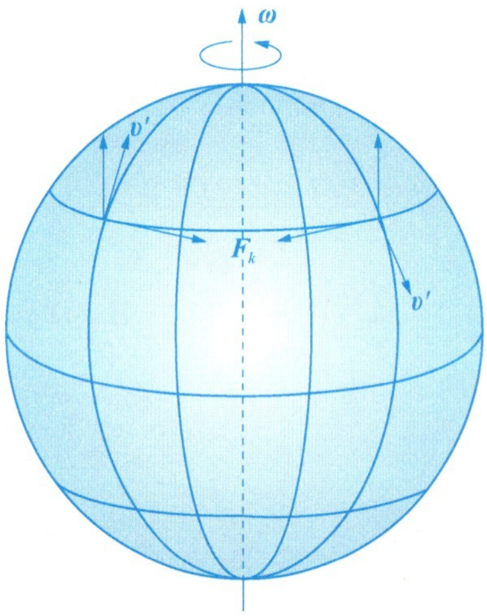

(a)大气经流的科里奥利力

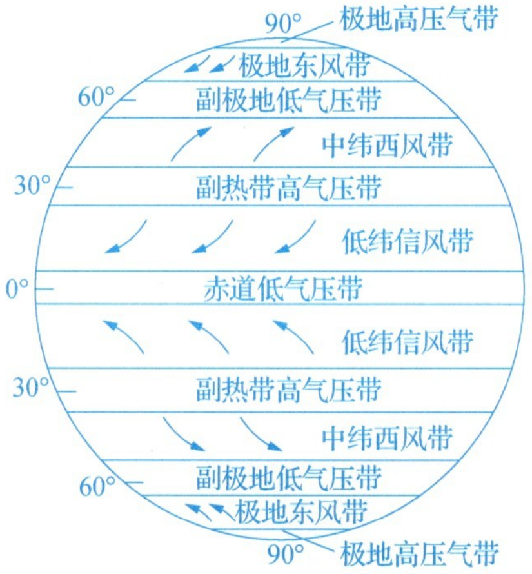

(b)信风

图 2.14 科里奥利力与信风

请思考：在南半球向正南方向发射了一枚炮弹，忽略风向，它在飞行过程中飞行方向会一直向南吗？

2.3 动量定理 动量守恒定律

物体一旦受到力的作用立即获得加速度，这就是牛顿第二运动定律的瞬时性。那么，当力持续作用一段时间会产生什么效果呢？或者说力在时间上的积累有什么效果？牛顿在总结伽利略、笛卡尔、惠更斯等人关于物体的碰撞、打击的研究成果，在此基础上提出了

动量定理、动量守恒定律。

2.3.1　质点的动量定理

我们所知的牛顿第二定律是以 $\boldsymbol{F}=m\boldsymbol{a}$ 的形式出现，然而牛顿给出的第二定律最初是以如下形式出现

$$\boldsymbol{F}=\frac{\mathrm{d}\boldsymbol{p}}{\mathrm{d}t} \tag{2.3}$$

式中的 $\boldsymbol{p}=m\boldsymbol{v}$，牛顿称之为物体的运动量，现在简称**动量**。上式表明物体的受力与其动量的变化率成正比，力的方向即为动量变化的方向。牛顿认为物体的质量不随运动速度改变，是恒量，因此式(2.1)与式(2.3)等价。然而，爱因斯坦的相对论与实验揭示，物体的质量随物体的运动速度改变而变化，并非常量，只有低速运动的物体其质量才可以近似为恒量，而动量是比速度更全面、更确切地反映物体运动状态的量。将上式改写得到

$$\boldsymbol{F}\cdot\mathrm{d}t=\mathrm{d}\boldsymbol{p}$$

此方程称为**微分形式的动量定理**，表明力 $\boldsymbol{F}$ 持续 $\mathrm{d}t$ 时间作用于物体上，将使它的动量发生 $\mathrm{d}\boldsymbol{p}$ 的改变。如果 $\boldsymbol{F}$ 持续作用一段时间，从 t_1 时刻持续至 t_2 时刻，两时刻物体的动量分别为 $\boldsymbol{p}_1$、$\boldsymbol{p}_2$，对上式积分得到

$$\int_{t_1}^{t_2}\boldsymbol{F}\mathrm{d}t=\int_{p_1}^{p_2}\mathrm{d}\boldsymbol{p}=\boldsymbol{p}_2-\boldsymbol{p}_1$$

此方程即是**积分形式的动量定理**。无论是微分形式还是积分形式的动量定理，都表明力持续作用于物体上产生的效果，使物体的动量发生了改变。

定义 $\boldsymbol{F}\mathrm{d}t=\mathrm{d}\boldsymbol{I}$ 为力持续作用从 $t\rightarrow t+\mathrm{d}t$ 时间段的冲量，称为**元冲量**，其方向即是 t 时刻力 $\boldsymbol{F}$ 的方向。力持续作用从 $t_1\rightarrow t_2$ 时间段的**冲量 $\boldsymbol{I}$** 即为

$$\boldsymbol{I}=\int_{t_1}^{t_2}\boldsymbol{F}\mathrm{d}t$$

冲量 $\boldsymbol{I}$ 的方向是 $t_1\rightarrow t_2$ 时间段各元冲量 $\mathrm{d}\boldsymbol{I}$ 矢量和的方向，也就是 $\boldsymbol{p}_2-\boldsymbol{p}_1$ 的方向。引入冲量之后，动量定理也可以表示为力的冲量等于物体动量的增量，即

$$\boldsymbol{I}=\boldsymbol{p}_2-\boldsymbol{p}_1=\Delta\boldsymbol{p}$$

在直角坐标系中，冲量可以表示为

$$\boldsymbol{I}=I_x\boldsymbol{i}+I_y\boldsymbol{j}+I_z\boldsymbol{k}=\left(\int_{t_1}^{t_2}F_x\mathrm{d}t\right)\boldsymbol{i}+\left(\int_{t_1}^{t_2}F_y\mathrm{d}t\right)\boldsymbol{j}+\left(\int_{t_1}^{t_2}F_z\mathrm{d}t\right)\boldsymbol{k}$$

即动量定理的分量式可表示为

$$I_x=\int_{t_1}^{t_2}F_x\mathrm{d}t=mv_{2x}-mv_{1x}$$

$$I_y=\int_{t_1}^{t_2}F_y\mathrm{d}t=mv_{2y}-mv_{1y}$$

$$I_z=\int_{t_1}^{t_2}F_z\mathrm{d}t=mv_{2z}-mv_{1z}$$

应用动量定理处理相关问题时应该注意的是：①冲量是力对时间的积分，跟质点的位置无关，是过程量。②知道了质点的受力随时间的变化关系，通过积分可以得到冲量。如果难以观测力随时间的变化关系，那么由动量的增量即可得到冲量。③动量定理由牛顿第二定理导出，因此也适用于惯性系，列方程时所有物理量必须基于同一惯性系。由牛顿第二定理导出的其他定理也适用于惯性系(后面不再一一说明)。另外，应注意动量定理与牛顿第二定律的关系：对一个质点，牛顿定律表示的是力的瞬时效应，而动量定理反映的是力对时间的积累效果。

请思考：质点受到多个力的作用，能否直接利用动量定理求某个分力的冲量？逆风行舟是如何做到的？

如何获得冲量或动量，见如下例子。

例 2.8 如图 2.15 所示，某圆锥摆的摆锤是质量为 m 的小球，用细绳悬挂起来，让它绕竖直轴线在水平面内做匀速圆周运动，角速率为 ω，圆的半径为 R。当小球在圆轨道上运动一周时，求：(1)小球所受重力的冲量；(2)小球所受绳拉力的冲量。

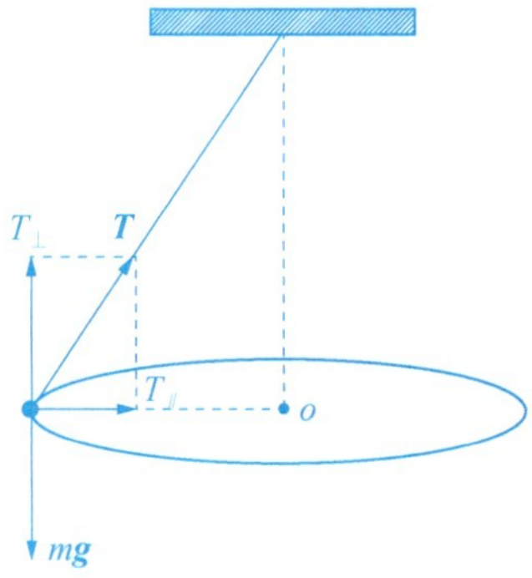

图 2.15 圆锥摆

解：(1)重力是恒力，记 T 为周期，由冲量的定义得重力的冲量为

$$\boldsymbol{I}=\int_{t_1}^{t_2}\boldsymbol{F}\mathrm{d}t=\int_0^T m\boldsymbol{g}\mathrm{d}t=m\boldsymbol{g}T=\frac{2\pi}{\omega}m\boldsymbol{g}$$

由此可见，恒力的冲量就等于恒力与持续时间之积。

(2)小球所受绳的拉力 $\boldsymbol{T}$ 尽管大小不变但方向变化，$\boldsymbol{T}$ 的冲量是变力的冲量。见图 2.15，将 $\boldsymbol{T}$ 沿竖直与水平方向分解，则竖直分力 $\boldsymbol{T}_\perp=-m\boldsymbol{g}$，它的冲量为

$$\boldsymbol{I}_\perp=-m\boldsymbol{g}T=-\frac{2\pi m\boldsymbol{g}}{\omega}$$

$\boldsymbol{T}$ 的水平分力 $T_{/\!/}$ 始终指向圆心，小球运动一周它的冲量为

$$\boldsymbol{I}_{/\!/}=\int_0^T \boldsymbol{T}_{/\!/}\mathrm{d}t=0$$

则小球运动一周拉力 $\boldsymbol{T}$ 的冲量等于 $-\boldsymbol{I}$。

物体之间的打击、碰撞等过程，相互作用力持续的时间很短，力随时间的变化迅速，常称为**冲力**。冲力一般难以直接测量，对此，常将冲力等效于一个恒力，引入**平均冲力**来了解实际的冲力。如图 2.16 所示，设冲力作用的时间从 $t_1\to t_2$ 时刻，那么平均冲力与实际冲力产生的冲量应该相等，即 $\overline{\boldsymbol{F}}(t_2-t_1)=\int_{t_1}^{t_2}\boldsymbol{F}(t)\mathrm{d}t$。根据动量定理，实际冲力的冲量等于物体动量的增量，因此平均冲力应为

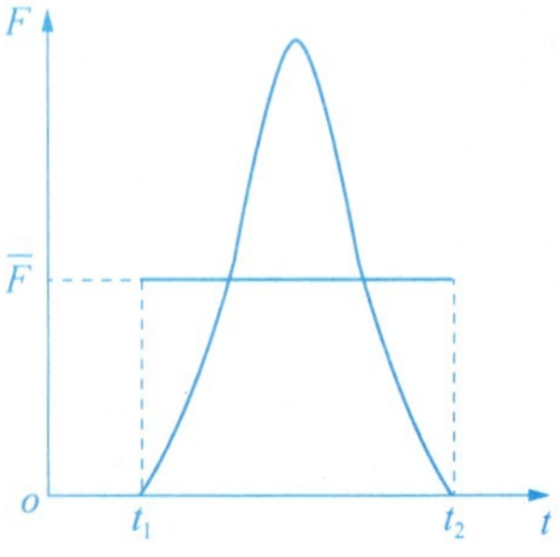

图 2.16 平均冲力

$$\overline{F}=\frac{1}{t_2-t_1}\int_{t_1}^{t_2}F(t)\,\mathrm{d}t=\frac{\Delta p}{\Delta t}$$

冲力有时候危害很大，为了消除危害，人们常通过增大冲力作用的时间来减小冲力的大小，例如汽车的气囊、拳击手套。人们还利用冲力来解决实际问题，例如冲击钻、冲床就是利用冲力来打孔。

根据上式，我们可以估算乒乓球碰撞墙壁、鸟碰撞飞机、锤子砸钉子等过程的平均冲力，从而了解实际冲力。

请思考： 要用手更容易地扯断一根线，两手抓紧线的两端为什么要猛地用力扯？

如何获得平均冲力，估计峰值冲力，见如下例子。

例 2.9　锻造是利用锻压机对金属坯料施加压力，使其产生变形以获得具有一定机械性能、形状的加工方法。如图 2.17 所示，质量 $m=1000$ kg 的金属锤以速度 $v_0=5$ m/s 击打金属坯料，假定击打后金属锤的末速度为零。若金属锤与坯料相互作用的时间 $\Delta t=0.01$ s，试计算金属锤击打金属坯料的平均冲力。

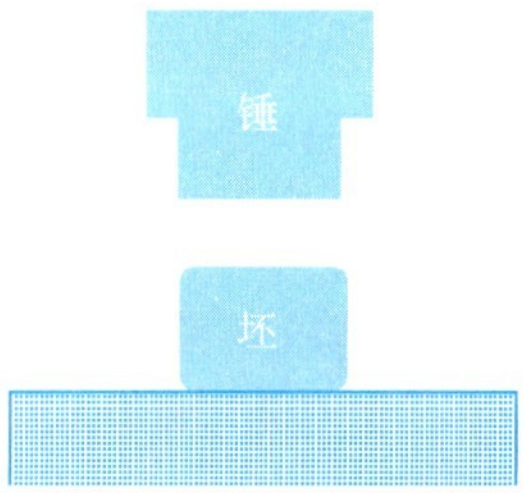

图 2.17　锻压机中的金属锤与坯料

解： 考察金属锤，在击打过程中受重力与金属坯料的作用力，该作用力以平均冲力 $\overline{F}$ 来表示。取向上为正向，由动量定理得

$$(\overline{F}-mg)\Delta t=0-(-mv_0)=mv_0$$

则平均冲力为

$$\overline{F}=\frac{mv_0}{\Delta t}+mg$$

金属锤对金属坯料的平均冲力 $\overline{F}'$ 与 $\overline{F}$ 反向，大小为

$$\overline{F}'=\frac{1000\times5}{0.01}+1000\times9.8=5.10\times10^5\ \text{N}$$

由此，以冲力峰值为平均冲力的两倍来估测，冲力的峰值约 1.02×10^6 N。

2.3.2　质点系的动量定理

前面考察的对象是单个质点，如果研究的对象是多个质点组成的系统，该系统称为**质点系**。某质点系由 n 个质点组成，考察第 i 个质点的受力，如图 2.18 所示。它的受力可以分为外力 $\boldsymbol{F}_i$(来自质点系外部的作用)和内力 $\sum \boldsymbol{f}_{ij}$(来自质点系内部其他质点的作用)两部分之和，即合力为

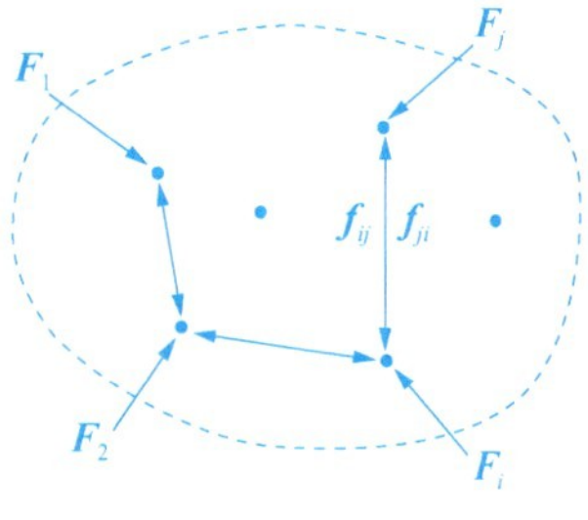

图 2.18　质点系的受力

$$\boldsymbol{F}_i + \sum_{j=1}^{n-1} \boldsymbol{f}_{ij}$$

对第 i 个质点应用牛顿第二定律有

$$\boldsymbol{F}_i + \sum_{j=1}^{n-1} \boldsymbol{f}_{ij} = m_i \boldsymbol{a}_i = \frac{\mathrm{d}\boldsymbol{p}_i}{\mathrm{d}t}$$

对每个质点应用第二定律均可得到一个方程，将 n 个方程相加，即有

$$\sum_{i=1}^{n} \boldsymbol{F}_i + \sum_{i=1}^{n} \sum_{j=1}^{n-1} \boldsymbol{f}_{ij} = \sum_{i=1}^{n} \frac{\mathrm{d}\boldsymbol{p}_i}{\mathrm{d}t} = \frac{\mathrm{d}}{\mathrm{d}t} \sum_{i=1}^{n} \boldsymbol{p}_i$$

由于质点系内所有内力的矢量和为零，即上式方程右边第二项为零。质点系所受合外力记为 $\sum_{i=1}^{n} \boldsymbol{F}_i = \boldsymbol{F}$，质点系的动量记为 $\sum_{i=1}^{n} \boldsymbol{p}_i = \boldsymbol{p}$，则上式简记为

$$\boldsymbol{F} = \frac{\mathrm{d}\boldsymbol{p}}{\mathrm{d}t} \tag{2.4}$$

此式就是**质点系的牛顿第二定律**，它表明：**质点系所受合外力等于系统动量的变化率**。变形上式可得**微分形式的质点系动量定理**，即为

$$\boldsymbol{F}\mathrm{d}t = \mathrm{d}\boldsymbol{p}$$

对上式积分，即得**积分形式的质点系动量定理**，为

$$\int_{t_1}^{t_2} \boldsymbol{F}\mathrm{d}t = \int_{p_1}^{p_2} \mathrm{d}\boldsymbol{p} = \boldsymbol{p}_2 - \boldsymbol{p}_1 \tag{2.5}$$

质点系的动量定理表明：质点系所受合外力的冲量等于系统动量的增量。

应用质点系的动量定理处理问题时需要注意的是：①只有外力对系统动量的增量有贡献；②系统的内力不改变系统的总动量，但可使系统内各质点的动量发生变化。另外，应注意的是，可以直接利用质点系的牛顿第二定律来获得质点系的加速度(在质心、质心运动定理部分将会了解到，质点系的加速度是指质心的加速度)，但一般不能直接利用它来获得质点系中单个质点的加速度。

例 2.10 如图 2.19(a)所示，水平地面上有一横截面 $S=0.3\ \mathrm{m}^2$ 的直角弯管，管中有流速为 $v=2.0\ \mathrm{m/s}$ 的水通过，求水流对弯管部分管壁的平均冲力。

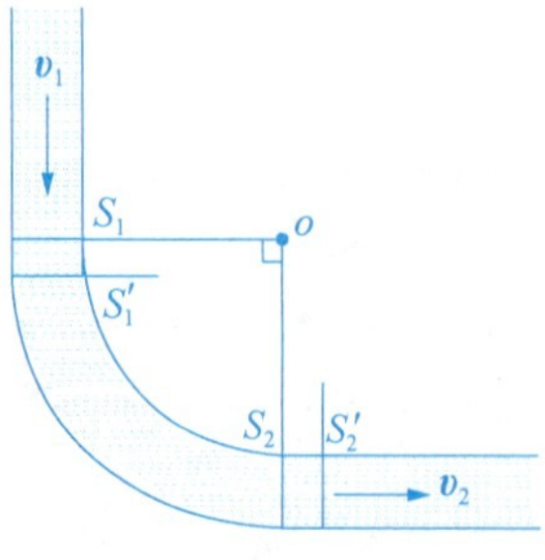

(a)直角弯管中水的流动

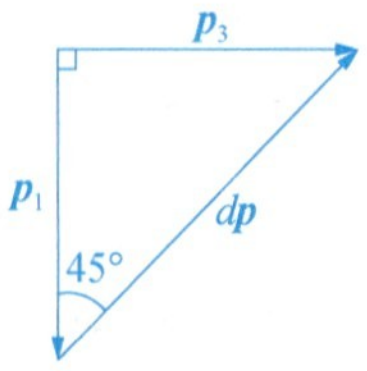

(b)弯管段水的动量增量

图 2.19

解： 将管中水流看成是一段一段的质点组成的质点系。见图 2.19(a)，考察弯管部分的水，t 时刻该段水的上、下两横截面位置记为 S_1、S_2。经过 dt 时间，S_1 与 S_2 面分别沿速度 $\boldsymbol{v}_1$、$\boldsymbol{v}_2$ 方向运动到 S'_1、S'_2面位置。t 时刻该段水的动量分为 $S_1S'_1$段水的动量 $\boldsymbol{p}_1$、S'_1S_2 段水的动量 $\boldsymbol{p}_2$。而 $t+\mathrm{d}t$ 时刻该段水的动量可分为 S'_1S_2 段水的动量 $\boldsymbol{p}_2$、$S_2S'_2$段水的动量 $\boldsymbol{p}_3$。因此，dt 时间段该段水的动量增量为

$$\mathrm{d}\boldsymbol{p}=(\boldsymbol{p}_3+\boldsymbol{p}_2)-(\boldsymbol{p}_2+\boldsymbol{p}_1)=\boldsymbol{p}_3-\boldsymbol{p}_1$$

动量增量是弯管管壁对该段水施加力的结果，施加的平均冲力记为 $\boldsymbol{F}$。动量 $\boldsymbol{p}_1$ 与 $\boldsymbol{p}_3$ 的方向见图 2.19(b)。由于流速恒定，管子的截面积不变，在 dt 时间内流过管子截面的水的质量均为 $\mathrm{d}m=\rho Sv\mathrm{d}t$，因此 $\boldsymbol{p}_1$ 与 $\boldsymbol{p}_3$ 的大小相等，$p_1=p_3=\mathrm{d}m\cdot v$。由于 $\boldsymbol{p}_1$、$\boldsymbol{p}_3$ 与 d$\boldsymbol{p}$ 构成等腰直角三角形，则

$$\mathrm{d}p=\frac{p_1}{\cos 45°}=\sqrt{2}\,\mathrm{d}m\cdot v$$

由质点系的动量定理，即有

$$F\mathrm{d}t=\mathrm{d}p=\sqrt{2}\,\mathrm{d}m\cdot v$$

而由质点系的牛顿定律，则为

$$F=\frac{\mathrm{d}p}{\mathrm{d}t}=\sqrt{2}\frac{\mathrm{d}m}{\mathrm{d}t}v=\sqrt{2}\rho Sv^2$$

由以上两式均得到

$$F=\sqrt{2}\times1000\times0.3\times2^2=1697.1\ \mathrm{N}$$

由牛顿第三定律，水流对弯管管壁的平均冲力大小 $F'=F$，方向沿弯管的直角平分线指向弯管外侧，即 d$\boldsymbol{p}$ 的反向。

从这道题请思考，为什么平原地区自然形成的河道总是弯弯曲曲的？

例 2.11　如图 2.20 所示，某质量均匀分布的柔软绳竖直地悬挂着，绳的下端刚好接触到水平桌面上，如果把绳的上端放开，绳将落向桌面上。试证明：在绳下落的过程中，任意时刻作用于桌面的压力，等于已落到桌面上的绳重量的三倍。

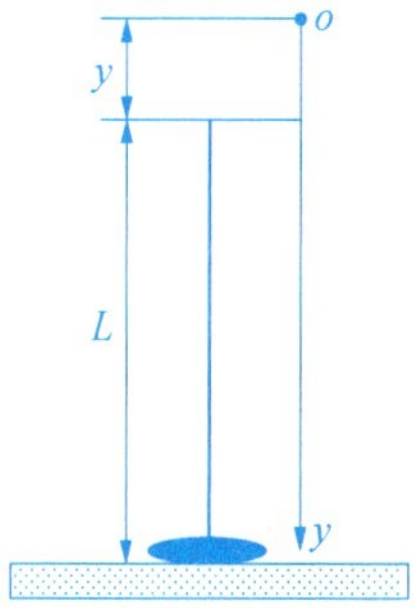

图 2.20　柔软绳下落

证明： 将绳看成由一节一节质点组成的质点系。设绳长为 L，绳的质量分布线密度为 λ。以初始时刻绳的顶端为坐标原点，建立如图所示的 oy 坐标系。设 t 时刻下垂段绳长为 $L-y$，绳下落的速度为 $v(=\mathrm{d}y/\mathrm{d}t)$，$t+\mathrm{d}t$ 时刻绳的速度为 $v+\mathrm{d}v$，则 dt 时间段该段绳动量的增量为

$$\begin{aligned}\mathrm{d}p&=(L-y-\mathrm{d}y)\lambda(v+\mathrm{d}v)-(L-y)\lambda v\\&=(L-y)\lambda\mathrm{d}v-\mathrm{d}y\lambda(v+\mathrm{d}v)\end{aligned}$$

略去高价微分项 dydv，则为

$$\mathrm{d}p=(L-y)\lambda\mathrm{d}v-\lambda v\mathrm{d}y$$

针对下垂段绳，t 时刻受到桌面给予它向上的力 F 与自身的重力，所受合力为$(L-y)\lambda g-F$。由质点系的牛顿定律有

$$(L-y)\lambda g-F=\frac{\mathrm{d}p}{\mathrm{d}t}=\frac{(L-y)\lambda \mathrm{d}v-\lambda v\mathrm{d}y}{\mathrm{d}t}=(L-y)\lambda\frac{\mathrm{d}v}{\mathrm{d}t}-\lambda v^2$$

由于绳做自由落体运动，即有 $\mathrm{d}v/\mathrm{d}t=g$，$v^2=2gy$，代入上式得

$$F=(L-y)\lambda g-(L-y)\lambda g+2\lambda gy=2\lambda gy$$

绳对桌面的力与 F 力反向，大小为

$$F'=2\lambda gy$$

t 时刻已落到桌面上的绳的重量为 $mg=\lambda yg$，此时绳对桌面的总压力为

$$F_{总}=F'+mg=2\lambda yg+\lambda yg=3\lambda yg=3mg$$

2.3.3 动量守恒定律

对于质点系，由式(2.5)可见，若任意时刻质点系所受合外力为零，即 $\sum \boldsymbol{F}_i=0$，那么任意时刻系统的动量相等，即有

$$\boldsymbol{p}=\sum_{i=1}^{n}m_i\boldsymbol{v}_i=c$$

上式表明：**一个孤立的力学系统(系统不受外力作用或合外力为零的系统)，系统的总动量将保持不变**。这就是**质点系的动量守恒定律**。

应用质点系的动量守恒定律处理问题时需要注意的是：

(1)只要系统所受外力矢量和为零，那么系统的总动量就守恒，内力对体系的动量变化无贡献。但由于内力作用，系统内各质点间动量可以交换，各个质点的动量是可以随时间变化的，内力对体系动量的具体分配有直接的作用。

(2)如果系统的总动量守恒，则任意方向的分动量必守恒。如果系统所受合外力不为零，总动量不守恒，但某方向的合外力为零，那么该方向系统的动量守恒。

(3)对于打击、碰撞、爆炸过程，过程持续的时间很短，当系统所受外力远小于内力时，外力的冲量可忽略不计，系统的动量近似守恒，故可以利用动量守恒定律处理体系内动量的再分配等问题。

动量守恒定律虽可由牛顿定律导出，但它比牛顿定律的适用范围更广。动量守恒定律接受了理论与实验的检验，证明动量守恒定律是自然界中最重要、最普遍的客观规律之一，无论是宏观世界还是微观领域都适用。

动量守恒定律的应用，见如下举例。

例 2.12 如图 2.21 所示，一门炮车的质量为 M，填装了质量为 m 的炮弹，在光滑的斜面上无摩擦地由静止开始下滑，斜面倾角为 θ。当滑下 l 距离时，从炮管内沿水平方向发射出炮弹。欲使炮车在发射炮弹后的瞬时停止滑动，问炮弹的出膛速度 v 应该是多少?

解：炮车下滑过程，将炮弹与炮车作为整体，受力只有重力 $\boldsymbol{G}$ 与斜面支持力 $\boldsymbol{N}$，见

图。由于无摩擦，重力沿斜面的分力$(m+M)g\sin\theta$产生了加速度为$g\sin\theta$，滑下l距离时炮车的速度设为v_l，有

$$v_l^2=2l\cdot g\sin\theta$$

发射炮弹的过程以炮弹与炮车为质点系。两者所受外力有重力与斜面支持力，沿斜面重力有分力。炮弹发射过程时间很短，相较于内力，炮车与炮弹的重力沿斜面的冲量可以忽略，因此系统沿斜面的动量近似守恒，取沿斜面向下为正向，则有

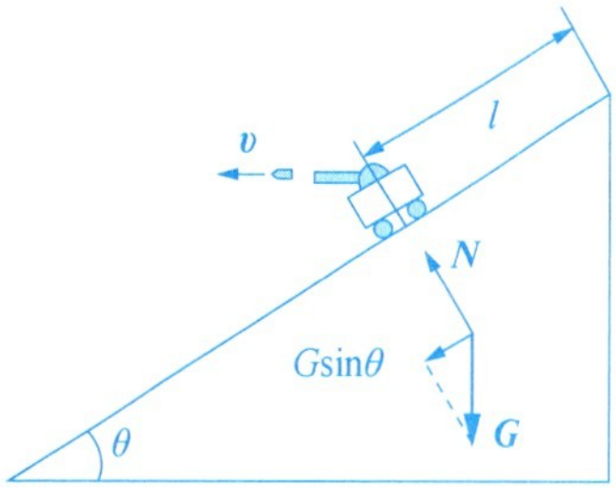

图 2.21　炮车在斜面上发射炮弹

$$(m+M)v_l=mv\cos\theta$$

由以上两方程得

$$v=\frac{(m+M)\sqrt{2gl\sin\theta}}{m\cos\theta}$$

例 2.13　如图 2.22 所示，长度为L质量为M的车在光滑水平面上以速度$\boldsymbol{u}_0$运动。一质量为m的人逆车运动方向从车头经T时间到达车尾。考虑实际情况，人相对车是变速运动，在起点与终点处的速度均为零，求人到达车尾时车的运动路程。

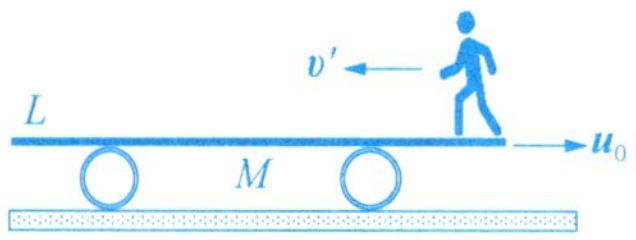

图 2.22　人在车上运动

解： 以人和车为系统。取地面为静止参照系，车为运动参考系，取车的运动方向为正向。设人运动期间相对地面的速度为$\boldsymbol{v}$，相对车的速度为$\boldsymbol{v}'$，车对地的速度为$\boldsymbol{u}$，则$v=u-v'$。运动方向上系统的动量守恒有

$$(m+M)u_0=Mu+m(u-v')$$

由上式可得

$$v'=\frac{m+M}{m}(u-u_0)$$

因人在车上运动距离为L，即

$$L=\int_0^T v'\mathrm{d}t=\int_0^T\frac{m+M}{m}(u-u_0)\mathrm{d}t$$

$$=\frac{m+M}{m}\left(\int_0^T u\mathrm{d}t-\int_0^T u_0\mathrm{d}t\right)=\frac{m+M}{m}\left(\int_0^T u\mathrm{d}t-u_0T\right)$$

车的运动路程则为

$$s=\int_0^T u\mathrm{d}t=u_0T+\frac{mL}{m+M}$$

*2.3.4 质心 质心运动定理

1. 质心

考察如图 2.23 所示的两个质点组成的质点系，t 时刻 m_1 质点的位矢与速度分别为 $\boldsymbol{r}_1$、$\boldsymbol{v}_1$，m_2 质点的位矢与速度分别为 $\boldsymbol{r}_2$、$\boldsymbol{v}_2$，系统的动量则为

$$\boldsymbol{p}=m_1\boldsymbol{v}_1+m_2\boldsymbol{v}_2=\frac{\mathrm{d}}{\mathrm{d}t}(m_1\boldsymbol{r}_1+m_2\boldsymbol{r}_2)$$

$$=(m_1+m_2)\frac{\mathrm{d}}{\mathrm{d}t}\left(\frac{m_1\boldsymbol{r}_1+m_2\boldsymbol{r}_2}{m_1+m_2}\right)$$

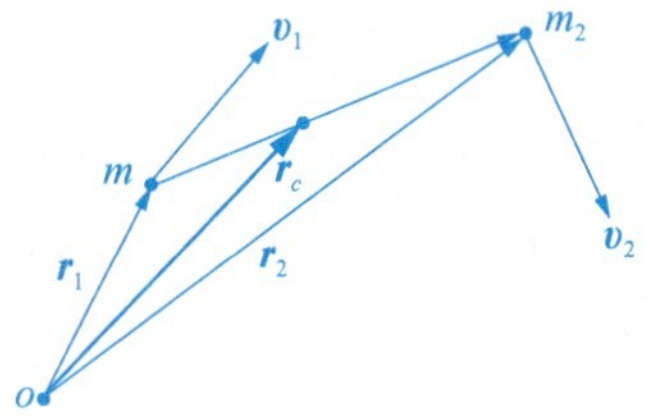

图 2.23 两质点的质心

上式中引入 $M=m_1+m_2$ 表示体系质量，而 $\boldsymbol{r}_c=\dfrac{m_1\boldsymbol{r}_1+m_2\boldsymbol{r}_2}{m_1+m_2}$确定了一个位置，$\boldsymbol{v}_c=\dfrac{\mathrm{d}\boldsymbol{r}_c}{\mathrm{d}t}$则是该位置的速度，上式变为

$$\boldsymbol{p}=M\frac{\mathrm{d}\boldsymbol{r}_c}{\mathrm{d}t}=M\boldsymbol{v}_c$$

上式表明：两质点系统的动量可看作一个质量为 M、速度为 $\boldsymbol{v}_c$ 的质点的动量，质点系整体的运动等同于该质点的运动。质点系的质量集中在 $\boldsymbol{r}_c$ 位置，该位置是系统的质量中心，简称**质心**。

将质心概念推广到由 n 个粒子组成的质点系，第 i 个质点的质量与位矢分别为 m_i、$\boldsymbol{r}_i$，质点系的质心则为

$$\boldsymbol{r}_c=\frac{m_1\boldsymbol{r}_1+m_2\boldsymbol{r}_2+\cdots+m_n\boldsymbol{r}_n}{m_1+m_2+\cdots+m_n}=\frac{\sum m_i\boldsymbol{r}_i}{M} \tag{2.6}$$

由上式，可以确定直角坐标系中质心的分量，如质心的 x 分量为 $x_c=\dfrac{\sum m_ix_i}{M}$。对于质量连续分布的物体，可以将其分割看成由无限多的质点(无限小的质量单元，可以看作质点)组成，第 i 个质点的质量与位矢分别为 Δm_i、$\boldsymbol{r}_i$，则该物体的质心为

$$\boldsymbol{r}_c=\frac{\sum(\Delta m_i)\boldsymbol{r}_i}{M}=\frac{\int\boldsymbol{r}\mathrm{d}m}{M}$$

由于连续体中质点无限多，上式的累加用积分来表示，Δm_i 用 $\mathrm{d}m$ 表示，$\boldsymbol{r}_i$ 用 $\boldsymbol{r}$ 表示。当然，也可以确定在直角坐标系中连续体质心的分量，如质心的 x 分量为 $x_c=\dfrac{\int x\mathrm{d}m}{M}$。对于密度均匀分布、形状对称的物体，其质心位于它的几何中心，例如球体的质心位于球心，长方体的质心位于长方体中心。

2. 质心运动定理

对式(2.6)两阶求导，有

$$\frac{d^2\boldsymbol{r}_c}{dt^2}=\frac{1}{M}\sum m_i\left(\frac{d^2\boldsymbol{r}_i}{dt^2}\right)=\frac{\sum m_i\boldsymbol{a}_i}{M}=\frac{\sum \boldsymbol{F}_i}{M}$$

式中，$\boldsymbol{a}_c=\frac{d^2\boldsymbol{r}_c}{dt^2}$为**质心加速度**。由于质点系的内力矢量和为零，$\sum \boldsymbol{F}_i$ 就是作用于质点系上的合外力，用 $\boldsymbol{F}$ 表示。由此得到**质心运动定理**

$$\sum \boldsymbol{F}_i=\boldsymbol{F}=M\boldsymbol{a}_c$$

上式表明质心运动的加速度取决于合外力，不受质点系的内力的影响。

质心运动定理实质上是质点系的牛顿第二定律，见式(2.4)。据此定理我们可以处理质点系的质心运动等相关问题。例如向空中抛出一个双节棍，双节棍的各部分在空中翻滚着运动，但由于各部分所受外力仅为重力(忽略空气阻力)，因此双节棍的质心在空中沿抛物线轨迹运动。

请思考：放焰火时，忽略空气阻力，一朵五彩缤纷的焰火质心运动轨迹如何？为什么在空中焰火总是以球形逐渐扩大？

2.4　角动量定理　角动量守恒定律

自然界物质运动的形式多种多样，其中有一类是绕某点的运动，例如电子绕原子核运动、行星绕恒星运动。这类运动如果引入新的物理量力矩与角动量，将能够得到新的物理规律，能更为简洁方便地描述与处理这类运动问题。

2.4.1　质点的角动量定理

1. 力矩

考察一个质点 m 通过一个弹性绳或轻质杆跟一个固定点 o 连接，如图 2.24 所示。要使质点绕固定点转动起来，必然要给予质点一个力 $\boldsymbol{F}$，但该力不能与质点的位矢 $\boldsymbol{r}$ 共线，不能共线即是要求 $\boldsymbol{r}\times\boldsymbol{F}\neq 0$。由此引入一个新的物理量，即**力矩**，力矩用 $\boldsymbol{M}$ 表示为

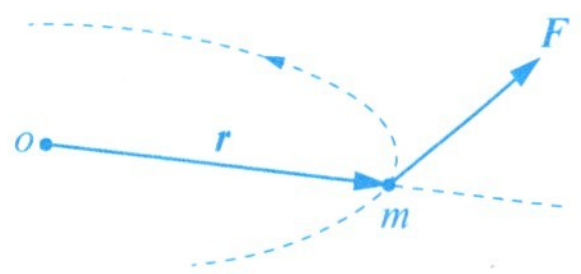

图 2.24　质点受力绕定点转动

$$\boldsymbol{M}=\boldsymbol{r}\times\boldsymbol{F}$$

力矩是矢量，它的方向由右手定则确定：如图 2.25(a)所示，右手四指指向 $\boldsymbol{r}$ 方向，然后以小于 π 角向 $\boldsymbol{F}$ 的方向弯曲，与四指垂直的大拇指的指向就是力矩的方向。见图

2.25(b)所示，$\boldsymbol{M}$ 垂直于 $\boldsymbol{r}$ 与 $\boldsymbol{F}$ 确定的平面。反过来，如果已知质点所受的力矩，那么用右手拇指指向力矩方向，四指弯曲就指明质点在力矩作用下转动的趋势方向。当力矩与质点转动的角速度同向，则质点加速旋转，两者反向则减速旋转。

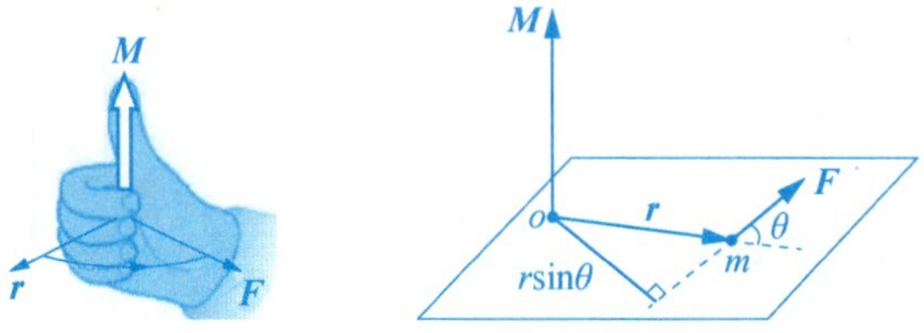

(a)右手定则　　(b)力矩方向垂直于$\boldsymbol{r}$与$\boldsymbol{F}$

图 2.25　力矩及其方向

如果位矢 $\boldsymbol{r}$ 与 $\boldsymbol{F}$ 夹角为 θ，那么力矩的大小为

$$M=rF\sin\theta$$

力矩的大小中 $r\sin\theta=d$ 常称为**力臂**，因此力矩的大小就是以前在杠杆原理中学习过的"力×力臂"。力矩的大小由位矢大小 r、力的大小 F 以及两者的夹角 θ 来确定，三者之一改变，力矩的大小就随之改变。

需要注意的是，某时刻作用于质点上的力 $\boldsymbol{F}$，形成的力矩是针对某定点 o 而言的力矩，因为固定点位置变了，位矢 $\boldsymbol{r}$ 就随之变化，形成的力矩 $\boldsymbol{M}$ 也就变了。

在直角坐标系中，力矩 $\boldsymbol{M}$、位矢 $\boldsymbol{r}$ 与力 $\boldsymbol{F}$ 都以分量形式表示，则有

$$M_x\boldsymbol{i}+M_y\boldsymbol{j}+M_z\boldsymbol{k}=(x\boldsymbol{i}+y\boldsymbol{j}+z\boldsymbol{k})\times(F_x\boldsymbol{i}+F_y\boldsymbol{j}+F_z\boldsymbol{k})$$

展开即得力矩的分量为

$$M_x=yF_z-zF_y,\quad M_y=zF_x-xF_z,\quad M_z=xF_y-yF_x$$

力矩的单位(SI)：牛・米(N・m)

2. 质点的角动量

同样考察图 2.24 中质点的运动，它在运动过程中要遵循牛顿定律的规律，即 $\boldsymbol{F}=\mathrm{d}\boldsymbol{p}/\mathrm{d}t$。将方程的两边同时乘以位矢 $\boldsymbol{r}$，则有

$$\boldsymbol{r}\times\boldsymbol{F}=\boldsymbol{r}\times\frac{\mathrm{d}\boldsymbol{p}}{\mathrm{d}t}\quad 或\quad \boldsymbol{M}=\boldsymbol{r}\times\frac{\mathrm{d}\boldsymbol{p}}{\mathrm{d}t}$$

利用矢量求导公式$(\boldsymbol{a}\times\boldsymbol{b})'=\boldsymbol{a}'\times\boldsymbol{b}+\boldsymbol{a}\times\boldsymbol{b}'$，上式变为

$$\boldsymbol{r}\times\frac{\mathrm{d}\boldsymbol{p}}{\mathrm{d}t}+\frac{\mathrm{d}\boldsymbol{r}}{\mathrm{d}t}\times\boldsymbol{p}=\frac{\mathrm{d}(\boldsymbol{r}\times\boldsymbol{p})}{\mathrm{d}t}$$

由于$\dfrac{\mathrm{d}\boldsymbol{r}}{\mathrm{d}t}\times\boldsymbol{p}=\boldsymbol{v}\times m\boldsymbol{v}=0$，则恒有

$$\boldsymbol{M}=\frac{\mathrm{d}(\boldsymbol{r}\times\boldsymbol{p})}{\mathrm{d}t}\tag{2.7}$$

由此引入另一个新的物理量 $\boldsymbol{L}=\boldsymbol{r}\times\boldsymbol{p}$，称为**角动量**，也称为**动量矩**。

角动量是矢量，它的方向由右手定则确定：如图 2. 26(a)所示，右手四指指向 $\boldsymbol{r}$ 方向，然后以小于 π 角向 $\boldsymbol{p}$ 方向弯曲，与四指垂直的大拇指的指向就是角动量的方向。见图 2. 26(b)所示，$\boldsymbol{L}$ 垂直于 $\boldsymbol{r}$ 与 $\boldsymbol{p}$ 确定的平面。如果位矢 $\boldsymbol{r}$ 与 $\boldsymbol{p}$ 夹角为 θ，那么角动量的大小为

$$L=rp\sin\theta=rmv\sin\theta$$

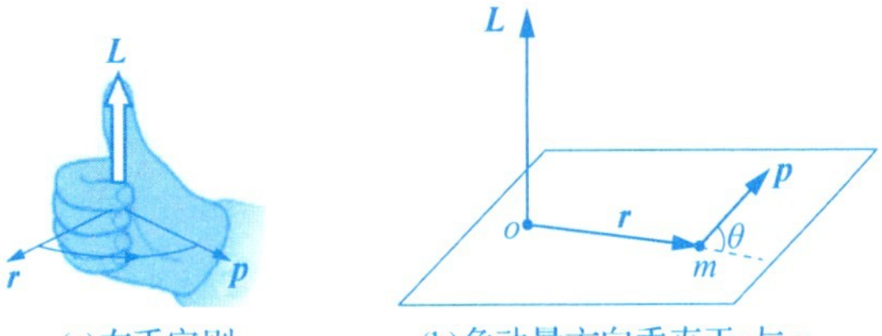

图 2. 26　角动量及其方向

需要注意的是，某时刻质点的角动量 $\boldsymbol{L}$ 是针对某定点 o 而言的，当固定点位置改变，位矢 $\boldsymbol{r}$ 就随之变化，$\boldsymbol{L}$ 也就变了。

在直角坐标系中，类似于力矩，角动量 $\boldsymbol{L}$ 的分量式可以表示为

$$L_x=yp_z-zp_y,\quad L_y=zp_x-xp_z,\quad L_z=xp_y-yp_x$$

角动量的单位(SI)：千克 · 米^2/秒(kg · m^2/s)或焦耳 · 米(J · s)

请思考：对于某指定点，质点的受力一定会产生力矩吗？运动质点的角动量一定不为零吗？

如何确定力矩与角动量，见如下举例。

例 2. 14　行星相对于恒星运行的轨道一般为椭圆，以恒星中心为原点，某行星的运动方程表示可为 $\boldsymbol{r}=a\cos\omega t\boldsymbol{i}+b\sin\omega t\boldsymbol{j}$，式中 a、b、ω 皆为常量。已知行星质量为 m，求：(1)行星受力对原点的力矩；(2)行星运动对原点的角动量。

解：(1)由力矩的定义，有

$$\begin{aligned}\boldsymbol{M}&=\boldsymbol{r}\times\boldsymbol{F}=\boldsymbol{r}\times m\frac{\mathrm{d}^2\boldsymbol{r}}{\mathrm{d}t^2}\\&=m\boldsymbol{r}\times[-\omega^2(a\cos\omega t\boldsymbol{i}+b\sin\omega t\boldsymbol{j})]=-m\omega^2\boldsymbol{r}\times\boldsymbol{r}=0\end{aligned}$$

(2)由角动量的定义，有

$$\begin{aligned}\boldsymbol{L}&=\boldsymbol{r}\times\boldsymbol{p}=\boldsymbol{r}\times m\frac{\mathrm{d}\boldsymbol{r}}{\mathrm{d}t}\\&=m(a\cos\omega t\boldsymbol{i}+b\sin\omega t\boldsymbol{j})\times(-a\omega\sin\omega t\boldsymbol{i}+b\omega\cos\omega t\boldsymbol{j})\\&=mab\omega\cos^2\omega t\boldsymbol{k}+mab\omega\sin^2\omega t\boldsymbol{k}=mab\omega\boldsymbol{k}\end{aligned}$$

如果将固定点放在其他位置，例如 $o'(1,1)$处，那么此时质点受力对该点的力矩是多少？质点的角动量又是多少？请自己计算。

3. 质点的角动量定理

引入角动量后，那么式(2.7)可表示为

$$\boldsymbol{M}=\frac{\mathrm{d}\boldsymbol{L}}{\mathrm{d}t}$$

上式表明：**作用在质点上的力矩等于角动量对时间的变化率**。这称为**质点绕定点转动的转动定理**。转动定理类似于牛顿第二定律的第二种形式 $\boldsymbol{F}=\mathrm{d}\boldsymbol{p}/\mathrm{d}t$。由此可见，力矩 $\boldsymbol{M}$ 与力 $\boldsymbol{F}$ 对应，角动量 $\boldsymbol{L}$ 与动量 $\boldsymbol{p}$ 对应，因此角动量是描述质点转动状态的量，力矩是改变质点转动状态的原因，要改变质点的转动状态必然要对它施加力矩，而不仅仅是施加力。

由转动定理可得到**微分形式的角动量定理、积分形式的角动量定理**，分别为

$$\boldsymbol{M}\mathrm{d}t=\mathrm{d}\boldsymbol{L}$$

$$\int_{t_1}^{t_2}\boldsymbol{M}\mathrm{d}t=\boldsymbol{L}_2-\boldsymbol{L}_1 \tag{2.8}$$

上式中 $\boldsymbol{L}_1$ 与 $\boldsymbol{L}_2$ 分别是质点在 t_1、t_2 时刻的角动量。

积分形式的角动量定理对应于质点的积分形式的动量定理 $\int_{t_1}^{t_2}\boldsymbol{F}\mathrm{d}t=\boldsymbol{p}_2-\boldsymbol{p}_1$。类似冲量的定义，定义 $\boldsymbol{M}\mathrm{d}t$ 为力矩持续作用从 $t\to t+\mathrm{d}t$ 时间段的**元冲量矩**，力矩持续作用从 $t_1\to t_2$ 时间段的**冲量矩**即为 $\int_{t_1}^{t_2}\boldsymbol{M}\mathrm{d}t$，则角动量定理表明：**力矩对质点的冲量矩等于角动量的增量**。角动量定理表明，力矩持续作用在质点上的效果就是改变它的角动量。

应用转动定理与角动量定理处理问题时需要注意的是：①力矩与角动量均是对同一参考点而言的；②$\mathrm{d}\boldsymbol{L}$ 的方向跟 $\boldsymbol{M}\mathrm{d}t$ 同向，即跟 $\boldsymbol{M}$ 同向。

例 2.15 如图 2.27 所示，长为 l 的细线一端固定于 o 点，另一端跟小球连结。初始时将小球拉至与 o 点水平位置，随后让小球由静止开始下落。当小球下落至细线与水平方向夹 θ 角时，求小球对 o 点的角动量和角速度。

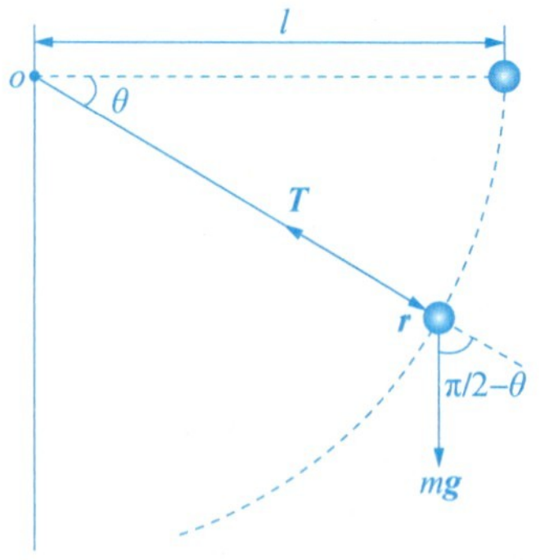

图 2.27 细线连接小球

解：由质点转动的转动定理来处理问题。质点转动到夹 θ 角时，受重力 $m\boldsymbol{g}$ 与绳的拉力 $\boldsymbol{T}$ 作用，见图 2.27。$\boldsymbol{T}$ 与小球的位矢 $\boldsymbol{r}$ 共线，对 o 点的力矩为零，而重力对 o 点的力矩 $\boldsymbol{M}$ 的方向垂直于转动面向里，大小为 $mgl\sin(\pi/2-\theta)=mgl\cos\theta$。同时质点对 o 点的角动量 $\boldsymbol{L}$ 的方向也转动于竖直面向里，由转动定理有

$$mgl\cos\theta=\frac{\mathrm{d}L}{\mathrm{d}t}$$

由于质点的位矢与速度方向垂直，角动量 $\boldsymbol{L}$ 的大小为 mvl。又由于 $v=\omega l$，则 $L=ml^2\omega$，于是上式可改写为

$$mgl\cos\theta=\frac{\mathrm{d}(ml^2\omega)}{\mathrm{d}\theta}\frac{\mathrm{d}\theta}{\mathrm{d}t}=ml^2\omega\frac{\mathrm{d}\omega}{\mathrm{d}\theta}$$

初始条件：$t=0$ 时 $\theta_0=0$，$\omega_0=0$。对上式分离变量积分为

$$\frac{g}{l}\int_0^{\theta}\cos\theta\mathrm{d}\theta=\int_0^{\omega}\omega\mathrm{d}\omega$$

得
$$\omega=\sqrt{\frac{2g}{l}\sin\theta}$$

则
$$L=ml\sqrt{2gl\sin\theta}$$

2.4.2　质点角动量守恒定律

见质点的角动量定理式(2.8)，**如果质点在运动的过程中所受力对固定点的力矩始终为零($M=0$)，则质点对该固定点的角动量不变**，这就是质点的**角动量守恒定律**，即为

$$\boldsymbol{L}=\boldsymbol{r}\times\boldsymbol{p}=c$$

应用角动量守恒定律来处理问题时需要注意的是：(1)首先要判断质点受力对固定点的力矩是否始终为零。要使 $\boldsymbol{M}=\boldsymbol{r}\times\boldsymbol{p}=0$，有两种情况：①质点所受力 $\boldsymbol{F}$ 等于零，此时质点做匀速直线运动或静止；②力 $\boldsymbol{F}$ 与位矢 $\boldsymbol{r}$ 共线。质点在运动过程中所受力的作用线始终指向某一固定点，这种力称为**有心力**或**向心力**。质点的受力如果是有心力，那么 $\boldsymbol{F}$ 与 $\boldsymbol{r}$ 共线。质点在运动过程中满足以上两个条件之一，它的角动量就守恒。

(2)跟动量守恒进行类比，当质点受力的总力矩不为零，但某方向的分力矩为零，那么该方向的角动量就守恒。例如在直角坐标系中，z 轴方向的力矩 $M_z=0$，那么该方向的角动量就守恒，即 $L_z=c$。

尽管牛顿从理论上推导出了角动量守恒定律，后来发现角动量守恒定律不仅适用于宏观领域，也适用于微观系统。如行星绕太阳运动、卫星绕地球运动、电子绕核运动等都遵循角动量守恒的规律。角动量守恒定律已经成为物理学的基本定律之一。

请思考：在一个内壁光滑的球形容器内，让一个小球贴着容器内壁运动，相对于球心，小球的总角动量是否守恒？有哪个方向的角动量守恒吗？

角动量守恒定律的应用，见如下举例。

例 2.16　试用角动量守恒来证明开普勒第二定律——行星绕恒星运动的过程中，行星与恒星的连线在单位时间内扫过的面积相等。

证明：如图 2.28(a)所示，行星绕恒星的转动，轨道是椭圆，恒星位于椭圆的焦点。行星在转动过程中所受万有引力 $\boldsymbol{F}$ 是指向恒星的向心力，与它的位矢 $\boldsymbol{r}$ 共线，于是行星受力的力矩为零，绕恒星转动过程的角动量守恒，角动量 $\boldsymbol{L}$ 的大小即为常量

$$L=r\cdot mv\cdot\sin\theta=c$$

上式中 $\boldsymbol{r}$ 与 $\boldsymbol{p}$ 夹角记为 θ，行星质量为 m。变化上式为

$$L=m\frac{|\mathrm{d}\boldsymbol{r}|}{\mathrm{d}t}r\sin\theta=2m\frac{r(|\mathrm{d}\boldsymbol{r}|\sin\theta)/2}{\mathrm{d}t}=c$$

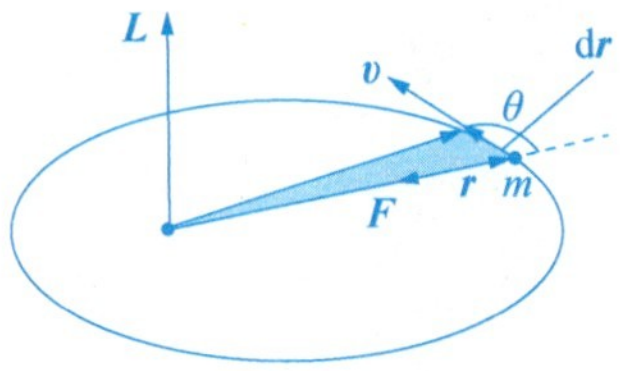

(a)行星转动的角动量

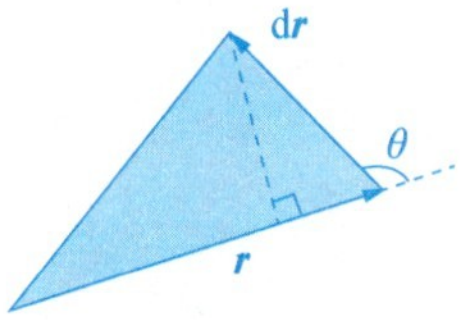

(b)dt时间扫过的面积

图 2.28

将 $\boldsymbol{r}$ 在 dt 时间内扫过的面积放大至图 2.28(b)，上式中 $r(|\mathrm{d}\boldsymbol{r}|\sin\theta)/2$ 就是此面积，记为 dS，上式则为

$$\frac{\mathrm{d}S}{\mathrm{d}t}=\frac{c}{2m}$$

由于行星质量 m 为常量，因此 dS/dt 为常量，即单位时间内扫过的面积相等。

例 2.17 如图 2.29 所示，光滑的水平面上一绳子长 $L=2$ m，一端固定于 o 点，另一端系一质量 $m=0.5$ kg 的小滑块。初始小滑块位于 a 点，oa 间距 $d=0.5$ m，绳处于松弛状态。现使小滑块以初速 $v_a=4$ m/s 垂直于 oa 向右滑动，随后它到达 b 点，此时其速度方向与绳垂直，求此时小滑块速度的大小 v_b。

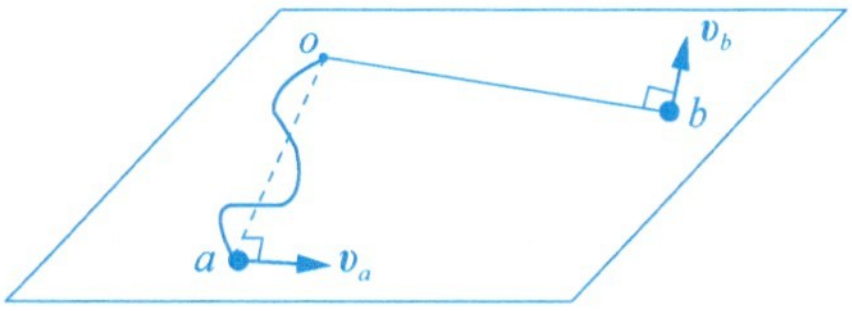

图 2.29　滑块的运动

解：小滑块视为质点，其运动可看成绕 o 点转动。从开始至绳子绷紧阶段它所受合力为零，对 o 点的力矩为零，此阶段它的角动量守恒。随后它在绳子拉力下运动，而拉力与位矢共线，拉力的力矩也为零，此阶段其角动量也守恒。运动全过程其角动量守恒，有

$$\boldsymbol{r}_a\times m\boldsymbol{v}_a=\boldsymbol{r}_b\times m\boldsymbol{v}_b$$

大小即为

$$d\cdot mv_a\sin 90°=L\cdot mv_b\sin 90°$$

得

$$v_b=\frac{d\cdot v_a}{L}=\frac{0.5\times 4}{2}=1\ \mathrm{m/s}$$

可能有人首先想到运用高中学过的机械能守恒来处理此问题，认为 a、b 两点的动能相等，速率也相等。但是要注意到，实际上绳子在绷紧的过程中有很小的伸长，消耗了动能，这些损耗的动能一部分转变为绳子的弹性势能，一部分转变为热能。由于不知道绳子消耗的动能，用机械能守恒处理本题是不合适的。因此，如果物体在运动过程中遵循动量守恒或角动量守恒，那么就要优先于机械能守恒，应用动量守恒或角动量守恒来处理问题。

2.5　功与能　机械能守恒

2.5.1　功与功率

1. 功

功的概念起源于第一次工业革命，当时为了比较蒸汽机的效率，工程师用机器举起物体的重量与高度的乘积来度量机器的输出效果，称为功。19 世纪法国的科学家科里奥利正式将**做用力与力的方向上的位移的乘积称作运动的功**。如图 2.30 所示，一个物体受到恒力 $\boldsymbol{F}$ 的作用发生了一段位移 $\Delta\boldsymbol{r}$，但力与位移夹 θ 角，此时力做功则为

$$W=(F\cos\theta)\cdot|\Delta\boldsymbol{r}|=\boldsymbol{F}\cdot\Delta\boldsymbol{r}$$

因此，恒力做功等于力与位移的标量积，那么如何得到变力做功？如图 2.31 所示，要求变力 $\boldsymbol{F}(\boldsymbol{r})$ 推动质点从 a 点运动到 b 点做的功，可以利用微积分的思想：将轨道曲线分割成无限多的长度微元，每段对应的元位移分别记为 $\mathrm{d}\boldsymbol{r}_1$，$\mathrm{d}\boldsymbol{r}_2$，…，$\mathrm{d}\boldsymbol{r}_i$ 等。在每段长度微元上，质点受力看成常矢量 $\boldsymbol{F}_1$，$\boldsymbol{F}_2$，…，$\boldsymbol{F}_i$ 等，那么每段长度微元上是恒力做功，第 i 段上的恒力的功可表示为

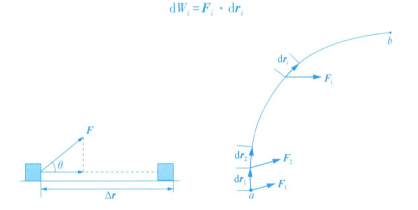

$$\mathrm{d}W_i=\boldsymbol{F}_i\cdot\mathrm{d}\boldsymbol{r}_i$$

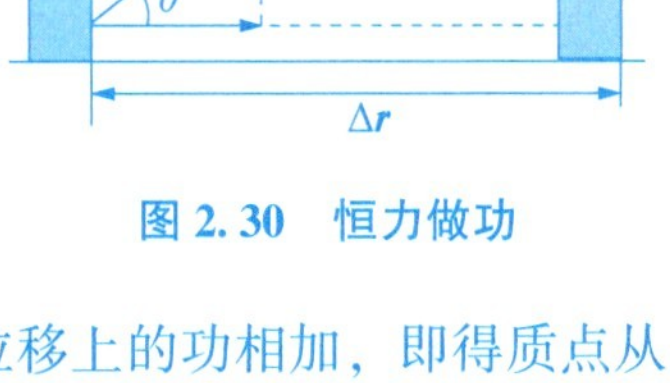

图 2.30　恒力做功

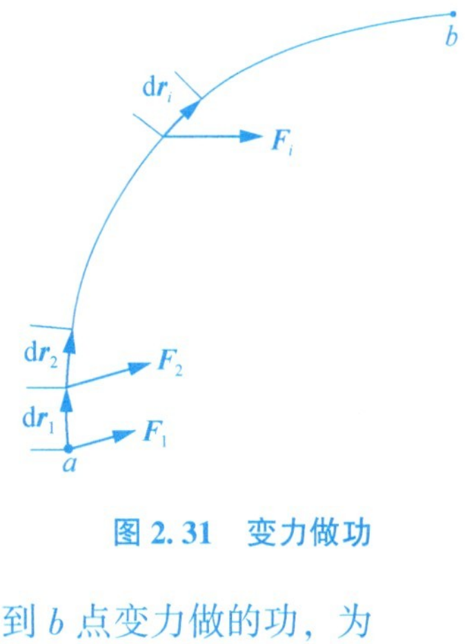

图 2.31　变力做功

将每段位移上的功相加，即得质点从 a 运动到 b 点变力做的功，为

$$W=\int_a^b\boldsymbol{F}\cdot\mathrm{d}\boldsymbol{r}$$

可见，**变力做功等于变力 $\boldsymbol{F}(\boldsymbol{r})$ 沿路径的线积分**。

质点在轨道上发生了无限短的元位移 $\mathrm{d}\boldsymbol{r}$，质点受力 $\boldsymbol{F}$ 所做的功称之为**元功**，用 $\mathrm{d}W$ 标记。力 $\boldsymbol{F}$ 与元位移 $\mathrm{d}\boldsymbol{r}$ 的夹角记为 θ，则元功为

$$dW=\boldsymbol{F}\cdot d\boldsymbol{r}=F\cos\theta ds$$

上式就是功的微分形式。由上式可见，元功是标量，其值可正可负。当 $0<\theta<\pi/2$ 时，$dW>0$，表明物体所受力为动力，做正功；当 $\pi/2<\theta<\pi$ 时，$dW<0$，表明物体所受力为阻力，做负功；当 $\theta=\pi/2$ 时，$dW=0$，即垂直于位移的力不做功。

在直角坐标系中，力所做元功可表示为

$$\begin{aligned}dW&=\boldsymbol{F}\cdot d\boldsymbol{r}=(F_x\boldsymbol{i}+F_y\boldsymbol{j}+F_z\boldsymbol{k})\cdot(dx\boldsymbol{i}+dy\boldsymbol{j}+dz\boldsymbol{k})\\&=F_xdx+F_ydy+F_zdz\end{aligned}$$

上式中 F_xdx 是 x 轴上的分力 F_x 发生元位移 dx 做的元功，F_ydy 与 F_zdz 分别是 y 与 z 轴上的分力发生元位移做的元功。因此，在直角坐标系中，质点从位置 $a(x_a, y_a, z_a)$ 运动到位置 $b(x_b, y_b, z_b)$ 受力所做的功为

$$W=\int_a^b dW=\int_{x_a}^{x_b}F_xdx+\int_{y_a}^{y_b}F_ydy+\int_{z_a}^{z_b}F_zdz$$

在平面自然坐标系中，由于 $d\boldsymbol{r}=ds\boldsymbol{\tau}$，将力沿切向与法向进行分解(图 2.1)，则力做的元功为

$$dW=\boldsymbol{F}\cdot d\boldsymbol{r}=(F_\tau\boldsymbol{\tau}+F_n\boldsymbol{n})\cdot ds\boldsymbol{\tau}=F_\tau ds$$

上式中 $\boldsymbol{n}\cdot\boldsymbol{\tau}=0$。由此可见，质点做曲线运动，只有与元位移共线的切向分力做功，与元位移垂直的法向分力不做功。质点从 a 位置运动到 b 位置变力所做功则为

$$W=\int_a^b F_\tau ds$$

如果 n 个力同时作用在质点上时，即质点受力 $\boldsymbol{F}=\boldsymbol{F}_1+\boldsymbol{F}_2+\cdots+\boldsymbol{F}_n$，则质点受力所做的功为

$$\begin{aligned}W&=\int_a^b\boldsymbol{F}\cdot d\boldsymbol{r}=\int_a^b(\boldsymbol{F}_1\cdot d\boldsymbol{r}+\boldsymbol{F}_2\cdot d\boldsymbol{r}+\cdots+\boldsymbol{F}_n\cdot d\boldsymbol{r})\\&=W_1+W_2+\cdots+W_n\end{aligned}$$

可见，**质点受合力做的功等于各个分力所做功之和**。

要获得变力做功需要注意的是：①首先在坐标系中确定变力做的元功，随后通过积分即可得到变力做功。②功是过程量，做功一般跟路径有关。但并非绝对如此，有些力做功是跟路径无关(见后面的保守力做功)。③尽管物体受力与参考系无关，但由于位移与参考系有关，故力做功与参考系有关。例如一辆货车在水平公路上匀速行驶，车厢的底板上有一木箱，用力沿车运动方向拉动木箱，从车厢参考系与地面参考系来看，木箱受到的拉力相同，但位移量不同，因此拉力做功不相等。

功的单位(SI)：焦耳(J)，1 J=1 N·m。

如何确定变力做功，见如下举例。

例 2.18 如图 2.32(a)所示，某地下蓄水池，底面积为 S，里面水的深度为 h，水面距地面的高度是 h_0。欲将这池水全部抽至地面，问至少需要做多少功?

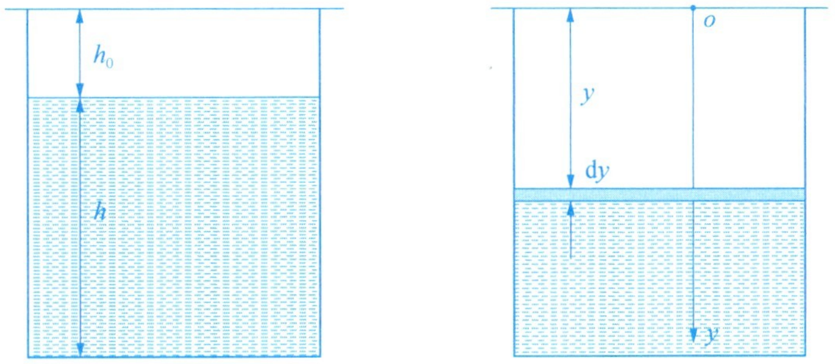

(a)蓄水池　　(b)从蓄水池抽水做功

图 2.32

解：见图 2.32(b)，以地面为原点向下为 y 轴正向建立 oy 坐标系。某时刻水面距地面的高度为 y，此时考虑距水面厚度为 dy 的一层水，其质量 $\mathrm{d}y=\rho S\mathrm{d}y$，$\rho$ 为水的密度。要将该层水提升至地面，设想给该层水施加一个向上的拉力 $F(=\mathrm{d}mg)$，那么做功最少。每提升一层水做的功为

$$\mathrm{d}W=\mathrm{d}mgy=\rho Sgy\mathrm{d}y$$

将水全部抽至地面需做功为

$$W=\int_{h_0}^{h_0+h}\mathrm{d}W=\int_{h_0}^{h_0+h}\rho Sgy\mathrm{d}y=\frac{1}{2}\rho Sg[(h_0+h)^2-h_0^2]$$

$$=\frac{1}{2}\rho Sg(h^2+2h_0h)$$

例 2.19　如图 2.33 所示，一匹马拉着雪橇沿着冰雪覆盖的弧形路面缓慢地匀速移动，圆弧路面的半径为 R。设马对雪橇的拉力总是平行于路面。雪橇的质量为 m，它与路面的滑动摩擦因数为 μ。当把雪橇由底端拉上 45°圆弧时，求：(1)马对雪橇做的功；(2)重力和摩擦力各自做的功。

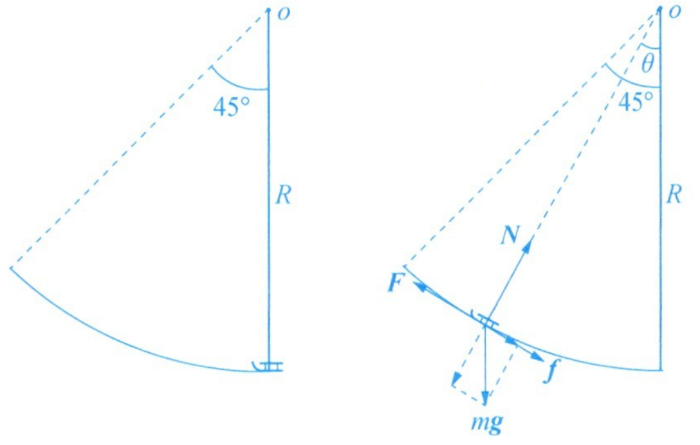

(a)雪撬的运动　　(b)雪撬的受力

图 2.33

解：(1)将雪橇视为质点，当它与圆弧圆心 o 的连线跟竖直方向夹 θ 角时，其受力分析见图 2.33，马的拉力 $\boldsymbol{F}$、雪橇所受摩擦力 $\boldsymbol{f}$、地面的支持力 $\boldsymbol{N}$、重力 $m\boldsymbol{g}$。在自然坐标系中，将重力沿切向与法向分解，分量分别为 $mg\sin\theta$、$mg\cos\theta$。针对雪橇，在切向与法向上由牛顿第二定律分别列方程，为

$$F-mg\sin\theta-f=F-mg\sin\theta-\mu N=m\frac{\mathrm{d}v}{\mathrm{d}t}$$

$$N-mg\cos\theta=m\frac{v^2}{R}$$

由于雪橇缓慢地匀速移动，v 很小，由上两方程分别得到

$$F-mg\sin\theta-\mu N=0$$

$$N-mg\cos\theta\approx 0$$

在自然坐标系中，拉力做的元功为

$$\mathrm{d}W_F=F\mathrm{d}s=(mg\sin\theta+\mu N)\mathrm{d}s=(mg\sin\theta+\mu mg\cos\theta)\cdot R\mathrm{d}\theta$$

上式中 $\mathrm{d}s=R\mathrm{d}\theta$。整个过程马对雪橇做的功为

$$W_F=\int_0^{\pi R/4}F\mathrm{d}s=mgR\int_0^{\pi/4}\sin\theta\mathrm{d}\theta+\mu mgR\int_0^{\pi/4}\cos\theta\mathrm{d}\theta$$

$$=\left(1-\frac{\sqrt{2}}{2}+\frac{\sqrt{2}}{2}\mu\right)mgR$$

(2)重力做功只是其切向分力做功，则重力做的元功为 $\mathrm{d}W_G=-mg\sin\theta\cdot R\mathrm{d}\theta$，总功为

$$W_G=-\int_0^{\pi/4}mgR\sin\theta\mathrm{d}\theta=-\left(1-\frac{\sqrt{2}}{2}\right)mgR$$

摩擦力做的元功为 $\mathrm{d}W_f=-\mu N\mathrm{d}s=-\mu mgR\cos\theta\mathrm{d}\theta$，总功为

$$W_f=-\mu mgR\int_0^{\pi/4}\cos\theta\mathrm{d}\theta=-\frac{\sqrt{2}}{2}\mu mgR$$

例 2.20 作用在质点上的力为 $\boldsymbol{F}=(y^2-x^2)\boldsymbol{i}+xy\boldsymbol{j}$(N)。如图 2.34 所示，求：(1)质点沿直线从(0，0)点运动至(2，0)点，然后沿平行于 y 轴的直线运动至(2，4)点，所受力做的功；(2)质点沿抛物线 $y=x^2$ 从(0，0)点运动至(2，4)点所受力做的功。

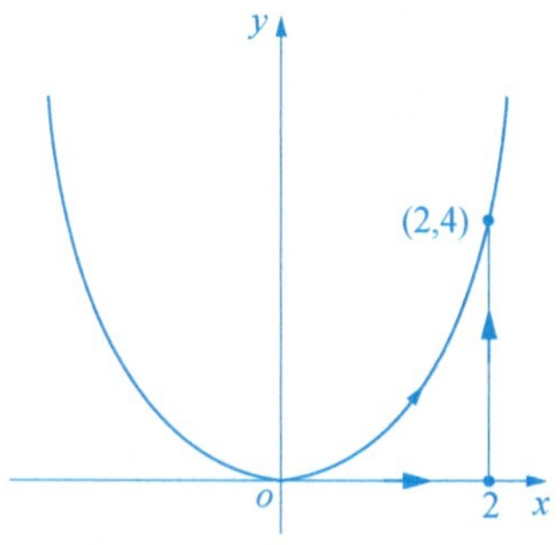

图 2.34　质点沿不同路径运动

解：(1)质点由原点(0，0)至(2，0)点的直线运动，$y=0$，没有 y 轴方向的位移，y 轴方向的分力不做功，只有 x 轴方向的分力做功，做功为

$$W_x=\int_{(0,\,0)}^{(2,\,0)}\boldsymbol{F}\cdot\mathrm{d}\boldsymbol{r}=\int_0^2F_x\mathrm{d}x=\int_0^2(y^2-x^2)\mathrm{d}x$$

$$=\int_0^2(0-x^2)\mathrm{d}x=-2.7\ \mathrm{J}$$

质点由(2，0)点至(2，4)点的直线运动，$x=2$，没有 x 轴方向的位移，只有 y 轴方向

的分力做功，做功为

$$W_y=\int_2^4 F_y\mathrm{d}x=\int_2^4 xy\mathrm{d}y=\int_2^4 2y\mathrm{d}y=12\ \mathrm{J}$$

整个过程做的总功为

$$W=W_x+W_y=12-2.7=9.3\ \mathrm{J}$$

(2) 质点沿抛物线 $y=x^2$ 在两点间运动，在 x 轴与 y 轴方向均有位移，因此做功为

$$W=\int_0^2 (y^2-x^2)\mathrm{d}x+\int_0^4 xy\mathrm{d}y$$

$$=\int_0^2 [(x^2)^2-x^2]\mathrm{d}x+\int_0^4 y^{1/2}\cdot y\mathrm{d}y=16.5\ \mathrm{J}$$

2. 功率

正如要描述质点运动的快慢引入速度一样，这里引入描述力做功快慢的物理量——功率。**力在单位时间内所做的功**，称之为**功率**。首先引入**平均功率**，为

$$\overline{P}=\frac{W}{\Delta t}$$

即平均功率为 Δt 时间内做功 W 的平均值。那么当 $\Delta t\to 0$ 时可得到**瞬时功率**，简称**功率**，为

$$P=\lim_{\Delta t\to 0}\frac{W}{\Delta t}=\frac{\mathrm{d}W}{\mathrm{d}t}=\frac{\boldsymbol{F}\cdot \mathrm{d}\boldsymbol{r}}{\mathrm{d}t}=\boldsymbol{F}\cdot\boldsymbol{v}$$

可见，功率等于质点受力与速度的标量积。由于功是标量，可正可负，因此功率也可正可负。质点如果受到多个力的作用，针对其中的某个力就有对应的功率。例如汽车行驶受到发动机提供的牵引力 $\boldsymbol{F}$ 作用，它是动力，那么发动机的功率 $P=\boldsymbol{F}\cdot\boldsymbol{v}$ 是正功率。汽车行驶还受到阻力 $\boldsymbol{f}$ 的作用，阻力的功率 $P_f=\boldsymbol{f}\cdot\boldsymbol{v}$ 就是负功率。只是一般考虑的是动力做功的功率，此时的功率为正功率，并不意味着所有力做功功率都是正功率。

功率单位(SI)：瓦特(W)，1 W=1 J/s。

2.5.2　动能定理

如前所述，力作用于质点上使它获得加速度，进而引起速度的变化，同时力对质点做了功，那么所做功与质点速度的变化应该有关系。考察质量为 m 的质点做一般的曲线运动，如图 2.35 所示，t 时刻质点在力 $\boldsymbol{F}$ 的作用下发生了元位移 $\mathrm{d}\boldsymbol{r}$，由于只有切向分力 F_τ 做功，力做元功为

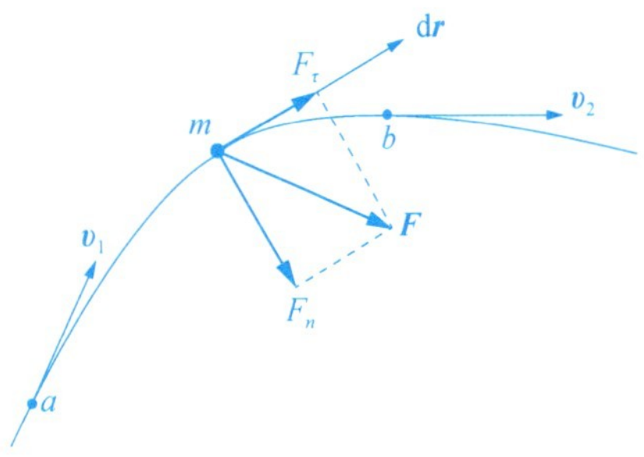

图 2.35　切向力做功

$$\mathrm{d}W=F_\tau\mathrm{d}s=m\frac{\mathrm{d}v}{\mathrm{d}t}\mathrm{d}s=mv\mathrm{d}v$$

质点在 a、b 位置的速率分别是 v_1、v_2，它由 a 位置运动到 b 位置的过程中力做功为

$$W = \int_a^b F_\tau \mathrm{d}s = \int_{v_1}^{v_2} mv\mathrm{d}v = \frac{1}{2}mv_2^2 - \frac{1}{2}mv_1^2$$

由此引入质点的**动能** E_k，$E_k = \frac{1}{2}mv^2$，动能由质点的速率决定。见上式，若 $v_1 = 0$，那么质点在 b 处的动能就等于它从 a 位置运动到 b 位置所受力做的功，因此动能反映出质点做功的能力。引入动能后，上式则为

$$W = E_{k2} - E_{k1}$$

以上两式即是质点的**动能定理：某过程中质点所受力做的功，等于质点动能的增量。**

应用动能定理来处理问题时需要注意的是：①功为过程量，动能是状态量——不同速率的动能不同，质点动能的变化通过做功来改变，或者说做功是质点能量改变的途径；②在不同的惯性系中，质点的速度、动能以及质点受力做功一般不同，因此要在同一惯性系中计算这些量，然后由动能定理列方程；③动能定理为计算功提供了一种简便的方法。

请思考：两质量不等的物体的动能相等，哪个物体的动量较大？两质量不等的物体的动量相等，哪个物体的动能较大？

请思考：质点受到多个力的作用，能否直接利用动能定理求其中某个力做的功？

如何应用动能定理处理问题，见如下举例。

例 2.21 将质量为 m 的小物体系在一端固定的细绳上，放在粗糙的水平面上做半径为 R 的圆周运动。当它运动一周时，其初速率 v_0 减小为 $v_0/2$。求：(1)物体所受摩擦力做的功；(2)物体与平面的滑动摩擦因数 μ；(3)静止前物体转动的圈数 n。

解：(1)小物体视作质点，它受到重力、支撑力、摩擦力和绳子的拉力，因重力、支撑力和绳子的拉力做功均为零，只有摩擦力做功，应用动能定理有

$$W_f = \frac{1}{2}mv_2^2 - \frac{1}{2}mv_1^2 = \frac{1}{2}m\left(\frac{v_0}{2}\right)^2 - \frac{1}{2}mv_0^2 = -\frac{3}{8}mv_0^2$$

(2)小物体做圆周运动，滑动摩擦力($f=\mu mg$)是切向力，它运动一周摩擦力做功为

$$W_f = \int_0^{2\pi R} F_\tau \mathrm{d}s = -\int_0^{2\pi R} \mu mg\mathrm{d}s = -\mu mg \cdot 2\pi R$$

有

$$-\frac{3}{8}mv_0^2 = -\mu mg \cdot 2\pi R$$

得

$$\mu = \frac{3v_0^2}{16\pi Rg}$$

(3)对小物体运动整个过程应用动能定理有

$$-\mu mg \cdot 2\pi R \cdot n = -\frac{3}{8}mv_0^2 n = 0 - \frac{1}{2}mv_0^2$$

得

$$n = \frac{4}{3}(\text{圈})$$

例 2.22　如图 2.36 所示，用铁锤将一枚铁钉钉入木板，设木板对铁钉的阻力与铁钉进入木板内的深度成正比。在铁锤第一次击打后，能将钉子钉入木板内 2 cm。问铁锤第二次击打后钉子能进入木板的深度。假定铁锤两次打击铁钉时的力度相同。

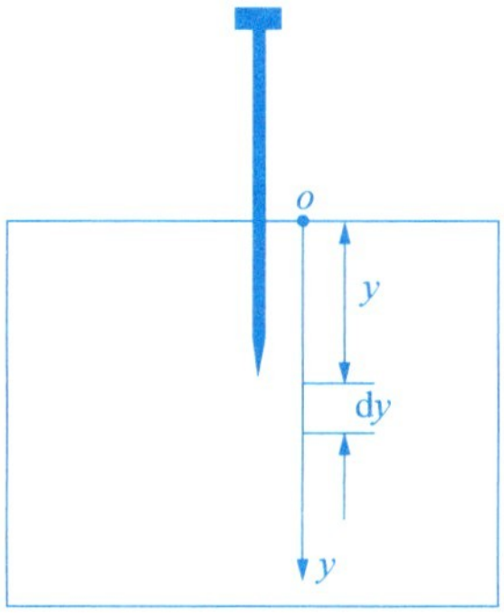

图 2.36　钉铁钉

解：以钉子为研究对象，它受铁锤向下的打击力、木板向上的阻力以及钉子的重力，由于重力远小于前两个力，可以忽略。见图，以木板表面为原点如图建立 oy 坐标系，钉子进入深度为 y 时所受阻力可表示为

$$f=-ky\ (k\ 为比例系数)$$

打击过程钉子从 y_1 位置进入到 y_2 位置阻力对钉子做功为

$$W_f=\int_a^b \boldsymbol{f}\cdot \mathrm{d}\boldsymbol{r}=-\int_{y_1}^{y_2} ky\cdot \mathrm{d}y=\frac{1}{2}ky_1^2-\frac{1}{2}ky_2^2$$

铁锤两次击打的力度相同，即对钉子做功相同 $W_1=W_2$。每一次打击过程，打击力与阻力对木板做功，而木板从静止开始运动，最后静止。设第二次打击钉子进入的深度为 h，对两次打击过程应用动能定理有

$$W_1+\left(\frac{1}{2}k\times 0^2-\frac{1}{2}k\times 0.02^2\right)=0$$

$$W_2+\left[\frac{1}{2}k\times 0.02^2-\frac{1}{2}k\times (0.02+h)^2\right]=0$$

联立以上方程得

$$h=(\sqrt{2}-1)\times 0.02=0.0083\ \mathrm{m}$$

2.5.3　势能

1. 保守力

如前所述，变力做功等于变力 $\boldsymbol{F}(\boldsymbol{r})$ 沿路径的线积分，做功一般跟路径有关。那么是否所有的力做功都跟路径有关？并非如此，高中已经学过，重力做功就跟路径无关，只跟质点的始末位置有关。如图 2.37 所示，以地面为原点竖直向上为 z 轴正向建立 oz 坐标系，质点从位置 a（坐标为 z_1）沿任意路径运动到位置 b（坐标为 z_2），重力做功为

$$W=-(mgz_2-mgz_1) \tag{2.9}$$

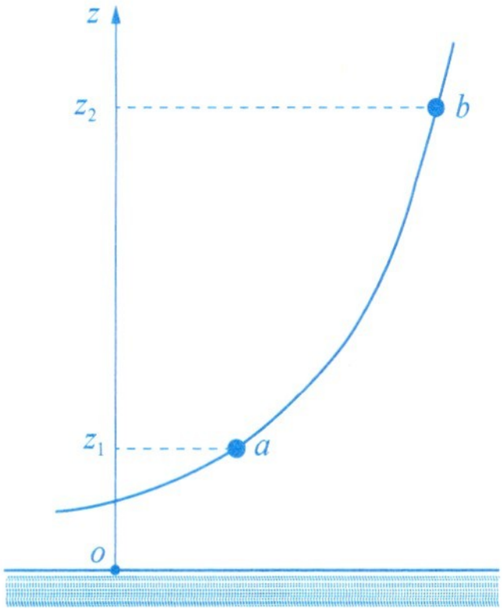

图 2.37　重力做功

下面来考察万有引力做功。如图 2.38(a) 所示，质量为 m 的质点沿轨道运动，t 时刻的位矢为 $\boldsymbol{r}$，从该时刻

开始发生一个元位移 d$\boldsymbol{r}$，该质点受到质量为 M 的质点的万有引力为 $\boldsymbol{F}$，引力做的元功为

$$dW=\boldsymbol{F}d\boldsymbol{r}=-GMm\frac{\boldsymbol{r}}{r^3}d\boldsymbol{r}$$

当质点 m 沿轨道从 a 位置(位矢为 $\boldsymbol{r}_1$)运动到 b 位置(位矢为 $\boldsymbol{r}_2$)，受到万有引力做功为

$$W=-\int_{r_1}^{r_2}GMm\frac{\boldsymbol{r}}{r^3}d\boldsymbol{r}$$

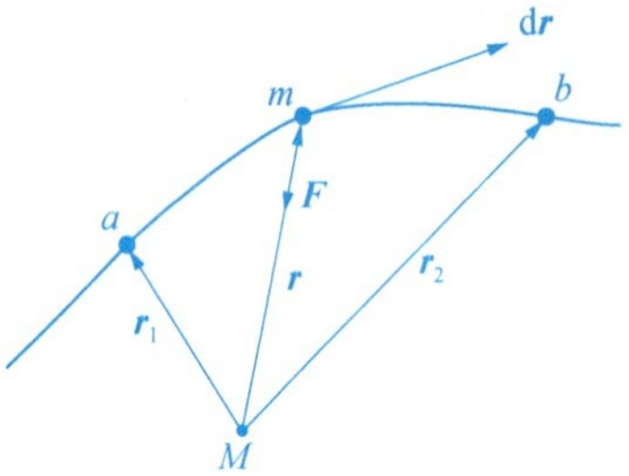

(a)质点的位移与所受万有引力

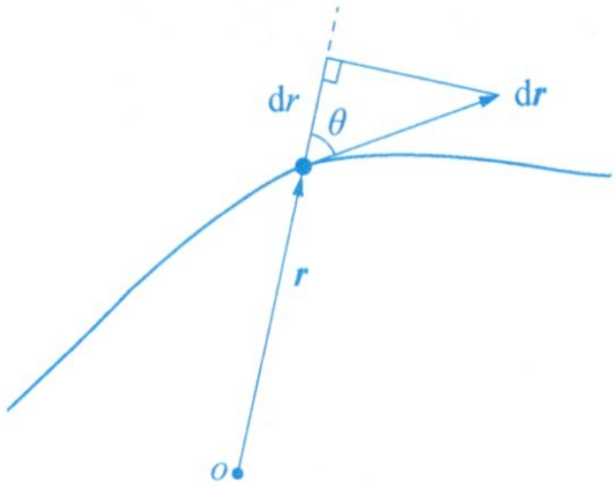

(b)位矢$\boldsymbol{r}$与元位移d$\boldsymbol{r}$

图 2.38　质点受万有引力做功

见图 2.38(b)所示，位矢 $\boldsymbol{r}$ 与元位移 d$\boldsymbol{r}$ 的夹角记为 θ，d$\boldsymbol{r}$ 在 $\boldsymbol{r}$ 的延长线上的投影长度为 dr，则有关系

$$\boldsymbol{r}\cdot d\boldsymbol{r}=r\cdot|d\boldsymbol{r}|\cdot\cos\theta=r\cdot dr$$

引力做功即为

$$W=-GMm\int_{r_1}^{r_2}\frac{1}{r^2}dr=-\left[\left(-GMm\frac{1}{r_2}\right)-\left(-GMm\frac{1}{r_1}\right)\right]\qquad(2.10)$$

可见万有引力做功也跟路径无关，只跟始末位置有关。类似地，可以证明弹性力做功也跟路径无关，只跟始末位置有关。如图 2.39 所示，以弹簧原长为坐标原点，弹簧伸长方向为 x 轴建立 ox 坐标系，当弹簧始末位置的伸长量分别为 x_1、x_2 时，弹性力做功为

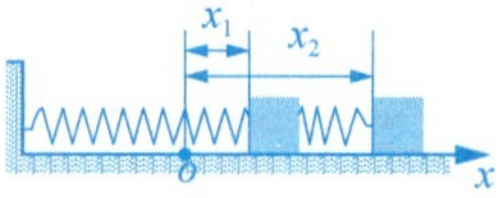

图 2.39　弹性力做功

$$W=\int_{x_1}^{x_2}-kx\,dx=-\left(\frac{1}{2}kx_2^2-\frac{1}{2}kx_1^2\right)\qquad(2.11)$$

由上可见，重力、万有引力与弹性力做功均跟质点的始末位置有关，跟具体的路径无关。由此引入保守力：**质点在运动的过程中，所受某力做功与路径无关，只跟质点的始末位置相关，该力称为保守力**。当质点沿闭合路径运动一周，始末位置完全相同，例如万有引力做功中的 $\boldsymbol{r}_1=\boldsymbol{r}_2$，因此保守力做功必然为零。即有

$$W=\oint\boldsymbol{F}\cdot d\boldsymbol{r}=0$$

于是，保守力也可以表示为，**质点在闭合路径上运动一周，所受某力做功为零，该力就是保守力**。

重力、万有引力、弹性力是典型的保守力，电磁学中的静电场力(库仑力)也是保守力。对应地，**如果质点在闭合路径上运动一周某力做功不为零，或做功跟路径有关，这种力称为非保守力，又称为耗散力**。例如质点在粗糙的水平面上沿闭合路径运动一周，摩擦力做功不为零，摩擦力就是非保守力。流体阻力、安培力也是典型的非保守力。质点在某空间的每一位置都受到大小、方向完全确定的力，称该空间为**力场**。保守力跟质点在空间中的位置有关，其力场称为**保守力场**。

请思考：洛伦兹力是保守力吗？非保守力做功总是负吗？

2. 势能

观察万有引力等保守力在两位置之间做的功，均可以表示为形式相同的两项之差

$$W=\int_{r_1}^{r_2}\boldsymbol{F}\cdot \mathrm{d}\boldsymbol{r}=-\left[E_p(r_2)-E_p(r_1)\right]=-\Delta E_p(r) \tag{2.12}$$

这两项是同一个函数 $E_p=E_p(r)$ 在两个位置的函数值。回顾动能定理，力做的功也等于形式相同的两项之差(动能之差)，因此函数 $E_p=E_p(r)$ 也应该表示某种能量，是**跟位置相关的能量**，该能量称为**势能**，此函数称为**势能函数**。

在势能函数中任意加一个常量，即 $E_p=E_p(r)+c$，上式仍然成立。这表明势能函数没有确定的函数值，势能在某位置可以取任意值。要确定质点在某位置的势能值，就必须人为选定一个参考位置，规定该处的势能为零，该处称为**势能零点**或**零势能点**，于是质点在不同位置的势能就均有唯一的确定值。将式(2.12)中的 r_1 位置(改记为 r_0)作为势能零点，$E_p(r_0)=0$，那么任意位置 r_2(改记为 r)的势能为

$$E_p(r)=-\int_{r_0}^{r}\boldsymbol{F}\cdot \mathrm{d}\boldsymbol{r}=\int_{r}^{r_0}\boldsymbol{F}\cdot \mathrm{d}\boldsymbol{r}$$

上式即为势能的定义式，它表明：**质点在 r 位置的势能等于它从零势能点 r_0 处沿任意路径运动到 r 处保守力做功的负值，或等于从 r 处沿任意路径运动到 r_0 处保守力做的功。**

需要注意的是：①质点在某位置的势能与势能零点的选取有关，势能零点选在不同的位置，某位置的势能值就不同，因此势能只有相对意义。势能零点可根据问题的需要选择不同的位置，例如对于桌面上质点的重力势能，势能零点可以取在桌面，也可以取在地面。②两个位置的势能之差有绝对意义，势能差不依赖于势能零点的位置，无论势能零点取在何处，该势能差都相等，因为该势能差等于质点在两点间运动保守力所做的功，见式(2.12)。③保守力做正功，相应地质点的势能就减少，若保守力做负功，相应地势能就增加。④势能是相互作用能，它是属于以保守力相互作用的物体系统所共有的能量。如果两个物体之间相互作用的保守力趋近于零，那么势能就趋近于零。如果两个物体之间没有相互作用的保守力，也就没有势能而言。另外，对于非保守力，不能引入势能的概念。

3. 几种常见的势能与势能函数

势能函数的形式与保守力的性质密切相关，不同种类的保守力对应的势能函数不同。

(1)见式(2.9)，以地面为势能零点，质点 m 在 z 处的重力势能为

$$E_p(z)=mgz$$

(2)见式(2.10)，以无穷远为势能零点，质点 m 在 r 处的万有引力势能为

$$E_p(r)=-G\frac{Mm}{r}$$

(3)见式(2.11)，以弹簧原长为势能零点，弹簧伸长或压缩量为 x 处的弹性势能为

$$E_p(x)=\frac{1}{2}kx^2$$

针对以上势能函数，将势能随位置坐标作图就可以得到**势能曲线**，从势能曲线可以直观地看出势能随位置的变化关系。

请思考： 万有引力势能有没有正值？弹性势能有没有负值？

如何确定质点的势能，见如下举例。

例 2.23 如图 2.40 所示，质量为 m 的卫星在距地面的高度为 $2R$ 的圆形轨道上运动，R 为地球半径。求以地面为零势能点时卫星的势能。

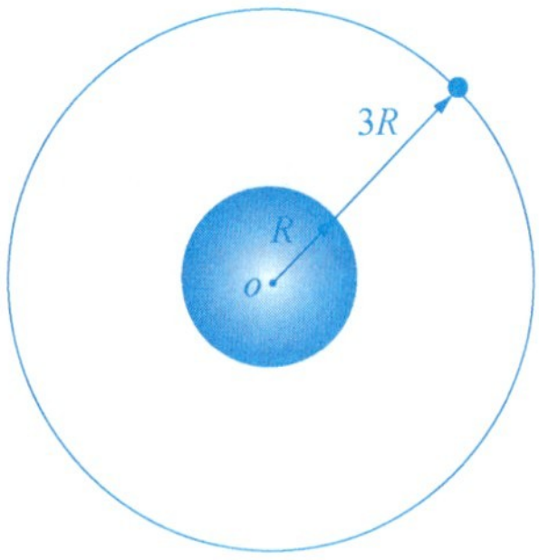

图 2.40 卫星运动

解： 由势能的定义式来处理问题。设想卫星沿任意路径从地面运动至卫星位置万有引力做功。地球质量记为 M，以地面为零势能点时卫星的势能为

$$E_p(3R)=-\int_{r_0}^{r}\boldsymbol{F}\cdot\mathrm{d}\boldsymbol{r}=-\int_{R}^{3R}GMm\frac{\boldsymbol{r}}{r^3}\mathrm{d}\boldsymbol{r}$$

$$=-GMm\int_{R}^{3R}\frac{\mathrm{d}r}{r^2}=\frac{2GMm}{3R}$$

另法： 利用以无穷远为零势能点的万有引力势能公式处理问题。无论势能零点取在无穷远还是地面，卫星与地面之间的势能差不变，由公式，势能差为

$$E_p(3R)-E_p(R)=\left(-GMm\frac{1}{3R}\right)-\left(-GMm\frac{1}{R}\right)=\frac{2GMm}{3R}$$

取地面为势能零点，即令 $E_p(R)=0$，则相对于地面为势能零点，卫星的势能为

$$E_p(3R)=\frac{2GMm}{3R}$$

*4. 保守力与势能的关系

对式(2.12)取微分，即得到保守力做功与势能的微分关系，有

$$\mathrm{d}W_C=-\mathrm{d}E_p$$

在直角坐标系中，力做的元功为

$$\mathrm{d}W=\boldsymbol{F}\cdot\mathrm{d}\boldsymbol{r}=F_x\mathrm{d}x+F_y\mathrm{d}y+F_z\mathrm{d}z$$

而势能是位置(x, y, z)的函数，它的微分形式可表示为

$$\mathrm{d}E_p=\frac{\partial E_p}{\partial x}\mathrm{d}x+\frac{\partial E_p}{\partial y}\mathrm{d}y+\frac{\partial E_p}{\partial z}\mathrm{d}z$$

将元功与势能的微分形式代入功与势能的微分关系中，比较可得

$$F_x=-\frac{\partial E_p}{\partial x},\ F_y=-\frac{\partial E_p}{\partial y},\ F_z=-\frac{\partial E_p}{\partial z}$$

即

$$\boldsymbol{F}=F_x\boldsymbol{i}+F_y\boldsymbol{j}+F_z\boldsymbol{k}=-\frac{\partial E_p}{\partial x}\boldsymbol{i}-\frac{\partial E_p}{\partial y}\boldsymbol{j}-\frac{\partial E_p}{\partial z}\boldsymbol{k}$$

引入梯度算符 $\nabla=\frac{\partial}{\partial x}\boldsymbol{i}+\frac{\partial}{\partial y}\boldsymbol{j}+\frac{\partial}{\partial z}\boldsymbol{k}$，则保守力可表示为

$$\boldsymbol{F}=-\left(\frac{\partial}{\partial x}\boldsymbol{i}+\frac{\partial}{\partial y}\boldsymbol{j}+\frac{\partial}{\partial z}\boldsymbol{k}\right)E_p=-\nabla E_p$$

由此可见，只要知道了保守力的势能函数，通过对势能函数求导，反过来就可以得到保守力。例如，由于原子、分子是由正负电荷构成的，因此两个原子(或分子)之间有相互作用力(主要是库仑力)，两者也就有了相互作用的势能。如图 2.41 所示是两原子(或分子)的势能 E_p 与两者之间距离 r 的势能曲线。势能曲线上任一位置处的斜率的负值 $\left(F=-\frac{\mathrm{d}E_p}{\mathrm{d}r}\right)$，即为原子(或分子)在该处所受的保守力，见图中保守力曲线。当两者之间的距离小于 r_0，两者之间为排斥力；当两者之间的距离大于 r_0，两者之间为吸引力；在 $r=r_0$ 处势能曲线有最小值，该处曲线斜率为零处，两者之间的作用力为零。受力为零的位置称为平衡位置。在 $r=r_1$ 处两者之间的吸引力最大。

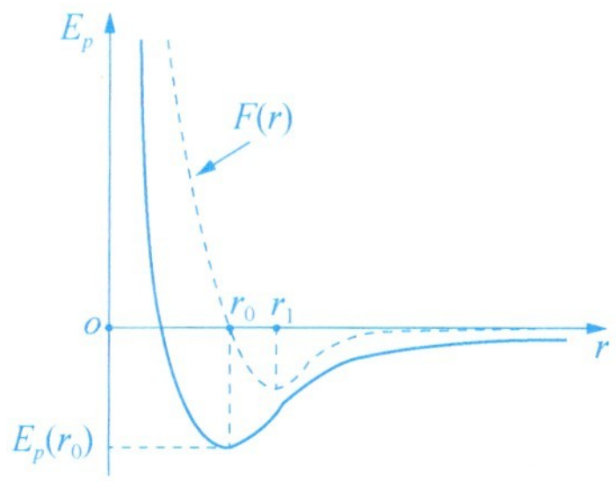

图 2.41　势能曲线

2.5.4　质点系的动能定理

在质点系的动量定理一节，考察了由 n 个质点组成的质点系中第 i 个质点的受力，可以分为外力 $\boldsymbol{F}_i$(来自质点系外部的作用)和内力 $\sum \boldsymbol{f}_{ij}$(来自质点系内部其他质点的作用)两部分之和，在 $t_1\to t_2$ 时间段，第 i 个质点从位置 $\boldsymbol{r}_{i1}$ 运动至位置 $\boldsymbol{r}_{i2}$，对该质点运用动能定理有

$$\int_{r_{i1}}^{r_{i2}}\boldsymbol{F}_i\cdot\mathrm{d}\boldsymbol{r}_i+\int_{r_{i1}}^{r_{i2}}\sum_{j(\neq i)}^{n-1}\boldsymbol{f}_{ij}\cdot\mathrm{d}\boldsymbol{r}_i=E_{ki}(t_2)-E_{ki}(t_1)$$

对每个质点运用动能定理，将 n 个方程相加，有

$$\sum_{i=1}^{n}\int_{r_{i1}}^{r_{i2}}\boldsymbol{F}_i\cdot\mathrm{d}\boldsymbol{r}_i+\sum_{i=1}^{n}\int_{r_{i1}}^{r_{i2}}\sum_{j(\neq i)}^{n-1}\boldsymbol{f}_{ij}\cdot\mathrm{d}\boldsymbol{r}_i=\sum_{i=1}^{n}E_{ki}(t_2)-\sum_{i=1}^{n}E_{ki}(t_1)$$

上式第一项是质点系在 $t_1\to t_2$ 时间段所受外力做的总功，简记为 W_{ex}。第二项是质点系所受内力做的总功，简记为 W_{in}。第三项与第四项分别是质点系在 t_1、t_2 时刻的总动能，分

别简记为 E_{k2}、E_{k1}，于是上式简记为

$$W_{ex}+W_{in}=E_{k2}-E_{k1}$$

上式表明：**在一个时间段，作用于质点系的所有力做的功，等于该质点系总动能的增量**，这就是**质点系的动能定理**。

求质点系外力或内力的总功时尤其要注意的是：要先求每个质点受外力或内力做的功，然后相加得到外力的总功或内力的总功；不能先求质点系的合外力或合内力，再求合外力或合内力做功作为总功，因为同一时刻各质点的元位移 $\mathrm{d}\boldsymbol{r}_i$ 不同，求总功进行积分运算时不能作为公因子提到累加符号之外，例如 $\sum_{i=1}^{n}\int_{r_{i1}}^{r_{i2}}\boldsymbol{F}_i\cdot\mathrm{d}\boldsymbol{r}_i\neq\int_{r_{i1}}^{r_{i2}}\left(\sum_{i=1}^{n}\boldsymbol{F}_i\right)\cdot\mathrm{d}\boldsymbol{r}$，注意各个质点运动的路径不同。

一般情况，质点系的内力做的总功并不为零。可以证明，质点系中任意一对质点之间的内力做功之和不一定为零。如图 2.42 所示，两质点 m_1、m_2 之间相互作用的一对内力的关系为 $\boldsymbol{f}_{12}=-\boldsymbol{f}_{21}$，某时刻两质点开始发生的元位移分别为 $\mathrm{d}\boldsymbol{r}_1$、$\mathrm{d}\boldsymbol{r}_2$，这一对内力做的元功之和为

$$\mathrm{d}W=\boldsymbol{f}_{12}\cdot\mathrm{d}\boldsymbol{r}_1+\boldsymbol{f}_{21}\cdot\mathrm{d}\boldsymbol{r}_2=\boldsymbol{f}_{12}(\mathrm{d}\boldsymbol{r}_1-\mathrm{d}\boldsymbol{r}_2)$$

由于一般情况下 $\mathrm{d}\boldsymbol{r}_1\neq\mathrm{d}\boldsymbol{r}_2$，于是 $\mathrm{d}W\neq0$。因此，**一对内力所做功之和等于内力与相对位移的标量积**，不一定等于零。

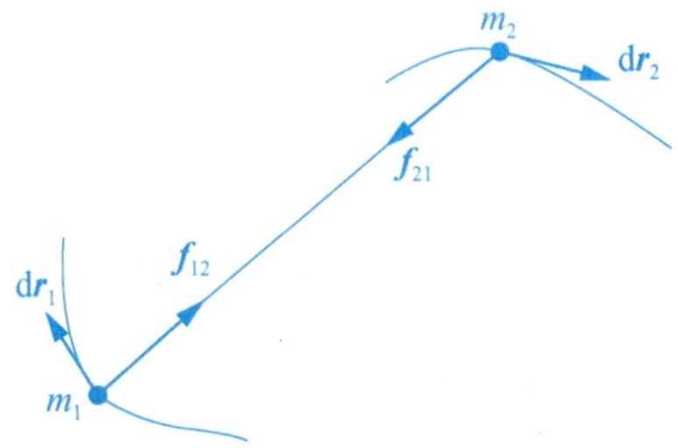

图 2.42 一对内力做功

质点系的动能定理的应用，见如下举例。

例 2.24 如图 2.43(a)所示，一长为 L、质量为 m 的均匀细链条放在水平桌面上。初始时刻使其长度的一半下垂于桌边，然后由静止释放任其滑动，链条与桌面间的摩擦因数为 $\mu(<1)$。求链条全部脱离桌面时的速率 v。

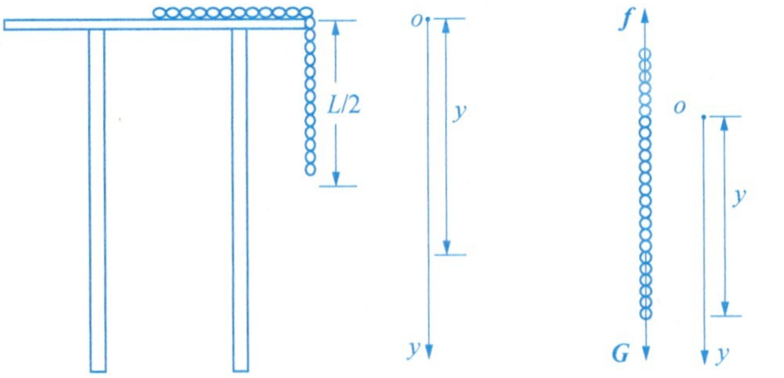

(a)细链条的运动　　(b)细链条的受力

图 2.43

解：将链条看成一节一节质点组成的质点系。质点系在运动的过程中相连质点彼此施加的拉力是内力，但这一对内力之间没有相对位移，因此质点系的内力做功为零。质点系

还受到两个外力：下垂段链条的重力、桌面上链条受到的摩擦力。桌面上链条受到的重力与支持力是平衡力，不做功。见图 2.43(a)，以桌面为原点建立 oy 坐标系。由于下垂段链条的重力大于桌面段的摩擦力($mg/2>\mu mg/2$)，链条由静止释放可以滑动。设 t 时刻链条下垂长为 y，桌面对链条的摩擦力、下垂段的重力分别为

$$f=\mu\frac{L-y}{L}mg,\ G=\frac{y}{L}mg$$

摩擦力做功为

$$W_f=\int_a^b\boldsymbol{f}\cdot\mathrm{d}\boldsymbol{r}=-\int_{L/2}^{L}\mu\frac{L-y}{L}mg\mathrm{d}y=-\frac{\mu mgL}{8}$$

重力做功为

$$W_G=\int_a^b\boldsymbol{G}\cdot\mathrm{d}\boldsymbol{r}=\int_{L/2}^{L}\frac{y}{L}mg\mathrm{d}x=\frac{3}{8}mgL$$

由动能定理有

$$-\frac{\mu mgL}{8}+\frac{3}{8}mgL=\frac{1}{2}mv^2-0$$

得

$$v=\frac{\sqrt{(3-\mu)gL}}{2}$$

另法：设想将桌面上的链条竖直，如图 2.43(b)所示，由于链条各质点的加速度相同，可利用质点系的牛顿定律 $\boldsymbol{F}=\mathrm{d}\boldsymbol{p}/\mathrm{d}t$ 处理问题。t 时刻链条受外力是桌面对链条的摩擦力、下垂段的重力，方向反向，合力为

$$F=\frac{y}{L}mg-\mu\frac{L-y}{L}mg=\frac{1+\mu}{L}mgy-\mu mg$$

由质点系的牛顿定律有

$$\frac{1+\mu}{L}mgy-\mu mg=ma=m\frac{\mathrm{d}v}{\mathrm{d}t}$$

即

$$\frac{1+\mu}{L}gy-\mu g=\frac{\mathrm{d}v}{\mathrm{d}t}=\frac{\mathrm{d}v\,\mathrm{d}y}{\mathrm{d}y\,\mathrm{d}t}=v\frac{\mathrm{d}v}{\mathrm{d}y}$$

$$v\mathrm{d}v=\left(\frac{1+\mu}{L}gy-\mu g\right)\mathrm{d}y$$

初始时刻：$x_0=L/2$ 时 $v_0=0$，对上式积分

$$\int_0^v v\mathrm{d}v=\int_{L/2}^{L}\left(\frac{1+\mu}{L}gy-\mu g\right)\mathrm{d}y$$

得

$$v=\frac{\sqrt{(3-\mu)gL}}{2}$$

2.5.5　质点系的功能原理

如前所述，质点系的动能定理是质点系所受外力、内力做功之和，等于系统动能的增

量。如果将质点系的内力做功分为保守内力做功 $W_{C,in}$ 与非保守内力做功 $W_{N,in}$，那么动能定理可以表示为

$$W_{ex}+W_{C,in}+W_{N,in}=E_{k2}-E_{k1}$$

由于保守力做功等于势能增量的负值，即

$$W_{C,in}=-(E_{p2}-E_{p1})$$

上式中 E_{p1}、E_{p2} 分别是质点系在 t_1、t_2 时刻系统内各势能的总和，于是动能定理可表示成

$$W_{ex}+W_{N,in}=(E_{k2}+E_{p2})-(E_{k1}+E_{p1})$$

由此引入**机械能 E**，$E=E_k+E_p$，**系统的机械能为系统的动能和势能之和**，上式则为

$$W_{ex}+W_{N,in}=E_2-E_1$$

此方程称为**质点系的功能原理**，它表明：**系统机械能的增量等于外力做的功与非保守内力做的功之和**。

应该注意到，功能原理并不是针对单独的质点而言，而是针对某系统得到的规律。功能原理将外力与非保守内力做功跟系统的机械能联系起来，进一步反映了做功是能量转换的方式。由于涉及势能，应用功能原理处理相关问题就需要指定势能零点的位置。与质点系的动能定理比较，应用功能原理处理问题更为简洁，因为功能原理中将保守力做功的积分运算变为了简单的势能运算。

例 2.25 如图 2.44(a)所示，质量 $m=0.1$ kg 的小物块套在竖直杆上，有一根劲度系数 $k=10$ N/m 的弹性绳一端连接小物块，另一端固定于点 C 处，点 C 与杆的上端 B 处在同一水平线上。初始时刻将小物块拉至杆的 A 处，AB 与 BC 的长度均为 $l=0.5$ m，弹性绳原长也为 l。若小物块与杆之间的滑动摩擦因数 $\mu=0.1$，忽略弹性绳的质量，求松手后小物块被拉至 B 处时的速率 v。

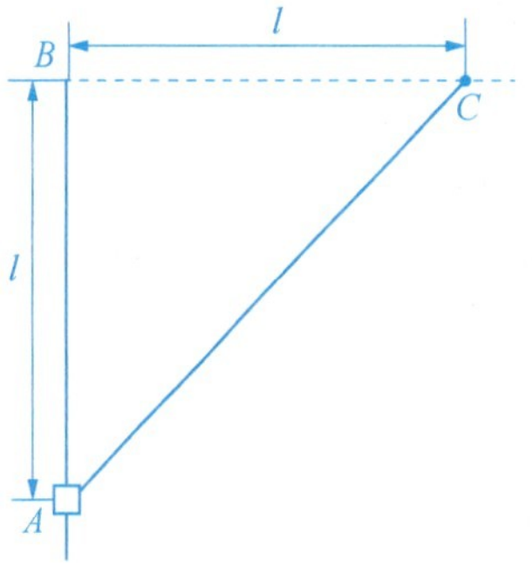

(a)小物块的运动

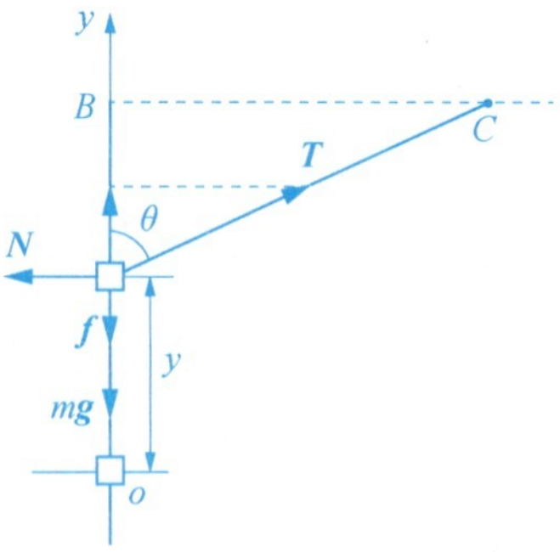

(b)小物块的受力

图 2.44

解：如图 2.44(b)所示，以 A 为原点建立 oy 坐标。设 t 时刻物块运动至 y 处，此时弹性绳与 y 轴夹角记为 θ，物块的受力有重力 $m\boldsymbol{g}$、绳的拉力 $\boldsymbol{T}$、杆的压力 $\boldsymbol{N}$ 与杆给予的摩擦力 $\boldsymbol{f}$。此时

$$T=k\left(\frac{l}{\sin\theta}-l\right)$$

$$f=\mu N=\mu T\sin\theta=\mu kl(1-\sin\theta)$$

以物块、弹性绳与地球为系统，如将杆与地球看成一体，那么摩擦力为系统的非保守内力，如果分开来看，摩擦力则是外力，总之，木块运动过程中受保守力之外的力做功为

$$W_f=-\int_0^l \mu kl(1-\sin\theta)\mathrm{d}y$$

见图(b)，$l-y=l\cot\theta$，则

$$\mathrm{d}y=\frac{l}{\sin^2\theta}\mathrm{d}\theta$$

即
$$W_f=-\mu kl^2\int_{45^\circ}^{90^\circ}\frac{\mathrm{d}\theta}{\sin^2\theta}+\mu kl^2\int_{45^\circ}^{90^\circ}\frac{\mathrm{d}\theta}{\sin\theta}=\mu kl^2\cot\theta\Big|_{45^\circ}^{90^\circ}+\mu kl^2\ln|\tan(\theta/2)|\Big|_{45^\circ}^{90^\circ}$$

$$=-\mu kl^2[1-\ln(\sqrt{2}-1)]$$

以 A 处为重力势能零点，弹性绳原长为弹性势能的零点，由功能原理有

$$W_f=mgl+\frac{1}{2}mv^2-\frac{1}{2}k\left(\frac{l}{\sin 45^\circ}-l\right)^2$$

得
$$v=\sqrt{\frac{kl^2}{m}(3-2\sqrt{2})-2gl-\frac{2\mu kl^2}{m}[1+\ln(\sqrt{2}-1)]}$$

代入数据得

$$v=1.6\ \mathrm{m/s}$$

由于能够得到正的实数速率，因此木块能到达 B 处。

2.5.6　机械能守恒定律　能量转换与守恒定律

1. 机械能守恒定律

由功能原理可见，**当质点系在运动的过程中所受外力做功以及非保守内力做功始终为零，那么在任意时刻系统的机械能相等，为恒量，因此系统的机械能守恒。**机械能守恒定律由方程表示为

$$E_2-E_1=0\quad 或\quad E=c$$

当系统的机械能守恒时，系统的动能与势能通过保守内力做功可以彼此转化，各质点的机械能也可以通过保守内力做功相互交换，但系统的总机械能为恒量。

应用机械能守恒定律处理问题需要注意的是：①首先要确定由哪些质点组成系统，然后分清楚谁是外力，谁是非保守内力，随后要确定外力与非保守内力在质点系运动过程中始终不做功，这样才能判断系统机械能守恒；②由于涉及势能，要指定势能零点的位置；③机械能守恒定律是说在同一个惯性系中系统的机械能不变，但在不同的惯性系中系统的机械能的数值并不相同。

正是因为通过保守力做功可以将势能转化为动能，因此，我国大力开发水电站的建设，以获取源源不断的清洁能源。仅在长江流域，除了干流上的葛洲坝和三峡工程之外，其支流上还有大型(装机容量 25 万千瓦以上)和中型(2.5 万千瓦~25 万千瓦之间)水电站近百座。

请思考：不受外力作用的系统，它的动量和机械能都守恒对吗？内力都是保守力的系统，当它所受的合外力为零时，其机械能守恒吗？

2. 能量转换与守恒定律

与外界无能量交换的系统称为孤立系统。如果系统所受外力做功始终为零，那么系统跟外界无能量交换，它就是孤立系统。**在一个孤立系统内，如果存在非保守内力做功，由功能原理可知，系统的机械能不守恒，系统的机械能将通过非保守内力做功跟其他形式的能量进行转换，但系统的总能量将保持不变**，这称为**能量转换与守恒定律**，简称**能量守恒定律**，可表示为

$$E_{孤}=c$$

需要强调的是：机械能守恒是系统内的动能与势能相互转换，但机械能不变；而能量转换与守恒是系统内的机械能与其他形式的能量相互转换，总能量不变。能量转换与守恒是针对孤立系统而言，无论系统内部发生何种变化，物理的、化学的变化，系统内的能量不变。

至此，我们学习了动量守恒定律、角动量守恒定律与能量守恒定律，其守恒性反映的是自然界的对称性导致了物理定律的对称性(或不变性)。将一个物体进行旋转、平移等变换，变换后的物体跟变换前完全重合，没有差异，就称该物体具有旋转、平移等对称性。物理定律的对称性是指经过对称变换后物理定律的方程式保持不变。任何一个对称变换必然导致一种对应的守恒规律。动量守恒定律反映的是空间平移对称性，角动量守恒定律反映的是空间旋转对称性。可以这么理解，由于空间的均匀性，空间具有平移对称性，也具有旋转对称性。将一套实验装置随空间平移到另一位置，或者将该实验装置随空间旋转一个角度，在平移或旋转后的位置做跟原位置相同的物理实验，给予同样的起始条件与环境，实验过程与结果将相同。另外，机械能守恒定律反映的是时间平移不变性。可以这么理解，在同一位置不同时间段做同样的实验，起始条件与环境相同，实验过程与结果也相同。不仅如此，能量守恒也具有时间平移不变性。

如何应用机械能守恒定律，见如下举例。

例 2.26 1909 年卢瑟福等人用 α 粒子轰击金箔，观察到 α 粒子被散射有大角度偏转现象，由此提出了原子的行星模型——原子有一个小而重的带正电的核心，集中了原子的绝大多数质量，电子绕核心转动。已知质量为 m 的 α 粒子以速度 $\boldsymbol{v}_0$ 射向电荷为 Ze 的金原子核，速度 $\boldsymbol{v}_0$ 方向与核的垂直距离为 b，称为瞄准距离，如图 2.45 所示。求 α 粒子接近金核的最近距离 d。由于金原子核的质量远大于 α 粒子，散射过程中金原子核近似静止。

解：以金原子核为参考点，α 粒子在运动过程中受到金核的库仑力作用，由于 α 粒子

速度大，可忽略重力的影响，其轨道在一个平面内。由于库仑力是有心力，因此 α 粒子运动过程中对金核的力矩为零，它的角动量守恒，即有

$$\boldsymbol{r}\times m\boldsymbol{v}_0=\boldsymbol{d}\times m\boldsymbol{v}$$

式中 $\boldsymbol{r}$ 为 α 粒子离金核较远的位矢，$\boldsymbol{r}$ 与 $\boldsymbol{v}_0$ 的夹角记为 θ，见图。$\boldsymbol{d}$ 为 α 粒子距金核最近的位矢，此时 α 粒子的速度为 $\boldsymbol{v}$，两者方向垂直。即有

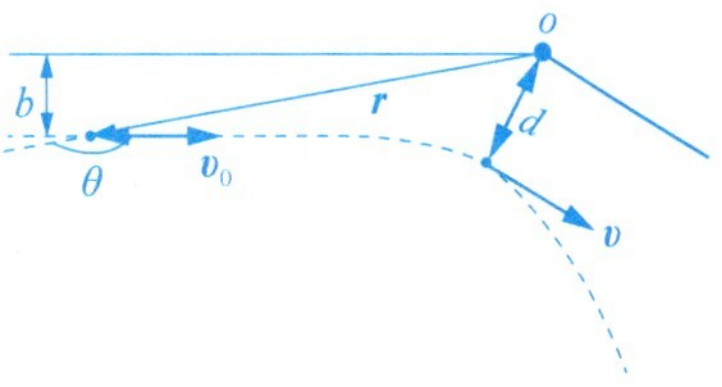

图 2.45　α 粒子被散射的瞄准距离

$$rmv_0\sin\theta=(r\sin\theta)mv_0=bmv_0=dmv$$

得

$$v=\frac{bv_0}{d}$$

库仑力为保守力，金核与 α 粒子组成的系统机械能守恒。库仑力势能类似于万有引力势能，$E_p=kZe^2/r$，其中 k 为常数，α 粒子离金核很远处的势能为零。即有

$$\frac{1}{2}mv_0^2=\frac{1}{2}mv^2+\frac{kZe^2}{d}$$

由上两式得

$$d^2-\frac{2kZe^2}{mv_0^2}d-b^2=0$$

可得最近距离为

$$d=\frac{kZe^2}{mv_0^2}+\sqrt{\left(\frac{kZe^2}{mv_0^2}\right)^2+b^2}$$

由上可见，当 $b=0$ 时 α 粒子与金原子核发生对心碰撞，此时 d 最小，因此通过散射实验由 d 值可以估测原子核的半径。

例 2.27　如图 2.46(a) 所示，内表面光滑的半球形碗固定不动，其碗口平面为水平面，内球面的半径为 R。初始时刻小球位于碗的内表面某处，它与球心的连线与过球心的竖直轴 z 夹 θ 角，现给予小球一个水平方向的初速度 $\boldsymbol{v}_0$，如果 v_0 是小球恰好能达到碗口所需的初速率。求 v_0 与 θ 之间的关系。

解： 小球在碗内表面上的运动是绕球心的转动，转动过程的受力分析见图 2.46(a)，小球受碗的支持力 $\boldsymbol{N}$ 与重力 $\boldsymbol{G}$。由球心至小球引出位矢 $\boldsymbol{r}$，$\boldsymbol{N}$ 与 $\boldsymbol{r}$ 共线对球心不产生力矩，$\boldsymbol{G}$ 产生重力矩，然而重力矩的方向垂直于 z 轴，沿 z 轴的分力矩 $M_z=0$，因此小球在转动过程中沿 z 轴方向的角动量 L_z 守恒。图 2.46(b) 为小球与 z 轴确定的平面，小球速度垂直于此平面假定向里，小球在起点的角动量 $\boldsymbol{L}$ 的 z 轴分量为 $Rmv_0\sin\theta$。由于小球恰好到达碗口，那么它到达碗口只有水平速度，设此水平速度为 $\boldsymbol{v}$，小球到达碗口的角动量方向沿 z 轴正向，大小为 Rmv，由于 L_z 守恒，列方程为

$$Rmv_0\sin\theta=Rmv$$

以小球与地球为系统，小球在运动过程中机械能守恒。设碗口为重力势能零点，由系

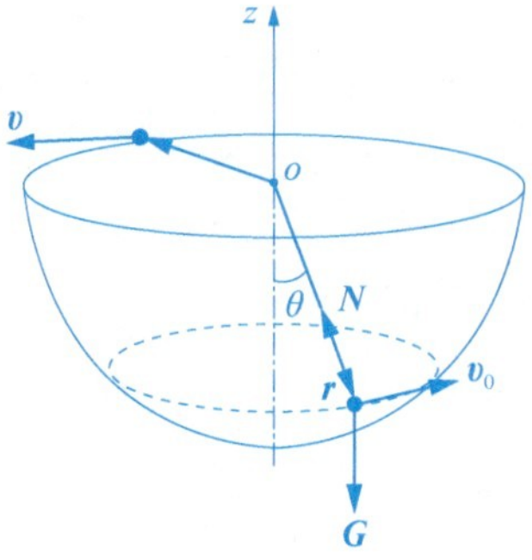

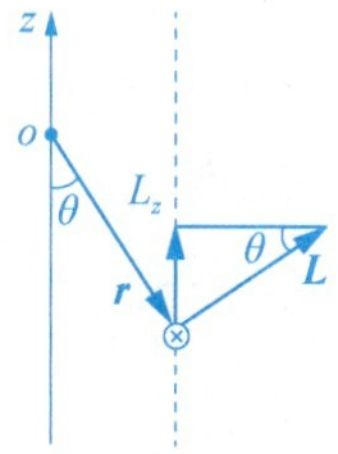

图 2.46

统的机械能守恒有

$$\frac{1}{2}mv_0^2-mgR\cos\theta=\frac{1}{2}mv^2$$

由以上两方程得

$$v_0=\sqrt{\frac{2gR}{\cos\theta}}$$

*2.6 理想流体的基本规律

人类向往翱翔天空，畅游大海，于是发明了风筝、船舶、飞机、潜艇。这些物体在空气、水等流体中运动，因此需要研究流体运动以及物体在流体中运动的规律，由此形成了流体力学这门学科。如今，流体力学广泛应用于工农业生产、交通运输等诸多领域。

2.6.1 理想流体

流体是气体与液体的统称。研究流体时把它看成是可流动的连续体。实际的流体都具有可压缩性，即当流体受压时体积缩小，密度增大，除去外力后能恢复原来的体积。实际上液体的压缩性很小，例如水在 100 个大气压下，体积仅缩小 0.5%。气体的压缩性比液体大得多，例如二氧化碳在 20℃、60 个大气压下可被压缩成液体。在空气动力学中经常用到马赫数(以 Ma 或 M 表示)，它是飞行器的速度与声速的比值。当流体的运动速度的 $Ma<0.3$ 时，流体的密度随所受压力的变化可以忽略，压力仅会造成流体的流动，此时的流体可视为不可压缩流体，该流体常被称为亚声速流体。当流体的流速接近声速或大于声速时，它的密度随所受压力的变化不可忽略，此时的流体称为可压缩流体。可见，湍急

的河流、台风等常见流体，均可视为不可压缩流体。

流体还有黏性，它来源于运动流体中分子之间产生的摩擦，称为内摩擦。流体在运动时，如果相邻两层流体的速度不同，则沿分界面产生切向力，运动快的流层对运动慢的流层施以推力，而运动慢的流层则对运动快的流层施以阻力，这对力称为流层之间的内摩擦力。

忽略可压缩性与黏性的流体，就是理想流体。

2.6.2　定常流动

将理想流体看成是由无限多的质点(或质元)构成的质点系，由于各质点之间很容易发生相对运动，要追踪每个质点的运动并寻求它们的运动规律是很困难的。对于流体经过的空间，考察空间中各处质点流动的速度，就形成了一个速度场或流速场 $\boldsymbol{v}(\boldsymbol{r},\ t)$。一般的情况，速度场中各处质点的速度随位置 $\boldsymbol{r}$ 与时间 t 变化。有些特殊情况，速度场中各处质点的速度仅随位置变化，不随时间改变，流体的这种运动称为**定常流动**。例如管道、沟渠中水的低速流动，在一段不长时间内的流动就可以视为定常流动。如果速度场中各处质点的速度随时间变化，流体的这种运动称为**非定常流动**或**时变流动**。

2.6.3　流线与流管

为了直观现象地显示定常流动的速度场，如图 2.47 所示，可在速度场中绘出一系列的曲线，曲线上每一点处的切线方向都与该处质点的速度同向，这些曲线称为流线。流线是同一时刻不同流体质点所组成的曲线，它给出该时刻不同流体质点的速度方向。速度场中质点速度大的区域流线密集，速度小的区域流线稀疏。

由于流体中质点的流速方向是唯一确定的，故流线不能相交。对于流体的定常流动，流线的形状和位置不随时间变化，因此可以由流线围成许多的管状区域，这些管状区域就称为流管，如图 2.48 所示。

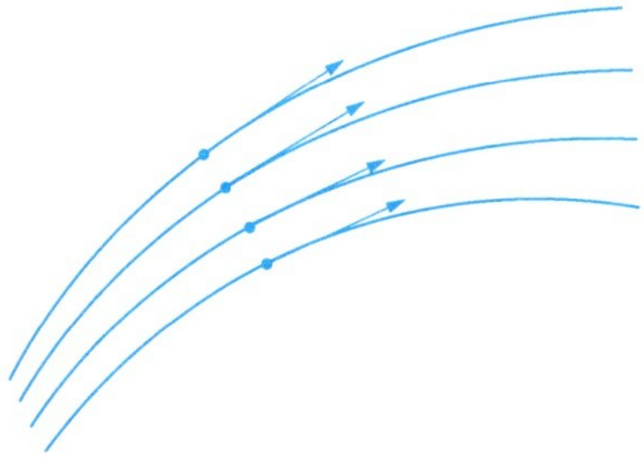

图 2.47　流线

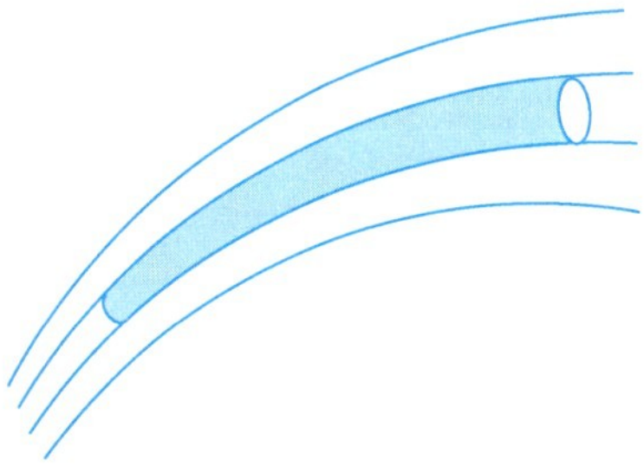

图 2.48　流管

2.6.4 连续性方程

对于理想流体的定常流动，在流体中任取一根细流管，垂直于细流管任做两个横截面截取出一段流管，横截面面积分别以 S_1、S_2 表示，流过横截面积的流体速率分别为 v_1、v_2，流速方向垂直于截面，如图 2.49 所示。由于定常流动是稳定流动，流管内外的流体不会相互混杂。对于图中的这一段流管，其中的流体要满足质量守恒的规律，因此 dt 时间内从 S_1 面流进、从 S_2 面流出细流管中的流体体积必然相等，即

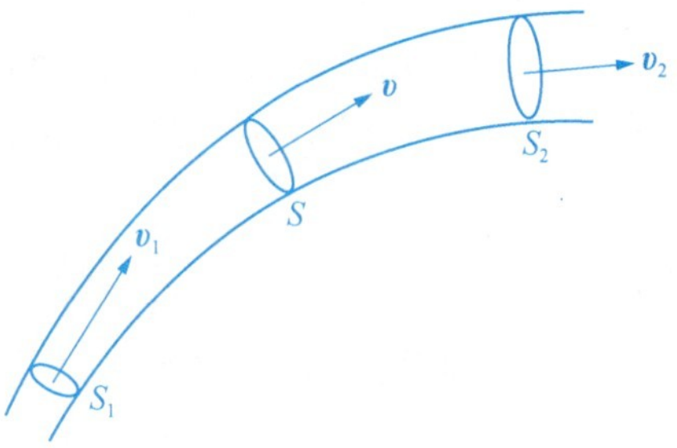

图 2.49 连续性

$$S_1v_1\mathrm{d}t=S_2v_2\mathrm{d}t$$

得

$$v_1S_1=v_2S_2 \quad 或 \quad vS=c$$

上式中的 v_1S_1、v_2S_2 分别表示单位时间通过横截面 S_1、S_2 的流体体积，称为流量，上式中的 vS 就是单位时间通过任意横截面 S 的流量，v 为该截面的流速，见图 2.49。上式表明：理想流体作定常流动，流过流管任意横截面的流量是一个恒量，这就是理想流体的连续性方程。由此可见，对于同一流管中，位于横截面积小处流体的流速大，截面积大处流速小。这就是速度场中质点速度大的区域流线密集，速度小的区域流线稀疏的原因。正因为如此，我们可以观察到，水管、河流中狭窄处水流流速大，宽阔处流速较小。

如果是可压缩性流体，就不遵循这种规律。

2.6.5 伯努利方程

理想流体做定常流动，不仅要遵循连续性方程的规律，流管中流体的运动还要遵循力学规律——功能原理。如图 2.50 所示，考察细流管中的一段流体，t 时刻该段流体的下、上两横截面 S_1、S_2 距参考水平面的高度分别为 h_1、h_2。经过 dt 时间，S_1 面沿速度 $\boldsymbol{v}_1$ 方向运动到 S_1'面位置，运动的距离为 $v_1\mathrm{d}t$，同时 S_2 面沿速度 $\boldsymbol{v}_2$ 方向运动到 S_2'面位置，运动的距离为 $v_2\mathrm{d}t$。t 时刻该段流体的机械能为 S_1S_1'段流体的机械能 $E_{S_1S_1'}$加 $S_1'S_2$ 段流体的机械能 $E_{S_1'S_2}$，而 $t+\mathrm{d}t$ 时刻该段流体的机械能为 S'_1S_2 段流体的机械能 $E_{S_1'S_2}$加 S_2S_2'段流体的机械能 $E_{S_2S_2'}$。以该流体与地球组成系统，以参考水平面为重力势能零点，因此 t 至 $t+\mathrm{d}t$ 时间段该段流体的机械能增量为

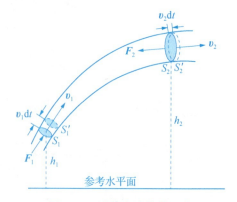

图 2.50 流管中流体的运动

$$\Delta E=(E_{S_1'S_2}+E_{S_2S_2'})-(E_{S_1S_1'}+E_{S_1'S_2})=E_{S_2S_2'}-E_{S_1S_1'}$$

由于连续性，S_1S_1'段流体的质量等于 S_2S_2'段流体的质量，即 $\mathrm{d}m=\rho S_1v_1\mathrm{d}t=\rho S_2v_2\mathrm{d}t$，$\rho$ 为流体的密度。该段流体的机械能增量即为

$$\Delta E=\left(\frac{1}{2}\mathrm{d}m\cdot v_2^2+\mathrm{d}m\cdot gh_2\right)-\left(\frac{1}{2}\mathrm{d}m\cdot v_1^2+\mathrm{d}m\cdot gh_1\right)$$

$$=\left(\frac{1}{2}v_2^2-\frac{1}{2}v_1^2+gh_2-gh_1\right)\mathrm{d}m$$

考察该段流体受周围流体的外力作用做功。流管外的流体给该段流体施加的作用力均垂直于流管管壁，与流体的流速垂直，这些力不做功。另外，对于理想流体无黏性，流管外的流体跟流管内的流体沿管壁的摩擦力可忽略不计，摩擦力做功可忽略。因此，该段流体只有两个端面 S_1、S_2 分别受外力 $\boldsymbol{F}_1$、$\boldsymbol{F}_2$ 作用做功，见图 2.50。这两个力是与该段流体相邻的流体施加的压力，分别垂直于 S_1、S_2 面。若 S_1、S_2 面处的流体压强分别为 p_1、p_2，则 t 至 $t+\mathrm{d}t$ 时间段 $\boldsymbol{F}_1$ 力做正功，$\boldsymbol{F}_2$ 力做负功，分别为

$$W_1=p_1S_1\cdot v_1\mathrm{d}t=p_1\frac{\mathrm{d}m}{\rho}$$

$$W_2=-p_2S_2\cdot v_2\mathrm{d}t=-p_2\frac{\mathrm{d}m}{\rho}$$

外力对该段流体做的总功即为

$$W=W_1+W_2=(p_1-p_2)\frac{\mathrm{d}m}{\rho}$$

由功能原理 $W=\Delta E$ 有

$$\left(\frac{1}{2}v_2^2-\frac{1}{2}v_1^2+gh_2-gh_1\right)\mathrm{d}m=(p_1-p_2)\frac{\mathrm{d}m}{\rho}$$

即得

$$p_1+\frac{1}{2}\rho v_1^2+\rho gh_1=p_2+\frac{1}{2}\rho v_2^2+\rho gh_2$$

或

$$p+\rho gh+\frac{1}{2}\rho v^2=c$$

以上是对细流管得到的结论，当细流管的横截面积趋于零，流管就变成了流线。上式表明：**惯性系中，当理想流体做定常流动，同一细流管内(或流线上)单位体积质点的重力势能、动能、压强三者可以相互转化，但总和为常量**。这称为**伯努利方程**，是流体力学的基本规律。

如果理想流体在同一水平面上做定常流动，ρgh 为常量，则伯努利方程简化为

$$p+\frac{1}{2}\rho v^2=c$$

由此可见，同一水平流管中，流体流速大的位置压强就小，流速小的位置压强就大。结合前述连续性方程的结论——流速大的位置流管横截面积小，流速小的位置流管横截面

积大，可以得到这样的推论：**理想流体沿水平流管流动，流管横截面积大的位置流速小，压强大，反之，流管横截面积小的位置流速大，压强小**。由此，我们很容易解释物体在流体中运动的相关现象，例如船吸现象、球类比赛中的旋转球、飞机的升力等。

船吸现象

当靠近的两船同向并行航行时，如图 2.51 所示，船头流管的截面积大于两船中间流管的截面积 $S_1>S_2$，因此两处流体的流速 $v_1<v_2$，压强 $p_1>p_2$。由于水的不可压缩性，船外侧的水流比内侧的约束小，流线向外扩展，尽管船头流管的截面积大于两船外侧流管的截面积 $S_1>S_3$，然而 $S_3>S_2$，因此两船外侧流体的流速 $v_3<v_2$，压强 $p_3>p_2$。于是，船外侧受到水的压力大于内侧，合力方向指向并行的船，两船就会靠近以致碰撞，这种现象称为船吸现象。另外，同向平行的船的首尾处水位升高，压力增加，将给并行的船施加排斥力，而船中部附近的水位下降，压力降低，则会给并行的船施加吸引力，这也会导致船吸现象。

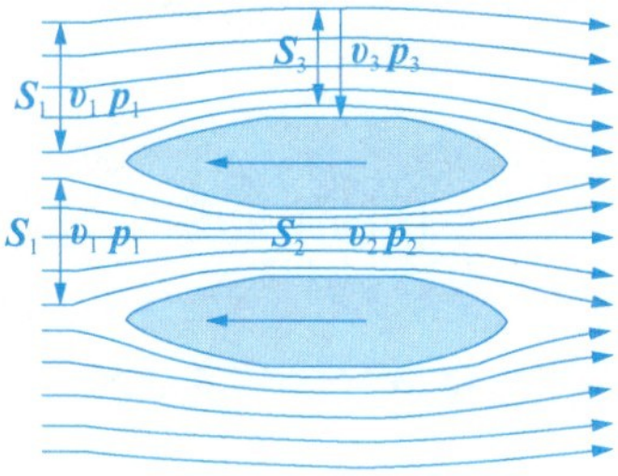

图 2.51　船吸现象

旋转球

如图 2.52 所示，球旋转着前进，由于空气具有黏性，旋转的球会带动周围空气旋转，使得球一侧气流的速度增加，另一侧的速度减小，$v_1>v_2$。根据伯努利原理，速度增加一侧的压强将小于速度减小一侧压强 $p_1<p_2$，这就导致旋转球在横向的压力差，形成横向力。横向力与物体速度方向垂直，因此改变了物体飞行的方向。当旋转物体的旋转角速度与其飞行平动速度方向不重合时，物体将受到一个横向力，横向力垂直于角速度和平动速度构成的平面，此横向力将使物体飞行轨迹发生偏转，这种现象称作马格努斯效应。

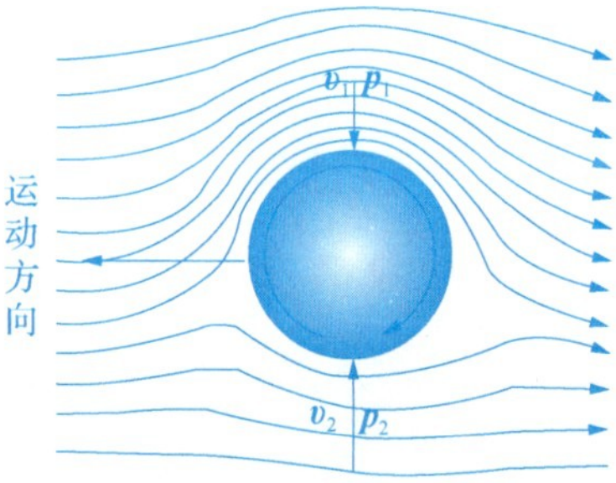

图 2.52　旋转球

想一想，喷泉水柱上的乒乓球，附着在水柱上为何不掉落下来？

飞机的升力

如图 2.53(a)所示为机翼的横截面。当飞机开始运动时，机翼上下表面的气流速度相同，由于上表面弯曲，机翼下表面的气流首先到达机翼后缘。由于黏性流体总是倾向于沿着壁面流动(称为科恩达效应)，因此先到达机翼后缘的下表面气流向上转弯，以便与上表面气流会合，于是下表面气流绕过机翼后缘形成了一个低压旋涡，见图 2.53(a)。为了满足开尔文旋涡守恒定理——在理想、正压流体中，若外力有势，沿由相同流体质点组成的封闭曲线的速度环量不随时间变化，因此就在机翼前缘形成了一个大小相等方向相反的环流来抵消后缘的低压旋涡。该环流从前缘下表面出发，绕过前缘到达上表面，称为绕翼环流，如图 2.53(b)所示。由于后缘的低压旋涡不断被气流吹走，如图 2.53(c)所示，又不断地形成，根据旋涡守恒定律，前缘的绕翼环流便不断增强，环流速度与原气流速度叠加，这使得上表面的气流速度越来越快，大于下表面的流速。同时上下表面气流的汇合点不断后移，直至到达后缘顶点。

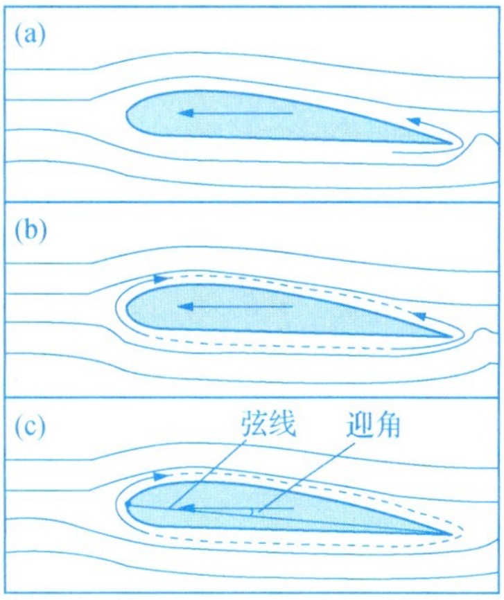

图 2.53　飞机的升力

根据伯努利原理，机翼上表面的气流速度大，气压低，而下表面的气流速度小，气压高，于是机翼上下方形成了气压差，由此产生了升力。此升力遵循库塔-茹科夫斯基定理：对于绕任意物体的绕流，只要存在速度环量，就会对物体产生升力，升力方向以流体速度方向按反环量旋转 90°。升力大小为 $F_L=\rho v\Gamma$，其中 ρ 为流体密度，v 为流体速率，Γ 为物体绕流的速度环量，Γ 与翼型和迎角有关。翼型就是机翼横断面的形状，翼型最前面的前缘点与翼型最后面的后缘点的连线称为弦线，弦线与飞机速度方向的夹角称为迎角(或攻角)。即使是上下对称的翼型，只要有正迎角(迎角在速度方向上方)也会产生升力。

想象一下，如果将机翼竖立起来安装在船上，把它当作风帆会怎么样？如图 2.54 所示，从斜前方刮来的气流通过风帆，在风帆凸起侧流速快，形成低压区 p_1，而在凹陷侧流速慢，形成高压区 p_2，于是风帆的两面就产生了压强差，将给风帆施加一个偏向前方的力，此力向前的分力就能推动船向前航行。高中物理用动量定理解释过船的逆风行舟现象，现在来看，用伯努利原理解释船的逆风行舟更为准确。

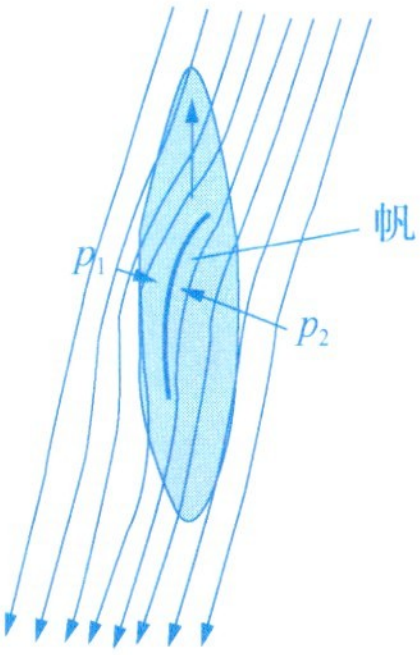

图 2.54　逆风行舟

2.6.6　均匀流速场

对于均匀流速场——流体中各质点均以相同的速度沿水平方向做匀速直线运动，不仅同一流线而且不同流线上各点处 $\rho v^2/2+\rho gh+p$ 的值相等。可以这么考虑：均匀流速场中一个底面积为 S 的圆柱体，其上下底面位于流线 1、流线 2 上，两流线的高度分别为 h_1、h_2，如图 2.55 所示。由于该圆柱体沿竖直方向无运动，竖直方向受力平衡，则有

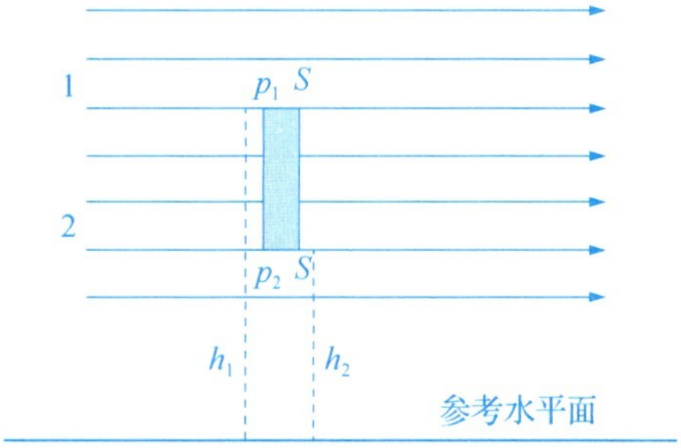

图 2.55　均匀流速场

$$p_2-p_1=\rho g(h_1-h_2) \qquad (2.13)$$

对于流线 1、2，分别有

$$p_1+\rho gh_1+\frac{1}{2}\rho v^2=c_1$$

$$p_2+\rho gh_2+\frac{1}{2}\rho v^2=c_2$$

由以上三式可得 $c_1=c_2$。如果均匀流速场的流速沿其他方向，同样可以证明流体中各点处 $\rho v^2/2+\rho gh+p$ 的值相等。静止流体可以看成是流速为零的均匀流速场，不同高度处的压强差也等于高度差乘以流体的重度(ρg)，见式(2.13)。可见，伯努利方程包含了静止流体的力学规律。

伯努利原理在工业生产中有着广泛的作用，可用来处理相关的问题，也可用来开发各种设备仪表，例如喷雾器、汽油发动机的汽化器、文丘里流量计、皮托管流速计等。

例 2.28 如图 2.56(a)所示，一个大容器的底部开了一个小孔，容器中液面距小孔的高度为 h，小孔的孔径远小于 h。若小孔的面积为 S，求液体从小孔流出的流速与流量。

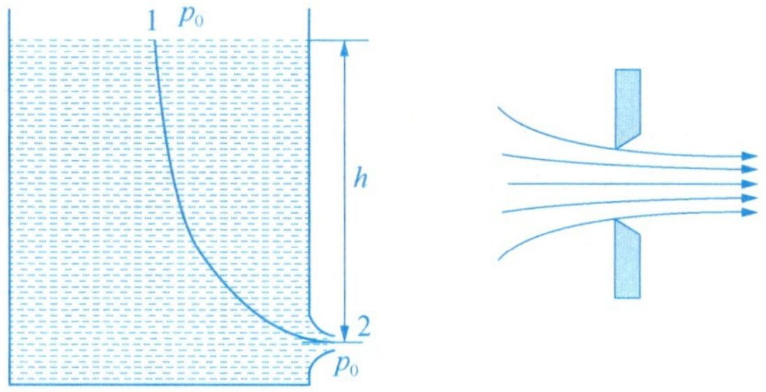

(a)底部开小孔的大容器　　(b)液体从小孔流出

图 2.56

解：由于小孔很小，短时间液面高度无明显变化，可将容器中流体的流动视为定常流动。自液面至小孔引出一条流线，见图 2.56(a)，流线上位置 1 位于液面，位置 2 位于小孔，由伯努利方程有

$$p_1+\rho gh_1+\frac{1}{2}\rho v_1^2=p_2+\rho gh_2+\frac{1}{2}\rho v_2^2$$

由于 1、2 位置均与大气接触，两处的压强均等于大气压，$p_1=p_2=0$，且 $h=h_2-h_1$。容器大，孔小，因此液面的流速近似为零，$v_1\approx 0$。由此可得液体流出小孔的流速

$$v_2=\sqrt{2gh}$$

液体从小孔流出的流量即为

$$Q=v_2S=S\sqrt{2gh}$$

如图 2.56(a)所示，小孔与容器内壁平滑连接，则位置 2 处束流截面积等于孔口面积。如果小孔是如图 2.56(b)所示的直壁孔，由于惯性，沿容器壁面流出小孔的质点将沿光滑的曲线运动，经过一段短距离流线才平行，此处流束的截面积小于孔口面积，约为孔口面积的 65%，这种现象称为流束收缩。要获得更准确的流量，就应该用收缩的束流截面

积替代孔口面积来进行计算。

喷雾器

喷雾器是利用空吸作用将液体变成雾状喷射出去的器具，其结构如图 2.57 所示。它由压缩空气的装置、细管、抽水管和喷嘴等组成。活塞在粗管中运动压缩空气，空气通过细管运动。根据伯努利原理，流管横截面积大的位置流速小，压强大，反之，流管横截面积小的位置流速大，压强小。图中流线上 1、2 位置处管子的截面积 $S_1>S_2$，因此两处流体的流速 $v_1<v_2$，压强 $p_1>p_2$。这导致位置 2 处的压强 p_2 远小于大气压强，因此容器中的水被大气压到细管中，被细管中的气流带走，这种作用称为空吸作用。

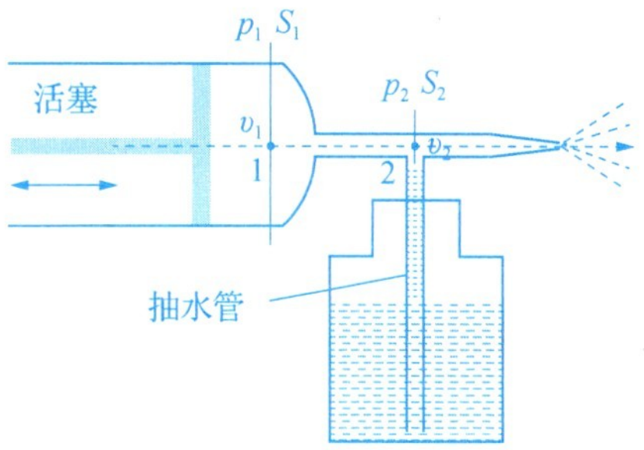

图 2.57　喷雾器

利用空吸效应研制的类似设备还有内燃机中的汽化器、射流真空泵等。

文丘里流量计

文丘里流量计是用来测量管道中流体流量或流速的仪器，其结构如图 2.58 所示。它由渐缩管、喉管、渐扩管以及 U 形管构成，U 形管中装有水银构成一个压强计。要测量管道中流体的流量或流速，就将流量计水平串接到管道中，由 U 形管中水银面的高度差，即可获得流量或流速，其原理如下。

流体在流量计的管道中作定常流动，在管道的中轴线上取一条流线，在该流线上对应 U 形管开口的位置取两点 1、2，两点处的压强分别为 p_1、p_2，流速分别为 v_1、v_2，垂直于管道的截面积分别为 S_1、S_2。由伯努利方程与连续性方程有

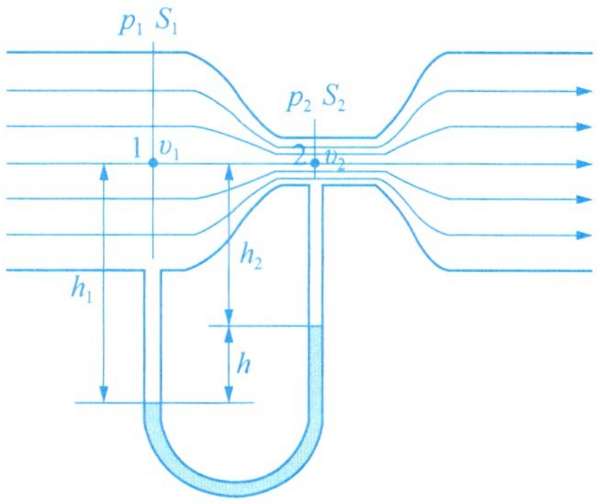

图 2.58　文丘里管

$$p_1+\frac{1}{2}\rho v_1^2=p_2+\frac{1}{2}\rho v_2^2$$

$$S_1v_1=S_2v_2$$

由以上两式可得流量为

$$Q=v_1S_1=v_2S_2=S_1S_2\sqrt{\frac{2(p_1-p_2)}{\rho(S_1^2-S_2^2)}}$$

由于管中 1、2 处截面上的流速均匀，因此位置 1、2 处至 U 形管中低水银面的压强差相等，参见式(2.13)。h_1 与 h_2 分别为 1、2 位置至低、高两水银面的高度，$h=h_1-h_2$，即有

$$p_1+\rho gh_1=p_2+\rho gh_2+\rho_H gh$$

式中 ρ、ρ_H 分别为流体、水银的密度，即得

$$p_1-p_2=(\rho_H-\rho)gh$$

由上可见，通过水银压强计测出压强差以及管道截面积，即可获得管道中流体的流量。

皮托管流速计

皮托管是用来测量流体中质点流速的仪器，其结构如图 2.59 所示，它是由两个同轴细管构成，内管的开口在正前方，外管的开口在管壁上，两管口的位置靠近，分别用 1 与 2 标记。两管口跟一个 U 形管水银压强计联通。要测量流体的流速，就将流速计前端开口正对气流方向，由 U 形管中水银面的高度差，即可获得流速，其原理如下。

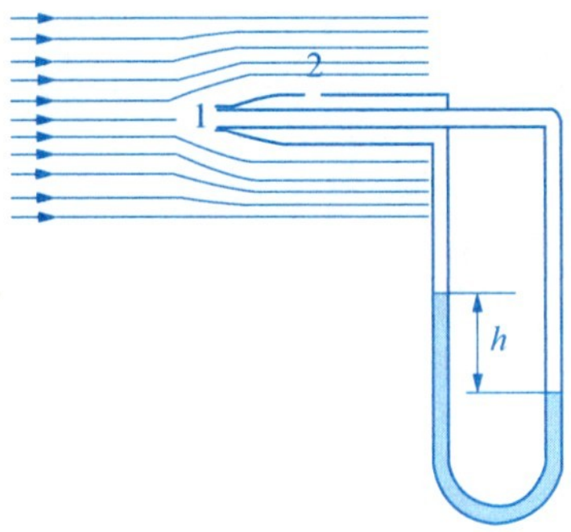

图 2.59　皮托管

流速计所在的流体作定常流动。由于流速计由两个同轴细管构成，因此两管口 1 与 2 的位置近似在同一水平面上，也就是 1、2 位置近似在一条流线上。由伯努利方程即有

$$p_1+\frac{1}{2}\rho v_1^2=p_2+\frac{1}{2}\rho v_2^2$$

由于流体到达管口 1 位置的流速为零，$v_1=0$，则得

$$p_1-p_2=\frac{1}{2}\rho v_2^2$$

由于 1、2 位置的压强差就等于 U 形管中水银柱高度差产生的压强，即有

$$p_1-p_2=\rho_H gh$$

流速即为

$$v_2=\sqrt{\frac{2\rho_H gh}{\rho}}$$

传统的流量与流速测量仪器是文丘里管、毕托管，现在有更为先进的流量与流速测量仪器，例如电磁流量计、超声波多普勒流速仪、激光多普勒流速仪等，可以不干扰流速场、实现大断面精确测量。

习　题

2.1　如题 2.1 图所示，质量为 m 的小猴，抓住一根用绳吊在天花板上的质量为 M 的直杆，悬线突然断开，若小猴沿杆子竖直向上爬以保持它离地面的高度不变，此时直杆下落的加速度为(　　)。

A. g　　B. $\frac{m}{M}g$　　C. $\frac{M+m}{M}g$　　D. $\frac{M+m}{M-m}g$

2.2 如题2.2图所示，带斜面的物体置于水平地面上，其斜面倾角为 $\theta = 45°$，斜面上放一方形木块，木块与物体间的最大静摩擦因数为 $\mu = 0.3$。现以加速度 a 推动物体，要使木块相对物体保持静止，a 的最大值为(　　)。

A. $\frac{13}{7}g$　　B. $\frac{7}{13}g$　　C. $\frac{10}{7}g$　　D. $\frac{7}{10}g$

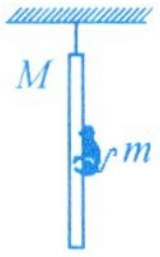

题2.1图

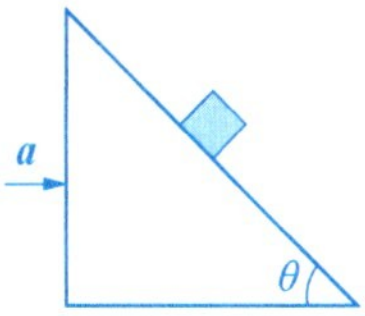

题2.2图

2.3 如题2.3图所示，内表面光滑的半球形碗半径为 R，以匀角速度 ω 绕其对称轴 oo' 转动。已知放在碗的内表面上的小球 P 相对于碗静止，其位置高于碗底 $R/2$，则此碗旋转的角速度约为(　　)。

A. $\sqrt{\frac{2g}{R}}$　　B. $\sqrt{\frac{g}{2R}}$　　C. $\sqrt{\frac{R-1}{g}}$　　D. $\sqrt{\frac{Rg}{2R-1}}$

2.4 如题2.4图所示，质量为 m 的小球在向心力作用下，在水平面内做半径为 R、速率为 v 的匀速圆周运动，如图所示。当小球自 A 点顺时针转到 B 点的过程中，球所受向心力的冲量为(　　)。

A. $\sqrt{2}mv\boldsymbol{i}$　　B. $\frac{\sqrt{2}}{2}mv\boldsymbol{i}+\left(\frac{\sqrt{2}}{2}+1\right)mv\boldsymbol{j}$

C. $\sqrt{2}mv\boldsymbol{j}$　　D. $\frac{\sqrt{2}}{2}mv\boldsymbol{i}+\left(\frac{\sqrt{2}}{2}-1\right)mv\boldsymbol{j}$

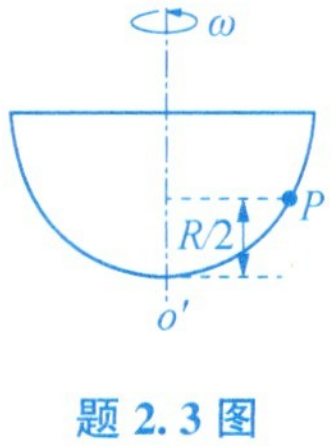

题2.3图

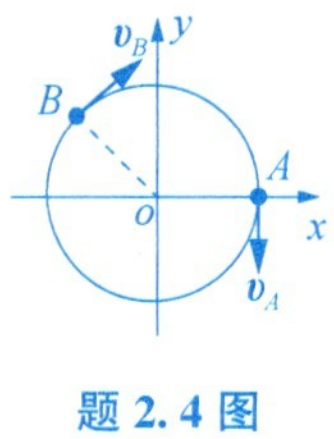

题2.4图

2.5 如题2.5图所示，水流流过一个固定的涡轮叶片，水流流过叶片前后的速率都等于 v，每单位时间流向叶片的水的质量保持不变且等于 m，则水作用于叶片的平均冲力，下列结论正确的是(　　)。

A. 方向向左，大小 $\sqrt{2}mv$

B. 方向向右，大小 $\sqrt{2}mv$

C. 方向向左，大小 $2mv$

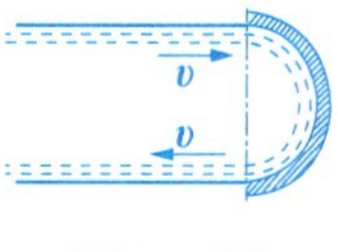

题2.5图

D. 方向向右，大小 $2mv$

2.6 某质点在几个力同时作用下运动时，下述说法正确的是(　　)。

A. 质点的动量改变时，质点的动能一定改变

B. 质点的动能不变时，质点的动量也一定不变

C. 合力的冲量是零，合力的功一定为零

D. 合力的功为零，合力的冲量一定为零

2.7 某质点受到力 $\boldsymbol{F}=(3\boldsymbol{i}-4\boldsymbol{j})$ (N)的作用，某时刻运动到 $\boldsymbol{r}=(5\boldsymbol{i}-6\boldsymbol{j})$ (m)处，则该力对坐标原点的力矩等于(　　)。

A. $20\boldsymbol{k}$ N · m　　B. $18\boldsymbol{k}$ N · m　　C. $38\boldsymbol{k}$ N · m　　D. $-2\boldsymbol{k}$ N · m

2.8 某质点做匀速率圆周运动时，下列说法正确的是(　　)。

A. 它的动量不变，对圆心的角动量也不变

B. 它的动量不变，对圆心的角动量不断改变

C. 它的动量不断改变，对圆心的角动量不变

D. 它的动量不断改变，对圆心的角动量也不断改变

2.9 如题 2.9 图所示，有一小块物体，置于光滑的水平桌面上，有一绳其一端连结此物体，另一端穿过桌面的小孔，该物体原以角速度 ω 在距孔为 R 的圆周上转动。今将绳从小孔缓慢往下拉，则物体的(　　)。

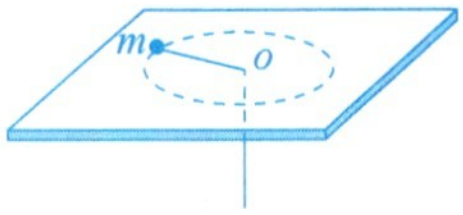

题 2.9 图

A. 角动量改变，动量改变

B. 角动量不变，动能不变

C. 角动量不变，动能、动量都改变

D. 角动量改变，动能、动量都改变

2.10 物体在恒力 $\boldsymbol{F}$ 作用下做直线运动，在时间 Δt_1 内速度由 0 增加到 v，在时间 Δt_2 内速度由 v 增加到 $2v$，设 $\boldsymbol{F}$ 在 Δt_1 内做的功是 W_1，冲量是 I_1，在 Δt_2 内做的功是 W_2，冲量是 I_2。那么(　　)。

A. $W_1 < W_2$，$I_2 = I_1$　　B. $W_1 = W_2$，$I_2 < I_1$

C. $W_1 = W_2$，$I_2 > I_1$　　D. $W_1 > W_2$，$I_2 = I_1$

2.11 对功的概念有以下①、②、③三种说法，对此正确的判断是(　　)。

①作用力与反作用力大小相等、方向相反，所以两者所做功的代数和必为零。

②质点经一闭合路径运动一周，保守力对质点做的功为零。

③保守力做正功时，系统内相应的势能增加。

A. ①、②　　B. ②、③　　C. 只有②　　D. 只有③

2.12 有一人造地球卫星，质量为 m，在地球表面上空 2 倍于地球半径 R 的高度做匀速圆周运动，用 m、R、引力常数 G 和地球的质量 M 表示，无穷远为势能零点，则卫星的动能、势能、机械能分别为(　　)。

A. $G\frac{Mm}{6R}$，$-G\frac{Mm}{3R}$，$-G\frac{Mm}{6R}$　　B. $G\frac{Mm}{6R}$，$G\frac{Mm}{3R}$，$G\frac{Mm}{6R}$

C. $G\frac{Mm}{6R^2}$，$-G\frac{Mm}{3R^2}$，$-G\frac{Mm}{6R^2}$　　D. $G\frac{Mm}{6R^2}$，$G\frac{Mm}{3R^2}$，$G\frac{Mm}{6R^2}$

2.13　在两个质点组成的系统中，若质点之间只有万有引力作用，但此系统受外力作用，然而所受外力的矢量和为零，则此系统(　　)。

A. 动量与机械能一定都守恒

B. 动量与机械能一定都不守恒

C. 动量一定守恒，机械能不一定守恒

D. 动量不一定守恒，机械能一定守恒

2.14　质量为 m 的质点在半径为 R 的圆上做匀速圆周运动，角速度为 ω，则质点所受合力对圆心的力矩为________，质点对圆心的角动量大小为________。

2.15　某质点在一个恒力与一个变力的作用下，发生了一段位移为 $\Delta\boldsymbol{r}=(4\boldsymbol{i}-5\boldsymbol{j})$(m)，在此过程中，动能增加了 20 J。已知恒力为 $\boldsymbol{F}_1=(2\boldsymbol{i}-3\boldsymbol{j})$ (N)，则另一变力所做的功为________J。

2.16　一质量为 m 的质点在指向圆心的平方反比力 $\boldsymbol{F}=-k/r^2$(k 为正常数)的作用下，做半径为 r 的圆周运动。此质点的速率 $v=$________。若取距圆心无穷远处为势能零点，它的机械能 $E=$________。

2.17　质量 $m=2$ kg 的物体在 $F=(2+4t)$ (N)作用下沿直线运动，当 $t=0$ 时刻物体在 $x_0=1$ m 处，其速度 $v_0=1$ m/s。求物体在 $t=2$ s 时刻的速度 v 与位置 x。

2.18　物体在流体中沿直线运动，受与速率成正比的阻力 kv(k 为常数)作用，$t=0$ 时质点的速度为 v_0。证明：(1)物体 t 时刻的速度为 $v=v_0\mathrm{e}^{-\frac{k}{m}t}$；(2)物体由 0 到 t 的时间内经过的距离为 $x=\frac{mv_0}{k}(1-\mathrm{e}^{-\frac{k}{m}t})$；(3)物体停止运动前经过的距离为$\frac{mv_0}{k}$。

2.19　例 2.2 题中是用一个金属圆环拉出一个圆筒形液膜来测液体表面的张力系数。如果用一块长方形金属片替换金属环，将拉起一个与液面相连的长方形液膜，如题 2.19 图所示。若金属片的长度为 L，厚为 d，质量为 m。拉起液膜的过程中，测力计的拉力逐渐到达最大值 $f_{\max}$(超过此值，液膜即破裂)。试推导出液体的表面张力系数 γ 的表示式。

2.20　水平地面上放一质量为 m 的物体，它与地面间的滑动摩擦因数为 μ。如题 2.20 图所示，现给物体施加一个大小恒定的力 $\boldsymbol{F}$，它与竖直方向夹角记为 φ，$F<mg$。若要使物体获得最大加速度，问夹角 φ 应满足什么条件？

2.21　某劲度系数为 k 的轻弹簧一端连结质量为 m 的小滑块，另一端固定，如题 2.21 图所示，滑块静止于光滑的水平桌面上。以滑块静止位置为坐标原点 o，以弹簧伸长方向为正建立 ox 坐标系。初始时刻给予滑块一个正的初速度 v_0，随后滑块动起来。求：

(1)滑块的速度 v 与位置 x 之间的关系；(2)滑块的运动方程。

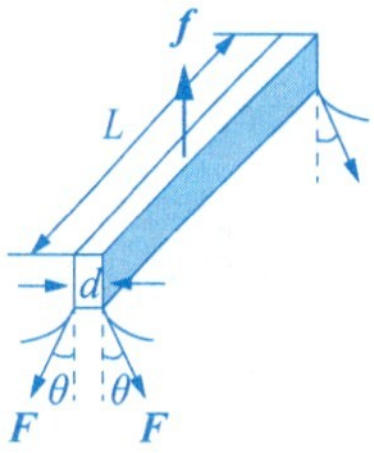

题 2.19 图

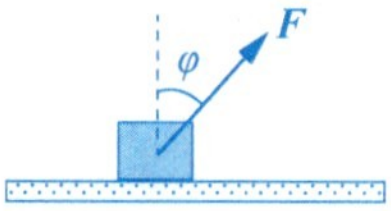

题 2.20 图

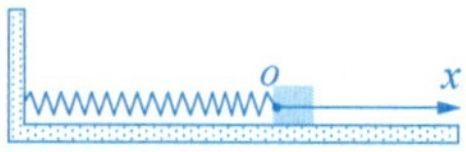

题 2.21 图

2.22　如题 2.22 图所示，一根绳子绕过一个定滑轮与一个动滑轮，一端固定，另一端连结质量为 m_1 的物体 A，该物体位于水平桌面上，它与桌面的摩擦因数为 μ。动滑轮上挂一质量为 m_2 的物体 B。忽略滑轮与绳的质量，且绳不可伸长，求 B 物体的加速度。

2.23　某质量为 m 的小滑块最初位于半径为 R 的光滑圆轨道的顶端 A 点，如题 2.23 图所示，然后从顶端无初速下滑．当小球到达轨道 C 点时，求：(1)它的角速度；(2)它对圆轨道的压力。

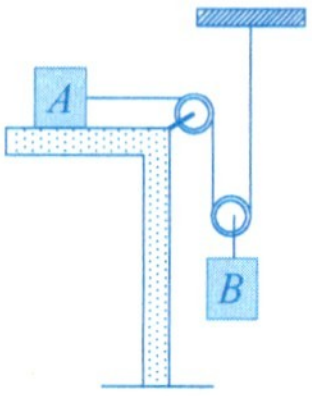

题 2.22 图

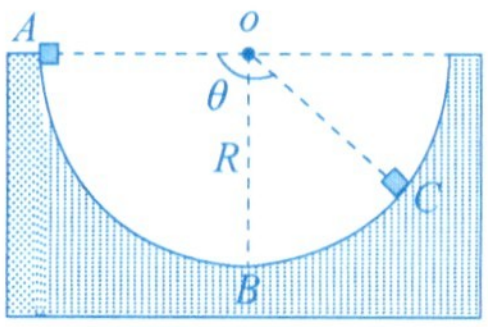

题 2.23 图

2.24　如题 2.24 图所示，某离心机以角速度 ω 转动，管长为 L 截面积为 S 的试管水平安装在离心机上，试管口距离心机距离为 l。当试管装满密度为 ρ 质量为 m 的液体样品，求试管底部受到的压力。

2.25　如题 2.25 图所示，升降机顶部固定了一个定滑轮，物体 A 通过细绳绕过定滑轮跟物体 B 连接，物体 A、B 的质量分别为 m、$2m$。升降机以 $a_0=g/4$ 的加速度上升。不计绳子和定滑轮的质量，绳子不可伸长且不打滑，求物体 B 相对地面的加速度以及绳中的张力。

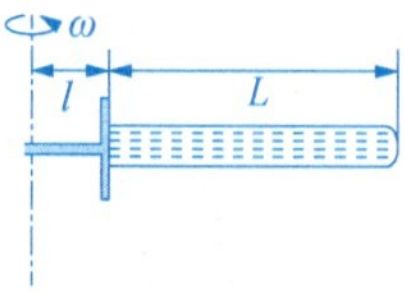

题 2.24 图

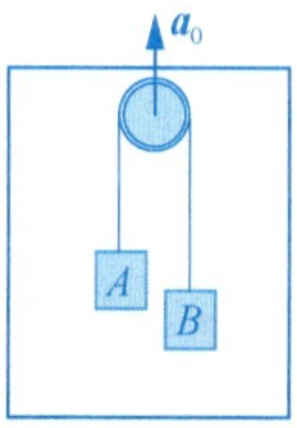

题 2.25 图

2.26 变力 $\boldsymbol{F}=(3t\boldsymbol{i}-4t^2\boldsymbol{j})$ (N)作用在质量 $m=2$ kg 的物体上，使物体从静止开始运动，求物体在 $t=3$ s 时刻的动量。

2.27 矿砂经过不同的传送带可改变输送的方向。如题2.27图所示，矿料从传送带 A 至传送带 B，其下落速度方向与竖直方向夹30°角，大小为 $v_1=4$ m/s。当矿砂落至传送带 B 后以速率 $v_2=4$ m/s 随之运动。传送带 B 与水平面夹15°角。如传送带的运送量恒定为 $q=3000$ kg/h，求矿砂作用于传送带 B 上的力。

2.28 如题2.28图所示，某质量均匀分布的柔软绳自然盘放在桌面上，绳长为 l，质量线密度为 λ。用手捏着绳的一端竖直向上匀速提升，速率为 v。当绳被拉至脱离桌面的过程中，求：(1)离开桌面的绳长 y 与拉力 F 之间的关系；(2)拉力做的功。

2.29 如题2.29图所示，光滑的水平面上有一质量为 M 的小车，在小车上用长为 l 的细线悬挂了一质量为 m 的小球。开始时，将小球拉至细线水平位置，并将小车保持静止，随后突然松手。当小球下落至细线呈竖直位置时，求：(1)小球相对地面的速度；(2)此时小车已滑行的距离。

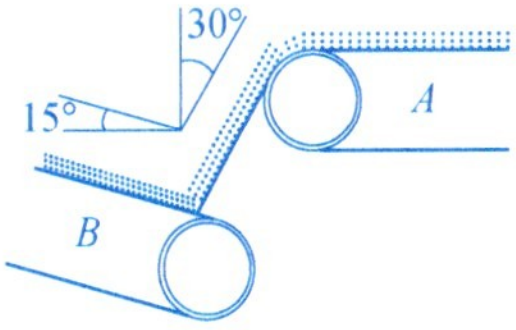

题 2.27 图

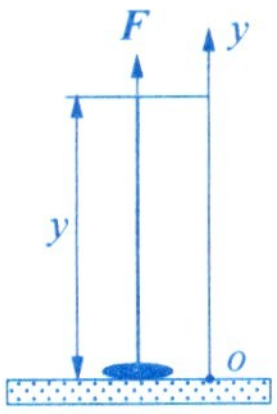

题 2.28 图

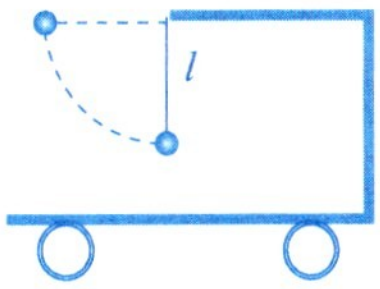

题 2.29 图

2.30 质量为 m 初速为 v_0 的一发炮弹以60°的发射角发射，到达最高点处发生爆炸，在前进的水平线上分解成质量相等的两块，由于弹药的化学能转变为弹片的动能，爆炸后弹片的动能为原炮弹动能的2.5倍。忽略空气阻力，求落地时两弹片之间的距离。

2.31 质量为 $m=2$ kg 的质点在平面上做曲线运动，其位矢表达式为 $\boldsymbol{r}=(2t\boldsymbol{i}-5t^2\boldsymbol{j})$ (m)，求质点在 $t=2$ s 时刻对原点的角动量与力矩。

2.32 如题2.32图所示，有一小滑块静止于半径为 R 的光滑球面的顶点，滑块的质量为 m。随后让小滑块由静止开始下滑。当小滑块下落至其位矢(针对球心 o 点)与竖直方向夹 θ 角时，假定还没有脱离球面，求此时小滑块对 o 点的角动量和角速度。(请应用转动定理)

2.33 如题2.33图所示，今有一劲度系数为 k 的轻弹簧竖直放置，下端连接一质量为 m 的小球。开始时使弹簧为原长而小球与地面接触，今将弹簧上端缓慢提起，直至小球刚能脱离地面为止，求在此过程中拉力做的功。

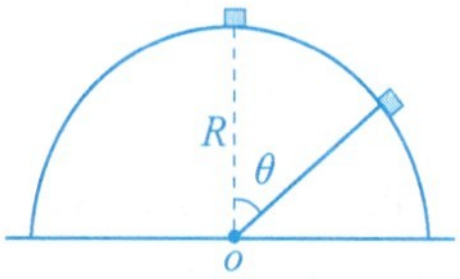

题 2.32 图

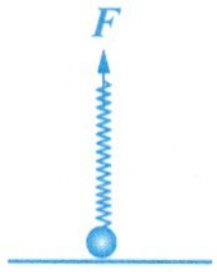

题 2.33 图

2.34　质量为 $m=2$ kg 的质点位于 x 轴的坐标原点，随后在力 $\boldsymbol{F}=(10-2x)\boldsymbol{i}$ (N)的作用下从静止开始沿 x 轴正向运动。求：(1)质点能到达的最远位置；(2)质点从 $x=1$ m 移动到 $x=10$ m 处的过程中，力 $\boldsymbol{F}$ 做的功；(3)质点到达 $x=1$ m 的力做功的功率。

2.35　如题 2.35 图所示，一根长为 L 质量均匀的柔软细绳，挂在一个半径很小的光滑钉子上。开始时用手捏着绳子左端使它静止，$AB=l(l>L/2)$。松手后，求：(1)当绳子 $AB=2L/3$ 时绳子的加速度大小；(2)当绳子全部脱离钉子时的速率。

*2.36　如题 2.36 图所示，在竖直平面内放置了相互垂直的两细杆，两杆上分别套有质量均为 m 的小物块 A 和 B，两者被长度为 L 的细绳连结。初始时拉住水平杆上的物块 A，使两物块处在同一水平位置，两者相距为 L，随后松手。两物块与杆的动摩擦因数均为 μ。试分析两物块的受力，并以两物块、地球为系统，分别由功能原理写出系统的功能关系。

2.37　如题 2.37 图所示，轻弹簧铅垂放置于地面上，其上端固定了一块质量可忽略的平板。将质量为 m 的物体从高出平板 h 处由静止下落粘在平板上，弹簧的劲度系数为 k，求物体可能获得的最大速度。

题 2.35 图

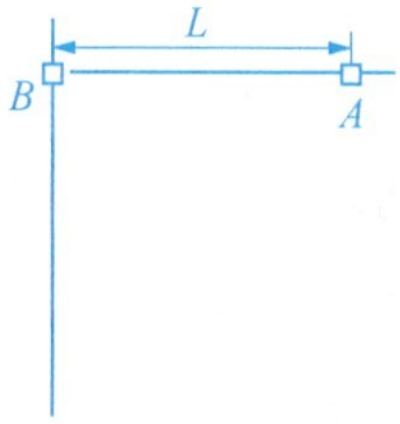

题 2.36 图

题 2.37 图

2.38　我国于 2020 年 7 月 23 日发射的天问一号火星探测器抵达火星后，它携带的巡视器成功着陆，而环绕器处在一个椭圆轨道上运行。椭圆轨道的近火点 $r_1=275$ km，远火点 $r_2=10749$ km。已知火星的质量 $M=6.417\times10^{23}$ kg，半径 $R=3389.5$ km。试求环绕器在近火点与远火点的速率。

2.39　劲度系数为 $k=3$ N/m、原长 $d=5$ m 的轻弹性绳，一端固定在光滑水平面上的 o 点，另一端与质量为 $m=0.2$ kg 的小球 A 相连。最初，小球与 o 点之间的距离 $r_0=0.4$ m，小球以与 oA 连线夹 30°角的速率 v_0 运动，如题 2.39 图所示。当小球距 o 点最远时的速率为 v，此时小球与 o 点之间的距离 $r=0.8$ m，求小球距 o 最远时的速率 v 与初速率 v_0。(小球距 o 最远时的径向速度为零)

2.40　如题 2.40 图所示，火箭以第二宇宙速度 $v_2=\sqrt{2Rg}$ 沿地球表面切向飞出。在飞离地球过程中，火箭发动机停止工作，不计空气阻力，求火箭在距地心 $3R$ 的 A 处的速度。

题 2.39 图

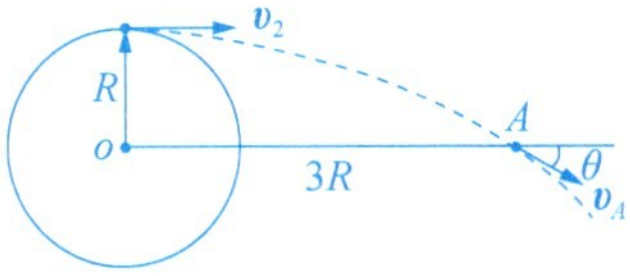

题 2.40 图

第 3 章 刚体力学基础

前两章中将实际物体简化为质点。如前所述，无论是做直线运动还是曲线运动的质点，直接利用牛顿定律以及由其衍生的定理、定律，已经能够全面地研究质点的运动。然而，人们要研究的很多物体实际上并不能抽象为质点，而是有形状有大小的刚体，对此就不能直接利用牛顿定律来处理刚体的运动问题。这就需要从牛顿定律出发，针对刚体导出更多的力学规律，利用这些规律才能更为简洁方便地处理刚体的运动问题。

学习目标： 学习本章需要了解刚体的物理模型与运动形式；需要理解刚体定轴转动的转动惯量、力矩、角动量等物理量的概念与定义式，理解转动惯量的计算；主要掌握刚体定轴转动的转动定律、角动量定理与角动量守恒定律，以及功能关系(动能定理、功能原理与机械能守恒定律)，能够运用这些规律解决或理解刚体定轴转动的运动问题。

素质目标： 通过本章的学习，以"被中香炉"为例了解我国古代对平衡环的利用；以天宫空间站、激光陀螺仪为例，了解我国现代在导航、航空航天等领域的发展状况与优势所在。

3.1 描述刚体运动的物理量

3.1.1 刚体及其运动方式

1. 刚体

自然界中的物体多种多样，其形状、大小各不相同，然而某些**有形状、大小的物体在运动的过程中不发生形变**，这些实际的物体就称为**刚体**。刚体也可以这么定义，**将物体看**

成为质点系，在物体中任取两个质点，物体在运动的过程中这两个质点之间的相对位置始终不变，此物体就是刚体。就像质点一样，刚体也是一个理想的物理模型。严格满足刚体条件的物体几乎没有，但当物体在运动的过程中其形变量可以忽略不计，那么这种物体就可以看成刚体。我们常见的非常多的物体都可以看成是刚体，例如木箱、门窗、手机等固态物体。有些宇宙天体也可以视为刚体，例如月球是刚体，它没有大气层，内部没有熔浆，是纯固态星球。而地球有大气层、内部有熔浆，因此严格来看地球不是刚体。深入到微观世界，对于多原子分子，如果分子中各原子间没有相对运动，此时的多原子分子就可以视为刚体，否则就不能视为刚体。

2. 刚体的运动方式

刚体的运动可以分为平动与转动两种方式。所谓**平动，就是刚体在运动的过程中，刚体中任意两质点的连线始终保持平行**，如图 3.1 所示。刚体做平动时，其上所有质点的轨道形状、同一时间段的位移量、速度、加速度都相同，因此此时的刚体就可以看作一个质点。对于质点，前两章已经学习过它运动遵循的规律，运用规律能够处理它的运动问题。

刚体的转动方式又分为两种，一种称为**定轴转动——刚体绕一条固定直线转动，该直线称为转轴轴线**（常用转轴指代该轴线），如图 3.2 所示。例如机床上的飞轮、不摇头的电风扇、门窗等刚体的转动即为定轴转动。另一种转动方式称为**定点转动——刚体的转轴也在转动，但转轴轴线上某一点固定不动**。例如陀螺、摇头的电风扇等刚体的转动，此时刚体的转轴称为瞬时转轴，如图 3.3 所示。

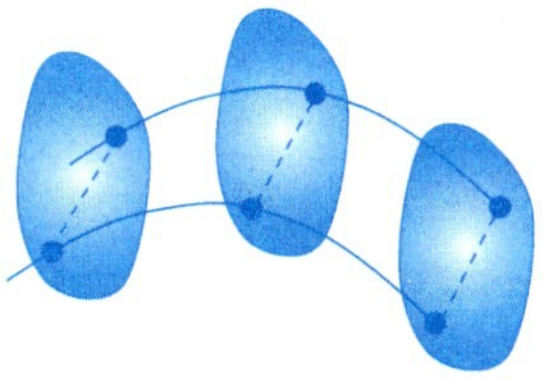

图 3.1　平动

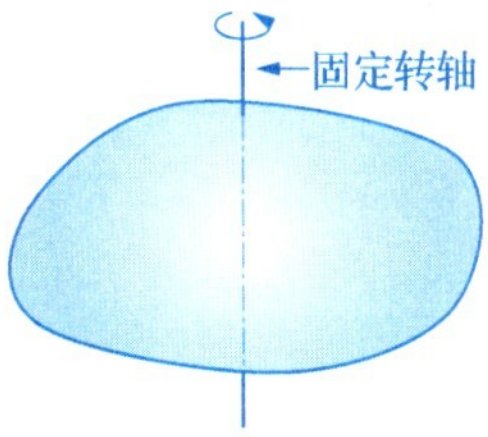

图 3.2　定轴转动

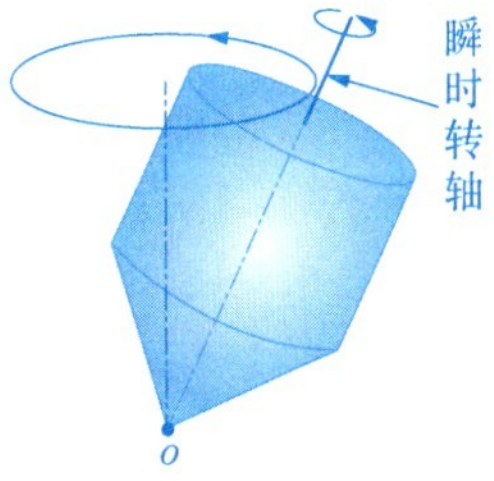

图 3.3　定点转动

一般情况下，刚体的运动既有平动同时有转动，此时可将刚体的运动分解为一个平动加一个转动。如果刚体上各质点均在各自的平面上运动，并且各平面均平行于一个固定平面，这种运动称为刚体的平面运动，例如车轮在平直的公路上的运动。本章主要讲述刚体的定轴转动。

请思考：瓶盖拧紧的装满水的瓶子是刚体吗？装满空气的瓶子呢？

3.1.2　描述刚体定轴转动的物理量

如图 3.4 所示，刚体绕定轴转动时（绕定轴 z 转动），其上各质点都在做圆周运动，圆心在定轴上且圆面垂直于定轴。此时刚体上各质点的线速度 $\boldsymbol{v}$、线加速度 $\boldsymbol{a}$ 一般不同，但在相同的时间内各质点的角位移 $\Delta\theta$ 相等，因此它们的角速度 $\boldsymbol{\omega}$、角加速度 $\boldsymbol{\beta}$ 都相同，由右手定则可以确定它们的方向平行于 z 轴。各质点的角速度与角加速度也就是刚体转动的角速度与角加速度。对于刚体的定轴转动，要描述刚体中各质点的转动以及刚体整体的转动，用角量就比较方便。

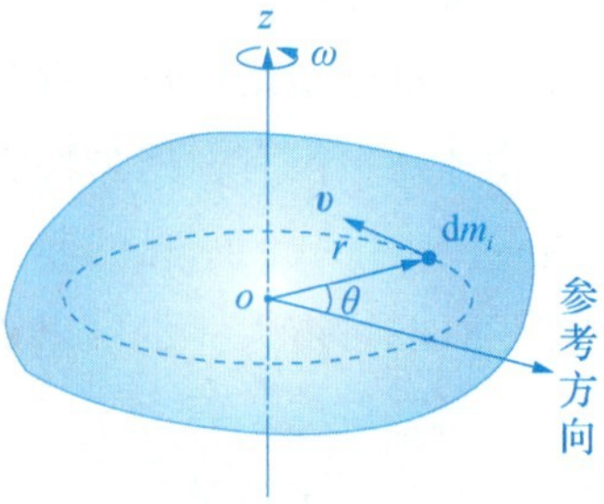

图 3.4　质点做圆周运动

对于质点做圆周运动的描述已经在第 1 章中学习过，其角速度、角加速度的定义式，与线速度、线加速度的关系也适用于刚体的定轴转动。因此，刚体转动的角速度、角加速度的定义式分别为

$$\omega=\frac{\mathrm{d}\theta}{\mathrm{d}t}$$

$$\beta=\frac{\mathrm{d}\omega}{\mathrm{d}t}=\frac{\mathrm{d}^2\theta}{\mathrm{d}t^2}$$

刚体上某位置的线量与角量之间的关系，就是该处质点的线量与角量之间的关系，分别为

$$v=R\omega,\quad a_\tau=R\beta,\quad a_n=R\omega^2$$

另外，刚体的角速度、角加速度的方向规定，与同各质点的角速度、角加速度的方向规定一样，用右手定则判断：右手四指卷曲表示刚体的旋转方向，与四指垂直的大拇指的指向即是角速度方向。角加速度的方向由角速度的增量方向确定，请回顾第 1 章圆周运动的内容。当刚体做匀变角速转动时(β 为常量)，各质点或刚体的角速度、角位置满足的公式为

$$\omega=\omega_0+\beta t$$

$$\theta=\theta_0+\omega_0 t+\frac{1}{2}\beta t^2$$

$$\omega^2-\omega_0^2=2\beta(\theta-\theta_0)$$

下面来看一个相关例题。

例 3.1　如图 3.5 所示是升降机的示意图，一条缆索绕过定滑轮连接升降机轿厢。某升降机的定滑轮半径 $R=0.5$ m，升降机从静止开始以加速度 $a=0.6$ m/s^2 匀加速上升。缆索与滑轮之间不打滑，求：(1)滑轮的角加速度；(2)$t=4$ s 时刻滑轮的角速度；(3)0~10 s 时间段滑轮转过的圈数；(4)$t=2$ s 时刻滑轮边缘上一点的加速度。

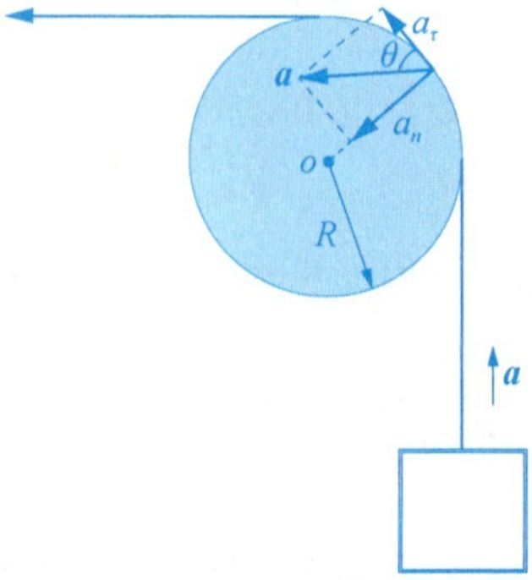

图 3.5　升降机的示意图

解：(1)定滑轮边缘上一点的切向加速度等于升降机的加速度，即 $a_\tau=a$，由于 $a_\tau=R\beta$，则滑轮的角加速度为

$$\beta=\frac{a}{R}=\frac{0.6}{0.5}=1.2\ \mathrm{rad/s^2}$$

(2)由于定滑轮以恒定的角加速度转动，则 $t=4$ s 时刻滑轮的角速度为

$$\omega=\omega_0+\beta t=0+1.2\times4=4.8 \text{ rad/s}$$

(3)因 $\theta=\theta_0+\omega_0 t+\beta t^2/2$，则 0~10 s 时间段滑轮的角位移为

$$\Delta\theta=\theta-\theta_0=0+\frac{1}{2}\times1.2\times10^2=60 \text{ rad}$$

则滑轮转过的圈数为

$$n=\frac{\Delta\theta}{2\pi}=\frac{60}{2\pi}=9.5 \text{ 圈}$$

(4)滑轮 $t=2$ s 时刻的角速度为

$$\omega=1.2\times2=2.4 \text{ rad/s}$$

此时滑轮边缘上一点的法向加速度为

$$a_n=R\omega^2=0.5\times2.4^2=2.88 \text{ m/s}^2$$

则 $t=2$ s 时刻滑轮边缘上一点的加速度大小、与切向的夹角分别为

$$a=\sqrt{a_\tau^2+a_n^2}=\sqrt{0.6^2+2.88^2}=2.9 \text{ m/s}^2$$

$$\theta=\arctan\frac{a_n}{a_\tau}=\arctan\frac{2.88}{0.6}=78.2^\circ$$

3.2 刚体定轴转动的转动定理

3.2.1 刚体受力对转轴的力矩

由日常经验知道，要推开一扇门就要给门施加力，然而并非所有的力都能使门绕它的转轴转动，例如在门上施加平行于转轴的力，或施加力的作用线通过转轴的力，是推不开门的。那么，施加什么样的力才能使门这个刚体绕定轴转动呢？在前一章的 2.4 节，我们了解到，要使质点绕定点转动或使质点的转动状态发生改变，那么给质点施加的力要对定点产生力矩。刚体可以看成是由无限多的质点组成的质点系，对于做定轴转动的刚体，刚体中各个质点都在绕各自的圆心转动，因此，要使各质点也就是刚体的转动状态发生改变，就要给质点也就是刚体施加力矩。下面就来看看，施加什么样的力才能产生这样的力矩。

刚体绕定轴 z 转动，刚体上每个质点都在做圆周运动。如图 3.6 所示，质量为 $\mathrm{d}m_i$ 的第 i 个质点做半径为 r_i 的圆周运动，圆心为 o。质点 i 所受合外力记为 $\boldsymbol{F}_i$，合内力记为 $\boldsymbol{f}_i$。先考虑作用于质点 i 的外力 $\boldsymbol{F}_i$。将 $\boldsymbol{F}_i$ 分解为平行于转轴与垂直于转轴的两个分力，分别记为 $\boldsymbol{F}_{i//}$ 与 $\boldsymbol{F}_{i\perp}$。$\boldsymbol{r}_i$ 是质点 i 相对于自己圆心 o 的位矢，即转轴至质点的**垂直位矢**。质点 i

所受外力 $\boldsymbol{F}_i$ 对圆心的力矩为

$$\boldsymbol{M}_i=\boldsymbol{r}_i\times\boldsymbol{F}_i=\boldsymbol{r}_i\times(\boldsymbol{F}_{i//}+\boldsymbol{F}_{i\perp})=\boldsymbol{M}_{i\perp}+\boldsymbol{M}_{iz}$$

上式中 $\boldsymbol{M}_{i\perp}=\boldsymbol{r}_i\times\boldsymbol{F}_{i//}$ 是平行分力 $\boldsymbol{F}_{i//}$ 对圆心产生的力矩。由右手定则确定该力矩的方向垂直于转轴 z，因此，该力矩只能使质点绕垂直于 z 轴的轴转动，不能使质点绕 z 轴转动。而 $\boldsymbol{M}_{iz}=\boldsymbol{r}_i\times\boldsymbol{F}_{i\perp}$ 是分力 $\boldsymbol{F}_{i\perp}$ 对圆心产生的力矩，由右手定则确定该力矩的方向平行于转轴 z，因此它能使质点绕 z 轴转动。可见，只有外力垂直于转轴的分力 $\boldsymbol{F}_{i\perp}$ 产生的平行于转轴 z 的力矩，才可能使该质点也就是刚体绕定轴转动。见图 3.6，若位矢 $\boldsymbol{r}_i$ 与垂直分力 $\boldsymbol{F}_{i\perp}$ 夹 φ_i 角，此外力对刚体定轴转动有贡献的力矩为

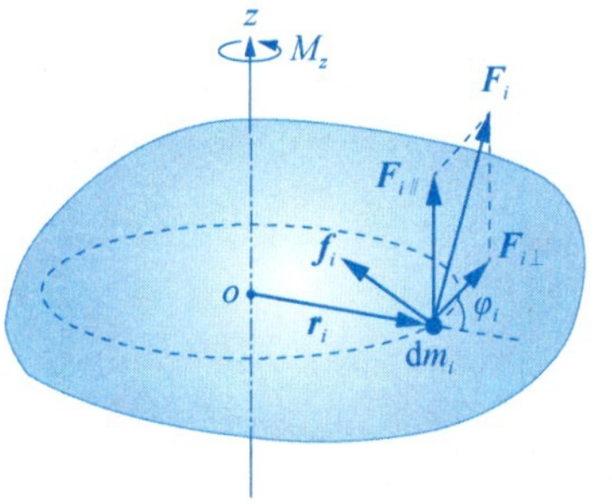

图 3.6　对转轴的力矩

$$\boldsymbol{M}_{iz}=r_iF_{i\perp}\sin\varphi_i\boldsymbol{k}$$

上式中 $\boldsymbol{k}$ 为 z 轴方向的单位矢量。见上式，当 $\boldsymbol{r}_i$ 与 $\boldsymbol{F}_{i\perp}$ 共线，即 $\varphi_i=0$ 或 π 时，$\boldsymbol{M}_{iz}=0$，不能产生平行于转轴的力矩；当 $\boldsymbol{r}_i$ 与 $\boldsymbol{F}_{i\perp}$ 不共线时，$\boldsymbol{M}_{iz}\neq0$，可以产生平行于转轴的力矩，使刚体绕定轴 z 转动。

将刚体中所有质点所受外力产生平行于转轴 z 的分力矩 $\boldsymbol{M}_{iz}$ 相加，得到的力矩称为**刚体所受外力对转轴的力矩**，标记为 $\boldsymbol{M}_z$，即

$$\boldsymbol{M}_z=\sum\boldsymbol{M}_{iz}=\sum r_iF_{i\perp}\sin\varphi_i\boldsymbol{k}$$

将上式写成标量形式，则为

$$M_z=\sum M_{iz}=\sum r_iF_{i\perp}\sin\varphi_i$$

再考虑质点 i 的内力 $\boldsymbol{f}_i$。由于刚体中质点之间相互作用的内力成对出现，如图 3.7 所示，在刚体中任取两个质点 dm_i 与 dm_j，它们有相互作用的一对内力，$\boldsymbol{f}_{ij}=-\boldsymbol{f}_{ji}$，对于转轴上某点 o 的位矢分别为 $\boldsymbol{r}_i$、$\boldsymbol{r}_j$，这一对内力对 o 点的力矩之和为

$$\boldsymbol{r}_i\times\boldsymbol{f}_{ij}+\boldsymbol{r}_j\times\boldsymbol{f}_{ji}=(\boldsymbol{r}_i-\boldsymbol{r}_j)\times\boldsymbol{f}_{ij}$$

由于 $\boldsymbol{r}_i-\boldsymbol{r}_j$ 与 $\boldsymbol{f}_{ij}$ 共线，矢量积为零，因此这一对内力对 o 点的力矩之和为零，在 z 轴上的分力矩之和也就为零。由此可见，刚体的内力对转轴不产生力矩，不影响刚体的运动。

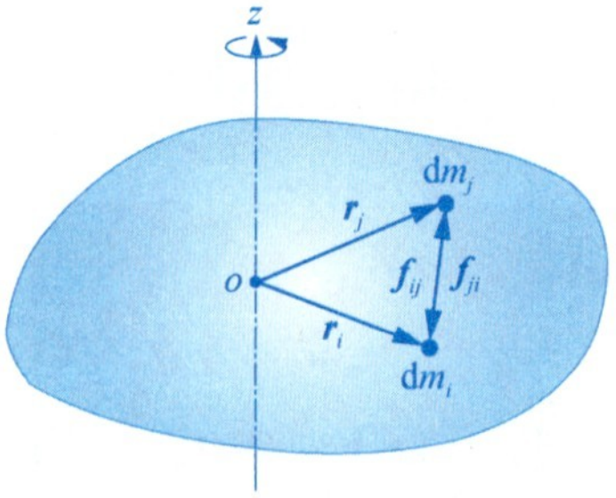

图 3.7　对转轴的一对内力矩

需要强调的是：刚体所受外力对转轴的力矩，是各质点所受外力对各自圆心的力矩沿转轴的分力矩之和，并不是力矩之和，也不是各质点所受外力对某固定点的力矩之和；另外，刚体所受外力对转轴的力矩，不能先求刚体所受合外力，再由合外力得到对转轴的力矩，而应该先求各质点的外力对转轴的力矩，再将各力矩相加得到总外力矩。例如图 3.8 所示，一个圆盘状刚体绕过圆心且垂直于圆面的轴转动，在盘面上受到大小相等方向反向

的两个力 $\boldsymbol{F}_1$ 与 $\boldsymbol{F}_2$ 作用。如果先求合力则合力为零，就会得到合力对转轴的力矩为零。然而这两个力的着力点位置不同，其位矢 $\boldsymbol{r}_1$、$\boldsymbol{r}_2$ 不同，两个力对转轴的力矩方向都垂直于圆盘面向里，两力矩之和并不为零。

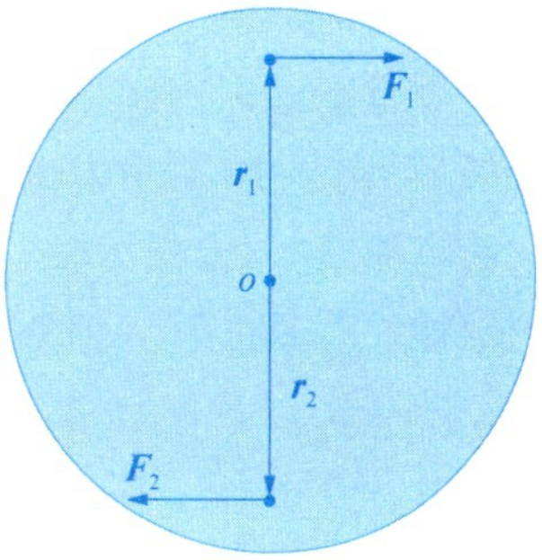

图 3.8　合力为零的外力的力矩

总之，要研究刚体的定轴转动，就要确定刚体所受外力对转轴的力矩。

回顾一下，前一章学习质点的力矩时指出：用右手拇指指向力矩方向，四指弯曲就指明质点在力矩作用下转动的趋势方向；当力矩与质点的角速度同向，质点就加速旋转，两者反向则减速旋转。类似地，外力对刚体转轴的力矩 M_z 的方向与角速度同向，刚体就加速旋转，反之，刚体就减速旋转。例如图 3.6 中，M_z 与角速度都沿 z 轴正向，M_z 使刚体逆时针转动(俯视图)，而刚体原本就在做逆时针转动，因此此时的力矩 M_z 就是**动力矩**。如果 M_z 沿 z 轴负向，M_z 将使刚体顺时针转动，跟刚体原本的逆时针转动相反，此时的力矩 M_z 则为**阻力矩**。

请思考： 图 3.6 中平行于转轴的分力产生的力矩，对刚体定轴转动到底有没有影响？有影响的话是如何起作用的？

如何来分析对刚体转轴的力矩，见下面举例。

例 3.2　(1)刚体绕一水平轴转动，试分析刚体的重力对转轴形成的力矩；(2)用皮带带动飞轮转动是机器中常用的传动方式，试分析飞轮受皮带的作用力对飞轮转轴形成的力矩。

分析： (1)设刚体质量为 m，如图 3.9 所示，从刚体中任取一质点 $\mathrm{d}m$，它在做圆周运动，圆心 o 在转轴上，从圆心至质点 $\mathrm{d}m$ 引出垂直位矢 $\boldsymbol{r}$。质点的重力 $\mathrm{d}m \cdot \boldsymbol{g}$ 向下，对圆心的重力矩为 $\mathrm{d}\boldsymbol{M}=\boldsymbol{r}\times \mathrm{d}m\boldsymbol{g}$，方向平行于转轴。将所有质点的重力矩相叠加，即得到刚体对转轴的重力矩，为

$$\boldsymbol{M}_G=\int \mathrm{d}\boldsymbol{M}=\int \boldsymbol{r}\times \mathrm{d}m\boldsymbol{g}=\frac{\int \boldsymbol{r}\mathrm{d}m}{m}\times m\boldsymbol{g}$$

式中，$\dfrac{\int \boldsymbol{r}\mathrm{d}m}{m}$ 是刚体的质心位矢 $\boldsymbol{r}_c$ 在垂直于转轴的平面上的分量，记为 $\boldsymbol{r}_{c\perp}$，重力矩即为

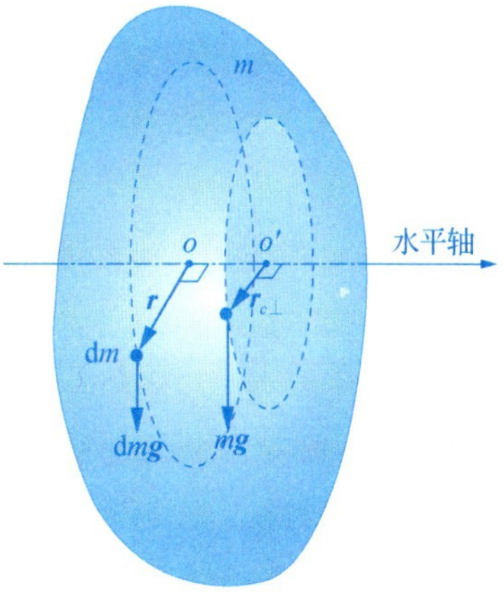

图 3.9　刚体中质点做圆周运动

$$\boldsymbol{M}_G=\boldsymbol{r}_{c\perp}\times m\boldsymbol{g}$$

因此要确定刚体相对水平转轴的重力矩，见图 3.9，将刚体看成质量集中于质心的质点 m，然后从质心对转轴作垂线，垂足 o' 指向质心的位矢即为质心的垂直位矢 $\boldsymbol{r}_{c\perp}$。将 $\boldsymbol{r}_{c\perp}$

与质心重力 mg 进行矢量积即得刚体的重力矩，其方向平行于转轴。对于竖直转轴，此时重力矩方向垂直于转轴，不能使刚体绕轴转动。

(2) 如图 3.10 所示，上下两段皮带在飞轮边缘给它施加了沿切向的拉力 $\boldsymbol{T}_1$、$\boldsymbol{T}_2$。从飞轮的转轴(以 o 来表示)指向拉力的着力点引出垂直位矢 $\boldsymbol{R}_1$、$\boldsymbol{R}_2$，大小 $R_1=R_2=R$，R 为飞轮半径。由于拉力与位矢垂直，则飞轮所受 $\boldsymbol{T}_1$、$\boldsymbol{T}_2$ 力对转轴的力矩大小分别为 $M_1=RT_1$、$M_2=RT_2$，力矩 $\boldsymbol{M}_1$ 的方向垂直于飞轮圆面向里，$\boldsymbol{M}_2$ 的方向垂直于圆面向外。如果飞轮做顺时针转动，角速度向里，那么 $\boldsymbol{M}_1$ 就是驱动飞轮转动的动力矩，$\boldsymbol{M}_2$ 则是阻碍飞轮转动的阻力矩。当 $T_1>T_2$，飞轮所受总力矩方向向里，大小为 $M=M_1-M_2=RT_1-RT_2$。当 $T_1<T_2$，总力矩方向则向外，大小为 $M=M_2-M_1=RT_2-RT_1$。

对于真实的轮子绕定轴的转动，实际上是轮子绕一个轴承在转动，轴承并非一条几何直线，而是有一定半径(r)的圆柱体，放大如图 3.11 所示。由于飞轮有重力 $\boldsymbol{G}$，轴承要给轮子向上的压力 $\boldsymbol{N}_1$，而由于皮带的牵引，轴承要给轮子大致向左的压力 $\boldsymbol{N}_2$(取决于 $\boldsymbol{T}_1$、$\boldsymbol{T}_2$ 力)，轮子受到轴承的实际压力 $\boldsymbol{N}$ 由 $\boldsymbol{N}_1$ 与 $\boldsymbol{N}_2$ 确定，因此轮子与轴承之间压力的着力点可以位于轴承边缘的任意点，图中显示在 P 点。无论哪一点，压力 $\boldsymbol{N}$ 的作用线通过转轴，对转轴轴线的力矩为零。然而压力导致了摩擦力 $\boldsymbol{f}$，见图 3.11，由此产生了平行于转轴(垂直于圆面向外)的摩擦力矩 $\boldsymbol{M}=\boldsymbol{r}\times\boldsymbol{f}$，阻碍轮子的转动。如果转轴光滑就可以忽略该摩擦力矩。另外，如果轮子的重心(或质心)位于转轴轴线上，从转轴指向重心的垂直位矢为零，此时重力对转轴的力矩为零。

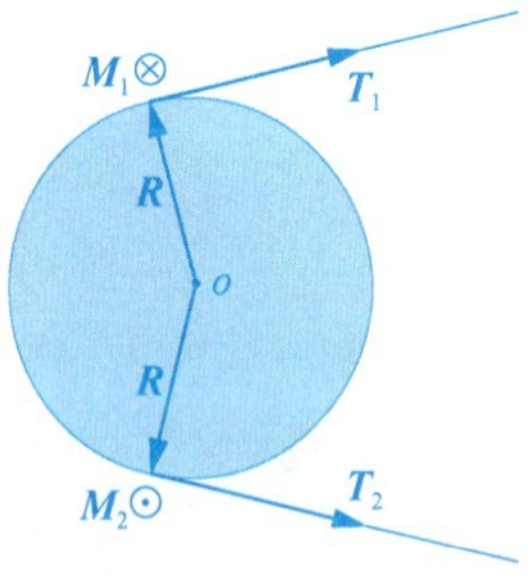

图 3.10　皮带给飞轮施力

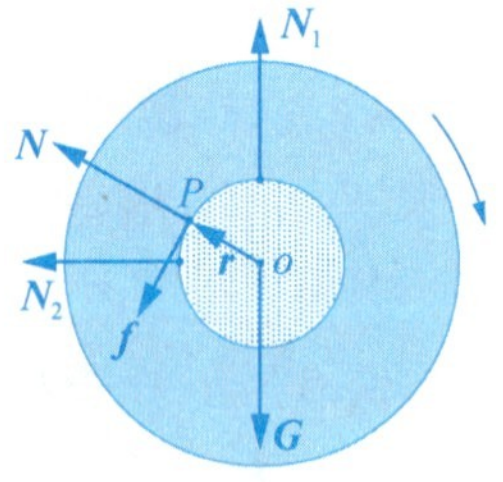

图 3.11　轮子所受其他力

至此，就可以回答前面的问题，图 3.6 中平行于转轴的分力产生的力矩对刚体定轴转动有影响。如图 3.12 所示，门轴的套环固定在门框上，门轴的轴承固定在门上，门可以绕竖直轴转动。当在门上施加平行于转轴的力 $\boldsymbol{F}$ 时，该力对转轴产生的力矩垂直于转轴向外，力矩将使门逆时针转动，于是套环与轴承相互挤压，上面的套环给轴承施加向右的压力 $\boldsymbol{N}_1$，下面的套环给轴承的压力 $\boldsymbol{N}_2$ 向左。当门转动时，这两个压力就会导致套环与轴承之间的摩擦

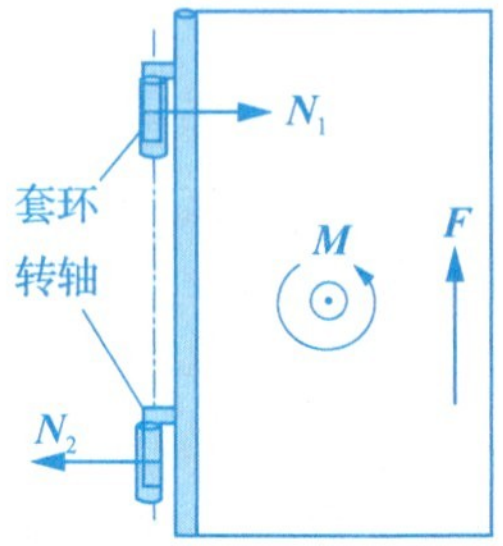

图 3.12　平行于转轴力的作用

力，产生摩擦力矩，将阻碍门的转动。另外，由于重力，套环与轴承之间沿竖直方向的压力也会导致摩擦力矩的产生。

例 3.3　(1) 如图 3.13 所示，质量为 m、半径为 R 的均质细圆环置于粗糙的水平桌面上。细环可以绕过圆心垂直于圆面的竖直轴 o 转动。若细环与桌面间的滑动摩擦因数为 μ，求细环在转动过程中所受摩擦力对转轴的力矩。(2) 若圆环是质量为 m、半径为 R 的均质圆盘，求摩擦力对转轴的力矩。

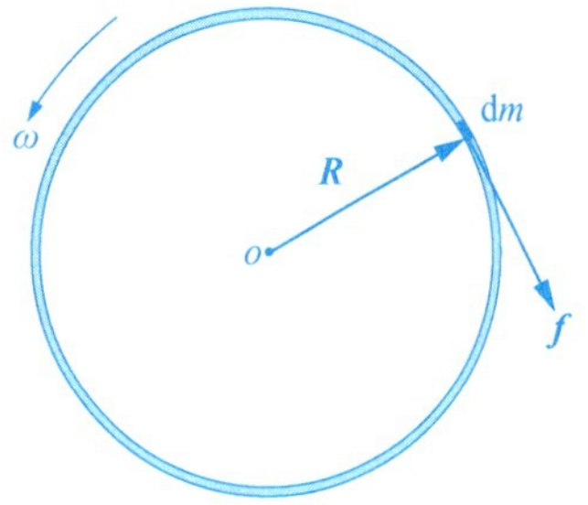

图 3.13　细圆环所受摩擦力

解：(1) 见图 3.13，在细环上任取元弧长，它的质量记为 $\mathrm{d}m$。由于压力，$\mathrm{d}m$ 质点受到桌面的摩擦力 $\boldsymbol{f}$，$f=\mu\mathrm{d}m\cdot g$，方向沿圆环的切线。由圆心指向摩擦力着力点引出位矢 $\boldsymbol{R}$，$\boldsymbol{f}$ 对转轴 o 的摩擦力矩方向垂直于圆面向里，大小为

$$\mathrm{d}M=\mu g\mathrm{d}m\cdot R$$

则整个圆环的摩擦力矩垂直于圆面向里，大小为

$$M=\oint\mathrm{d}M=\oint\mu gR\mathrm{d}m=\mu gR\oint\mathrm{d}m=\mu mgR$$

由上可见，即使圆环上质量不均匀分布，只要圆环总质量不变，摩擦力矩仍然由上式确定。

(2) 对于均质圆盘，将圆盘分割成无限多的同圆心圆环。如图 3.14 所示，在圆盘上截取半径为 r、宽度为 $\mathrm{d}r$ 的圆环，其质量 $\mathrm{d}m=\sigma\cdot2\pi r\mathrm{d}r$，圆盘的质量分布面密度 $\sigma=\dfrac{m}{\pi R^2}$。该圆环对转轴的摩擦力矩方向垂直于圆面向里，大小为

$$\mathrm{d}M=\mu\mathrm{d}mgr=\mu gr\cdot\frac{m}{\pi R^2}\cdot2\pi r\mathrm{d}r=\frac{2\mu mg}{R^2}r^2\mathrm{d}r$$

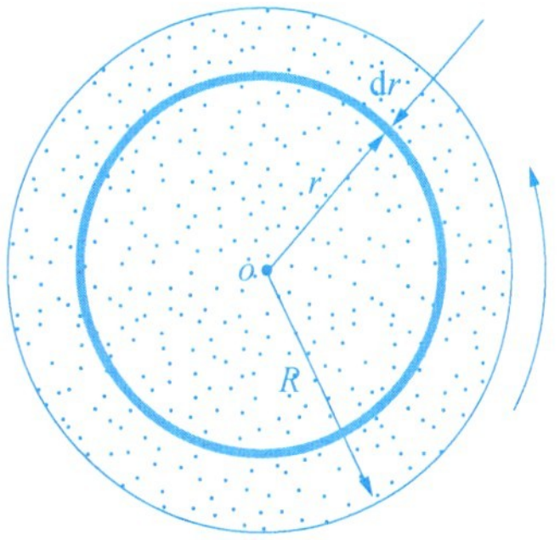

图 3.14　薄圆盘所受摩擦力

则圆盘所受摩擦力对转轴的总力矩方向垂直于圆面向里，大小为

$$M=\int\mathrm{d}M=\int_0^R\frac{2\mu mg}{R^2}r^2\mathrm{d}r=\frac{2}{3}\mu mgR$$

类似地，电风扇、飞轮等刚体在绕定轴转动的过程中，也要受到摩擦力、流体阻力产生的力矩。

3.2.2　刚体定轴转动定理

刚体在平行于转轴的力矩作用下，转动状态将发生改变，即转轴方向的角速度会随之变化，而角速度的变化由角加速度来描述，因此转轴方向的角加速度与力矩之间肯定有关

系。下面来寻求这种关系。仍然考察图 3.6 中所示的刚体绕定轴 z 转动。第 i 个质点所受合外力与合内力分别为 $\boldsymbol{F}_i$、$\boldsymbol{f}_i$，将牛顿第二定律应用于该质点，即有

$$\boldsymbol{F}_i+\boldsymbol{f}_i=\mathrm{d}m_i\cdot\boldsymbol{a}_i$$

由于质点 i 绕定轴做圆周运动，将 $\boldsymbol{F}_i$ 与 $\boldsymbol{f}_i$ 以及加速度 $\boldsymbol{a}_i$ 沿圆的切向进行分解，三者在圆周上的切向分量分别是 $F_{i\tau}$、$f_{i\tau}$ 与 $a_{i\tau}$，如图 3.15 所示。因此在圆周的切向，上面的方程就变为

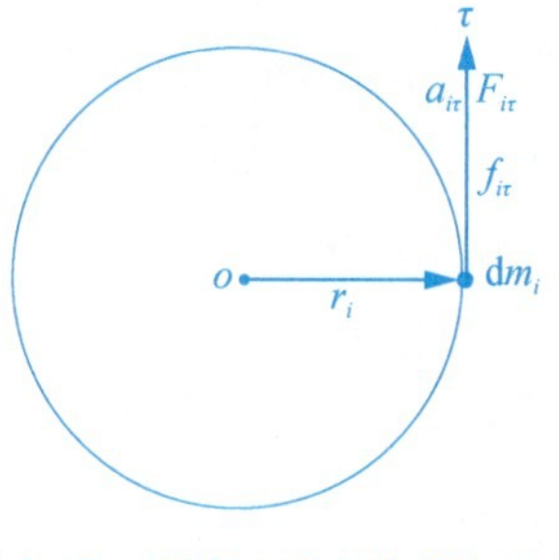

图 3.15　质点 i 受力的切向分力

$$F_{i\tau}+f_{i\tau}=\mathrm{d}m_i\cdot a_{i\tau}=\mathrm{d}m_i\cdot r_i\beta$$

上式中利用了质点做圆周运动的切向加速度 $a_\tau=r\beta$ 的关系，角加速度 β 是刚体以及所有质点的角加速度。将上式两边乘以 r_i 得到如下方程

$$r_i(F_{i\tau}+f_{i\tau})=\beta r_i^2\mathrm{d}m_i$$

对刚体中的所有质点都能得到这样的一个方程，将所有质点的方程相加，即有

$$\sum r_iF_{i\tau}+\sum r_if_{i\tau}=\beta\sum r_i^2\mathrm{d}m_i$$

上式中第一项就是刚体所受所有外力对转轴 z 产生的力矩 M_z。为了简洁，后面直接用 M 标记 M_z。第二项是刚体中所有内力对转轴 z 的力矩，前面已经证明它为零。方程的右边出现了 $\sum r_i^2\mathrm{d}m_i$ 因子，由此引入刚体对转轴的**转动惯量** $J=\sum r_i^2\mathrm{d}m_i$，上式则为

$$M=J\beta$$

上式表明：**刚体定轴转动的角加速度与它所受外力对转轴的力矩成正比，与刚体的转动惯量成反比，此方程称为刚体定轴转动的转动定理。**

转动定理描述了刚体转动遵循的动力学规律，该定理对应于质点运动的牛顿第二定律：力矩 M 对应于力 F，力矩是刚体角速度改变的原因；转动惯量 J 对应于质量 m；角加速度 β 对应于线加速度 a。类似于牛顿第二定律，转动定理表明了力矩作用的瞬时性：角加速度和力矩同时产生、同时变化、同时消失。

需要强调的是：牛顿定律是针对质点得到的规律，不能直接运用牛顿定律来解决刚体的转动问题，而要利用转动定理来处理问题。想象一下，对于用扳手拧螺母或螺栓，用十字刀拧螺丝钉等刚体的转动问题，直接用牛顿定律处理问题，难以下手吧？

请思考： 刚体绕一个定轴在匀速转动，那么它受到平行于转轴的外力矩肯定不为零，这种判断对吗？刚体受到的合外力肯定不为零，这种判断呢？

下面来看应用转动定理的举例。

例 3.4　留声机的转盘位于水平面上，绕过盘心的固定竖直轴匀速转动，角速度为 ω。将唱片放至转盘上后，它将受到转盘的摩擦力矩作用而随转盘转动。唱片可视为半径为 R、质量为 m 的薄圆盘，它对固定竖直轴的转动惯量为 $J=mR^2/2$。若唱片与转盘间的滑动摩擦因数为 μ，求从唱片被放上转盘到具有角速度 ω 所需的时间 t。

解： 从唱片放上转盘直至它跟随转盘以角速度 ω 转动，此过程唱片受到的摩擦力矩可

由例题3.3得到，为

$$M_f=\frac{2}{3}\mu mgR$$

摩擦力矩带动唱片转动，是动力矩。由转动定理 $M_f=J\frac{d\omega}{dt}$，唱片的转动惯量 $J=mR^2/2$，有

$$dt=\frac{J}{M_f}d\omega=\left(\frac{1}{2}mR^2/\frac{2\mu mgR}{3}\right)d\omega=\frac{3R}{4\mu g}d\omega$$

初始条件：$t=0$ 时唱片的角速度 $\omega_0=0$。对上式积分有

$$\int_0^t dt=\int_0^\omega \frac{3R}{4\mu g}d\omega$$

得

$$t=\frac{3R\omega}{4\mu g}$$

另法：本题得到的摩擦力矩是常量，由转动定理可知唱片的角加速度亦是常量，而以恒角加速度转动的刚体，其转动的角速度 $\omega=\omega_0+\beta t$，由此也可以得到唱片达到角速度 ω 所需时间。

3.2.3　刚体的转动惯量

前面引入了刚体对转轴的转动惯量 J，它对应于物体的质量 m。质量是描述物体惯性大小的物理量，因此转动惯量是描述刚体转动惯性大小的物理量。如前所述，将刚体看成质点系，那么每个质点绕轴转动都有自己的转动惯量，例如质点 i 的转动惯量就是它的质量乘以它距转轴距离的平方 $J_i=r_i^2dm_i$。将所有质点的转动惯量相加，就得到刚体的转动惯量 $J=\sum r_i^2dm_i$。将质点 i 的质量记为 dm，它距转轴的距离记为 r，对于质量连续分布的刚体，由于质点无限多，其转动惯量可用积分表示为

$$J=\int_V r^2dm$$

上式中 V 表示刚体所占据的区域。

刚体的转动惯量由刚体的质量、质量分布以及转轴的位置这三因素确定。已知刚体的形状、质量密度分布函数以及转轴的位置，就可以通过积分计算出刚体的转动惯量。转动惯量也可以通过实验测量。对于体状刚体，如果质量分布的体密度为 ρ，在刚体中任取体积微元 dV，它的质量即为 $dm=\rho dV$，将它代入上式通过积分即可得到体状刚体的转动惯量。对于面状刚体，如果质量分布的面密度为 σ，在面刚体上任取面积微元 dS，则 $dm=\sigma dS$。对于线状刚体，如果线密度为 λ，在线上任取长度微元 dl，则 $dm=\lambda dl$。

转动惯量的单位(SI)：千克·米^2($kg\cdot m^2$)。

如何得到刚体的转动惯量见如下举例。

例3.5　如图3.16所示，在质量为 M 长为 l 的均质细杆上面，等间距粘上3个小球(视为质点)，它们的质量分别为 m、$2m$、$3m$。求细杆与小球系统对通过杆的 A 端并与细

杆垂直的转轴的转动惯量。

解：(1)先求细杆的转动惯量。见图，以 A 为原点建立 ox 坐标系，在杆上距转轴 x 处取长度微元 $\mathrm{d}x$，则长度微元的质量为 $\mathrm{d}m=(M/l)\mathrm{d}x$，据转动惯量公式有

$$J_1=\int_{AB}x^2\mathrm{d}m=\int_0^l x^2\frac{M}{l}\mathrm{d}x=\frac{1}{3}Ml^2$$

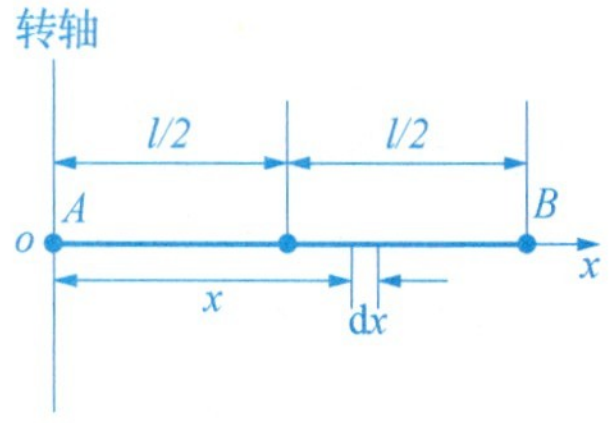

图 3.16　均质细杆上带质点

三个小球的转动惯量为

$$J_2=m\times0^2+2m\times\left(\frac{l}{2}\right)^2+3m\times l^2=\frac{7}{2}ml^2$$

总转动惯量为

$$J=J_1+J_2=\frac{1}{3}Ml^2+\frac{7}{2}ml^2$$

表 3.1 中汇集了几个形状规则的均质刚体针对指定转轴的转动惯量，都可以通过积分得到。

表 3.1　质量为 m 的均质刚体的转动惯量

<table>
<tr>
<td>细杆：$J=\frac{1}{3}ml^2$
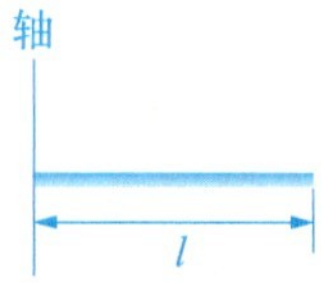
转轴过杆的一端且垂直于杆</td>
<td>圆环：$J=mR^2$
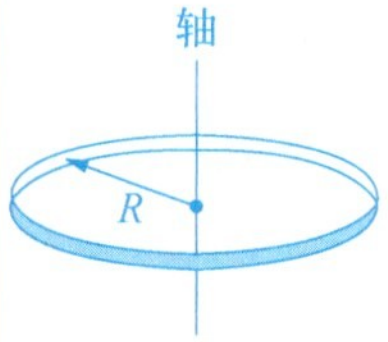
转轴过圆心且垂直于圆面</td>
<td>圆盘、圆柱体：$J=\frac{1}{2}mR^2$
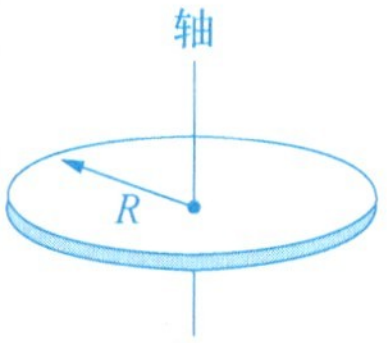
圆盘：转轴过圆心且垂直于圆面；圆柱体：转轴为圆柱体轴线</td>
</tr>
<tr>
<td>球体：$J=\frac{2}{5}mR^2$
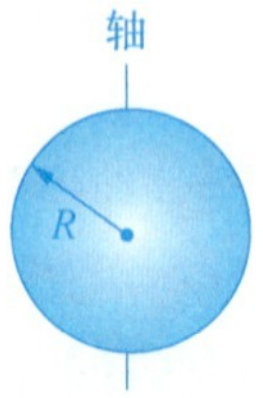
转轴过球心</td>
<td>圆柱体：$J=\frac{1}{4}mR^2+\frac{1}{12}ml^2$
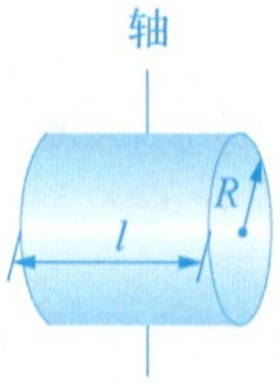
转轴过圆柱体的中心且垂直于圆柱体轴线</td>
<td>圆筒：$J=\frac{1}{2}m(R_1^2+R_2^2)$
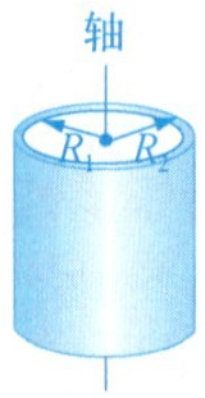
转轴为圆筒轴线</td>
</tr>
</table>

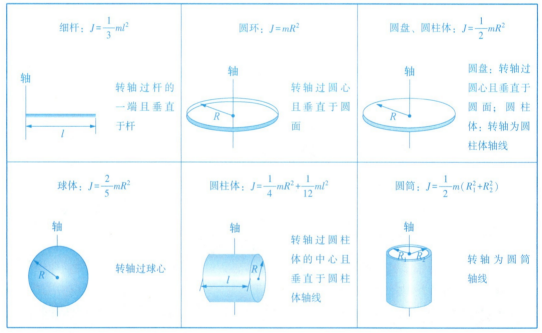

下面再来看相关例题。

例 3.6　(1)有一转轴通过刚体的质心，质量为 m 的刚体针对该质心轴的转动惯量是 J_c，另有一转轴与之平行相距为 L，求刚体针对此平行轴的转动惯量；(2)某面状刚体位于 xoy 面，刚体针对 x 轴、y 轴的转动惯量分别为 J_x、J_y，求刚体针对 z 轴的转动惯量 J_z。

解：(1)如图 3.17 所示，以 c、o 点分别表示垂直于纸面的质心轴与平行轴。在刚体

上任取一质点 dm，质心轴与平行轴至它的垂直位矢分别为 $\boldsymbol{r}$、$\boldsymbol{r}'$，平行轴至质心轴的垂直矢量为 $\boldsymbol{L}$，则有

$$\boldsymbol{r}'=\boldsymbol{r}+\boldsymbol{L}$$

刚体针对平行轴 o 的转动惯量为

$$J=\int r'^2\mathrm{d}m=\int(\boldsymbol{r}+\boldsymbol{L})^2\mathrm{d}m$$

$$=L^2\int\mathrm{d}m+\int r^2\mathrm{d}m+2\boldsymbol{L}\int\boldsymbol{r}\mathrm{d}m$$

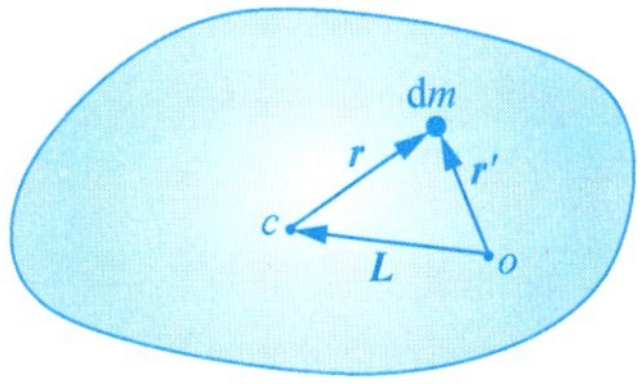

图 3.17　刚体的质心轴与平行轴

上式中第一项结果为 mL^2，第二项是刚体对质心轴 c 的转动惯量 J_c。第三项中 $\int\boldsymbol{r}\mathrm{d}m$ 改写成 $m\times\frac{\int\boldsymbol{r}\mathrm{d}m}{m}$，而 $\frac{\int\boldsymbol{r}\mathrm{d}m}{m}$ 是刚体的质心位矢 $\boldsymbol{r}_c$ 在垂直于质心轴的平面上的分量 $\boldsymbol{r}_{c\perp}$，由于质心就在质心轴上，质心位矢在垂直于质心轴的平面上的分量为零，第三项即等于零，上式则为

$$J=mL^2+J_c$$

此结果称为刚体转动惯量的**平行轴定理**，它适用于任何形状的刚体。据此可以得到刚体针对质心轴或平行轴的转动惯量。例如表 3.1 中，已知转轴通过细杆端点且垂直于杆，此杆的转动惯量为 $ml^2/3$。由平行轴定理，转轴通过细杆中点(质心)且垂直于杆，此时杆的转动惯量为 $J_c=ml^2/3-m(l/2)^2=ml^2/12$。

(2) 如图 3.18 所示，面状刚体 S 位于 xoy 面，在面上任取质点 dm，它在 xoy 面上的坐标为(x, y)，那么刚体绕 x 轴、y 轴的转动惯量分别为

$$J_x=\int_S y^2\mathrm{d}m,\quad J_y=\int_S x^2\mathrm{d}m$$

刚体绕 z 轴的转动惯量为

$$J_z=\int_S r^2\mathrm{d}m=\int_S(x^2+y^2)\mathrm{d}m=\int_S x^2\mathrm{d}m+\int_S y^2\mathrm{d}m$$

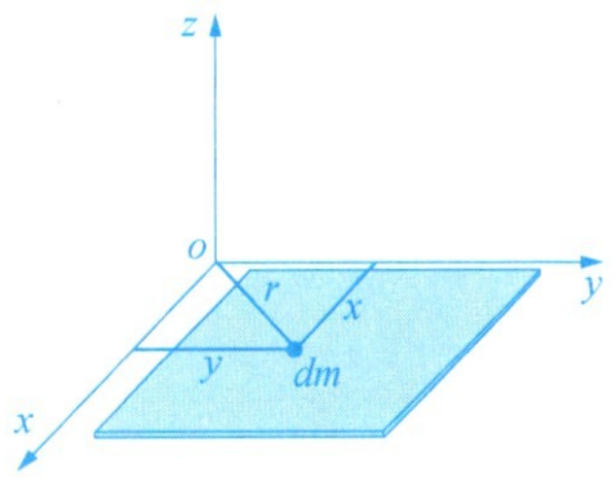

图 3.18　面状刚体

即
$$J_z=J_x+J_y$$

此结果称为刚体转动惯量的**正交轴定理**，它只适用于平面薄板形刚体。据此定理可以得到刚体针对相互垂直转轴的转动惯量。例如表 3.1 中，已知转轴过薄圆盘中心且垂直于盘面，圆盘的转动惯量为 $ml^2/2$。由正交轴定理，如果转轴为薄圆盘的直径，此时圆盘的转动惯量则为 $J_x=J_y=J_z/2=ml^2/4$。

3.2.4　转动定理的应用

类似于牛顿第二定律的应用，应用转动定理处理问题，首先隔离出转动的刚体，确定转轴，分析它的受力，确定受力对转轴产生的力矩，并确定转动惯量，随后由转动定理列方程。当系统中除了有刚体转动外，还有物体的平动时，那么还要对平动物体隔离，进行

受力分析，并对平动物体用牛顿定律列方程。另外还要建立角量与线量的关系，随后求解方程，对结果分析及讨论。见如下举例。

例 3.7 如图 3.19(a)所示，某滑轮的质量为 m、半径为 R，可绕光滑的水平转轴 o 转动。一轻绳跨过定滑轮，绳的两端分别连接着质量分别为 m_1 与 m_2 的物体，$m_1<m_2$。若绳与滑轮之间无相对滑动，滑轮视为圆盘，所受摩擦阻力矩为 M_f，求物体的加速度与绳中的张力。

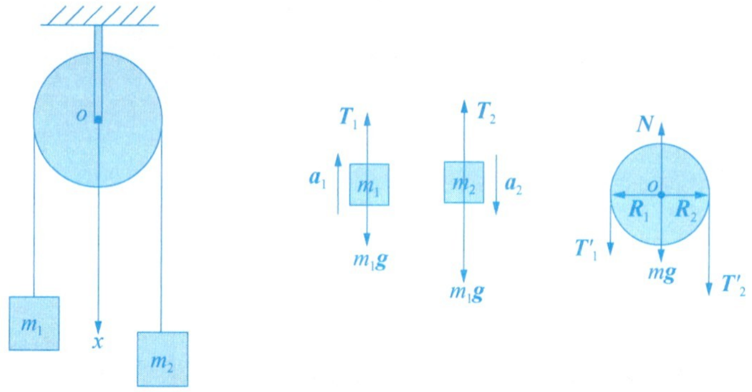

(a)物体与定滑轮　　(b)物体与定滑轮的受力

图 3.19

解：对于定滑轮受力分析：见图 3.19(b)，定滑轮受到两侧绳向下的拉力 T_1'、T_2'，两拉力对转轴产生的力矩大小分别为 $T_1'R$、$T_2'R$，前者方向垂直于圆面向外，后者向里。由于 $m_1<m_2$，则 $T_1'R<T_2'R$，定滑轮应顺时针转动，角速度向里，可见摩擦阻力矩的方向垂直于圆面向外。此外，定滑轮还受到转轴给予向上的支持力以及向下的重力，它们对转轴的力矩均为零。总之，滑轮所受合力矩垂直于圆面向里，大小为 $M=T_2'R-T_1'R-M_f$。两物体做直线运动，受力分析亦见图(b)，两物体的加速度大小相等设为 $a(=a_1=a_2)$。两物体沿直线运动，由牛顿第二定律列方程，滑轮转动，由转动定理方程，分别为

$$T_1-m_1g=m_1a$$

$$m_2g-T_2=m_2a$$

$$T_2'R-T_1'R-M_f=J\beta \qquad ①$$

另外，两侧绳中张力(拉力)各自相等，即

$$T_1'=T_1,\quad T_2'=T_2$$

滑轮边缘上的切向加速度和物体的加速度相等，即

$$a=R\beta$$

圆盘状滑轮的转动惯量 $J=mR^2/2$，由此解得

$$a=\frac{(m_2-m_1)g-M_f/R}{m_1+m_2+m/2}$$

$$T_1=m_1(g+a)=m_1\frac{2m_2g+mg/2-M_f/R}{m_1+m_2+m/2}$$

$$T_2=m_2(g-a)=m_2\frac{2m_1g+mg/2+M_f/R}{m_1+m_2+m/2}$$

讨论：从本题可见，实际上定滑轮两侧绳中张力并不相等。高中时接触到的类似问题是忽略了滑轮质量与摩擦力的理想情况，由于两者被忽略，定滑轮的转动惯量为零，摩擦力矩也为零，因此由①式得到定滑轮两侧绳中张力相等。进一步考虑，当两物体的质量相等，忽略摩擦力矩，此时可以得到加速度与角加速度均为零($a=\beta=0$)，定滑轮两侧绳中张力相等，滑轮的合力矩为零。这种情况下定滑轮将匀速转动或者静止。

如果让定滑轮成为固定不动的圆柱体，此时也有 $\beta=0$，然而由于绳子与圆柱体之间的摩擦力，两侧绳中的拉力也不相等。如图 3.20 所示，圆柱体上缠绕的一段绳子的圆心角为 θ(也称为接触角)，当绳子所受摩擦力为最大静摩擦力时，静摩擦因数为 μ，忽略绳子的质量，可以证明①，两侧绳中的拉力 T_1、T_2 满足关系

$$T_2=T_1\mathrm{e}^{-\mu\theta}$$

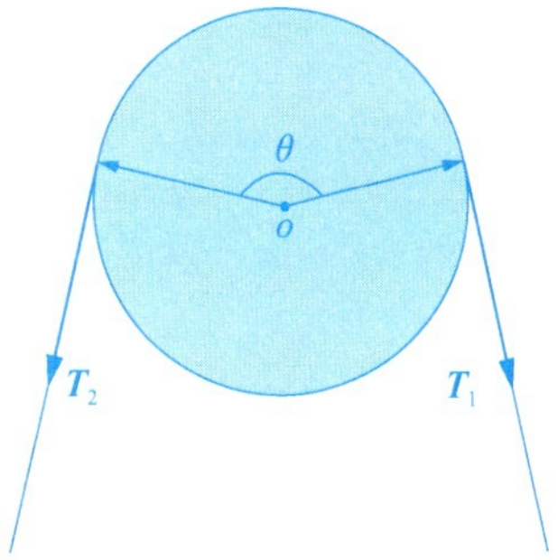

图 3.20　圆柱体上绕绳

此式称为 Capstan 公式，机械行业称为 Euler 公式。由此可见，在圆柱体上多绕几圈绳子，用很小的控制力 T_2 就可以跟很大的负载力 T_1 维持平衡。人们在码头上用缆绳缠绕在系缆桩上系船，还有制动器、卷扬机上的绞盘就用到这种原理。

例 3.8　半径为 R 质量为 m 的均质薄圆盘，可绕通过边缘上 o 点且垂直于圆面的水平光滑轴在竖直平面内转动，如图 3.21 所示。最初圆盘静止时直径 oa 竖直向下，某物体与之碰撞，使圆盘得到了绕轴 o 转动的初始角速度 ω_0，随后圆盘绕轴 o 转动。求：(1) 当直径 oa 与竖直方向夹 θ 角时 a 点的速率；(2) 直径 oa 能到达的最大偏转角。

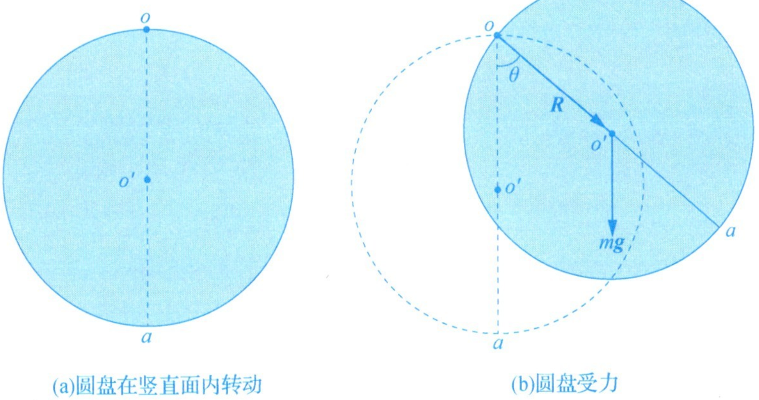

图 3.21

① 漆慎安，杜婵英. 力学基础[M]. 北京：高等教育出版社，1982.

解：(1)圆盘绕转轴 o 做定轴转动。见图 3.21，当直径 oa 从竖直位置转动至 θ 角位置时，由于圆盘的质心在圆心 o' 处，由转轴 o 指向 o' 的位矢 $\boldsymbol{R}$ 与圆盘的重力 $m\boldsymbol{g}$ 夹角为 θ，此时重力矩 $\boldsymbol{M}_G$ 方向垂直于圆面向里，大小为

$$M_G=mgR\sin\theta$$

由于圆盘所受转轴的支持力对转轴的力矩为零，忽略摩擦力矩，由转动定理有

$$M_G=J\beta$$

针对过圆心 o' 且垂直于圆面的转轴，圆盘的转动惯量为 $J_c=mR^2/2$。由平行轴定理，圆盘针对轴 o 的转动惯量为

$$J=mR^2+\frac{1}{2}mR^2=\frac{3}{2}mR^2$$

由于圆盘转动过程中重力矩是阻力矩，由以上方程有

$$-mgR\sin\theta=\frac{3}{2}mR^2\frac{\mathrm{d}\omega}{\mathrm{d}t}=\frac{3}{2}mR^2\frac{\mathrm{d}\omega\mathrm{d}\theta}{\mathrm{d}\theta\,\mathrm{d}t}=\frac{3}{2}mR^2\omega\frac{\mathrm{d}\omega}{\mathrm{d}\theta}$$

初始条件：$t=0$ 时 $\theta=0$，$\omega=\omega_0$。对上式分离变量积分为

$$\int_{\omega_0}^{\omega}\omega\mathrm{d}\omega=-\int_0^{\theta}\frac{2g}{3R}\sin\theta\mathrm{d}\theta$$

得

$$\omega=\sqrt{\omega_0^2-\frac{4g}{3R}(1-\cos\theta)} \quad ①$$

此时圆盘上 a 点的速率为

$$v=2R\omega=2R\sqrt{\omega_0^2-\frac{4g}{3R}(1-\cos\theta)}$$

(2)当直径 oa 到达最大偏转角 θ_m 时，圆盘的角速度为零，由①式得

$$\cos\theta_m=1-\frac{3R}{4g}\omega_0^2$$

得

$$\theta_m=\arccos\left(1-\frac{3R}{4g}\omega_0^2\right)$$

讨论：当初始角速度 ω_0 越大，直径 oa 到达的最大偏转角就越大。由①式可得，当圆盘到达最高位置($\theta=\pi$)时，初始角速度 ω_0 至少为 $\omega_0=\sqrt{\dfrac{8g}{3R}}$，大于此值，圆盘将越过最高位置继续转动。

***例 3.9** 如图 3.22(a)所示，质量为 M、半径为 R 的滚子从倾角为 θ 的斜面上向下做纯滚动。有绳子跟滚子的水平轴 o 相连，绳子跨过定滑轮，另一端连接一质量为 m 的物体。若定滑轮与滚子均可视为均质圆盘，它们的质量与半径都相同，求滚子质心的加速度 a_c、绕水平轴 o 转动的角加速度 β、斜面作用于滚子的摩擦力 f。

解：针对物体进行受力分析：如图 3.22(b)所示，滚子在沿斜面的平动方向受力有重力的分力 $Mg\sin\theta$、绳子的拉力 T_1 以及斜面作用于滚子的摩擦力 f，它在这三个力的作用

下做平动，在摩擦力的力矩作用下绕水平轴 o 转动，有

$$Mg\sin\theta - T_1 - f = Ma_c$$

$$Rf = \frac{1}{2}MR^2\beta$$

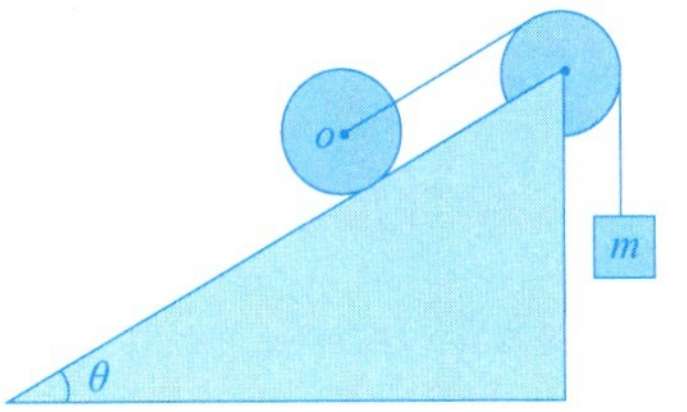

(a)滚子通过定滑轮与物体连接

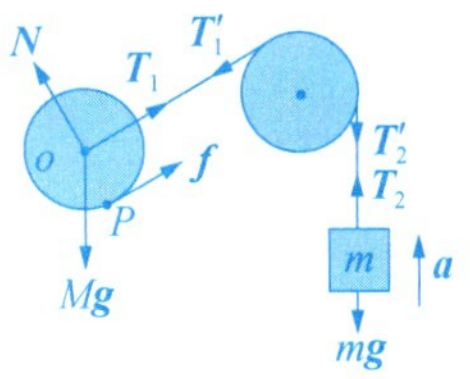

(b)三者的受力

图 3.22

定滑轮受两侧绳子的拉力 $T_1' = T_1$ 与 $T_2' = T_2$，它在这两力的力矩作用下绕轴转动，转动的角加速度设为 β_1，有

$$R(T_1' - T_2') = R(T_1 - T_2) = \frac{1}{2}MR^2\beta_1$$

物体 m 受绳的拉力 $\boldsymbol{T}_2$ 与重力 $m\boldsymbol{g}$ 作用向上加速运动，其加速度的大小等于滚子的质心加速度 a_c，则有

$$T_2 - mg = ma_c$$

由于滚子无滑转动，滑轮与地面的接触点 P 为“瞬心”——滚子的瞬时转动中心。刚体做平面运动时，绕刚体上任一垂直轴(垂直于转动面)的转动角速度都是相同的，即从 o 点或 P 点来看，滚子转动的角加速度相等均为 β，则有

$$a_c = R\beta$$

另外，定滑轮边缘的切线加速度 $a_\tau = R\beta_1$ 等于滚子的质心加速度 a_c，则有

$$\beta = \beta_1$$

由以上方程可得

$$a_c = \frac{M\sin\theta - m}{m+2M}g,\ \beta = \frac{M\sin\theta - m}{(m+2M)R}g,\ f = \frac{(M\sin\theta - m)M}{2(m+2M)}g$$

讨论：由本题可见，要考察刚体的平面运动，先将刚体看成质点，分析它的受力得到合力，由牛顿第二定律来确定刚体质心的平动。然后分析刚体受力对转轴的力矩，由转动定理来确定刚体的转动。当然还要考虑质心加速度、切向加速度、角加速度之间的关系。这样就可以分析、处理车轮等轮子的平面运动问题。例如图 3.23 是自行车的后轮，在水平面上骑行，针对后轮分析受力：地面给予轮子的摩擦力 $\boldsymbol{f}$ 与支持力 $\boldsymbol{N}$，链条给予轮子齿轮的拉力 $\boldsymbol{T}_1$、$\boldsymbol{T}_2$，轮子的重力 $m\boldsymbol{g}$，轴承给予轮子向

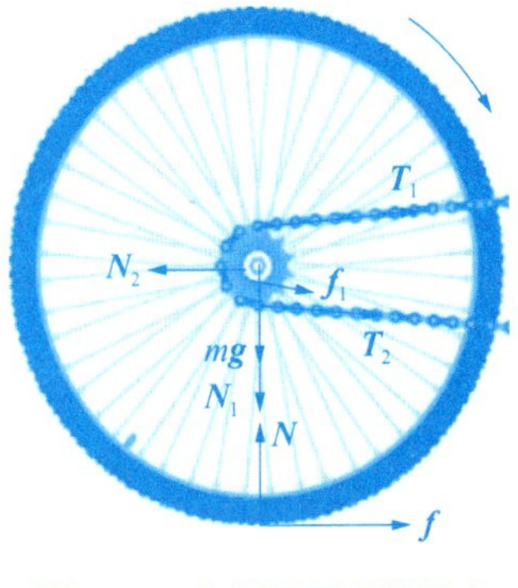

图 3.23　自行车后轮的受力

下的压力 N_1(来源于车身支架)，大致向左的压力 N_2(来源于链条与轴承)——由 N_1 与 N_2 确定实际压力，轴承给予轮子的摩擦力 f_1。由 T_1、T_2、N_2、f、f_1 的水平合力确定轮子的平动，由 T_1、T_2、f、f_1 的力矩确定轮子的转动。实际上，由于地面、轮子的形变，摩擦力 f 的力矩涉及滚动摩擦力偶矩，请参考漆慎安等的《力学基础》①。

3.3 刚体定轴转动的功与能

3.3.1 力矩做功

刚体绕定轴 z 转动，角速度为 ω。如图 3.6 所示，仍然考察刚体中第 i 个质点的运动，质点 i 受外力 $\boldsymbol{F}_i$ 与内力 $\boldsymbol{f}_i$ 作用做圆周运动。如图 3.24 所示，当质点 i 在圆周上发生了一个元位移 $\mathrm{d}\boldsymbol{r}_i(=\mathrm{d}s_i\boldsymbol{\tau})$，元位移与元弧长 $\mathrm{d}s_i$ 对应的圆心角为 $\mathrm{d}\theta$。由于质点受力只有切向力做功，质点所受合力做的元功可表示为

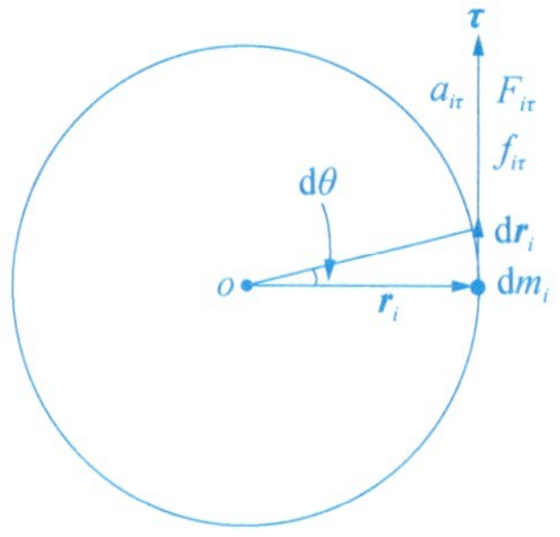

图 3.24 质点的受力做功

$$\mathrm{d}W_i=(\boldsymbol{F}_i+\boldsymbol{f}_i)\cdot\mathrm{d}\boldsymbol{r}_i=(\boldsymbol{F}_i+\boldsymbol{f}_i)\cdot\mathrm{d}s_i\boldsymbol{\tau}$$
$$=(F_{i\tau}+f_{i\tau})\mathrm{d}s_i$$

对所有质点所做元功求和，有

$$\mathrm{d}W=\sum\mathrm{d}W_i=\sum(F_{i\tau}+f_{i\tau})\mathrm{d}s_i$$
$$=\sum F_{i\tau}\mathrm{d}s_i+\sum f_{i\tau}\mathrm{d}s_i$$

刚体是特殊的质点系，其中任意两质点之间的相对位置保持不变，刚体运动时两质点之间没有相对位移量，因此两质点之间的一对内力做功之和为零，于是刚体内所有内力做功之和为零，方程右边第二项即为零。另外，质点 i 做圆周运动，元位移的大小 $\mathrm{d}s_i=r_i\mathrm{d}\theta$，各质点经过 $\mathrm{d}t$ 时间转过的角位移 $\mathrm{d}\theta$ 相同，上式则为

$$\mathrm{d}W=\sum r_iF_{i\tau}\mathrm{d}\theta=\left(\sum r_iF_{i\tau}\right)\mathrm{d}\theta$$

对于质点 i，$r_iF_{i\tau}=M_{iz}$是该质点所受外力对转轴产生的力矩，上式中 $\sum r_iF_{i\tau}$ 即为刚体受所有外力对转轴产生的力矩 M，由上式即可得到外力矩 M 做的元功为

$$\mathrm{d}W=\sum M_{iz}\mathrm{d}\theta=M\mathrm{d}\theta$$

刚体受外力矩做的元功，对应于质点做线运动受力做的元功 $\mathrm{d}W=\boldsymbol{F}\mathrm{d}\boldsymbol{r}$——元位移 $\mathrm{d}\boldsymbol{r}$ 对应元角位移 $\mathrm{d}\theta$。如果刚体从角位置 θ_1 转动至 θ_2，角位置的定义见图 3.4 所示，外力矩 M 做的功则表式为

① 漆安慎，杜婵英. 力学基础[M]. 北京：高等教育出版社，1982.

$$W=\int_{\theta_1}^{\theta_2}M\mathrm{d}\theta$$

更进一步，还可以引入刚体对转轴的外力矩做功的功率，为

$$P=\frac{\mathrm{d}W}{\mathrm{d}t}=M\frac{\mathrm{d}\theta}{\mathrm{d}t}=M\omega=\boldsymbol{M}\cdot\boldsymbol{\omega}$$

外力矩对刚体做功对应于质点受力做功 $W=\int_a^b\boldsymbol{F}\cdot\mathrm{d}\boldsymbol{r}$，外力矩做功的功率对应于质点受力做功的功率 $P=\boldsymbol{F}\cdot\boldsymbol{v}$。

3.3.2　刚体定轴转动的转动动能

刚体绕定轴 z 转动，角速度为 ω。将刚体看成质点系，刚体转动时各个质点在各自的圆轨道上转动，有自己的线速度，因此均有动能。见图 3.25 所示，仍然考察刚体中的第 i 个质点，它的质量为 $\mathrm{d}m_i$，轨道圆半径为 r_i。该质点的线速度为 $\boldsymbol{v}_i$，$v_i=r_i\omega$，则它的动能为

$$E_{ki}=\frac{1}{2}\mathrm{d}m_i\cdot v_i^2=\frac{1}{2}(r_i\omega)^2\mathrm{d}m_i$$

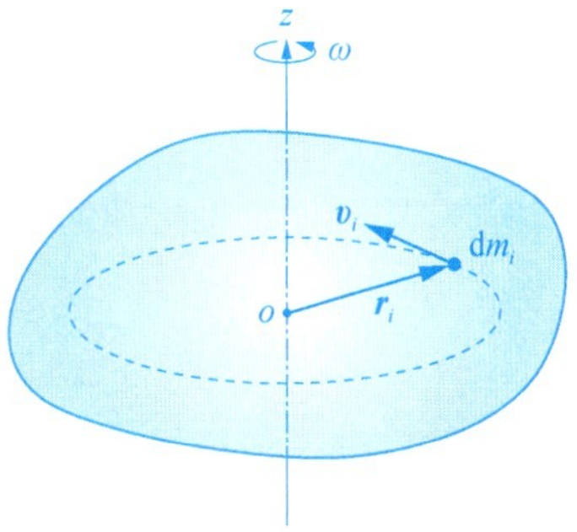

图 3.25　质点运动的动能

将各质点的动能相加，即为刚体定轴转动的转动动能。由于各质点的角速度均为 ω，则

$$E_k=\sum\frac{1}{2}(r_i\omega)^2\mathrm{d}m_i=\frac{1}{2}\omega^2\sum r_i^2\mathrm{d}m_i$$

上式中 $\sum r_i^2\mathrm{d}m_i$ 为刚体的转动惯量 J，以积分表示则为 $J=\int_V r^2\mathrm{d}m$，刚体的转动动能即为

$$E_k=\frac{1}{2}J\omega^2$$

可见，刚体绕定轴转动时的转动动能由刚体的转动惯量与角速度确定。刚体的转动动能是刚体中所有质点的动能之和，并非其中某个质点的动能。刚体的转动动能对应于质点的动能 $E_k=\frac{1}{2}mv^2$。

3.3.3　刚体定轴转动的动能定理

刚体绕定轴 z 转动，受到对转轴的外力矩作用，一方面外力矩要改变刚体的角速度，同时外力矩要对刚体做功，那么做功与角速度的变化应该有关系，下面来寻求这种关系。将转动定理 $M=J\beta$ 变形

$$M=J\frac{\mathrm{d}\omega}{\mathrm{d}t}=J\frac{\mathrm{d}\omega\mathrm{d}\theta}{\mathrm{d}\theta\,\mathrm{d}t}=J\omega\frac{\mathrm{d}\omega}{\mathrm{d}\theta}$$

如果刚体 t_1 时刻的角位置为 θ_1、角速度为 ω_1，t_2 时刻的角位置为 θ_2、角速度为 ω_2，

对上式分离变量积分为

$$\int_{\theta_1}^{\theta_2} M\mathrm{d}\theta = \int_{\omega_1}^{\omega_2} J\omega\mathrm{d}\omega$$

得

$$W=\frac{1}{2}J\omega_2^2-\frac{1}{2}J\omega_1^2$$

由此得到**刚体定轴转动的动能定理：外力矩对绕定轴转动的刚体所做的功等于刚体转动动能的增量**。此动能定理对应于质点的动能定理 $W=\frac{1}{2}mv_2^2-\frac{1}{2}mv_1^2$。

应该强调的是，动能定理中的力矩、转动惯量、做功与转动动能都是针对转轴而言的，后面针对刚体转动引入的角动量、冲量矩也是如此。

请思考： *前一章学过，质点系动能的改变，跟外力与内力都有关系。将刚体看成质点系，由刚体定轴转动的动能定理可知，其转动动能的改变仅跟外力矩有关，跟内力矩无关，原因何在？*

如何利用刚体定轴转动的动能定理来处理相关问题，见如下举例。

例 3.10 如图 3.26(a)所示，长为 l 质量为 m 的均质细杆，两端固定了质量分别为 $2m$ 与 m 的小球。杆上距 m 小球 $l/3$ 处有点 o，杆可在竖直平面内绕过点 o 且垂直于杆的水平光滑定轴转动。最初保持杆与竖直方向夹 θ 角，随后无初速释放，求：(1)杆转至水平位置时的角加速度；(2)当杆转至竖直位置时的角速度。

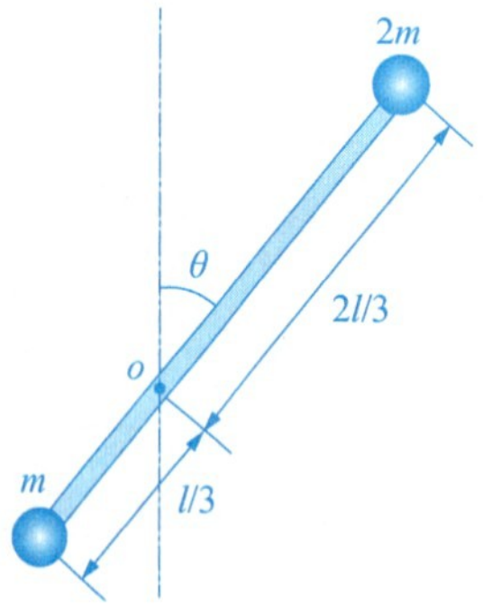

(a)细杆固定小球

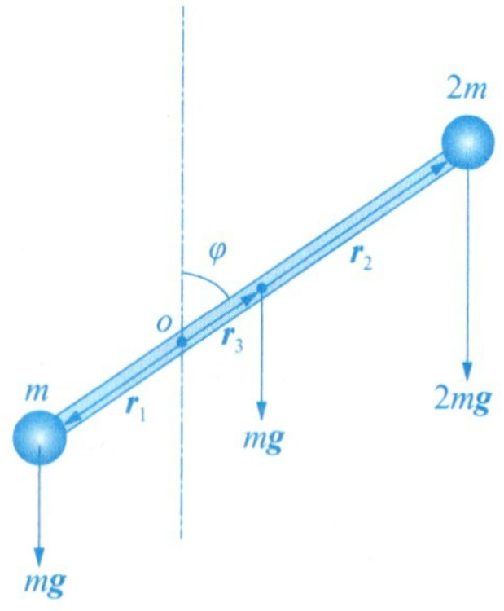

(b)细杆与小球受力

图 3.26

解：(1)刚体由杆与小球组成，将两段杆与两小球的转动惯量相加即为刚体绕轴 o 的转动惯量，为

$$J=\frac{1}{3}\frac{m}{3}\left(\frac{l}{3}\right)^2+\frac{1}{3}\frac{2m}{3}\left(\frac{2l}{3}\right)^2+m\left(\frac{l}{3}\right)^2+2m\left(\frac{2l}{3}\right)^2=\frac{10}{9}ml^2$$

当杆与竖直方向夹 φ 角时刚体各部分的受力如图 3.26(b)所示，自轴 o 至两小球与杆的质心引出位矢 $\boldsymbol{r}_1$、$\boldsymbol{r}_2$、$\boldsymbol{r}_3$，小球 m 对转轴的重力矩 $\boldsymbol{M}_1$ 方向垂直于转动面向外，小球 $2m$

与杆对转轴的重力矩 $\boldsymbol{M}_2$、$\boldsymbol{M}_3$ 方向均向里，大小分别为

$$M_1=\frac{1}{3}mgl\sin\varphi,\ M_2=\frac{4}{3}mgl\sin\varphi,\ M_3=\frac{1}{6}mgl\sin\varphi$$

对转轴无其他力矩，总力矩方向向里，大小为

$$M=M_2+M_3-M_1=\frac{7}{6}mgl\sin\varphi$$

由转动定理 $M=J\beta$，可得杆转至 φ 角时的角加速度为

$$\beta=\frac{M}{J}=\frac{7}{6}mgl\sin\varphi/\left(\frac{10}{9}ml^2\right)=\frac{21g}{20l}\sin\varphi$$

则杆转至 $\pi/2$ 角时的角加速度为

$$\beta=\frac{21g}{20l}$$

(2)刚体从初始位置转动至末位置重力矩做功为

$$W=\int_\theta^\pi M\mathrm{d}\varphi=\int_\theta^\pi\frac{7}{6}mgl\sin\varphi\mathrm{d}\varphi=\frac{7}{6}mgl(1+\cos\theta)$$

设杆竖直向下时的角速度为 ω，由刚体转动动能定理有

$$\frac{7}{6}mgl(1+\cos\theta)=\frac{1}{2}J\omega^2-0=\frac{5}{9}ml^2\omega^2$$

得

$$\omega=\sqrt{\frac{21g}{10l}(1+\cos\theta)}$$

3.4 刚体定轴转动的角动量定理 角动量守恒定律

3.4.1 刚体定轴转动的角动量定理

1. 刚体定轴转动的角动量

在第 2 章的 2.4 节，我们认识到质点绕固定点的转动，应引入了角动量来描述质点的转动状态。对于刚体绕固定轴转动，将刚体看成质点系，刚体中的所有质点以同样的角速度绕各自的固定点(圆心)在转动，各质点对自己的圆心有角动量，它们的方向相同，将这些角动量相加得到的合角动量，就是刚体定轴转动的角动量。如图 3.25 所示，刚体绕定轴 z 以角速度 ω 转动。刚体中第 i 个质点的质量为 $\mathrm{d}m_i$，轨道圆半径为 r_i。该质点的线速度为 $\boldsymbol{v}_i$，$\boldsymbol{v}_i=\boldsymbol{\omega}\times\boldsymbol{r}_i$，其中 $\boldsymbol{r}_i$ 为从圆心 o 指向质点的垂直位矢，那么质点 i 相对于 o 点的角动量为

$$\boldsymbol{L}_i=\boldsymbol{r}_i\times(\mathrm{d}m_i\cdot\boldsymbol{v}_i)=\boldsymbol{r}_i\times(\boldsymbol{\omega}\times\boldsymbol{r}_i)\mathrm{d}m_i$$

利用矢量三重积公式 $\boldsymbol{a}\times(\boldsymbol{b}\times\boldsymbol{c})=\boldsymbol{b}(\boldsymbol{a}\cdot\boldsymbol{c})-\boldsymbol{c}(\boldsymbol{a}\cdot\boldsymbol{b})$，另外 $\boldsymbol{\omega}$ 与 $\boldsymbol{r}_i$ 垂直，上式则为

$$\boldsymbol{L}_i=\boldsymbol{\omega}r_i^2\mathrm{d}m_i-\boldsymbol{r}_i(\boldsymbol{\omega}\cdot\boldsymbol{r}_i)\mathrm{d}m_i=r_i^2\mathrm{d}m_i\boldsymbol{\omega}$$

因此，质点 i 对转轴的角动量 $\boldsymbol{L}_i$ 的方向与角速度 $\boldsymbol{\omega}$ 同向，即各质点的角动量方向均与 $\boldsymbol{\omega}$ 同向。将各质点的角动量相加，即得刚体定轴转动的角动量 $\boldsymbol{L}$，为

$$\boldsymbol{L}=\sum\boldsymbol{L}_i=\left(\sum r_i^2\mathrm{d}m_i\right)\boldsymbol{\omega}=J\boldsymbol{\omega}$$

于是，刚体的角动量 $\boldsymbol{L}$ 与角速度 $\boldsymbol{\omega}$ 同向。上式如以标量形式出现，即为

$$L=J\omega$$

可见，刚体的角动量 $\boldsymbol{L}=J\boldsymbol{\omega}$ 与质点的动量 $\boldsymbol{p}=m\boldsymbol{v}$ 对应。引入角动量后，刚体的转动动能 $E_k=\frac{1}{2}J\omega^2$ 可以改写成 $E_k=\frac{L^2}{2J}$，这种形式的转动动能与质点的动能 $E_k=\frac{p^2}{2m}$ 对应。

2. 刚体定轴转动的角动量定理

质点受到力的持续作用会使质点的动量发生改变，那么刚体受到平行于转轴的力矩持续作用会产生什么效果？将转动定理 $M=J\beta$ 变换形式，有

$$M=J\frac{\mathrm{d}\omega}{\mathrm{d}t}=\frac{\mathrm{d}(J\omega)}{\mathrm{d}t}=\frac{\mathrm{d}L}{\mathrm{d}t}$$

上式是刚体定轴转动定理的第二种形式，对应牛顿第二定律的第二种形式 $F=\mathrm{d}p/\mathrm{d}t$。由上式得

$$M\mathrm{d}t=\mathrm{d}L$$

此式即为**微分形式的角动量定理**，它对应质点的微分形式的动量定理 $\boldsymbol{F}\mathrm{d}t=\mathrm{d}\boldsymbol{p}$。如果力矩从 t_1 时刻持续作用至 t_2 时刻(对应的角动量分别记为 L_1、L_2)，将上式对时间积分得

$$\int_{t_1}^{t_2}M\mathrm{d}t=\int_{L_1}^{L_2}\mathrm{d}L=L_2-L_1$$

或

$$\int_{t_1}^{t_2}M\mathrm{d}t=J\omega_2-J\omega_1 \tag{3.1}$$

此式即为**积分形式的角动量定理**，对应质点的积分形式的动量定理 $\int_{t_1}^{t_2}\boldsymbol{F}\mathrm{d}t=\boldsymbol{p}_2-\boldsymbol{p}_1$。上式中 $\int_{t_1}^{t_2}M\mathrm{d}t$ 对应于力的冲量，称为**冲量矩**。微分与积分形式的角动量定理均表明：**对转轴的外力矩的冲量矩等于刚体角动量的增量**。角动量定理反映出外力矩的作用效果——外力矩持续作用使得刚体的角动量发生了改变。

请思考：刚体绕定轴转动，受到两个大小相等方向反向的作用力，对此，有人判断刚体的角动量不变。这种判断是否正确？

如何应用刚体定轴转动的角动量定理来处理相关问题，见如下举例。

例 3.11 如图 3.27(a)所示，机床上常有转轴相互垂直的两个齿轮的正交啮合，用来传递动力与改变转动方向。现有半径分别为 R_1、R_2 的两齿轮，对通过各自的圆盘盘心且垂直于盘面的转轴的转动惯量分别为 J_1、J_2。初始时刻齿轮 1 以角速度 ω_0 转动，然后与

齿轮 2 正交啮合，求啮合后两齿轮的角速度。

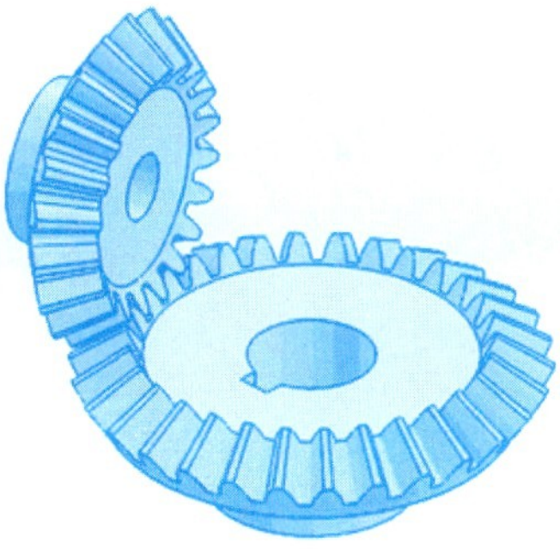

(a) 两齿轮正交啮合

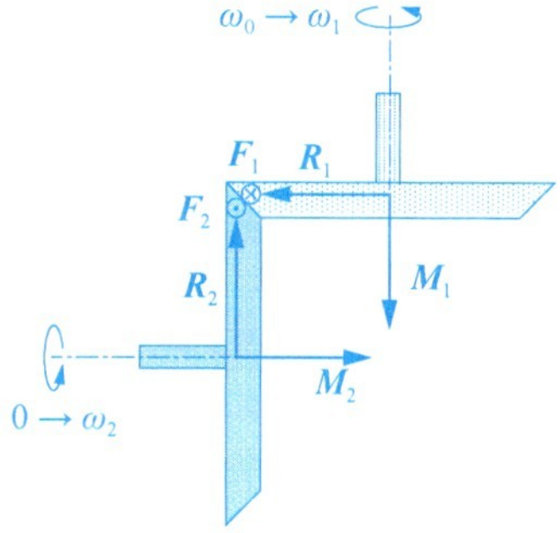

(b) 两齿轮间的作用力

图 3.27

解：如图 3.27(b)所示为两齿轮的前视图，设 $\boldsymbol{F}_1$ 为两齿轮啮合时齿轮 2 对齿轮 1 的作用力，方向垂直于纸面向里，$\boldsymbol{F}_2$ 为齿轮 1 对齿轮 2 的作用力，方向垂直于纸面向外。力 $\boldsymbol{F}_1$ 对齿轮 1 产生的力矩 $\boldsymbol{M}_1$ 与它的角速度 $\boldsymbol{\omega}_0$ 反向，是阻力矩，在啮合期间使齿轮 1 的角速度从 $\boldsymbol{\omega}_0$ 变为 $\boldsymbol{\omega}_1$。力 $\boldsymbol{F}_2$ 对齿轮 2 产生的力矩 $\boldsymbol{M}_2$ 方向向右，是动力矩，在啮合期间使齿轮 2 的角速度从零变为 $\boldsymbol{\omega}_2$。设两齿轮啮合期间的时间为 t_0，对两齿轮分别应用角动量定理，有

$$\int_0^{t_0} M_1\mathrm{d}t = -\int_0^{t_0} R_1F_1\mathrm{d}t = J_1\omega_1 - J_1\omega_0 \tag{①}$$

$$\int_0^{t_0} M_2\mathrm{d}t = \int_0^{t_0} R_2F_2\mathrm{d}t = J_2\omega_2 - 0 \tag{②}$$

由于 $\boldsymbol{F}_1$ 与 $\boldsymbol{F}_2$ 是相互作用力，大小相等 $F_1=F_2$。另外，当两齿轮完成啮合，两齿轮边缘的线速度相等，即有

$$R_1\omega_1 = R_2\omega_2 \tag{③}$$

将①式除以②式，得

$$-\frac{R_1\int_0^{t_0}F_1\mathrm{d}t}{R_2\int_0^{t_0}F_2\mathrm{d}t} = -\frac{R_1}{R_2} = \frac{J_1\omega_1 - J_1\omega_0}{J_2\omega_2} \tag{④}$$

将③④式联立，解得

$$\omega_1 = \frac{J_1\omega_0R_2^2}{J_1R_2^2+J_2R_1^2},\quad \omega_2 = \frac{J_1\omega_0R_1R_2}{J_1R_2^2+J_2R_1^2}$$

***汽车发动机的扭矩与动力传递**

我国已经是世界上最大的汽车生产与消费国，国产车创新能力领跑全球，有必要了解一下汽车发动机的扭矩与动力传递。初中物理就讲过内燃机工作的四个冲程。如图 3.28(a)所示，在做功冲程中，气缸中的油气混合物爆炸燃烧，产生高温高压的气体推动活塞

向下运动就对连杆施加了力 $\boldsymbol{F}$，此力通过连杆施加到曲柄上驱动曲柄绕中心轴旋转，力 $\boldsymbol{F}$ 对曲轴中心轴产生的力矩 $\boldsymbol{M}$，就是燃油车发动机的扭矩(或称引擎扭矩)。电动车的发动机是电动机，如图 3. 28(b)所示，电动机中通电线圈的导线在永磁体磁场中受安培力 $\boldsymbol{F}_1$、$\boldsymbol{F}_2$ 作用，安培力对转子的转轴产生了力矩 $\boldsymbol{M}$，这就是电动车的扭矩。发动机的扭矩越大，驱动轮得到的轮上力矩就越大，汽车的驱动力就越大。

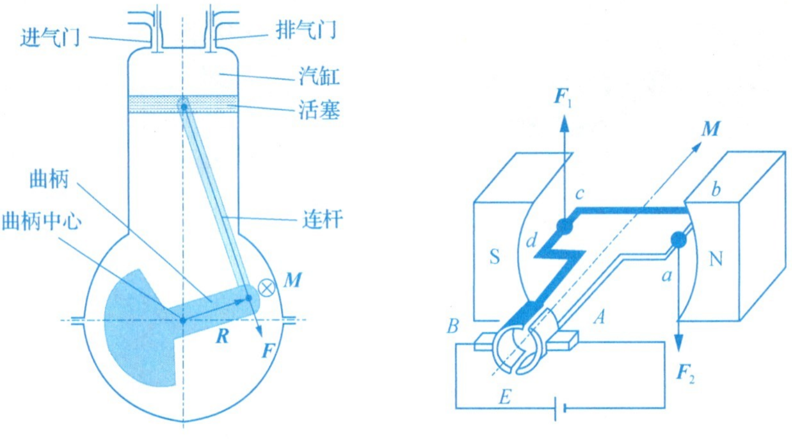

(a)燃油车的扭矩　　　(b)电动车的扭矩

图 3. 28　燃油车与电动车的扭力矩

燃油车的动力传递过程如图 3. 29(a)所示，发动机输出扭矩，再经过离合器、变速箱等传动机构传递到驱动轮上。离合器实现发动机的飞轮(与曲柄连接)与变速箱之间的断开与啮合，如图 3. 29(b)所示。压下离合器踏板，使得压盘脱离摩擦片，摩擦片与飞轮断开，踏板松开则啮合。摩擦片与飞轮的啮合，通过摩擦等作用使发动机的扭矩传给变速箱。汽车的动力传递过程涉及转动定理、角动量定理的应用。

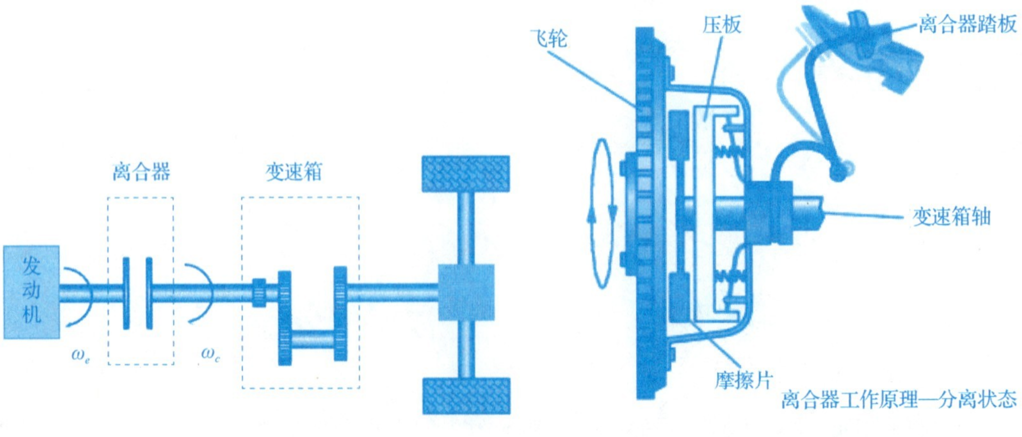

(a)燃油车的动力传递　　　(b)离合器使飞轮与变速箱离合

图 3. 29　力矩传递

纯电动汽车没有离合器与变速箱，电动机的扭矩可直接传递到驱动轮上。电动车的调速是通过调整控制器上的可调电阻，以改变导线中电流来实现。电动汽车相对燃油车有结构简单、传动效率高、输出扭矩快等诸多优势，是汽车产业的发展趋势。

3.4.2　刚体(系)定轴转动的角动量守恒定律

1. 刚体定轴转动的角动量守恒定律

前面得到了刚体的角动量定理，见式(3.1)。**如果刚体在绕定轴转动的过程中，所受外力对转轴的力矩始终为零**，即 $M=0$，**那么就得到任意两个时刻刚体对转轴的角动量相等，也就是刚体的角动量是常量**，即

$$L=c \quad \text{或} \quad J\omega=c$$

这就是**刚体定轴转动的角动量守恒定律**，它对应于质点系的动量守恒定律。要使刚体所受外力对转轴的力矩始终为零，有两种情况。第一种是刚体上所有质点所受外力对转轴的力矩都为零，即 $\boldsymbol{M}_i=0$，因此合力矩 $\sum \boldsymbol{M}_i=0$。例如图 3.30(a)所示就是这种情况，薄圆盘刚体绕过圆心且垂直于圆面的定轴 o 转动，圆盘受两个力 $\boldsymbol{F}_1$、$\boldsymbol{F}_2$ 的作用，力的作用线均通过转轴，对转轴的力矩均为零，合力矩即为零。第二种是刚体上所有质点所受外力对转轴的力矩不为零，即 $\boldsymbol{M}_i\neq 0$，但合力矩 $\sum \boldsymbol{M}_i=0$。例如图 3.30(b)所示就是这种情况，圆盘所受两个力 $\boldsymbol{F}_1$、$\boldsymbol{F}_2$ 的作用线不通过转轴，跟转轴垂直，它们对转轴的力矩 $\boldsymbol{M}_1$、$\boldsymbol{M}_2$ 均不为零，$\boldsymbol{M}_1$ 的方向平行于转轴向里，$\boldsymbol{M}_2$ 向外，但合力矩 $\boldsymbol{M}_1+\boldsymbol{M}_2=0$。刚体所受外力对转轴的力矩只要满足以上两种条件之一，那么刚体绕定轴转动的角动量就守恒。

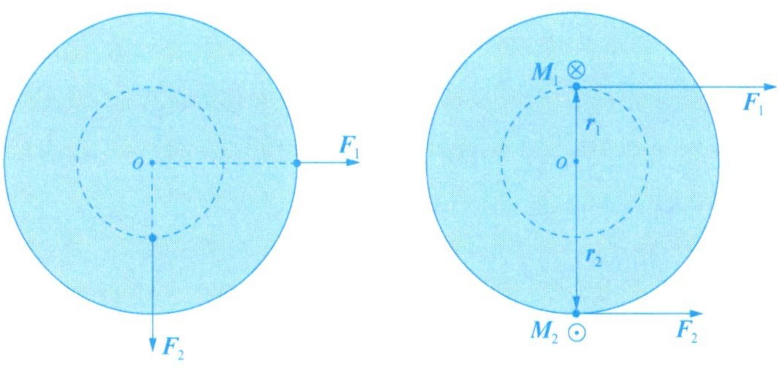

(a)力的作用线均通过转轴　　(b)方向反向的力矩大小相等

图 3.30　合力矩为零的情况

很多物体的运动遵循了角动量守恒的规律。我国女宇航员王亚平在天宫一号太空舱中，用旋转的陀螺演示了陀螺的“定轴性”——就是旋转的陀螺无外界干扰或干扰力对转轴的力矩为零的情况下要保持角动量守恒，维持转轴方向不变。人们在多种活动中，有意利用角动量守恒规律来解决很多的实际问题。例如，为了使飞盘、纸牌等面状物体投掷得远且准，人们投掷时要给予它们一个垂直于物面的角速度，让它们旋转着飞行。可用图

3.31 来说明，假定圆盘向左飞行时角速度向上，由于圆盘受重力与空气给予的升力，它们可以等效于一对通过圆盘中心的方向反向的作用力，两力对转轴的力矩为零，因此圆盘转轴方向的角动量守恒，其角动量的方向保持不变。如果考虑空气的摩擦，圆盘表面的摩擦力平行于表面，对转轴的力矩跟角速度反向，是阻力矩。可见摩擦力矩仅使圆盘角动量变小，也不改变方向。总之，旋转的圆盘的转轴方向能维持不变，飞行时姿态能保持稳定，不翻转，飞行阻力小，也就能飞得远。当然，由于空气阻力，圆盘向前平动的速度逐渐减小，升力也会减小，最终圆盘会落地。

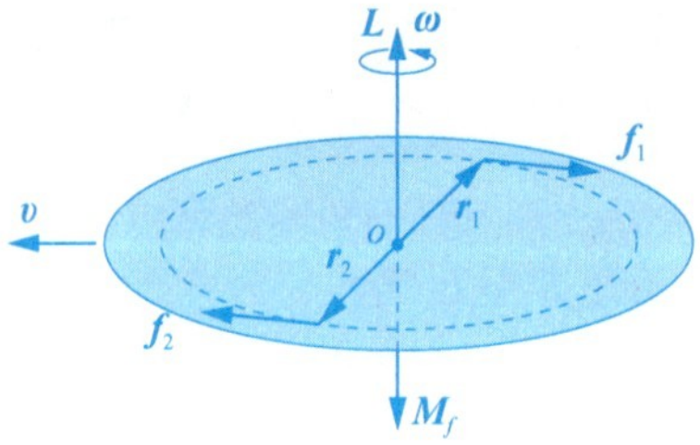

图 3.31　摩擦力矩与角速度平行

陀螺仪*

陀螺仪的雏形最晚出现在我国西汉末期，有文献记载西汉末巧工丁缓复制出失传的“被中香炉”。香炉由三个轴线相互垂直的金属环构成，在中央轴心上安装一个半圆形容器盛放燃香。现代的陀螺仪的结构与它类似，如图 3.32 所示，将转子(陀螺)加上平衡环与框架就构成了陀螺仪，也称回转仪。框架固定在底座上，外平衡环可以绕框架上的光滑外环轴转动，内平衡环可以绕外平衡环上的光滑内环轴转动，中间的转子可以绕内平衡环上光滑的主轴转动。

如图 3.33 所示，飞机飞行过程中有三种基本动作：绕前后纵轴旋转的“翻滚”，绕左右横轴旋转的“俯仰”，绕上下垂直轴旋转的“偏航”。将陀螺仪安装在飞机上，假定外环轴跟飞机纵轴平行。当飞机翻滚时，机身带动陀螺仪的框架绕外环轴转动，由于外环轴光滑，框架转动给外环轴施加的摩擦力矩可以忽略，因此内外平衡环以及转子的角动量不变，会保持原有的姿态。当飞机俯仰时，机身带动框架与外平衡环绕内环轴转动，同样内环轴光滑，外平衡环转动给内环轴施加的摩擦力矩也可忽略，因此内平衡环与转子也会保持原有的姿态。当飞机偏航时，机身带动框架、内外平衡环绕主轴(即转子的转轴)转动，类似地，可忽略内平衡环给主轴施加的摩擦力矩，因此转子仍会保持原有的姿态。总之，当转子高速转动时，忽略摩擦力矩，无论飞机做何种动作，转子的转轴方向总能保持不变。由于旋转的陀螺转轴方向不变，将陀螺仪安装在飞机、汽车等运动物体上，就可借助此方向来判定物体运动的方向，进行导航。

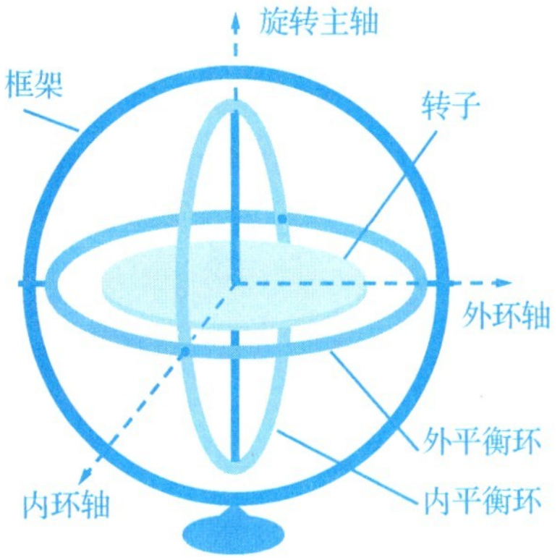

图 3.32　陀螺仪

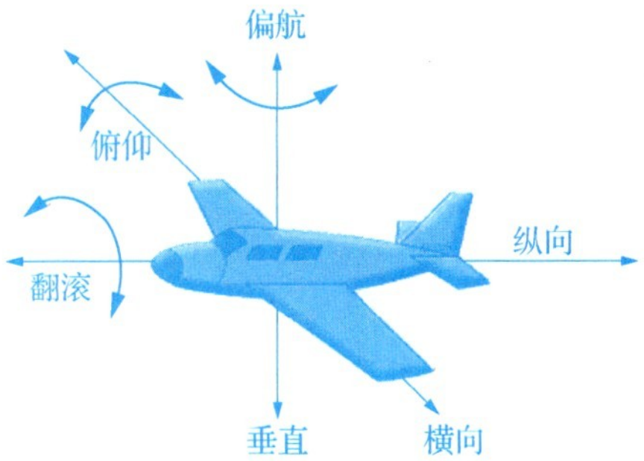

图 3.33　飞机的基本动作

机械式的陀螺仪的导航精度受到摩擦力、结构等因素的制约，对此，人们研制出更为先进的陀螺仪，如激光陀螺仪、光纤陀螺仪等，但它们的工作原理不同于机械式的陀螺仪。

进动*

刚体一面绕自己的转轴转动，同时它的转轴又绕另一个轴转动，刚体的这种运动称为进动，也称作旋进。本章开头提到的刚体定点转动，就是旋进运动，如图 3.3 所示。为了演示进动，常将一个轮子的轴承一端用绳悬挂起来，如图 3.34(a)所示，当轮子快速绕轴旋转时，其自转轴将绕绳转动，轮子的运动就是进动。

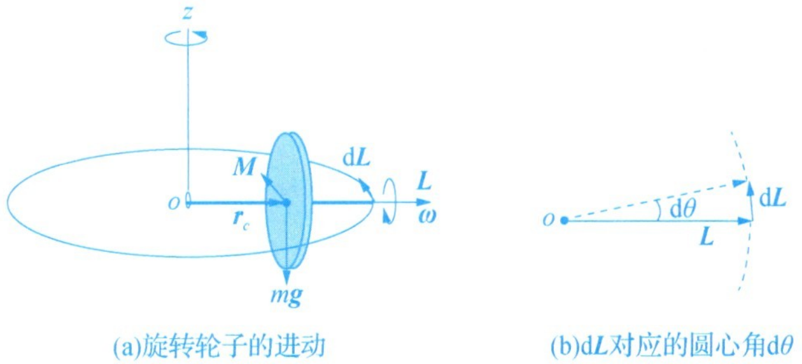

(a)旋转轮子的进动　　(b)dL对应的圆心角dθ

图 3.34　进动轮子的角动量

为何做进动的轮子不会向下掉落，而其自转轴要绕绳子这个轴转动？见图 3.34(a)，当轮子不转动，轮子(包括轴承)受到重力 $m\boldsymbol{g}$ 作用，重力对悬挂点 o 的重力矩为 $\boldsymbol{M}=\boldsymbol{r}_c\times m\boldsymbol{g}$，式中 $\boldsymbol{r}_c$ 为轮子的质心位矢。重力矩垂直于绳轴 z，轮子在重力矩作用下绕点 o 向下旋转，必然掉落。而当轮子绕自转轴以角速度 $\boldsymbol{\omega}$ 快速旋转，此时它有角动量 $\boldsymbol{L}=J\boldsymbol{\omega}$。由角动量定理($\boldsymbol{M}\mathrm{d}t=\mathrm{d}\boldsymbol{L}$)可知，此时的重力矩 $\boldsymbol{M}$ 持续作用 $\mathrm{d}t$ 时间的效果，是使轮子的 $\boldsymbol{L}$ 发生一个无限小的增量 $\mathrm{d}\boldsymbol{L}$，$\mathrm{d}\boldsymbol{L}$ 与 $\boldsymbol{M}$ 同向，见图 3.34(a)。由于 $\boldsymbol{M}$ 垂直于 $\boldsymbol{L}$，因此 $\boldsymbol{M}$ 只改变 $\boldsymbol{L}$ 的方向，不改变大小。这跟质点受力 $\boldsymbol{F}$ 垂直于速度 $\boldsymbol{v}$ 时，力只改变速度方向，不改变大小

原理相同。因此，轮子在垂直于其角动量 $\boldsymbol{L}$ 的重力矩 $\boldsymbol{M}$ 的作用下，$\boldsymbol{L}$ 的方向沿圆周转动，于是轮子的自转轴要绕 z 轴转动，轮子不掉落。

图 3.34(b)为俯视图，$\mathrm{d}t$ 时间 $\boldsymbol{L}$ 的无限小增量 $\mathrm{d}\boldsymbol{L}$ 对应的圆心角记为 $\mathrm{d}\theta$，那么 $\mathrm{d}\boldsymbol{L}$ 的大小可表示为 $\mathrm{d}L=L\mathrm{d}\theta=J\omega\mathrm{d}\theta=M\mathrm{d}t$，角动量 $\boldsymbol{L}$ 转动的角速度(即为刚体进动的角速度)可表示为

$$\Omega=\frac{\mathrm{d}\theta}{\mathrm{d}t}=\frac{M}{J\omega}$$

前一章讲到，由于地球受太阳的引力是有心力，因此地球公转过程中的角动量守恒。我们知道，地球除了公转也在自转。由于地球所受太阳的引力通过地球的自转轴，引力对转轴的力矩为零，因此地球自转过程的角动量也守恒，于是地球自转轴的方向保持不变，这就引起了地球上的季节变化，如图 3.35 所示。然而，由于地球并非完美的球体，而是赤道部分凸起的椭球，如图 3.36 所示。凸起部分受月球、太阳的引力，对地球自转轴的力矩垂直于自转轴，即垂直于地球自转的角动量方向，因此地球的自转轴(角动量)在绕黄轴转动，地球的转动实际上就在做进动。地球绕太阳公转的轨道面称为黄道面，经过地心并与黄道面垂直的直线叫黄轴。地球的自转轴绕黄轴转动的周期大约 2.6 万年。进动会在更大的周期内影响地球气候的变化。

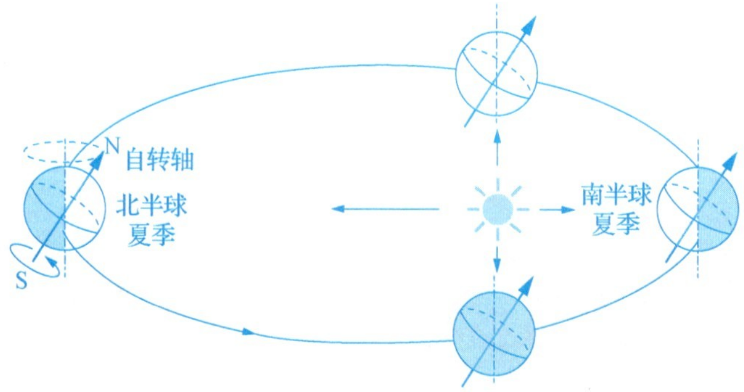

图 3.35　地球的自转与进动

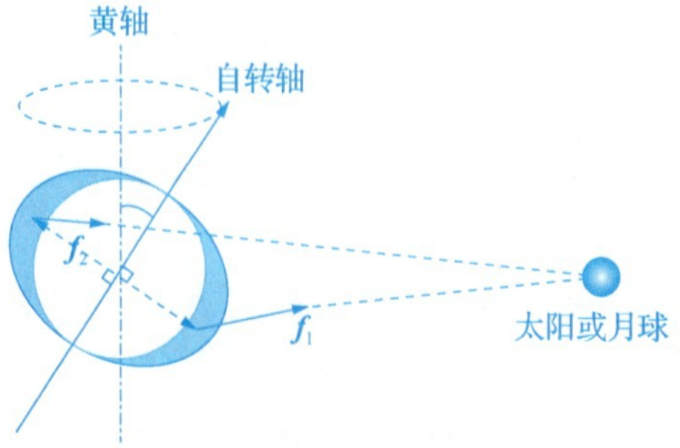

图 3.36　地球进动原因

2. 刚体系定轴转动角动量守恒定律

自然界中有些物体尽管不能看作刚体，然而它的各部分可以看成刚体，那么这些物体可以看成是刚体系，这类似于质点系。例如双节棍、机械手臂等都可以看成刚体系。人体也可以看成是刚体系，人的头、躯干、肢节近似为刚体，各刚体通过关节连接起来。地球严格来说不是刚体，但可以看成是刚体系。刚体系绕定轴转动也有自己的角动量、转动惯量等。**当刚体系绕定轴转动的过程中，各刚体对转轴的外力矩之和为零**，即 $\sum \boldsymbol{M}_i = 0$，**那么刚体系对转轴的角动量就守恒**，即

$$\sum L_i = c \quad 或 \quad \sum J_i\omega_i = c$$

这就是**刚体系定轴转动的角动量守恒定律**，它对应于质点系的动量守恒定律。只要刚体系对转轴的外力矩之和为零，那么系统的角动量 $\sum J_i\omega_i$ 就不变。由于刚体系中存在相互作用的内力，但内力成对出现，因此内力对转轴的力矩之和为零，不会影响刚体系的角动量，然而内力会改变各刚体对转轴的转动惯量 J_i 与角速度 ω_i。因此，当刚体系对转轴的角动量守恒，刚体系统对转轴的角速度为 ω，那么当系统的转动惯量 $J=\sum J_i$ 增大或减小时，系统的角速度 ω 将随之减小或增大，但总角动量 $J\omega$ 保持不变。

图 3.37　运动员收臂加速旋转

刚体系的角动量守恒现象比较常见，有时候要采取措施克服角动量守恒带来的不利影响。例如直升机的机身与螺旋桨组成刚体系，可以绕螺旋桨的转轴转动，如果忽略空气产生的摩擦力矩，系统对转轴的角动量就要守恒，因此当螺旋桨转动，机身将反向转动。为了使机身不转动，就需要在直升机的机尾加装尾旋翼，它旋转产生力矩以平衡螺旋桨的扭矩。有时候可以利用刚体系的角动量守恒来解决实际问题。例如，花样滑冰运动员收臂加速旋转(图 3.37)，跳水运动员做团身与展体动作以改变身体的转速等，都是利用刚体系角动量守恒的体现。

还需要说明的是，刚体(系)的角动量守恒，但并不意味着刚体(系)的动量守恒。如图 3.30 所示，刚体原先对转轴的角动量守恒，现在受到 $\boldsymbol{F}_1$ 与 $\boldsymbol{F}_2$ 的外力作用，两力的合力矩 $\boldsymbol{M}_1+\boldsymbol{M}_2=0$，合力 $\boldsymbol{F}_1+\boldsymbol{F}_2\neq 0$，于是刚体此时的角动量仍然守恒，而刚体的动量并不守恒。

请思考：(1)有人说三峡大坝的建成使得地球的自转速度变慢，这种说法有道理吗？(2)质点系的动量为零，则质点系的角动量也为零，这种说法是否正确？(3)质点系的角动量为零，则质点系的动量也为零，这种说法是否正确？

如何应用刚体系定轴转动的角动量守恒定律来处理相关问题，见如下举例。

例 3.12　如图 3.38(a)所示，半径为 R 的内壁光滑的空心圆环放置在光滑的水平面

上，其圆面垂直于水平面，可绕过圆心的光滑竖直定轴 oo' 转动，转动惯量为 J，初始角速度为 ω_0。今有质量为 m 的小球于环内顶点从静止开始向下滑动，求小球到达与环心 o 等高的 A 点时圆环的角速度 ω。

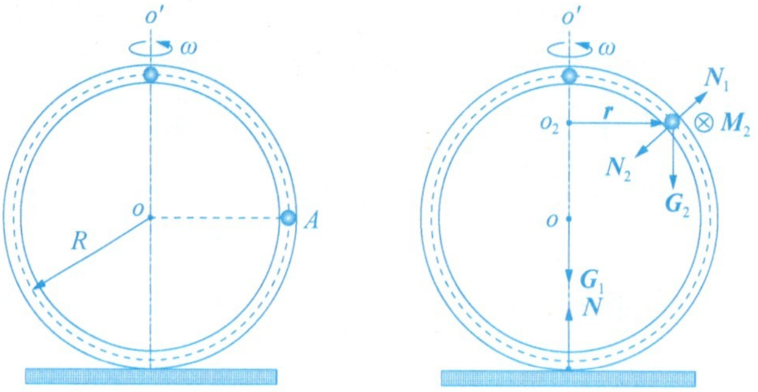

(a)空心圆环与小球　(b)空心圆环与小球的受力

图 3.38

解：小球与圆环为系统。如图 3.38(b)所示，圆环的重心在转轴上，圆环所受重力 $\boldsymbol{G}_1$ 与水平面支持力 $\boldsymbol{N}$ 的作用线都在转轴上，对转轴的力矩均为零。小球在下滑的过程中与环之间存在相互的压力 $\boldsymbol{N}_1$、$\boldsymbol{N}_2$ 是一对内力，它们对转轴的力矩之和为零。由转轴指向小球引出垂直位矢 $\boldsymbol{r}$，小球的重力 $\boldsymbol{G}_2$ 对转轴的力矩 $\boldsymbol{M}_2$ 垂直于转轴，在转轴方向无分力矩，因此对转轴的力矩也为零。另外，转轴与水平面均光滑，摩擦力矩可以忽略。总之，下滑过程中，系统中所有力对转轴的力矩之和为零，因此系统对转轴的角动量守恒。于是初始位置与 A 位置系统的角动量相等，小球视为质点，对轴的转动惯量为 mR^2，即有

$$J\omega_0=(J+mR^2)\omega$$

得

$$\omega=\frac{J\omega_0}{J+mR^2}$$

请思考：如果小球与圆环之间有摩擦力，会不会改变上面的结果？

例 3.13　如图 3.39(a)所示，质量为 M、半径为 R_0 的水平圆盘转台，置于光滑的水平底座上，可以绕通过盘心的光滑竖直轴 o 转动。圆盘上有两个同心圆轨道，半径分别为 r 与 $R(r<R)$。将两个质量均为 m 的电动小模型车 A、B 分别放在两轨道上，使小车和转台都不动。某时刻同时打开遥控开关，使外轨道上的小车 A 作逆时针转动，同时内轨道上的小车 B 做顺时针转动，两车相对于转台的速率均为 v。求两车启动后转台对地面的角速度。

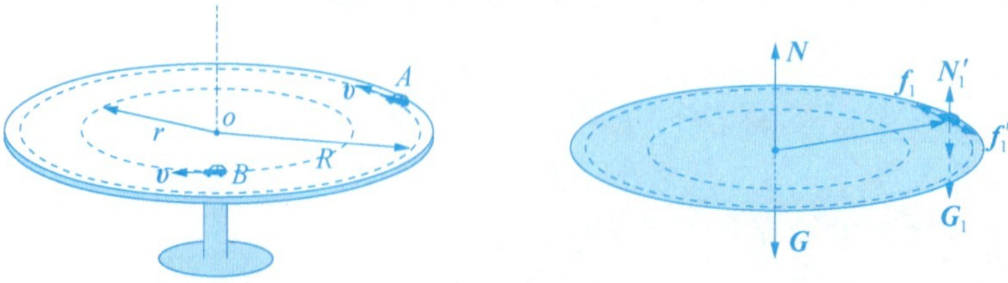

(a)小车与圆盘　(b)小车与圆盘的受力

图 3.39

解：以转台、两模型车为系统。如图 3. 39(b)所示，转台所受重力 $\boldsymbol{G}$ 与底座支持力 $\boldsymbol{N}$ 都在转轴上，对转轴的力矩均为零。在运动过程中模型车 A 与转台之间存在一对相互的压力 $\boldsymbol{N}_1$、$\boldsymbol{N}_1'$，还有一对摩擦力 $\boldsymbol{f}_1$、$\boldsymbol{f}_1'$，这两对力都是内力，它们对转轴的力矩之和为零。模型车 A 的重力 $\boldsymbol{G}_1$ 对转轴的力矩也为零。类似分析可知模型车 B 对转轴的力矩也为零。另外，转轴与底座均光滑，摩擦力矩可以忽略。总之，模型车运动过程中，系统中所有力对转轴的力矩之和为零，系统对转轴的角动量就守恒。于是模型车启动前后系统的角动量相等，即有

$$J_A\omega_A+J_B\omega_B+J\omega=0 \qquad ①$$

假定转台对地逆时针运转，角速度为 ω，则 A、B 两车相对于地面的角速度分别为

$$\omega_A=\omega+\frac{v}{R},\quad \omega_B=\omega-\frac{v}{r}$$

小模型车 A、B 可视为质点，模型车与转台的转动惯量分别为

$$J_A=mR^2,\quad J_B=mr^2,\quad J=\frac{1}{2}MR^2$$

则①式即为

$$mR^2\left(\omega+\frac{v}{R}\right)+mr^2\left(\omega-\frac{v}{r}\right)+\frac{1}{2}MR^2\omega=0$$

得

$$\omega=-\frac{mv(R-r)}{m(R^2+r^2)+MR^2/2}$$

所得结果 $\omega<0$，说明圆盘实际的转动方向与预设反向，即沿顺时针旋转。

由本题可见，在忽略转轴、底座的摩擦力矩的情况下，当模型车在转台上沿其他方向运动，无论是匀速还是变速，模型车与转台系统对转轴的角动量均守恒。

3. 4. 3　刚体(系)转动的机械能守恒

将机械能守恒定律应用于包含刚体的系统——**刚体与地球、弹簧等组成的系统，如果系统在运动的过程中没有外力(矩)做功，也没有非保守内力(矩)做功，只有重力、弹性力等保守力(矩)做功，那么系统的机械能守恒。**系统的机械能是系统中所有物体的动能与势能之和，其中的势能有重力势能、弹性势能等。针对系统中的刚体，它在绕定轴转动的过程中，其机械能就是刚体定轴转动的动能与刚体的重力势能之和。刚体的机械能可表示为

$$E=\frac{1}{2}J\omega^2+E_p$$

前面已经学习过刚体的转动动能，下面来认识刚体的重力势能。以地球与刚体作为系统，地面为重力势能零点，刚体的质量为 m。将刚体看成质点系，刚体中质量为 $\mathrm{d}m_i$ 的第 i 个质点距地面的高度是 z_i，如图 3. 40 所示，则该质点的重力势能为 $\mathrm{d}m_i g\cdot z_i$。将各质点重力势能相加，即得刚体的重力势能

$$E_p = \sum \mathrm{d}m_i g z_i = \frac{\sum \mathrm{d}m_i z_i}{m} mg = mgz_c$$

式中，z_c 是刚体的质心位矢 $\boldsymbol{r}_c$ 在 z 轴上的分量。

由上式可见，刚体的重力势能等于将刚体质量集中于质心上的一个质点的重力势能。只要刚体质心的位置不变，不管刚体的具体方位如何变化，它的重力势能均不变。

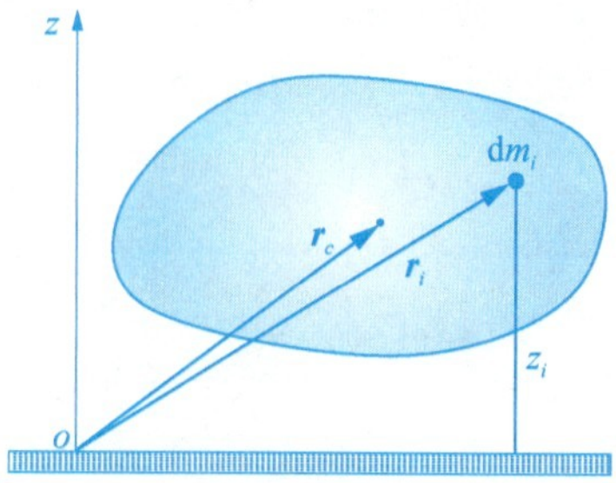

图 3.40　刚体的重力势能

请思考： 花样滑冰运动员绕自身竖直轴做旋转动作，初始时手臂与一条腿张开，身体的转动惯量为 J_0，角速度为 ω_0。随后收回手腿，身体加速旋转，此时的转动惯量为 J_1，角速度为 ω_1。忽略空气与冰面阻力，此过程中角动量守恒，有 $J_0\omega_0 = J_1\omega_1$。那么此过程身体的转动动能与机械能是否不变？

下面来看应用刚体(系)机械能守恒来处理问题的举例。

例 3.14　如图 3.41(a)所示，长为 $l = 0.5$ m、质量为 $m = 1$ kg 的匀质细杆，可绕通过其端点 o 的水平光滑轴转动，杆的另一端用原长为 l 的弹性绳连接到 o' 点处。初始时刻将杆置于水平位置，弹性绳自然下垂为原长，随后让杆自由下摆。弹性绳的劲度系数为 $k = 15$ N/m，不计弹性绳的质量，杆在运动过程中弹性绳处在弹性限度范围内，求细杆转动到与水平位置夹 60°角时杆的转动角速度。

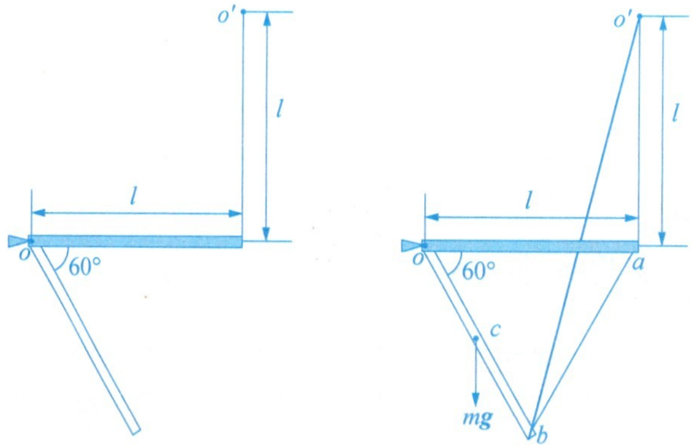

(a)细杆一端连接弹性绳　　(b)三角形abo为等边三角形

图 3.41

解： 将细杆、弹性绳与地球组成系统。杆在下摆过程中只有弹性力矩与重力矩做功，系统的机械能守恒。以 o 点的水平面为重力势能零点，弹性绳此时为原长，弹性势能也为零。杆转动到与水平位置夹 60°角时弹性绳的伸长量记为 Δl，由机械能守恒有

$$\frac{1}{2}J\omega^2 + \frac{1}{2}k \cdot \Delta l^2 - mg\,\frac{l}{2}\sin 60° = 0$$

杆的转动惯量为 $J = \frac{1}{3}ml^2$。如图 3.41(b)所示，杆的端点 a、b 与 o 点构成了等边三角

形，ab 的长度为 l。端点 a、b 与 o' 点构成了等腰三角形，弹性绳的伸长量 Δl 通过该三角形来确定，即

$$\Delta l=\overline{bo'}-l=\sqrt{2l^2-2l^2\cos 150^\circ}-l=l\sqrt{2+\sqrt{3}}-l$$

由以上方程得

$$\omega=\sqrt{\frac{3\sqrt{3}}{2}\frac{g}{l}-3\left(3+\sqrt{3}-2\sqrt{2+\sqrt{3}}\right)\frac{k}{m}}$$

代入数据得

$$\omega=\sqrt{\frac{3\sqrt{3}}{2}\times\frac{9.8}{0.5}-3\times\left(3+\sqrt{3}-2\sqrt{2+\sqrt{3}}\right)\times\frac{15}{1}}=3.4\ \mathrm{rad/s}$$

例 3.15　如图 3.42(a)所示，长为 l、质量为 M 的均质细杆，可绕通过其端点 o 的水平光滑轴转动，杆最初静止自然下垂。某时刻质量为 m 的小物体以水平速度 v 与杆的下端碰撞并粘在下端。求杆随后转动能够到达的最大偏转角 θ_m。

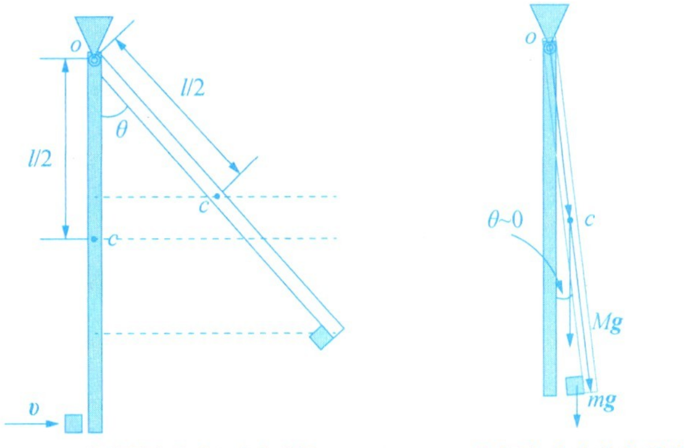

图 3.42

解：以杆与小物体为系统。杆与小物体的碰撞过程持续时间非常短，碰撞过程杆与小物体相对竖直线的角位移 θ 很小，见图 3.42(b)所示，因此两者的重力对转轴的力矩($0.5Mgl\sin\theta+mgl\sin\theta$)很小，在碰撞过程两重力矩的冲量矩可以忽略。碰撞过程杆与小物体之间存在相互的压力是一对内力，对转轴的力矩之和为零。另外，杆受到转轴的支持力对转轴的力矩为零，转轴光滑，转轴处的摩擦力矩可以忽略。总之，碰撞过程，系统中所有力对转轴的力矩以及冲量矩可以忽略，系统对转轴 o 的角动量近似守恒。于是碰撞开始与碰撞结束那一刻系统的角动量相等，即有

$$l\cdot mv=(ml^2+J)\omega,\quad J=\frac{1}{3}Ml^2$$

随后是杆与小物体的转动过程，将杆、小物体与地球作为系统。此过程只有重力矩做功，故过程中系统的机械能守恒。以转轴 o 处为重力势能零点，有

$$\frac{1}{2}(ml^2+J)\omega^2-Mg\frac{l}{2}-mgl=0-Mg\frac{l}{2}\cos\theta_m-mgl\cos\theta_m$$

由以上方程可得

$$\cos\theta_m=1-\frac{3m^2v^2}{(2m+M)(3m+M)gl}$$

得

$$\theta_m=\arccos\left(1-\frac{3m^2v^2}{(2m+M)(3m+M)gl}\right)$$

讨论：由上式可以确定，能使杆转动到最高位置时小物体需要的速度。另外，可能有人认为，小物体与杆的碰撞过程，在碰撞方向上的动量守恒，因此列出方程 $mv=(m+M)V$。这里要强调的是，两者的碰撞不遵循动量守恒规律！因为小物体与杆这个系统在水平方向发生碰撞，虽然不用考虑重力的影响，但碰撞过程转轴对杆在水平方向有作用力，不能忽略这个外力作用，所以小物体与杆的碰撞过程水平方向动量不守恒。

习　题

3.1　有两个力作用在一个有固定轴的刚体上，

①这两个力都平行于轴作用时，它们对轴的合力矩一定是零；

②这两个力都垂直于轴作用时，它们对轴的合力矩可能是零；

③这两个力的合力为零时，它们对轴的合力矩也一定是零；

④当这两个力对轴的合力矩为零时，它们的合力也一定是零。

对上述说法判断正确的是(　　)。

A. ①正确　　B. ①、②正确

C. ①、②、③正确　　D. ①、②、③、④都正确

3.2　今有半径与质量均相同的均质圆环、圆盘和圆球各一个，圆环与圆盘均绕通过圆心且垂直于圆面的光滑轴转动，圆球绕通过球心的光滑轴转动。三者受到对转轴的力矩大小相等，获得的角加速度分别是 β_1、β_2、β_3，则有(　　)。

A. $\beta_3<\beta_1<\beta_2$　　B. $\beta_2<\beta_3<\beta_1$

C. $\beta_1<\beta_2<\beta_3$　　D. $\beta_1<\beta_2=\beta_3$

3.3　如题 3.3 图所示，某质量为 m 的均质细杆 AB，A 端靠在光滑的竖直墙壁上，B 端置于粗糙水平地面上而静止。杆身与竖直方向成 θ 角，则 A 端对墙壁的压力大小为(　　)。

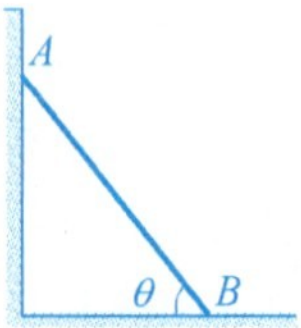

题 3.3 图

A. $\frac{1}{2}mg\sin\theta$　　B. $\frac{1}{2}mg\cos\theta$

C. $\frac{1}{2}mg\tan\theta$　　D. $\frac{1}{2}mg\cot\theta$

3.4　飞轮在电动机的带动下从静止开始转动，电动机的功率经过很短时间到达稳定

值。当电动机开始以稳定功率运行，直至飞轮到达匀速转动前这一阶段，下列关于飞轮的角速度与角加速度判断正确的是(　　)。

A. 角速度随时间成正比增大　　B. 角速度随时间的平方成正比增大

C. 角加速度随时间增大而增大　　D. 角加速度随时间增大而减小

3.5　如题3.5图所示，某转盘绕过盘心垂直于盘面的光滑水平定轴 o 匀速转动，某时刻两颗质量相同、速率相等的子弹沿同一水平直线从相反方向射入盘中，则子弹嵌入后转盘的角速度应(　　)。

A. 增大　　B. 减小　　C. 不变　　D. 无法确定

3.6　如题3.6图所示，不计质量的水平刚性杆长为 l，其上穿有两个小球。初始时将用细线拉紧的两小球对称于杆中心 o 两边放置，与 o 点的距离 $d=l/4$。现让细杆绕通过中心 o 的竖直固定轴以角速度 ω_0 匀速转动。某时刻烧断细线，忽略摩擦，当两球都滑至杆端时，杆的角速度为(　　)。

A. $2\omega_0$　　B. ω_0　　C. $\frac{1}{2}\omega_0$　　D. $\frac{1}{4}\omega_0$

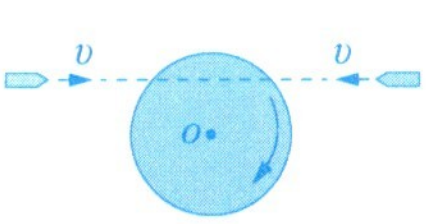

题3.5图

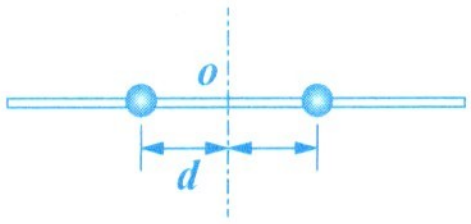

题3.6图

3.7　某水平圆盘可绕通过其中心的竖直定轴转动，盘上站着一个可视为质点的人。当人在盘上随意走动时，若忽略轴与底座的摩擦，此人盘系统对转轴的(　　)。

A. 动量守恒　　B. 角动量守恒

C. 机械能守恒　　D. 动量、机械能和角动量都守恒

3.8　如题3.8图所示，长为 L 质量为 M 的均质细棒静止放在光滑水平桌面上，可绕通过棒的端点且垂直于棒长的光滑定轴 o 在水平面内转动，转动惯量为 $ML^2/3$。某质量为 m 速率为 v 的弹丸，在水平面内沿与棒垂直的方向射到棒的另一端，粘在棒端，则此时棒的角速度应为(　　)。

A. $\dfrac{3Mv}{(3m+M)L}$　　B. $\dfrac{3mv}{(3m+M)L}$

C. $\dfrac{mv}{(3m+M)L}$　　D. $\dfrac{mv}{(m+M)L}$

题3.8图

3.9　圆柱体以100 rad/s的角速度绕其轴线转动，它对该轴的转动惯量为2 kg·m²。由于恒力矩的作用，在10 s内它的角速度降为50 rad/s。圆柱体损失的动能和所受力矩的大小分别为(　　)。

A. 2000 J，5 N·m　　B. 5000 J，8 N·m

C. 7500 J，10 N·m　　D. 9000 J，20 N·m

3.10　圆柱体以每分钟120圈的角速度绕其轴线转动，对轴的转动惯量为 4 kg · m^2。在恒力矩作用一段时间后其角速度降为每分钟 60 圈。则该时间段力矩做功的大小为(　　)。

A. 236.9 J　　B. 280.3 J　　C. 300.4 J　　D. 356.2 J

3.11　两个质量均匀分布的圆盘 A 和 B 的密度分别为 ρ_A 和 ρ_B($\rho_A>\rho_B$)，且两圆盘的总质量和厚度均相同。设两圆盘对通过盘心且垂直于盘面的轴的转动惯量分别为 J_A 和 J_B，则有 J_A ________ J_B。(填“>”“<”或“=”)

3.12　半径 $r=1$ m 的飞轮，受力矩作用得到角加速度为 $\beta=-5$ rad/s^2，$t=0$ 时刻飞轮的角速度 $\omega_0=5$ rad/s。当 $t=1$ s 时飞轮边缘上一点的线速度 $v=$________ m/s。

3.13　某均质圆盘状飞轮质量为 m，半径为 R，当它以每分钟 60 圈的角速度绕过盘心且垂直于盘面的轴转动时，其相对轴的角动量为________。

3.14　如题 3.14 图所示，长为 $3l$ 的均质细杆上固定了四个质量均为 m 的小球(可视为质点)，绕过杆一端垂直于杆的光滑转轴 oo' 转动，角速度为 ω。若忽略杆的质量，刚体的角动量大小为________。若考虑杆的质量，设杆的质量为 M，则此时刚体角动量的大小为________，转动动能为________。

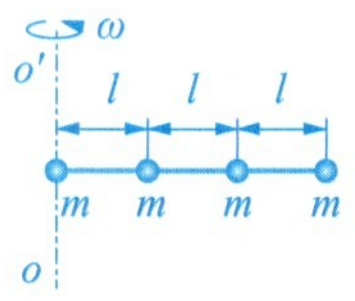

题 3.14 图

3.15　花样滑冰运动员绕身体的竖直轴旋转，忽略空气阻力以及冰面的摩擦力，当两臂与一条腿伸展开时身体对轴的转动惯量为 J_0，角速度为 ω_0。而当收拢两臂与腿时转动惯量变为 $J_0/2$，则其转动的角速度为________。

3.16　某电风扇叶片以角速度 ω_0 绕定轴匀速转动，转动时转动部分受空气的阻力矩大小与角速度成正比，比例系数为 k。转动部分对转轴的转动惯量为 J。若某时刻($t=0$)关闭电源，求：(1)叶片的角速度减少为初始值一半时经过的时间；(2)在此期间叶片转过的圈数。

3.17　如题 3.17 图所示，有一个刚体由一个均质球与两个均质细杆组成，均质球的质量为 M 半径为 R，两个均质细杆在某直径方向上固定在球上，细杆长为 l，质量为 m。通过球心与该直径垂直有一转轴 z，求刚体对 z 轴的转动惯量 J。

3.18　半径为 R 质量为 m 的均质细圆环，可绕通过环上 o 点且垂直于环面的光滑水平轴在竖直平面内转动，如题 3.18 图所示。最初保持环的直径 oa 沿水平方向静止，随后让环由此位置无初速摆动，求当直径 oa 与水平位置夹 θ 角时 a 点的速率。

3.19　如题 3.19 图所示，一条细绳绕过半径为 R 的均质圆盘状定滑轮，两边分别与物体 A、B 连接，两物体与定滑轮的质量均为 m。物体 A 置于倾角为 θ 的光滑斜面上。求：(1)物体 B 下落的加速度；(2)滑轮两边绳子中的张力。(绳的质量及伸长均不计，绳与滑轮间无滑动，不计滑轮转动的摩擦力矩，滑轮的转动惯量 $J=mR^2/2$)

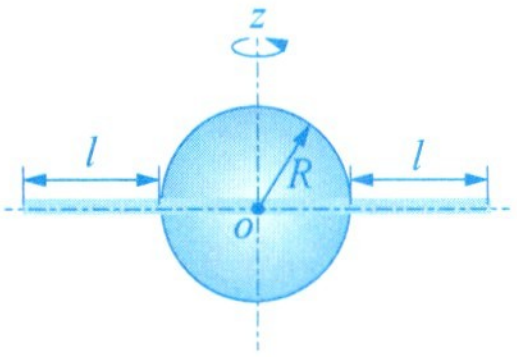

题 3.17 图

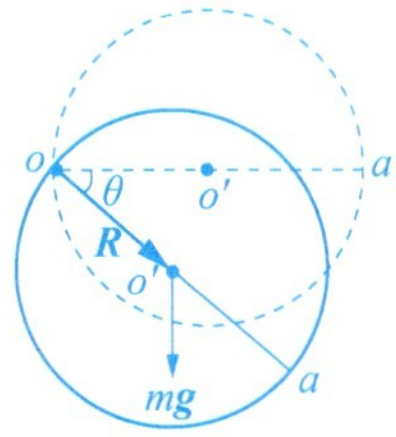

题 3.18 图

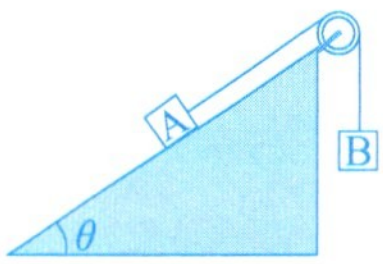

题 3.19 图

3.20　如题 3.20 图所示，一条细绳绕跨过两个质量均为 m、半径均为 r 的均质圆盘状定滑轮。绳的两端分别系着质量为 m 和 $2m$ 的物体 A 与 B，不计滑轮转轴的摩擦。将系统由静止释放，且绳与两滑轮间均无相对滑动。求物体运动的加速度及各段绳中的张力 T_1、T_2、T。

3.21　如题 3.21 图所示，质量为 m 长为 l 的均质细杆，可绕其一端与杆垂直的水平光滑固定轴 o 转动。现将细杆另一端向上抬起，使杆与竖直线成 θ，然后无初速释放，求：(1)放手时棒的角加速度；(2)细杆转至竖直向下位置时的角速度。

3.22　如题 3.22 图所示，某质量为 m、长度为 L 的均质细直棒，平放在水平桌面上，它与桌面间的滑动摩擦因数为 μ。在 $t=0$ 时，使该棒绕过其一端的光滑竖直轴在水平桌面上旋转，其初始角速度为 ω_0，求棒从开始至停止转动过程中转动的角度。

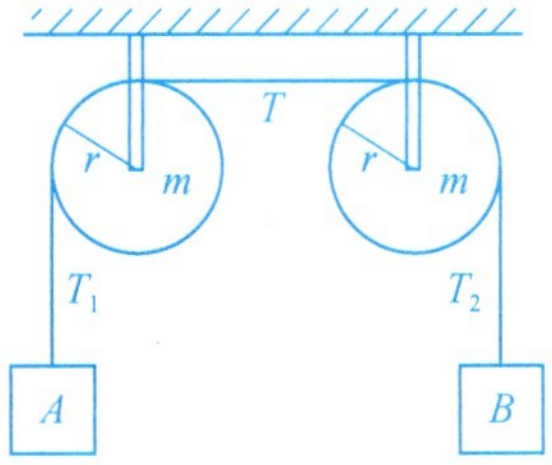

题 3.20 图

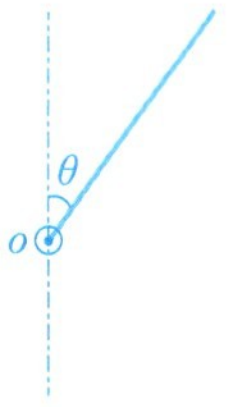

题 3.21 图

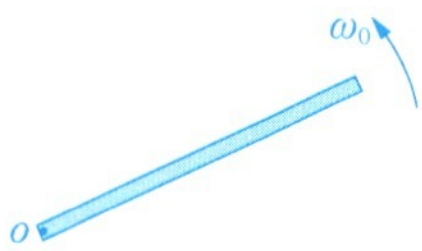

题 3.22 图

3.23　如题 3.23 图所示，质量为 m_1 半径为 r_1 的均质轮子 A，以角速度 ω_0 绕通过其中心的水平光滑轴转动，将其放在质量为 m_2 半径为 r_2 的另一匀质轮子 B 上。轮 B 原为静止，但可绕通过其中心的水平光滑轴转动。放置后轮 A 的重量由轮 B 支持，忽略水平横杆的质量，两轮间的滑动摩擦因数为 μ。求：轮 A 放在轮 B 上到两轮间没有相对滑动为止，经过的时间。(轮子的转动惯量 $J=mr^2/2$)

3.24　如题 3.24 图所示，两个等高的光滑水平台的中间，有一上表面顶端与平台等高的圆柱体，可以绕光滑的水平转轴 o 转动，转轴为圆柱体的轴线。圆柱体的半径为 R，对转轴的转动惯量为 J。初始圆柱体静止，某质量为 m 位于左台面的物块，以速度 v_0 向右滑动，经过圆柱体的上表面跃上右台面。设物块与圆柱体接触过程无相对滑动，求木块到达右台面的速度 v 与圆柱体的角速度 ω。

3.25　如题 3.25 图所示，两水平圆盘绕通过圆心的共同光滑竖直轴转动，从上俯视，上盘逆时针转动，角速度为 ω_1，下盘顺时针转动，角速度为 ω_2，两盘对轴的转动惯量分别为 J_1、J_2。如使上盘落下，两盘的接触面有摩擦，通过摩擦力矩啮合，最终两盘有共同的角速度。忽略转轴与底座的摩擦，求：(1) 两盘啮合后的角速度 ω；(2) 若上盘质量为 m，距下盘的高度为 h，上盘落下后，两盘面的摩擦力矩做的功。

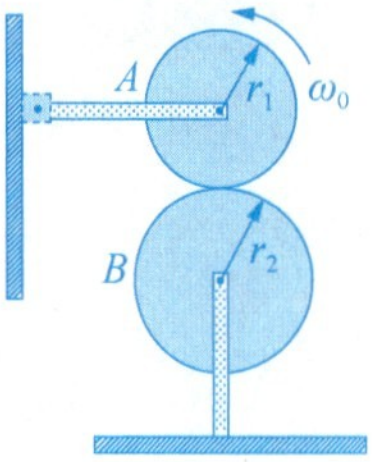

题 3.23 图

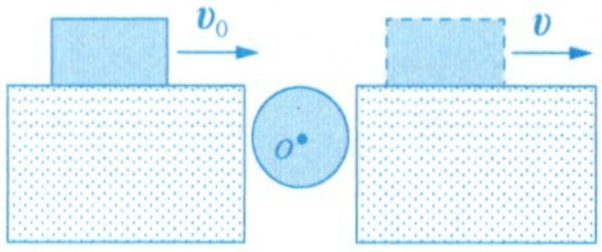

题 3.24 图

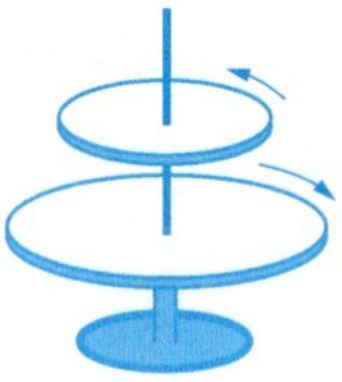
题 3.25 图

3.26　如题 3.26 图所示，某转台绕中心竖直轴以角速度 ω_0 做匀速转动，转台对该轴的转动惯量 $J=5\times10^{-5}\ \mathrm{kg\cdot m^2}$。现有砂粒以 $q=1\times10^{-3}\ \mathrm{kg/s}$ 的流量落到转台，并粘在台面形成一半径 $r=0.1\ \mathrm{m}$ 的圆。求使转台角速度变为 $\omega_0/2$ 所花的时间。

3.27　如题 3.27 图所示，质量为 m 的模型车(视为质点)停在半径为 R 的水平转台上。转台可绕通过其中心的光滑竖直定轴转动，转动惯量为 J。初始转台以角速度 ω_0 逆时针转动，模型车静止在转台上，随后模型车相对转台以速率 v 在半径为 r 的圆轨道上顺时针转动，求：(1) 转台相对地面旋转的角速度；(2) 当模型车在圆轨道上运动一周时，转台相对地面转动的角度。(转台的转动惯量 $J=mr^2/2$)

3.28　如题 3.28 图所示，长为 l 质量为 m 的均质细杆，可绕光滑轴 o 转动，在竖直位置静止。今有一质量亦为 m 的小泥丸以水平速度 v 与杆的中点处碰撞并粘在杆上，随后杆转动到达的最大偏转角为 θ_m。求小泥丸的水平速度 v。

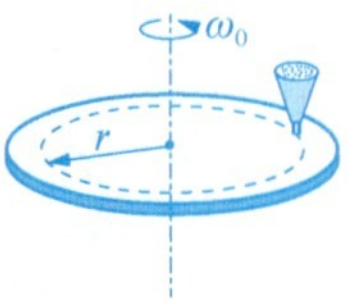

题 3.26 图

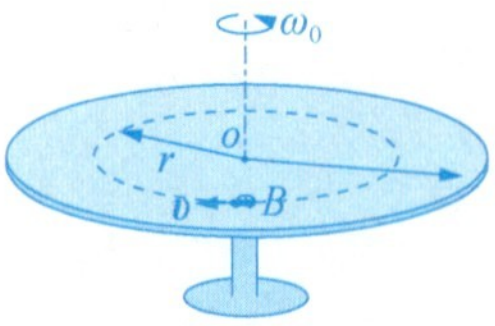

题 3.27 图

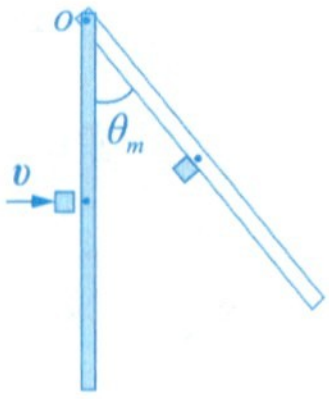

题 3.28 图

3.29　如题 3.29 图所示，某质量为 M、宽为 l 的均质薄木板，可绕水平轴 oo' 在竖直面内做无摩擦转动，开始时木板静止。今有一质量为 m、速度为 v_0 的子弹沿水平方向射入木板的中点，并以速度 v_1 穿出。求：(1) 碰撞后木板的角速度 ω；(2) 木板偏离竖直位置的最大偏转角 θ_m。

*3.30　如题 3.30 图所示，压路机的滚筒在机车的水平牵引力 F 作用下绕滚筒的中心轴 o 转动，使滚筒在地面上做纯滚动。滚筒的半径 $R=0.8\ \mathrm{m}$，质量为 $m=1\times10^4\ \mathrm{kg}$，牵引

力 $F=2\times10^4$ N，滚筒对转轴的转动惯量 $J=5\times10^3\ \mathrm{kg\cdot m^2}$。求：(1)滚筒的角加速度和轴心的加速度；(2)摩擦力；(3)从静止开始走了 1 m 时，滚筒的平动动能与转动动能。

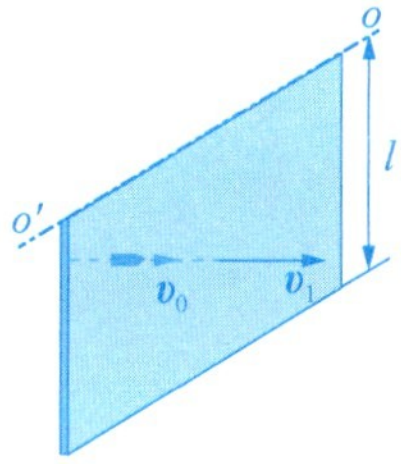

题 3.29 图

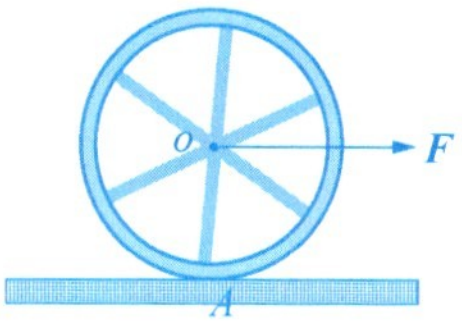

题 3.30 图

第 4 章　机械振动

本章将从最简单的机械振动入手，来介绍物体做简谐振动遵循的规律、运动的特征、涉及的能量以及简谐振动合成的规律等知识。本章与下一章机械波所涉及的基本规律，是声学、地震学、电工学、电子学、光学、自动控制等学科的基础。

学习目标：学习本章需要了解机械振动、简谐振动的概念；需要理解简谐振动的运动特征与能量特征、阻尼振动、受迫振动和共振，理解同方向不同频率谐振动合成的拍现象、相互垂直简谐振动的合成规律；主要掌握简谐振动的动力学规律、简谐振动的运动学规律、旋转矢量法，掌握同方向同频率谐振动的合成规律，能够运用这些规律理解或解决(简谐)振动系统的运动与合成问题。

素质目标：通过本章的学习，以我国第一次载人飞船出现共振、国产核磁共振仪的量产为例，了解我国在解决共振、应用共振等领域的发展状况与优势所在。

4.1　简谐振动的动力学

物体运动的形式多种多样，其中有一类运动具有周期性，表现为物体在某固定位置附近做往复的运动，这类运动称为**机械振动**，简称**振动**。生活中有很多振动现象，触摸身体，可以感觉到心脏的跳动和血管的搏动，生活也常见到秋千和钟摆的摆动，以及发出悦耳声音的琴弦的振动等。随着认识领域的扩大以及认识程度的深入，就会发现无论宏观尺度还是微观尺度，振动是物质运动的一种普遍存在形式，例如分子的振动、晶体中原子或离子在晶格中的振动、各种机械与乐器的振动、建筑物的振动或大地的振动等。如果将振动物体外延至任一物理量，就得到振动的广义定义：任一物理量在某一量值附近随时间作周期性变化。例如交流电路中周期性变化的电流、电压信号，交流电路中电容器两极板之间周期性变化的电场强度、磁感应强度，脉冲星周期性地发射的电磁波等，均可以视为在作振动。

4.1.1　直线型简谐振动

最简单的振动称为**简谐振动**，它是自然界最简单、最基本的振动形式，其他复杂的振动都可以看作是由许多简谐振动叠加的结果。那么，什么样的振动才能称为简谐振动呢？从物体运动的空间维数来考虑，一维运动是其中最简单的，因此，考虑一个物体在一维的直线上围绕某固定位置来回往复的运动。它在运动的过程中必然要受到一个**回复力**的作用，即物体所受合外力的方向指向固定位置，离开固定位置的距离越远所受合外力越大，越接近则所受合外力越小，并在固定位置发生方向的改变。如图 4.1 所示，以固定位置为原点建立一维坐标系 ox，x 表示物体偏离固定位置的位移量，则回复力可以表示为 $F=f(x)$。$f(x)$ 是 x 的函数，它可以是 x 的一次、二次函数等多种形式的函数，其中最简单的是正比例关系，即

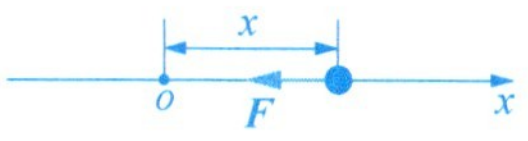

图 4.1　回复力

$$F=-kx$$

上式中 k 是常数，负号表示物体受力与位移的方向反向。物体受到这种最简单回复力的作用，它的运动就是简谐振动。这种最简单回复力称为**线性回复力**，固定位置称作平衡位置。线性回复力总结为：①力的大小与物体偏离平衡位置的距离 $|x|$ 成正比；②力的方向与位移的方向相反，即力的方向始终指向平衡位置；③在平衡位置力的大小为零。

设物体的质量为 m，则做简谐振动的物体（称为**振子**或**谐振子**）的动力学方程为

$$-kx=m\frac{d^2x}{dt^2} \tag{4.1}$$

令 $\omega^2=k/m$，则上式可以变换成如下形式

$$\frac{d^2x}{dt^2}+\omega^2x=0 \tag{4.2}$$

上式称为**简谐振动的微分方程**。如果一个物体的动力学方程能够变换成如上的二阶微分方程，也可以判断该物体作简谐振动。

在弹性限度范围内振动的弹簧振子系统即是典型的简谐振动系统。如图 4.2(a) 所示，将轻质弹簧一端固定，另一端跟质量为 m 的物体（即振子或谐振子）相连，水平放置在光滑的平面上就构成了一个弹簧振子系统。忽略轻弹簧的质量、振子与水平面之间的摩擦力以及空气的阻力，当弹簧处于自然伸长状态时，以振子所处平衡位置为坐标原点建立 ox 坐标系，则振子所受合外力仅为弹簧的弹性力，遵循胡克定律：$F=-kx$。因此振子受线性回复力的作用，做简谐振动。

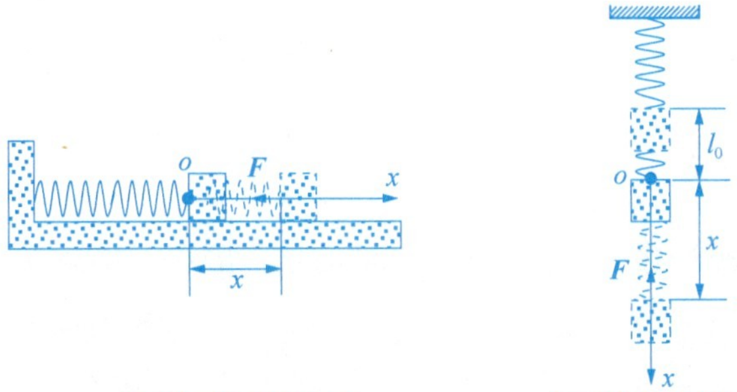

(a)水平放置的弹簧振子　　(b)竖直悬挂的弹簧振子

图 4.2　水平与竖直放置的弹簧振子

图 4.2(b)显示的是竖直悬挂的弹簧振子系统，选振子静止平衡位置为坐标原点 o，建立 ox 坐标系。平衡时有

$$mg=kl_0$$

由于轻质弹簧的质量和空气的阻力可以忽略，当振子有位移 x 时，则振子受力为

$$F=mg-k(l_0+x)=-kx$$

可见，无论是水平放置还是竖直悬挂的弹簧振子系统，振子受到同样的线性回复力作用，将做简谐振动。振子的动力学方程与同式(4.1)，简谐振动的微分方程与同式(4.2)。

振动系统中的物体实际受力情况一般比较复杂，当物体运动局限在一个小的范围内，如果它的受力可以近似为线性回复力，那么此时物体的运动就近似为做简谐振动。例如分子中的原子之间、晶体中晶格离子之间在小范围内的运动就可以近似为简谐振动，见第 2 章图 2.41 所示两个原子(或分子)在 r_1 附近运动。

请思考：将弹簧振子系统放置在光滑的斜面上，振子是否做简谐振动?

4.1.2　转动型简谐振动

对于物体(刚体)绕一个固定轴往复转动的情况，当它所受平行于转轴的力矩 M 与角位移 θ 的关系为

$$M=-k\theta$$

上式中 k 是常数，负号表示力矩与角位移的方向反向，这种力矩称为**线性回复力矩**。在线性回复力矩的作用下，物体的转动过程也做简谐振动，例如做小角摆动的单摆与复摆就是典型的转动简谐振动系统。

1. 单摆

如图 4.3 所示为绕水平轴线(o 点)做小角度($\leqslant 5°$)摆动的单摆，摆长为 l，摆锤质量为 m。以摆锤静止时的竖直线为参考线，当摆锤左右摆动时，只有小球的重力对转轴 o 产生力矩。当摆锤转动到竖直线右侧时，重力矩 $\boldsymbol{M}$ 的方向垂直于转动面向里，而针对参考线的角位移 $\boldsymbol{\theta}$ 的方向垂直于转动面向外；当摆锤转动到竖直线左侧时，重力矩 $\boldsymbol{M}$ 的方向

垂直于转动面向外，而角位移 $\boldsymbol{\theta}$ 的方向垂直于转动面向里。可见，摆锤在摆动的过程中力矩与角位移方向始终反向，用负号来表明两者的反向关系，于是摆锤绕过 o 点的水平轴转动的力矩为

$$M=-mgl\sin\theta$$

由于摆锤绕轴作小角度转动（$\theta\leqslant 5°$），则 $\sin\theta=\theta-\frac{\theta^3}{3!}+\frac{\theta^5}{5!}-\cdots\approx\theta$，于是

$$M\approx-mgl\theta$$

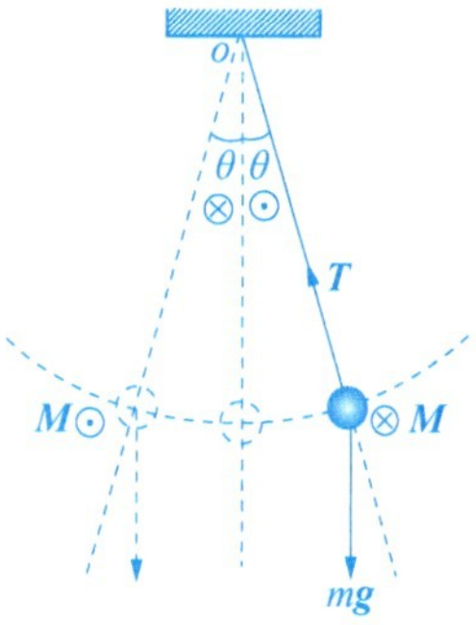

图 4.3 单摆

由上式可知，当摆锤在做小角度转动时，所受平行于转轴的力矩近似为线性回复力矩，则单摆也在做简谐振动。由转动定律（$M=J\beta$）可知摆锤的动力学方程为

$$ml^2\frac{\mathrm{d}^2\theta}{\mathrm{d}t^2}=-mgl\theta$$

令 $\omega^2=\frac{g}{l}$，上式为

$$\frac{\mathrm{d}\theta^2}{\mathrm{d}t^2}+\omega^2\theta=0 \tag{4.3}$$

上式与式（4.2）的简谐振动微分方程形式相同，由此也可以判断单摆做简谐振动。

2. 复摆

如图 4.4 所示为绕水平光滑定轴（o 点）做小角度（$\theta\leqslant 5°$）摆动的刚体，水平定轴不通过刚体的质心 C，它就成为一个复摆，例如摆钟即是常见的复摆。由刚体受力对转轴的力矩可知（见第 3 章第 3.2 节内容），刚体的重力对转轴的力矩为 $\boldsymbol{M}_G=\boldsymbol{r}_{c\perp}\times m\boldsymbol{g}$，其中 $\boldsymbol{r}_{c\perp}$ 是刚体的质心位矢 $\boldsymbol{r}_c$ 在垂直于转轴的平面上的分量，即垂直于转轴指向质心的垂直位矢。因此，可将刚体看成是一个集中了刚体质量于质心的质点，复摆就等效于一个单摆，摆锤的质量为刚体的质量 m，摆长为质心 C 至定轴 o 的距离 h。设刚体的转动惯量为 J，类似于单摆的分析，刚体转动在小角近似（$\theta\leqslant 5°$）下的转动力矩为

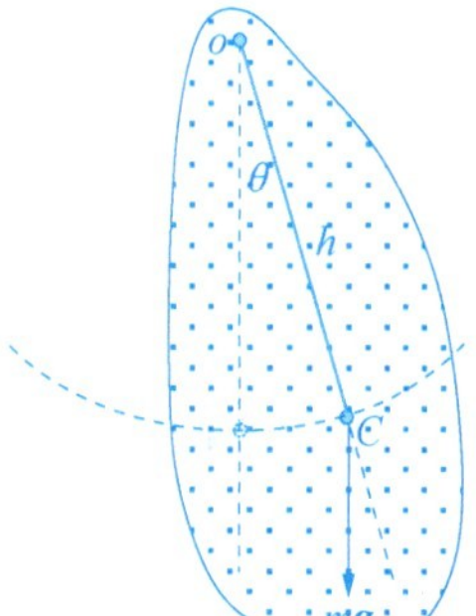

图 4.4 复摆

$$M=-mgh\sin\theta\approx-mgh\theta$$

由上式可知，刚体做小角摆动所受力矩为线性回复力矩，表明做小角度摆动的刚体也做简谐振动。由转动定律可得

$$J\frac{\mathrm{d}^2\theta}{\mathrm{d}t^2}=-mgh\theta$$

令 $\omega^2=\dfrac{mgh}{J}$，上式为

$$\frac{d^2\theta}{dt^2}+\omega^2\theta=0$$

由此可见，刚体做简谐振动的微分方程与式(4.2)相同。

需要指出的是，当单摆或复摆做大角度摆动时，摆锤或刚体受到平行于转轴的力矩为 $-mgl\sin\theta$ 或 $-mgh\sin\theta$，这并非线性回复力矩，此时的摆锤或刚体是在做机械振动，但不是简谐振动。

如何判断物体是否做简谐振动，见如下举例。

例 4.1 (1)如图4.5(a)所示，密度计静止在液体中，然后垂直向下压它一下后松手。忽略流体的阻力，试证明密度计随后的运动为简谐振动。密度计的质量为 m，上段的截面积为 S，液体密度为 ρ；(2)如图4.5(b)所示，密度小于液体的塑料球静止在液体中，垂直向下压它一下后松手。忽略流体的阻力，试证明塑料球随后的运动不是简谐振动。

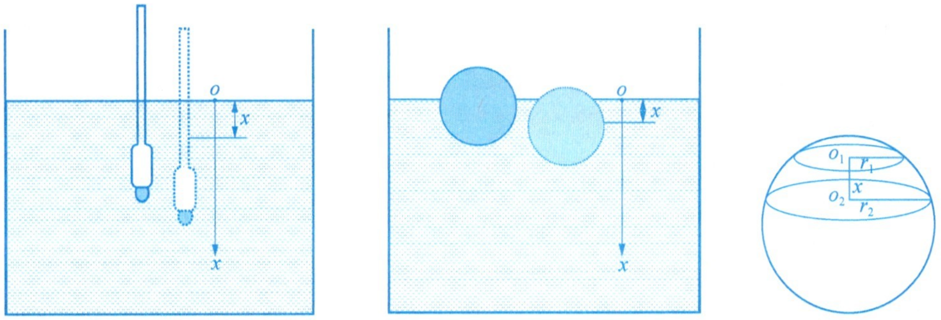

(a)密度计　(b)塑料球　(c)球台

图 4.5

解：(1)见图4.5(a)，以液面为原点 o 向下为正建立 ox 坐标系。当密度计相对液面的位移量为 x 时，它所受合力即为又进入液面下长为 x 的那一段密度计产生的浮力，方向向上，与位移 x 反向，受力即为

$$F=-\rho\cdot Sx\cdot g=-\rho Sgx$$

式中，ρSg 可视为常量 k。由此可见，密度计的受力为线性回复力，它将做简谐振动。

(2)见图4.5(b)，以液面为原点 o 向下为正建立 ox 坐标系。当塑料球相对液面的位移量为 x 时，它所受合力即为又进入液面下高为 x 的那一部分球体产生的浮力。该部分球体称为球台，见图4.5(c)所示，其体积为

$$V=\pi x\frac{3(r_1^2+r_2^2)+x^2}{6}$$

它产生的浮力为

$$F=-V\rho g=-\pi\rho g\frac{3(r_1^2+r_2^2)+x^2}{6}x$$

可见密度计的受力不能表示成 $-kx$ 形式，即不是线性回复力，因此它将不做简谐振动。

4.2　简谐振动的运动学

4.2.1　简谐振动的运动学方程

1. 直线型简谐振动方程

当物体在直线上做简谐振动，对简谐振动的微分方程式(4.2)求解，即可得到物体做简谐振动的运动学方程，即**振动方程**。简谐振动方程为周期性函数，可以用正弦或余弦函数表示，由于两者可以相互转换，为跟多数教材保持一致，这里取余弦函数来表示为

$$x=A\cos(\omega t+\varphi) \tag{4.4}$$

上式中的 A、φ 是待定常数，可由初始条件确定。如上式所示，**如果物体的位移(或角位移)随时间按余弦(或正弦)规律变化，由此可以判断物体在做简谐振动**。例如，接入交流电路中的电容器，其两极板之间的电压 $U=U_m\cos(\omega t+\varphi)$，若极板间距为 d，则两极板之间的电场强度 $E=\frac{U}{d}=\frac{U_m}{d}\cos(\omega t+\varphi)$，可见两极板之间的电压与电场强度都在做简谐振动，是广义的振动。

由物体的振动方程可以得到它运动的速度与加速度，分别为

$$v=\frac{dx}{dt}=-\omega A\sin(\omega t+\varphi)=\omega A\cos\left(\omega t+\varphi+\frac{\pi}{2}\right) \tag{4.5}$$

$$a=\frac{d^2x}{dt^2}=-\omega^2A\cos(\omega t+\varphi)=\omega^2A\cos(\omega t+\varphi+\pi)$$

从以上两式可见，做简谐振动的物体，其速度与加速度这两个物理量也在做简谐振动，速度与加速度的最大值分别为 $v_m=\omega A$ 与 $a_m=\omega^2A$。

2. 转动型简谐振动方程

对于单摆与复摆等做转动的简谐振动系统，对简谐振动的微分方程(4.3)求解，即可得到物体转动的**振动方程**，以余弦函数表示为

$$\theta=\Theta\cos(\omega t+\varphi) \tag{4.6}$$

上式中的 Θ、φ 是待定常数，可由初始条件确定。由上式的振动方程可以得到物体转动的角速度与角加速度，分别为

$$\theta'=\frac{d\theta}{dt}=-\omega\Theta\sin(\omega t+\varphi)=\omega\Theta\cos\left(\omega t+\varphi+\frac{\pi}{2}\right) \tag{4.7}$$

$$\beta=\frac{\mathrm{d}^2\theta}{\mathrm{d}t^2}=-\omega^2\Theta\cos(\omega t+\varphi)=\omega^2\Theta\cos(\omega t+\varphi+\pi)$$

从以上两式可见，绕定轴转动做简谐振动的物体，其角速度与角加速度这两个物理量也在做简谐振动。角速度与角加速度的最大值分别为 $\theta'_m=\omega\Theta$ 和 $\beta_m=\omega^2\Theta$。

4.2.2 简谐振动的特征量

1. 振幅

振幅是指振动的物理量可能达到的最大值，一般用字母“A”表示，它是表示振动的范围和强度的物理量。在机械振动中，**对于直线型简谐振动，振幅是物体振动时离开平衡位置最大位移的绝对值**。振幅的单位(SI)用米(m)表示。

由简谐振动方程(4.4)可知，振子离开平衡位置的最大位移 $\pm A$ 的绝对值为 A，A 即为振子做简谐振动的振幅。振幅的具体数值可以由初始条件决定。若 $t=0$ 时振子的位置与速度分别为：$x=x_0$，$v=v_0$，由振动方程(4.4)和速度表达式(4.5)可得

$$\begin{cases}x_0=A\cos\varphi\\v_0=-A\omega\sin\varphi\end{cases}\tag{4.8}$$

由以上两式可得振幅为

$$A=\sqrt{x_0^2+\left(\frac{v_0}{\omega}\right)^2}$$

对于转动型简谐振动，振幅是物体转动时离开平衡位置最大角位移 $\pm\Theta$ 的绝对值 Θ。此时的振幅单位(SI)用弧度(rad)表示。类似地，振幅也可以由初始条件决定。若 $t=0$ 时振子的角位置与角速度分别为：$\theta=\theta_0$，$\theta'=\theta'_0$，由振动方程(4.6)和角速度表达式(4.7)可得

$$\begin{cases}\theta_0=\Theta\cos\varphi\\\theta'_0=-\Theta\omega\sin\varphi\end{cases}$$

由上式可以解得振幅为

$$\Theta=\sqrt{\theta_0^2+\left(\frac{\theta'_0}{\omega}\right)^2}$$

2. 周期、频率(角频率)

一般事物在往复运动、重复变化的过程中，某些特征多次重复出现，其连续两次出现所经过的时间叫“周期”。**振子在简谐振动过程中，完成一次全振动(振子往复运动一次)所需时间称为周期**，用 T 标记。**单位时间内振子完成全振动的次数称为频率**，用 ν 表示。可见，周期与频率为倒数关系，即 $\nu=1/T$。

频率的单位(SI)：赫兹(Hz)。

由于简谐振动方程是周期性函数，由周期函数的性质，有

$$A\cos(\omega t+\varphi)=A\cos[\omega(t+T)+\varphi]=A\cos(\omega t+\varphi+2\pi)$$

则有关系 $\omega T=2\pi$，即

$$\omega=\frac{2\pi}{T}=2\pi\nu$$

上式表示**在 2π 时间内振子完成完全振动的次数**，称为**角频率**(或**圆频率**)，用 ω 表示。

对于弹簧振子系统，其角频率、频率与周期分别为

$$\omega=\sqrt{\frac{k}{m}},\ \nu=\frac{\omega}{2\pi}=\frac{1}{2\pi}\sqrt{\frac{k}{m}},\ T=\frac{2\pi}{\omega}=2\pi\sqrt{\frac{m}{k}}$$

对于单摆系统，相应的角频率、频率、周期分别为

$$\omega=\sqrt{\frac{g}{l}},\ \nu=\frac{1}{2\pi}\sqrt{\frac{g}{l}},\ T=2\pi\sqrt{\frac{l}{g}}$$

对于复摆系统，相应的角频率、频率、周期分别为

$$\omega=\sqrt{\frac{mgh}{J}},\ \nu=\frac{1}{2\pi}\sqrt{\frac{mgh}{J}},\ T=2\pi\sqrt{\frac{J}{mgh}}$$

由上可见，弹簧振子、单摆与复摆的角频率、频率、周期由系统的性质决定，例如弹簧振子系统由 m、k 确定，单摆由 g、l 确定。这些量跟初始条件无关，故称频率为**固有频率**(或**本征频率**)。弹簧振子、单摆与复摆都有自己的固有频率，一个玻璃杯、水分子等都有自己的固有频率，例如水分子振动的频率是 2450 MHz。

例 4.2 如图 4.6(a)所示，一块均匀的长木板质量为 m，对称地平放在相距为 l 的两个滚筒上，滚筒的转动方向如图所示，滚筒表面与木板之间的摩擦因素为 μ。现使木板沿水平方向移动一段距离后释放，试证明此后木板将做简谐振动并求其周期。

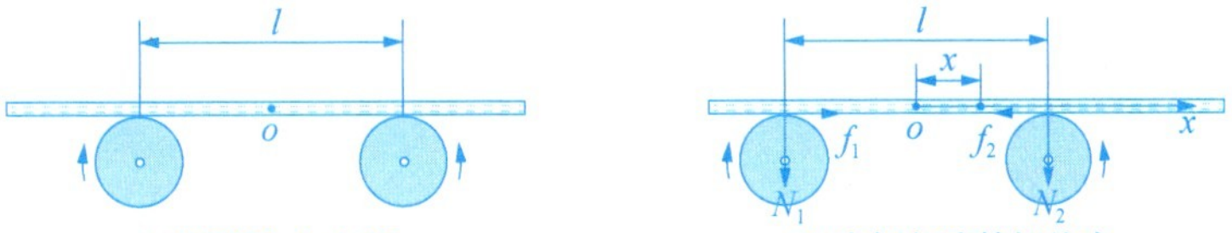

(a)滚筒上的木板　(b)木板与滚筒间的力

图 4.6

解：见图 4.6(b)，以两滚筒之间距离的中点为原点 o 向右为正建立 ox 坐标系。当木板的质心的位移量为 x 时，设木板对左右滚筒的压力分别为 N_1、N_2，此时两滚筒距其质心的距离分别为 $(l/2+x)$、$(l/2-x)$，由杠杆平衡有

$$N_1\left(\frac{l}{2}+x\right)=N_2\left(\frac{l}{2}-x\right)$$

另

$$N_1+N_2=mg$$

得

$$N_1=mg\frac{l/2-x}{l},\ N_2=mg\frac{l/2+x}{l}$$

则木板所受摩擦力的合力为

$$f=f_1-f_2=\mu mg\frac{l/2-x}{l}-\mu mg\frac{l/2+x}{l}=-\frac{2\mu mgx}{l}$$

式中 $2\mu mg/l$ 可视为常量 k，可见木板的受力为线性回复力，它将做简谐振动。木板相当于弹簧振子系统的振子，$2\mu mg/l$ 等效于弹簧的劲度系数 k，于是木板振动的周期为

$$T=2\pi\sqrt{\frac{m}{k}}=2\pi\sqrt{\frac{m}{2\mu mg/l}}=2\pi\sqrt{\frac{l}{2\mu g}}$$

3. 位相和初位相

以弹簧振子系统为例。从振子的振动方程(4.4)与速度方程(4.5)可见，当振子的振幅与频率给定后，要确定振子在任意时刻 t 的位移与速度(即振子的振动状态)，就必须知道该时刻 $\omega t+\varphi$ 值的大小，即 $\omega t+\varphi$ 值与振子在 t 时刻的振动状态有对应关系，故**将 $\omega t+\varphi$ 称为简谐振动在 t 时刻的位相**(或称**相位**)。换句话说，振子的振动状态由位相来确定。如图 4.7 所示，在一个周期内($t_1\leqslant t<t_4$)，各时刻振子的振动状态是不同的，对应的位相就不同。而在不同周期内，振子的振动状态可以相同，但振动状态相同的时刻，它们的位相相差为 2π 的整数倍，例如 t_1、t_4 与 t_5 时刻。

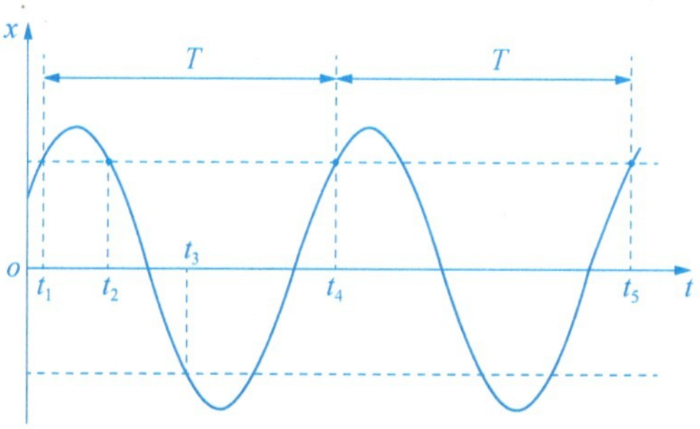

图 4.7　位相

将 $t=0$ 时刻的相位 φ 称为初相位，它决定了振子在 $t=0$ 时刻的振动状态。一般约定初位相在 $0\leqslant\varphi<2\pi$ 或 $-\pi\leqslant\varphi\leqslant\pi$ 范围内取值。初位相可以由初始条件获得。例如 $t=0$ 时振子的位置与速度分别为：$x=x_0<0$，$v=v_0<0$，由式(4.8)有

$$\begin{cases}x_0=A\cos\varphi<0\\ v_0=-A\omega\sin\varphi<0\end{cases}$$

由上面第一式可以判断 φ 位于第二或第三象限，而由上面第二式可以判断 φ 位于第一或第二象限，于是确定 φ 位于第二象限，再通过求解第一或第二式可得 φ 的值。由上式可得

$$\tan\varphi=-\frac{v_0}{\omega x_0}$$

由上式来获得初相位时应注意，在 $0\leqslant\varphi<2\pi$ 或 $-\pi\leqslant\varphi\leqslant\pi$ 范围内 $\tan\varphi$ 的一个值通常对应

两个 φ 值，要准确获得 φ 的值还需要由初始条件进一步判断。

如何获得物体做简谐振动的方程，见如下举例。

例 4.3　如图 4.8 所示，将两轻质弹簧串接使之自然伸长，与质量为 $m=75$ g 的物体连接置于光滑的水平面上，两弹簧的劲度系数 $k_1=3k_2=30$ N/m。(1)试证明弹簧在弹性限度范围内，该系统是简谐振动系统；(2)求物体振动的频率；(3)为使物体振动起来，给予物体一个沿 x 轴正向的初速度 3 m/s，求物体的振动方程。

解：(1)取平衡位置为坐标原点，建立 ox 坐标系。见图 4.8，当物体的位移为 x 时，设弹簧 1 与弹簧 2 的形变长度分别为 x_1、x_2。由于物体所受力 F 等于弹簧 1 或弹簧 2 的弹性力，即有

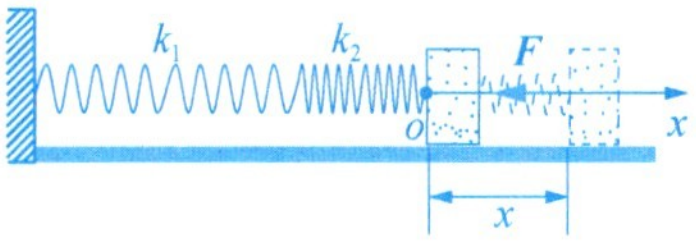

图 4.8　两弹簧串接

$$F=F_1=F_2$$

由胡克定律有

$$F_1=-k_1x_1,\quad F_2=-k_2x_2$$

结合上面两式有

$$x=x_1+x_2=-\frac{F}{k_1}-\frac{F}{k_2}=-\frac{k_1+k_2}{k_1k_2}F$$

即

$$F=-\frac{k_1k_2}{k_1+k_2}x$$

可见物体受到线性回复力作用，因此能做简谐振动。

(2)上式说明两弹簧等效于一个劲度系数为 $\frac{k_1k_2}{k_1+k_2}$ 的弹簧，则物体振动的频率为

$$\omega=\sqrt{\frac{k_1k_2}{(k_1+k_2)m}}=\sqrt{\frac{10\times30}{(10+30)\times0.075}}=10\ \text{rad/s}$$

$$\nu=\frac{\omega}{2\pi}=\frac{10}{2\pi}\approx1.59\ \text{Hz}$$

(3)由初始条件：$t=0$ 时 $x_0=0$，$v_0=3$ m/s，则有

$$A=\sqrt{x_0^2+\left(\frac{v_0}{\omega}\right)^2}=\sqrt{0+\left(\frac{3}{10}\right)^2}=0.3\ \text{m}$$

$$\tan\varphi=-\frac{v_0}{\omega x_0}\to-\infty$$

得

$$\varphi=\frac{3\pi}{2}\ \text{或}\ -\frac{\pi}{2}$$

得物体振动方程为

$$x=0.3\cos\left(10t+\frac{3\pi}{2}\right)\ (\text{m})$$

请思考：由本题可知，由劲度系数为 k 的两根完全相同的弹簧串接成一根新弹簧，则

新弹簧的劲度系数为 $k/2$。反过来考虑，将一根劲度系数为 k 的弹簧等分为两段，则其中一段弹簧的劲度系数为 $2k$。这如何解释？如果将一根弹簧不断分割下去，最后仅剩两个原子，将这两个原子看成为一个振动系统，则系统振动的频率(分子中原子振动的频率)如何？

例 4.4 如图 4.9 所示，半径为 $R=4.9$ cm 质量为 m 的均质圆环用支架支起，可绕过 o 点且垂直于圆面的水平光滑轴在竖直平面内转动。最初圆环静止(直径 oa 竖直向下)，随后拉动圆环使它转过一个偏转角(直径 oa 与竖直线夹 3.6°角)，随后松手。求圆环绕轴 o 转动的运动方程。

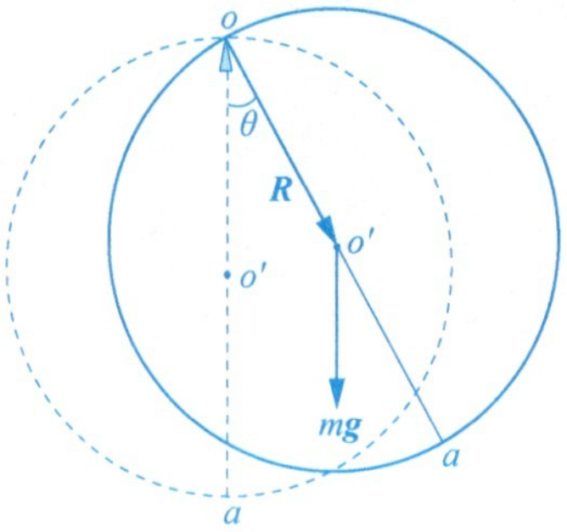

图 4.9 圆环转动

解：圆环绕水平轴 o 转动就是一个复摆，因为最大的偏转角很小(<5°)，因此它将做简谐振动。见图 4.9，圆环的质心在圆心 o'处，它等效于一个弦线长度为 R 摆锤位于 o'处的单摆。当直径 oa 从竖直位置转动至 θ 角位置时，由转轴 o 指向 o'的位矢 $\boldsymbol{R}$ 与摆锤的重力 $m\boldsymbol{g}$ 夹 θ 角，此时重力矩 $\boldsymbol{M}$ 可表示为

$$M=-mgR\sin\theta=-mgR\theta$$

式中负号指明力矩与角位移的反向关系。针对过圆心 o'且垂直于圆面的转轴，圆环的转动惯量 $J_c=mR^2$。由平行轴定理，圆环针对轴 o 的转动惯量为

$$J=mR^2+mR^2=2mR^2$$

由转动定理 $M=J\beta$ 有

$$-mgR\theta=2mR^2\frac{\mathrm{d}^2\theta}{\mathrm{d}t^2}$$

则

$$\omega=\sqrt{\frac{mgR}{2mR^2}}=\sqrt{\frac{g}{2R}}=\sqrt{\frac{9.8}{2\times4.9\times10^{-2}}}=10\ \mathrm{rad/s}$$

初始的偏转角即是振幅，即

$$\Theta=3.6^\circ=0.02\pi\ \mathrm{rad/s}$$

由初始条件：$t=0$ 时 $\theta_0=\Theta$，$\theta_0'=0$ rad/s，则有

$$\begin{cases}\theta_0=\Theta\cos\varphi=\Theta\\ \theta_0'=-\Theta\omega\sin\varphi=0\end{cases}$$

得

$$\varphi=0$$

圆环的振动方程为

$$\theta=0.02\pi\cos(10t)\ (\mathrm{rad})$$

4.2.3 旋转矢量法

用旋转矢量法来处理简谐振动的问题有简捷、直观等优势。下面以振子在 ox 轴上做

简谐振动为例来认识旋转矢量法，振子的振动方程为 $x=A\cos(\omega t+\varphi)$。

如图 4.10 所示，考察一质点在以 o 为圆心、振幅 A 为半径的圆上逆时针做匀速圆周运动，其角速度等于角频率 ω。从圆心引质点的位矢 $\boldsymbol{A}$，该矢量随质点转动而旋转，因此称为**旋转矢量**。$t=0$ 时刻旋转矢量 $\boldsymbol{A}$ 与 x 轴的夹角为初位相 φ，则 t 时刻它与 x 轴的夹角为 $\omega t+\varphi$，此时矢量 $\boldsymbol{A}$ 的端点（即质点）在 x 轴上的投影点 p 的坐标为

$$x=A\cos(\omega t+\varphi)$$

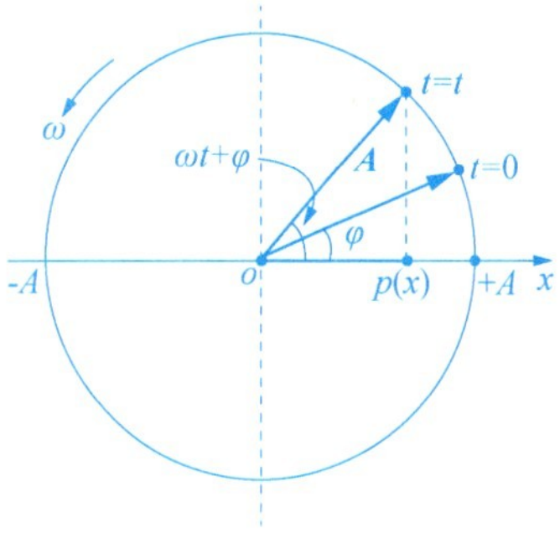

图 4.10　旋转矢量法

由此可见，投影点 p 就表示做简谐振动的振子位置。因此，当振子（p 点）在 x 轴上做简谐振动，即可以用做匀速圆周运动的质点的旋转矢量 $\boldsymbol{A}$ 来直观显示。当振子沿 x 轴负向振动（从 $+A$ 向 $-A$ 方向），其速度为负值，旋转矢量 $\boldsymbol{A}$ 从第一象限向第二象限转动；当振子沿 x 轴正向振动（从 $-A$ 向 $+A$ 方向），其速度为正值，矢量 $\boldsymbol{A}$ 则从第三象限向第四象限转动。例如当某时刻振子的位移 $x<0$，速度 $v>0$，由 x 为负值可知，对应的旋转矢量 $\boldsymbol{A}$ 在第二或第三象限，而由 v 为正值可知 $\boldsymbol{A}$ 在第三或第四象限，综合来看，该时刻矢量 $\boldsymbol{A}$ 就在第三象限。

另外，考察做匀速圆周运动的质点的线速度 $\boldsymbol{v}$、向心加速度 $\boldsymbol{a}$ 在 x 轴上的投影，见图 4.11、图 4.12 所示。t 时刻 $\boldsymbol{v}$ 与 x 轴夹角为 $\omega t+\varphi+\pi/2$，$\boldsymbol{a}$ 与 x 轴夹角为 $\omega t+\varphi+\pi$，而 $v=\omega A$，$a=\omega^2 A$，则 $\boldsymbol{v}$ 与 $\boldsymbol{a}$ 在 x 轴上的分量分别为

$$v_x=-\omega A\cos\left[\pi-\left(\omega t+\varphi+\frac{\pi}{2}\right)\right]=-\omega A\sin(\omega t+\varphi)$$

$$a_x=-\omega^2 A\cos(\omega t+\varphi+\pi-\pi)=-\omega^2 A\cos(\omega t+\varphi)$$

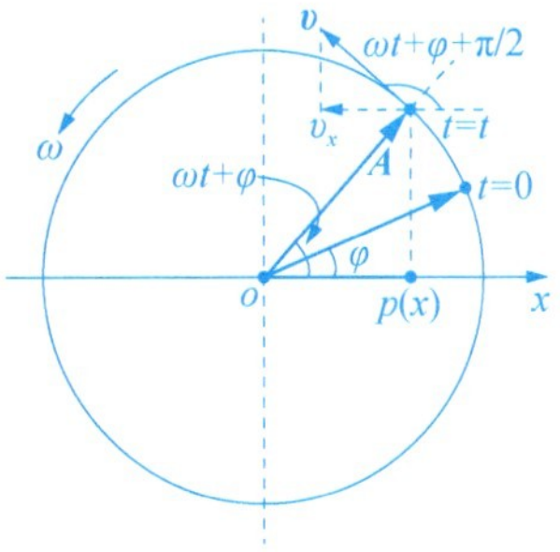

图 4.11　速度在 x 轴上的投影

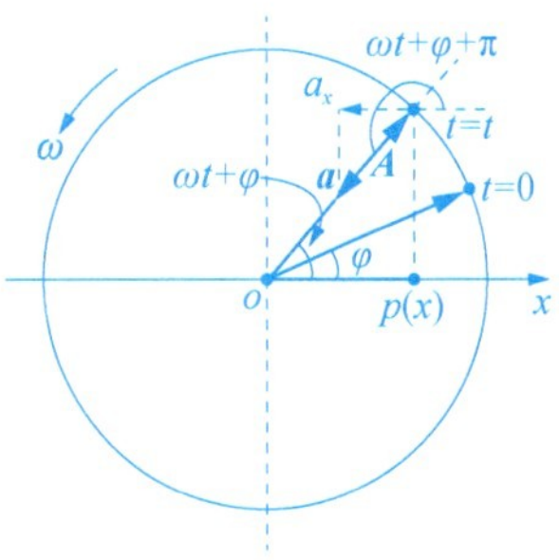

图 4.12　加速度在 x 轴上的投影

可见，旋转矢量 $\boldsymbol{A}$ 的端点（质点）的速度与加速度在 x 轴上的分量，即是振子（p 点）做简谐振动的速度与加速度。

总之，简谐振动能用旋转矢量直观显示，而利用旋转矢量法解决简谐振动问题的简捷性见下面的举例。

例 4.5　如图 4.13 所示，一水平放置的弹簧振子系统在光滑的平面上振动，振幅为

$a=0.1$ m，振子质量为 $m=0.05$ kg，弹簧劲度系数为 $k=40$ N/m。当振子运动至最大位置时，另一等质量的滑块沿 ox 轴负向以速率 $u=4$ m/s 与之碰撞并粘在上面一起振动。求：(1)新振动系统的振动方程；(2)当新振子第一次回到碰撞位置所用时间。

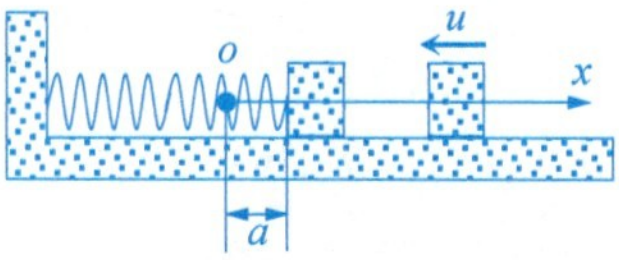

图 4.13　振子与滑块碰撞

解：(1)原振子跟滑块粘在一起与弹簧组成了一个新的振动系统，新振子的质量为 $2m$，则新振动系统的角频率为

$$\omega=\sqrt{\frac{k}{2m}}=\sqrt{\frac{40}{2\times0.05}}=20\ \text{rad/s}$$

以碰撞时刻为计时起点，则新振子的初位置为 $x_0=0.1$ m，初速度 v_0 可由原振子与物体的完全非弹性碰撞求出，即

$$m(-u)=2mv_0\rightarrow v_0=-\frac{u}{2}=-2\ \text{m/s}$$

则新振子的振幅为

$$A=\sqrt{x_0^2+\left(\frac{v_0}{\omega}\right)^2}=\sqrt{0.1^2+\left(\frac{-2}{20}\right)^2}=0.1\sqrt{2}\approx0.1\sqrt{2}\ \text{m}$$

用解析法来确定新振子的初相位：由于

$$\tan\varphi=-\frac{v_0}{\omega x_0}=-\frac{-2}{20\times0.1}=1\rightarrow\varphi=\frac{\pi}{4}\text{或}\frac{5\pi}{4}$$

而 $v_0=-\omega A\sin\varphi<0$，因此

$$\varphi=\frac{\pi}{4}$$

用旋转矢量法来确定初相位：作旋转矢量图，如图 4.14 所示，新振子的初位置为 $x_0=0.1$ m，那么旋转矢量在第一或第四象限。又因为新振子沿 x 轴负向运动，速度为负值，所以旋转矢量应在第一象限，对应的初位相 φ 应在第一象限取值。在旋转矢量 $\boldsymbol{A}$ 与 op 构成的直角三角形中，有

$$\cos\varphi=\frac{x_0}{A}=\frac{0.1}{0.1\sqrt{2}}=\frac{\sqrt{2}}{2}\rightarrow\varphi=\frac{\pi}{4}$$

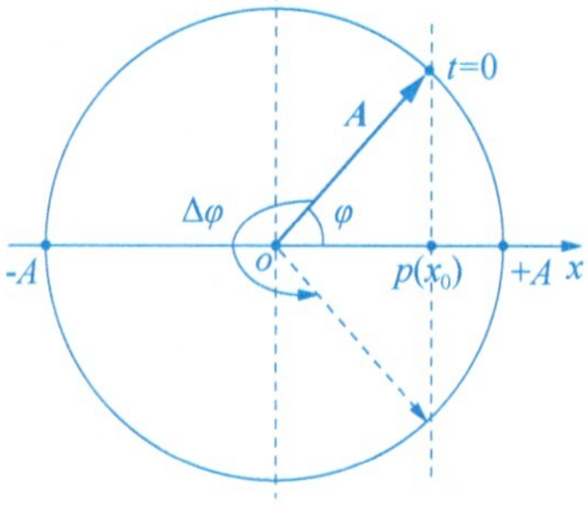

图 4.14　旋转矢量图

得新振子的振动方程为

$$x=0.1\sqrt{2}\cos\left(20t+\frac{\pi}{4}\right)\ (\text{m})$$

(2)当新振子第一次回到碰撞位置，振子(p 点)沿 x 轴负向运动到 $-A$ 处，又反向运动到碰撞位置，见图 4.14，对应的旋转矢量旋转到第四象限，转过的角度 $\Delta\varphi=3\pi/2$，而旋

转矢量转动的角速度 $\omega=20$ rad/s，因此旋转矢量转动所用的时间，即振子所用时间为

$$\Delta t=\frac{\Delta\varphi}{\omega}=\frac{3\pi/2}{20}=0.24\ \mathrm{s}$$

例 4.6　如图 4.15(a)所示，为某振子做简谐振动的速度与时间的关系曲线。试求振子的振动方程。

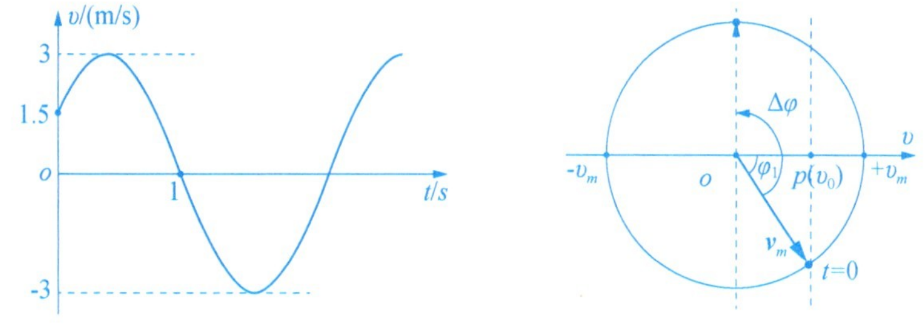

(a)简谐振动曲线　　(b)旋转矢量图

图 4.15

解：当振子做简谐振动，那么它的速度也在做简谐振动。设振子速度的简谐振动方程为 $v=v_m\cos(\omega t+\varphi_1)$，其中 v_m 是速度的振幅，φ_1 是速度振动的初位相。由图 4.15(a)知

$$v_m=3\ \mathrm{m/s}$$

且 $t=0$ 时，$v_0=\dfrac{v_m}{2}=1.5\ \mathrm{m/s}$；$t=1s$ 时，$v_1=0\ \mathrm{m/s}$

作关于 v 的旋转矢量图，如图 4.15(b)所示，p 点在 o 至 $+v_m$ 的中点。又知 $t=0$ 时 v 向正方向变化，因此对应的旋转矢量 $\boldsymbol{v}_m$ 在第四象限。在 $\boldsymbol{v}_m$ 与 op 构成的直角三角形中，有

$$\cos\varphi_1=\frac{v_0}{v_m}=\frac{1}{2}\rightarrow\varphi_1=-\frac{\pi}{3}\text{或}\frac{5\pi}{3}$$

见图 4.15(a)，在 0~1 s 时间段，速度从 p 点变至最大值 $+v_m$，随后减小到 0，则对应的旋转矢量 $\boldsymbol{v}_m$ 从初始位置旋转至竖直向上的位置，见图 4.15(b)，转动的角度 $\Delta\varphi=5\pi/6$，于是旋转矢量转动的角速度即角频率为

$$\omega=\frac{5\pi/6}{1}=\frac{5\pi}{6}$$

则速度的振动方程为

$$v=3\cos\left(\frac{5\pi}{6}t-\frac{\pi}{3}\right)\ (\mathrm{m/s})$$

见式(4.5)，将上式与振子做简谐振动的速度方程 $v=\omega A\cos(\omega t+\varphi+\pi/2)$ 比较，得

$$\omega A=3,\quad \varphi+\frac{\pi}{2}=-\frac{\pi}{3}$$

即

$$A=\frac{18}{5\pi},\quad \varphi=-\frac{5\pi}{6}$$

则振子的简谐振动方程为

$$x=\frac{18}{5\pi}\cos\left(\frac{5\pi}{6}t-\frac{5\pi}{6}\right)\ (\mathrm{m})$$

4.3 简谐振动的能量

对于一个振动系统的能量问题，既要考虑系统振动过程中的动能，也要考虑系统的势能，对于简谐振动系统亦是如此。弹簧振子系统中的振子运动有动能，而弹簧的形变涉及弹性势能。单摆的摆锤与复摆的刚体在转动过程中有转动动能，同时也涉及重力势能。下面以弹簧振子系统为例讨论简谐振动系统的能量特征。系统中振子在时刻 t 的位移 $x=A\cos(\omega t+\varphi)$（弹簧的伸长量）和速度 $v=-\omega A\sin(\omega t+\varphi)$。

根据动能和弹性势能的表达式，利用弹簧振子系统的角频率 $\omega^2=k/m$，即 $k=m\omega^2$，则弹簧振子系统的动能与势能分别可以表示为

$$\begin{cases}E_k=\dfrac{1}{2}mv^2=\dfrac{1}{2}m\omega^2A^2\sin^2(\omega t+\varphi)=\dfrac{1}{2}kA^2\sin^2(\omega t+\varphi)\\E_p=\dfrac{1}{2}kx^2=\dfrac{1}{2}kA^2\cos^2(\omega t+\varphi)\end{cases}$$

由于振子的最大速率 $v_m=\omega A$，则弹簧振子系统的总机械能为

$$E=E_k+E_p=\frac{1}{2}kA^2=\frac{1}{2}m\omega^2A^2=\frac{1}{2}mv_m^2$$

由上可见：①在弹簧振子系统发生振动过程中，系统的动能与势能相互转化——振子动能最大时系统的势能最小，振子的动能最小时势能最大；②振动过程中系统的机械能守恒，机械能等于振子位于最大位移处的势能，或等于振子位于平衡位置的动能。对于一个确定的弹簧振子系统，由于它的质量与角频率一定，则其机械能正比于振幅的平方。

将势能 $E_p(=kx^2/2)$ 与位移 x 的关系作图，可以直观地显示能量之间的关系。如图 4.16 所示，势能曲线是抛物线，图中标示出振子运动到位移为 x 处的势能 E_p、动能 E_k 与机械能 E_p。对于能量有限的振子，它的运动将局限于某一有限范围[$-A$, A]，或者说振子将局限在某种势阱中运动。

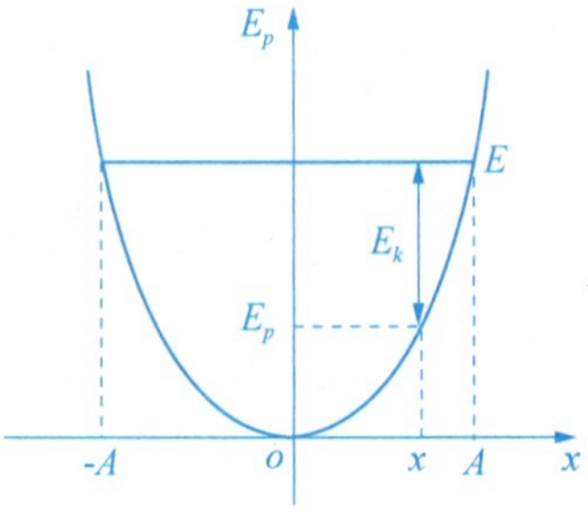

图 4.16　势能位移图

由于动能、势能是时间的周期性函数，在一个周期内，动能、势能的平均值为

$$\begin{cases}\overline{E}_k = \dfrac{1}{T}\displaystyle\int_0^T E_k \mathrm{d}t = \dfrac{1}{T}\int_0^T \dfrac{1}{2}kA^2 \sin^2(\omega t + \varphi)\mathrm{d}t = \dfrac{1}{4}kA^2 \\ \overline{E}_p = \dfrac{1}{T}\displaystyle\int_0^T E_p \mathrm{d}t = \dfrac{1}{T}\int_0^T \dfrac{1}{2}kA^2 \cos^2(\omega t + \varphi)\mathrm{d}t = \dfrac{1}{4}kA^2\end{cases}$$

即
$$\overline{E}_k = \overline{E}_p = \frac{1}{4}kA^2 = \frac{1}{2}E$$

上式表明：弹簧振子系统的动能与势能的平均值相等，且等于机械能的一半。以上结论可以推广到其他简谐振动系统。

例 4.7 弹簧振子在光滑水平面上做简谐振动时，振子质量为 m，振幅为 A，弹簧的劲度系数为 k。求：(1)振子的最大速率；(2)动能是势能的两倍时振子的位置；(3)振子的位移为振幅一半时的动能和势能；(4)弹性力在半个周期内所做的功。

解：(1)弹簧振子系统的机械能守恒，机械能等于振子最大的动能或弹簧最大的势能，设振子经过平衡位置的最大速率为 v_m，则

$$E = \frac{1}{2}mv_m^2 = \frac{1}{2}kA^2$$

得
$$v_m = A\sqrt{\frac{k}{m}} = A\omega$$

(2)振子的动能是势能的两倍，则势能是机械能的 1/3，则有

$$\frac{1}{2}kx^2 = \frac{1}{3}E = \frac{1}{3}\left(\frac{1}{2}kA^2\right)$$

得
$$x = \pm\frac{\sqrt{3}}{3}A$$

(3)振子的位移为振幅一半时的势能为

$$E_p = \frac{1}{2}kx^2 = \frac{1}{2}k\left(\frac{A}{2}\right)^2 = \frac{1}{8}kA^2 = \frac{1}{4}E$$

由于机械能守恒，则振子的动能为

$$E_k = E - E_p = \frac{3}{4}E = \frac{3}{8}kA^2$$

(4)在相距半个周期的两时刻，振子的速率相等，则半个周期内振子动能的增量为零。由动能定理可知，弹性力在半个周期内所做的功为零。

4.4 阻尼振动 受迫振动与共振

前面讨论的简谐振动系统都是孤立系统，与外界没有能量交换，因此振动系统的能量

不会损失，振子的振幅不会变小，人们将这种无外界影响做自由振动的系统也称为无阻尼自由振动。然而，实际情况是任何振动系统都会受到外界的影响，外界通过摩擦力、流体阻力做功，或者通过电阻发热、电磁辐射等多种方式与系统交换能量，此时振动系统有更复杂的运动形式。

4.4.1 阻尼振动

当系统受到外界的阻力作用，或者系统通过电磁辐射等方式不断损失能量，于是系统的振幅不断衰减，这样的振动**称为阻尼振动(或阻尼运动)**。下面以弹簧振子系统为例来了解阻尼振动。

弹簧振子系统处在空气等流体中，振子除了受到弹簧的线性回复力外，还要受到流体的阻力。当振子运动的速度处于低速范围时，所受阻力与其运动速率成正比例关系，阻力可以表示为

$$f_r=-\gamma v=-\gamma\frac{\mathrm{d}x}{\mathrm{d}t}$$

式中 γ 称为阻力系数，由振子的形状、大小、表面性质以及流体的性质等因素决定。此时振子的动力学方程为

$$m\frac{\mathrm{d}^2x}{\mathrm{d}t^2}=-kx-\gamma v=-kx-\gamma\frac{\mathrm{d}x}{\mathrm{d}t}$$

令 $\omega_0^2=\dfrac{k}{m}$，$2\beta=\dfrac{\gamma}{m}$，上式变换为

$$\frac{\mathrm{d}^2x}{\mathrm{d}t^2}+2\beta\frac{\mathrm{d}x}{\mathrm{d}t}+\omega_0^2x=0$$

式中 β 称为阻尼系数，ω_0 是弹簧振子系统无阻力时的固有角频率。上式微分方程的通解为

$$x=A\mathrm{e}^{(-\beta+\sqrt{\beta^2-\omega_0^2})t}+B\mathrm{e}^{(-\beta-\sqrt{\beta^2-\omega_0^2})t}\tag{4.9}$$

式中 A 与 B 是常数，可由初始条件确定。

当 $\beta<\omega_0$ 时，振子所受阻力较小，由式(4.9)可以得到此时振子的运动方程为

$$x=A_0\mathrm{e}^{-\beta t}\cos(\omega t+\varphi_0)$$

式中 $\omega=\sqrt{\omega_0^2-\beta^2}$，$A_0$ 与 φ_0 是常数，可由初始条件确定。由上式可见，振子的运动不再是等振幅的周期性运动，可以看成是振幅($A_0\mathrm{e}^{-\beta t}$)随时间按指数衰减、角频率为 ω 的周期性运动，振子的此种运动称为**弱阻尼运动**。图 4.17 显示出振子的弱阻尼运动曲线。

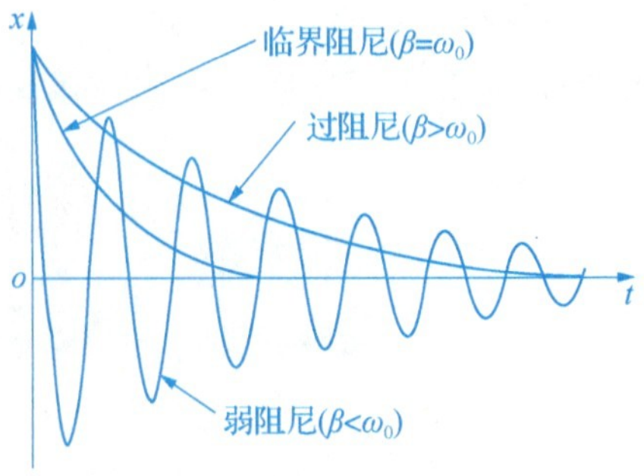

图 4.17 阻尼运动

振子做弱阻尼运动仍然具有周期性，周期 T 也为振子每连续两次同方向通过平衡位置运动所

需的时间，利用周期与角频率的关系，有

$$T=\frac{2\pi}{\omega}=\frac{2\pi}{\sqrt{\omega_0^2-\beta^2}}$$

前述的置于空气中的弹簧振子系统、单摆、复摆等的振动实际上都在弱阻尼运动。

当 $\beta>\omega_0$ 时，振子所受阻力较大，由式(4.9)可以得到此时振子的运动方程为

$$x=(Ae^{(\sqrt{\beta^2-\omega_0^2})t}+Be^{(-\sqrt{\beta^2-\omega_0^2})t})e^{-\beta t}$$

对此作振子的运动曲线，如图 4.17 中 $\beta>\omega_0$ 的曲线所示。由此可见，振子的运动不再具有任何周期性特点，它将缓慢地从初始位置向平衡位置运动，振子的这种运动称为**过阻尼运动**。

在弱阻尼与过阻尼运动之间，存在一个临界运动状态($\beta=\omega_0$)，由式(4.9)可以得到此时振子的运动方程为

$$x=(A+Bt)e^{-\beta t}$$

将该状态振子的运动称为**临界阻尼运动**，如图 4.17 所示。此时振子从初始位置向平衡位置运动仍然没有周期性特点，但它回归到平衡位置的时间比过阻尼的短得多。

为了消除机器、摩天大楼等的振动，可以加装阻尼装置来达到目的。例如弹簧阻尼减震器可以减弱机器装置的振动，隔音阻尼毡可以降低噪声，在电流计中就利用临界阻尼装置使指针尽快回归到平衡位置以便于快速测量。

4.4.2　受迫振动

阻尼振动使振动系统失去能量，振子的振幅越来越小，最终振子静止下来。然而通过外界的作用可以使振动系统获得能量，维持振子的振幅不变。要实现这种运动，采取的方法可以对振动系统施加周期性的外力。**将振动系统受周期性外力作用形成的振动称作受迫振动**，周期性外力称为策动力。

对于弹簧振子系统，下面来看看振子受线性回复力、弱阻尼力和策动力共同作用时的运动情况。设策动力为 $F=F_0\cos pt$，p 为策动力的频率，则振子运动的动力学方程为

$$m\frac{d^2x}{dt^2}=-kx-\gamma\frac{dx}{dt}+F_0\cos pt$$

令 $\omega_0^2=\frac{k}{m}$，$2\beta=\frac{\gamma}{m}$，$f_0=\frac{F_0}{m}$，则上式变换为

$$\frac{d^2x}{dt^2}+2\beta\frac{dx}{dt}+\omega_0^2x=f_0\cos pt \tag{4.10}$$

该微分方程的解为

$$x=A_0e^{-\beta t}\cos(\omega t+\varphi_0)+A\cos(pt+\varphi)$$

上式第一项描述了振子做弱阻尼运动，它将随时间 t 延长而快速衰减直至消失。于是到某一时刻后，微分方程的解只剩第二项。此后振子将做稳定的振动。第二项描述了振子按策

动力的频率做周期性的稳定振动。将稳态解 $x=A\cos(pt+\varphi)$ 代入微分方程(4.10)，可得

$$A=\frac{f_0}{\sqrt{(\omega_0^2-p^2)^2+4\beta^2p^2}} \tag{4.11}$$

由此可见，处于稳定振动状态的振子，其振幅 A 由振动系统的性质、阻力以及策动力的大小决定，而不由初始条件决定。

4.4.3 共振

式(4.11)显示，对于某一确定的系统(ω_0、β 与 f_0 为常量)，做稳定振动的振子其振幅是策动力频率的函数。作 $A-p$ 曲线，发现当 β 取不同值，曲线均有一个峰值，如图 4.18 所示。**当策动力的频率为峰值下对应的频率，振子的振幅将达到极大值**，这种现象称为**位移共振**。通过求极值的方法($\mathrm{d}A/\mathrm{d}p=0$)，可得出现位移共振时策动力的频率(即共振频率)为

$$p_r=\sqrt{\omega_0^2-2\beta^2}$$

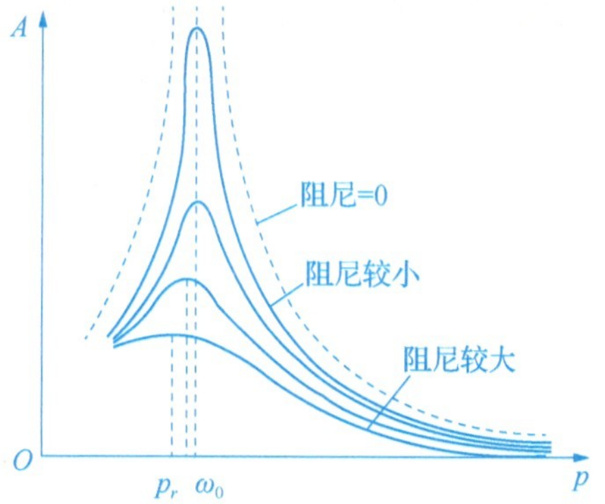

图 4.18 位移共振

从图 4.18 与式(4.11)均反映出，对于阻尼系数 β 不同的振动系统，振子发生位移共振时的振幅将不同，阻尼越小，共振位移越大。当 β 趋近于零的系统，策动力的频率趋近于系统的固有频率($p\to\omega_0$)，振子的振幅将趋于无穷大，即位移共振最为强烈。此时由于振幅过大，如果超过了系统的承受能力，将造成破坏性的后果。

同样，对于某一确定的系统，做稳定振动的振子其速度也是策动力频率的函数，为

$$v=\frac{\mathrm{d}x}{\mathrm{d}t}=-v_m\sin(pt+\varphi)$$

上式中 v_m 为速度振幅。由于 $v_m=pA$，可见对于某一确定的系统，当策动力的频率为共振频率 p_r 时，速度振幅也将达到极大值，出现速度共振现象。出现速度共振与位移共振的条件一样，因此一般不加以区别两种共振。

从能量的观点分析，共振时振子速度与策动力振动步调相同，策动力对系统做正功，此时系统从外界最大限度地补充了能量，于是形成了振幅最大的共振。

共振的危害与利用

共振现象有利有弊，在建筑、机械制造、电子等工业领域，如果忽视共振现象将会引起严重的后果。19 世纪初，一队法国士兵整步走通过一座桥梁时，由于士兵的步调频率正好与桥梁的固有频率一致，导致桥梁因共振而坍塌。1940 年，著名的美国塔科马大桥在阵风引起的共振中垮塌。沿海地区的热带风暴除了对建筑物沿着风向产生一个作用力外，由于气流经过建筑物表面的速度不同还会对其产生一个横向力，在一定条件下气流经过建

筑物表面形成旋涡，旋涡会不断脱落，从而对构筑物产生一个振动。如果风的横向力产生的振动频率与构筑物的固定频率相同或者相近时，就会形成共振，从而引起高楼大幅度摇摆。

在工业生产中，共振也会产生不良影响，如机床运转时，运动部分总会有某种不对称性，从而对机床的其他部件施加周期性作用力，引起这些部件形成受迫振动。当这种作用力的频率与机床的固有频率接近或相等时，便会发生共振，从而影响加工精度，进而导致机械装置的疲劳损坏。

当然，利用好共振现象也会给我们带来很多好处，造福人类社会。早在战国初期《墨子·备穴》中，就记载了在城墙下深埋皮革蒙口的大陶瓮，用来探听敌人挖地道的声音。在建筑行业，建筑工人在浇灌混凝土时，同时用搅拌棒进行搅拌，其目的就是利用搅拌棒的振动使混凝土之间变得更紧密、更结实，以提高建筑物的质量。在无线电接收中，利用电谐振能获得良好的信号。家用电器的微波炉也是利用特定波长的电磁波与食物中水分子的共振加热食物。在激光器中利用光学共振谐振腔可以获得稳定的激光输出。此外，粉碎机、测振仪、共鸣箱、电振泵、核磁共振仪等，也都是利用了共振现象进行工作的。

4.5　简谐振动的合成

在第 1 章中学习过运动的叠加原理——物体实际的运动可以看成几个各自独立进行的运动叠加而成。因此，**振子实际的振动也可以看成是多个简单的分振动合成而成，这称为振动的叠加原理**。反过来，振子的实际振动也可以分解成为多个简单的分振动之和。下面主要学习振动方向平行的分振动与振动方向垂直的分振动的合成，为研究复杂的振动合成、分解提供基础知识。

4.5.1　位相差(相位差)

在讨论振动的合成前，首先来认识位相差的概念。前面学过简谐振动方程 $x=A\cos(\omega t+\varphi)$ 中的位相 $(\omega t+\varphi)$ 就是反应振子振动状态的物理量。对于两个振动 $x_1=A_1\cos(\omega_1 t+\varphi_1)$ 与 $x_2=A_2\cos(\omega_2 t+\varphi_2)$，可用两者位相之差 $\Delta\varphi=(\omega_2-\omega_1)t+(\varphi_2-\varphi_1)$ 来反映它们振动步调的差异，这就是**位相差**。当两个振动的角频率相等时，此时的位相差 $\Delta\varphi=\varphi_2-\varphi_1$。下面分三种情况进行讨论。

(1) 若两个振动的初位相相等，即 $\Delta\varphi=0$，此时两个振动的位相完全相同，通过作振动曲线图，如图 4.19 所示，两个振子同时同向出发，同时到达各自正的最大位移处，又同时反向运动到达平衡位置……总之它们的步调完全一致，这两种振动称为**同相振动**。

(2) 若两个振动的初位相相差 π，即 $\Delta\varphi=\pi$。由振动曲线图 4.20 所示，两个振子同时反向出发，当第一个振子到达正的最大位移处，第二个振子同时到达负的最大位移处，随后又同时反向运动到平衡位置……两者的步调完全相反，这两种振动称为**反相振动**。

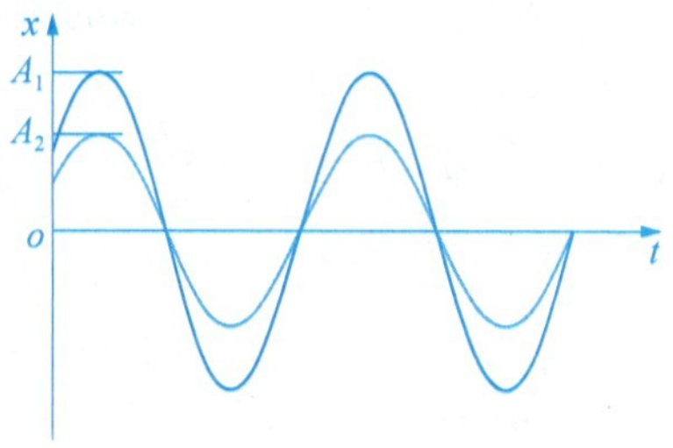

图 4.19　同相振动

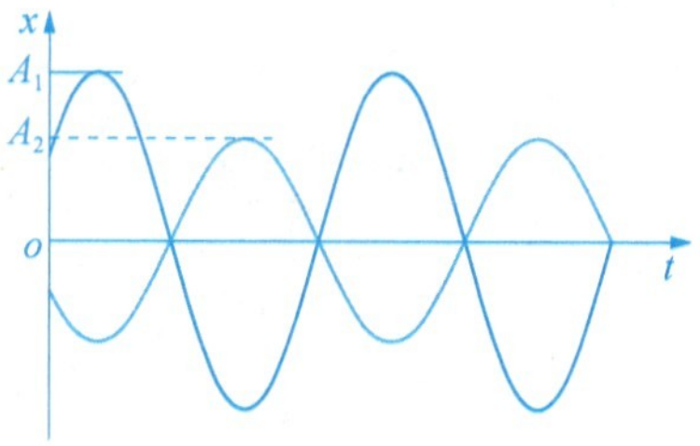

图 4.20　反相振动

(3) 当两个振动的初位相之差在 0~π 之间取值时，即 $0<\Delta\varphi<\pi$，用一个例子来显示两个振动步调之间的差异。第一与第二振动的初位相分别是 $3\pi/2$、$7\pi/4$。由振动曲线图 4.21 所示，第二个振动首先到达正的最大位移处，随后第一个振动跟着到达正的最大位移处，第二个振动先到达平衡位置，随后第一个振动跟着也到达平衡位置……总之，第二个振动的步调始终在第一个振动的前面。若 $\Delta\varphi>0$，即说第二个振动比第一个的步调超前了 $\Delta\varphi$ 位相，或者说第一个振动比第二个的步调落后了 $\Delta\varphi$ 位相。如果 $\Delta\varphi<0$，就表示第二个振动比第一个的步调落后了 $|\Delta\varphi|$ 位相。例如，比较振子的位移、速度与加速度的振动方程，可见速度比位移的振动、加速度比速度的振动步调均超期 $\pi/2$ 位相，而加速度与位移的振动位相相差 π，两振动属于反相关系。

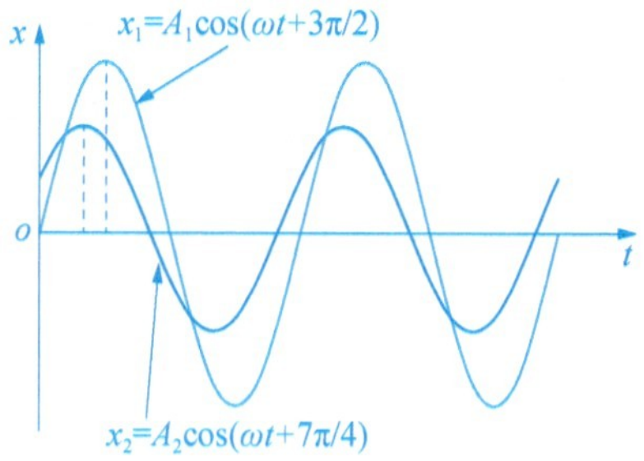

图 4.21　步调有差异的两振动

考虑到周期性，对以上三种情况总结为：①当 $\Delta\varphi=2k\pi$ 时（k 取整数），两振动的步调相同，为同相振动；②当 $\Delta\varphi=2k\pi+\pi$ 时，两振动的步调相反，为反相振动；③当 $2k\pi<\Delta\varphi<2k\pi+\pi$ 时，第二个振动比第一个振动步调超前 $\Delta\varphi$ 位相，或第一比第二振动步调落后了 $\Delta\varphi$ 位相。

当两个振动的角频率不等时，此时的位相差 $\Delta\varphi=(\omega_2-\omega_1)t+(\varphi_2-\varphi_1)$ 随时间变化，从中难以看出两个振动步调的差异。

4.5.2　振动方向相同、频率相同的两个简谐振动的合成

考虑一个振子上同时出现了两个分简谐振动，它们的振动方向与频率均相同，设两个简谐振动的方程为

$$\begin{cases}x_1=A_1\cos(\omega t+\varphi_1)\\x_2=A_2\cos(\omega t+\varphi_2)\end{cases}$$

则 t 时刻振子振动的位移为 $x=x_1+x_2$。由三角函数两角和公式、辅助角公式，可以得到振

子的实际位移也可以表示为一个余弦函数，为

$$x=A\cos(\omega t+\varphi)$$

由此可见，振子的实际位移(即合振动)仍然在是一个简谐振动。合振动的振幅 A 和初位相 φ 由以下公式确定

$$\begin{cases} A=\sqrt{A_1^2+A_2^2+2A_1A_2\cos\Delta\varphi} \\ \tan\varphi=\dfrac{A_1\sin\varphi_1+A_2\sin\varphi_2}{A_1\cos\varphi_1+A_2\cos\varphi_2} \end{cases} \tag{4.12}$$

上式中 $\Delta\varphi=\varphi_2-\varphi_1$ 为两个振动的位相差。

简谐振动的合成也可以用旋转矢量法来处理。如图 4.22 所示，初始时刻两个分简谐振动对应的旋转矢量 $\boldsymbol{A}_1$、$\boldsymbol{A}_2$ 与 ox 轴的夹角分别为 φ_1、φ_2，两矢量由平行四边形规则合成为矢量 $\boldsymbol{A}$。由于矢量 $\boldsymbol{A}_1$ 与 $\boldsymbol{A}_2$ 以相同的角速度 ω 逆时针旋转，因此合矢量 $\boldsymbol{A}$ 也以角速度 ω 逆时针旋转，这说明合矢量 $\boldsymbol{A}$ 也显示了一个简谐振动。见图中，三个矢量的端点在 ox 轴上投影点的坐标之间的关系满足等式 $x=x_1+x_2$，因此合矢量 $\boldsymbol{A}$ 显示的简谐振动即为两个分振动的合振动。考虑三角形 obd，$\angle obd=\pi-(\varphi_2-\varphi_1)$，由余弦定理可得到矢量 $\boldsymbol{A}$ 的大小。再考虑直角三角形 obx_2、bdc 与 odx，有 $\overline{ox}=\overline{ox_2}+\overline{bc}$，$\overline{xd}=\overline{dc}+\overline{x_2b}$，即可得到 A 与 ox 轴的夹角 φ，即式(4.12)。

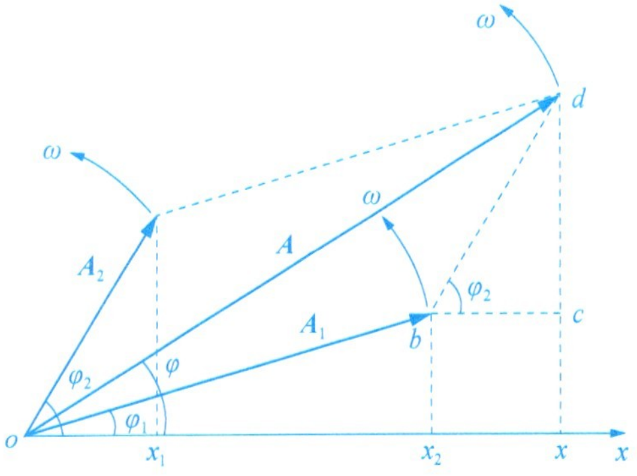

图 4.22　旋转矢量法处理振动的合成

分析合振动的振幅，见式(4.12)，可得如下结论：

(1)若 $\Delta\varphi=2k\pi(k\in Z)$时，有 $\cos\Delta\varphi=1$，则

$$A=\sqrt{A_1^2+A_2^2+2A_1A_2}=A_1+A_2$$

上式表明，当两个分振动同相振动，两分振动相互加强，合振动的振幅最大。若 $A_1=A_2$，则 $A=2A_1=2A_2$。

(2)若 $\Delta\varphi=(2k+1)\pi(k\in Z)$时，有 $\cos\Delta\varphi=-1$，则

$$A=\sqrt{A_1^2+A_2^2-2A_1A_2}=|A_1-A_2|$$

上式表明，当两个分振动反相振动，两分振动相互减弱，合振动的振幅最小。若 $A_1=A_2$，则 $A=0$。

(3)若 $2k\pi<\Delta\varphi<2k\pi+\pi(k\in Z)$时，则合振动的振幅在最小合振幅与最大合振幅之间，即

$$|A_1-A_2|<A<A_1+A_2$$

从以上分析可见，位相差 $\Delta\varphi$ 在同方向同频率简谐振动的合成中起到了决定性作用。同

方向同频率简谐振动的合成原理，在讨论声波、光波及电磁辐射的干涉和衍射时经常用到。

例 4.8 振子上同时有两个同方向同频率的分简谐振动，其角频率 $\omega=100\ \text{rad/s}$，振幅为 $A_1=2A_2=0.1\ \text{m}$，已知第一振动的初相位 $\varphi_1=\pi/2$，两振动的初相位差 $\varphi_2-\varphi_1=\pi/3$。求振子的合振动方程。

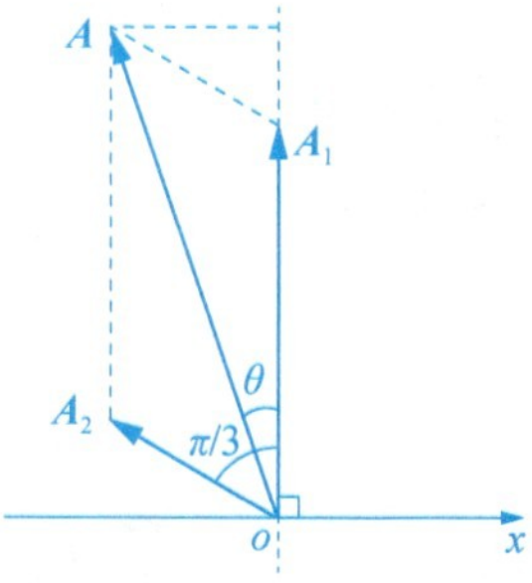

图 4.23 旋转矢量图

解：由题意作旋转矢量图，如图 4.23 所示。由图知

$$A=\sqrt{A_1^2+A_2^2+2A_1A_2\cos\ (\pi/3)}$$
$$=\sqrt{0.1^2+0.05^2+2\times0.1\times0.05\times0.5}=0.13\ \text{m}$$

而 $$\tan\theta=\frac{A_2\sin\Delta\varphi}{A_1+A_2\cos\Delta\varphi}=\frac{A_2\sin\ (\pi/3)}{2A_2+A_2\cos\ (\pi/3)}=\frac{\sqrt{3}}{5}$$

见图，合矢量在第二象限，则初相位为

$$\varphi=\frac{\pi}{2}+\tan^{-1}\theta=\frac{\pi}{2}+\tan^{-1}\left(\frac{\sqrt{3}}{5}\right)=1.90\ \text{rad}$$

合振动方程为

$$x=A\cos(\omega t+\varphi)=0.13\cos(100t+1.90)\ \text{m}$$

例 4.9 如图 4.24 所示为同方向同频率简谐振动合成的演示实验。激光笔与屏幕的质量均为 m，且均被劲度系数为 k 的相同弹簧挂在同一个水平面上。平衡时，激光笔的光束照在屏幕的中心，已知激光笔和屏幕相对水平面上下振动的方程分别为 $x_1=A\cos(\omega t+\varphi_1)$ 和 $x_2=A\cos(\omega t+\varphi_2)$。若要求：(1) 在屏上的光点相对于屏静止不动；(2) 在屏上的光点相对于屏做振幅 $A'=2A$ 的振动，则初位相 φ_1 与 φ_2 应满足什么条件？用何种方式起动，才能得到上述结果？

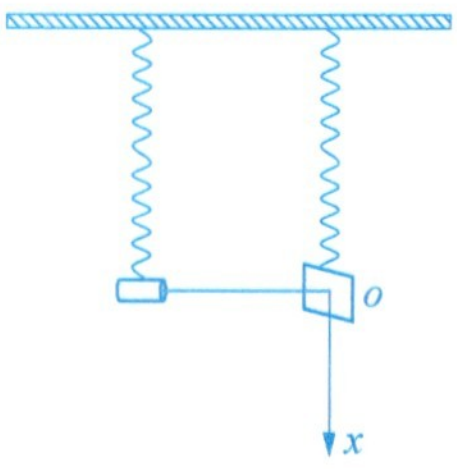

图 4.24 振动合成的演示

解：(1) 光点对屏的运动是相对运动，即

$$x_{\text{光对屏}}=x_{\text{光对面}}-x_{\text{屏对面}}=x_1-x_2$$
$$=A\cos(\omega t+\varphi_1)-A\cos(\omega t+\varphi_2)$$
$$=A\cos(\omega t+\varphi_1)+A\cos(\omega t+\varphi_2+\pi)$$
$$=A'\cos(\omega t+\varphi')$$

上式用到同方向同频率的两振动合成仍然是简谐振动，其中合振幅为

$$A'=\sqrt{2A^2+2A^2\cos(\varphi_2+\pi-\varphi_1)}=\sqrt{2A^2-2A^2\cos(\varphi_2-\varphi_1)}$$

当要求光点相对于屏静止不动，即

$$x_{\text{光对屏}}=0\quad\text{或}\quad A'=0$$

则 $$\varphi_2-\varphi_1=2k\pi\quad(k=0,\ \pm1,\ \pm2\cdots)$$

即 $$\varphi_2=\varphi_1$$

当光点相对于屏做振幅 $A'=2A$ 的振动，则

$$\varphi_2-\varphi_1=\pm\pi$$

(2)要使光点不动，即要求激光笔与屏同相振动，可将两者往下或往上抬达到位移为 A 后同时释放即可。而要使光点相对于屏作振幅 $A'=2A$ 的振动，即两者必反相振动，则可将激光笔位于 o 点上方 $-A$ 处，屏位于 $+A$ 处同时释放即可，反之亦可。

*4.5.3　振动方向相同、频率相同的多个简谐振动的合成

可以将上述两个同方向同频率简谐振动的合成方法，推广到处理多个同方向同频率简谐振动合成。例如一个振子上同时出现了三个分简谐振动，它们的振动方向与频率均相同，设三个简谐振动的方程为

$$\begin{cases}x_1=A_1\cos(\omega t+\varphi_1)\\x_2=A_2\cos(\omega t+\varphi_2)\\x_3=A_3\cos(\omega t+\varphi_3)\end{cases}$$

如图 4.25 所示，作旋转矢量图。初始时刻三个分简谐振动对应的旋转矢量 $\boldsymbol{A}_1$、$\boldsymbol{A}_2$ 与 $\boldsymbol{A}_3$ 与 ox 轴的夹角分别为 φ_1、φ_2 与 φ_3，将 $\boldsymbol{A}_2$ 平移与 $\boldsymbol{A}_1$ 相接，随后平移 $\boldsymbol{A}_3$ 与 $\boldsymbol{A}_2$ 相接，由 o 点引出指向矢量 $\boldsymbol{A}_3$ 端点的矢量即为合振动对应的矢量 $\boldsymbol{A}$。由几何关系与三角函数公式，可以得到合振动的振幅与初位相。

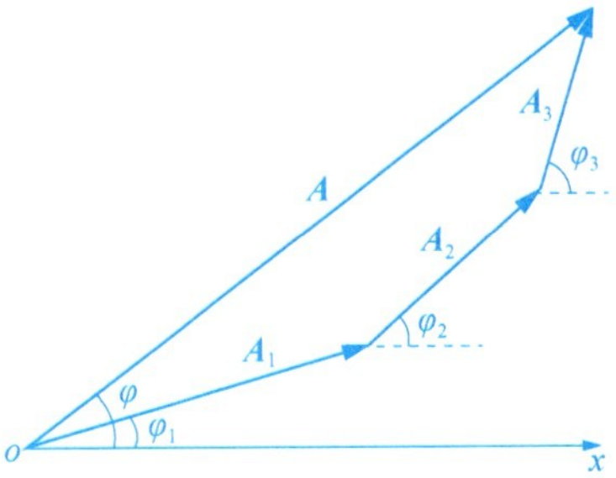

图 4.25　多振动合成的旋转矢量图

例 4.10　试求 N 个简谐振动的合振动的振幅与初位相。已知 N 个简谐振动的振幅相同，依次之间位相差恒定为 $\Delta\varphi$，其振动方程依次为

$$x_1=A_0\cos\omega t$$
$$x_2=A_0\cos(\omega t+\Delta\varphi)$$
$$x_3=A_0\cos(\omega t+2\Delta\varphi)$$
$$\cdots\cdots$$
$$x_N=A_0\cos[\omega t+(N-1)\Delta\varphi]$$

解：如图 4.26 所示，作旋转矢量图。将 N 个简谐振动对应的旋转矢量($\boldsymbol{A}_1$、$\boldsymbol{A}_2$、$\boldsymbol{A}_3$、…、$\boldsymbol{A}_N$)依次首尾相接。由于每个矢量的大小相同，相连两个矢量之间的位相差相等为 $\Delta\varphi$，故这些矢量可以看成是圆心在 o' 点，半径为 R 的圆上的弦，每个矢量对 o' 的圆心角为 $\Delta\varphi$，合矢量 $\boldsymbol{A}$ 的圆心角为 $N\Delta\varphi$，故可知每个矢量与合矢量的大小为

$$A_0=2R\sin\left(\frac{\Delta\varphi}{2}\right),\ A=2R\sin\left(\frac{N\Delta\varphi}{2}\right)$$

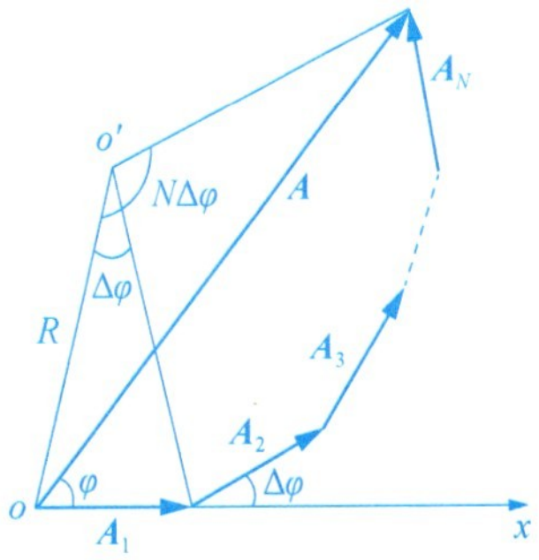

图 4.26　旋转矢量图

比较以上两式，得合振动的振幅则为

$$A=A_0\frac{\sin\left(\frac{N\Delta\varphi}{2}\right)}{\sin\left(\frac{\Delta\varphi}{2}\right)}$$

见图，两个等腰三角形的底角相减可得合振动的初位相，即

$$\varphi=\frac{\pi-\Delta\varphi}{2}-\frac{\pi-N\Delta\varphi}{2}=\frac{(N-1)\Delta\varphi}{2}$$

讨论：(1)当 $\Delta\varphi=2k\pi(k\in Z)$ 时，合振幅表达式的分子分母趋于零，合振幅为极大值。由振动方程可见，N 个简谐振动为同相振动，各分振动的旋转矢量同向，合振幅即为 $A=NA_0$。

(2)当 $N\Delta\varphi=2k'\pi(k'\in Z,\ k'\neq N)$ 时，合振幅表达式的分子为零，N 个简谐振动的合振幅为零。由于 $N\Delta\varphi=2k'\pi$，此时各旋转矢量首尾相接形成了一个闭合回路，合矢量为零，因此合振幅为零。在光学中学习多光束干涉时将用到这部分理论。

4.5.4 振动方向相同、频率不同的两个简谐振动的合成

考虑一个振子上同时出现了两个分简谐振动，它们的振动方向相同但频率不同，设两个简谐振动的方程为

$$\begin{cases}x_1=A\cos(\omega_1 t+\varphi)\\x_2=A\cos(\omega_2 t+\varphi)\end{cases}$$

为简单起见，上面两分振动的振幅与初位相取值相同，则同一时刻振子合振动的位移为 $x=x_1+x_2$。利用三角函数和差化积公式，振子合振动的位移则可以表示为

$$x=2A\cos\left(\frac{\omega_2-\omega_1}{2}\right)t\cdot\cos\left(\frac{\omega_2+\omega_1}{2}t+\varphi\right)$$

上式显示合振动不再是简谐振动。考虑特殊情况，当 $\omega_1\approx\omega_2$ 时，有 $\omega_2-\omega_1\ll\omega_2+\omega_1$，则上式的前因子 $A(t)=2A\cos\left(\frac{\omega_2-\omega_1}{2}\right)t$ 以很低的角频率 $|\omega_2-\omega_1|/2$ 随时间变化，而后因子 $a(t)=\cos\left[\left(\frac{\omega_2+\omega_1}{2}\right)t+\varphi\right]$ 则以相对较高的角频率 $(\omega_2+\omega_1)/2$ 随时间变化。于是合振动可以看成是一个高频 $(\omega_2+\omega_1)/2$ 振动受低频 $|\omega_2-\omega_1|/2$ 振动调制的振动，调制的结果是高频振动的振幅($|A(t)|$)出现了周期性的变化，因此合振动可以看成是振幅周期性缓变的准简谐振动，如图 4.27 所示。

将合振动的振幅出现周期性变化的现象称为**拍**，振幅每变化一个周期即称为一拍，而将单位时间内拍出现的次数称为**拍频**。由于余弦函数 $A(t)$ 随 t 变化的角频率为 $|\omega_2-\omega_1|/2$，而振幅 $|A(t)|$ 只能取正值，它变化的角频率则为 $|\omega_2-\omega_1|$，如图 4.27 所示，因此拍频为

$$\nu_{拍}=\frac{|\omega_2-\omega_1|}{2\pi}=|\nu_2-\nu_1|$$

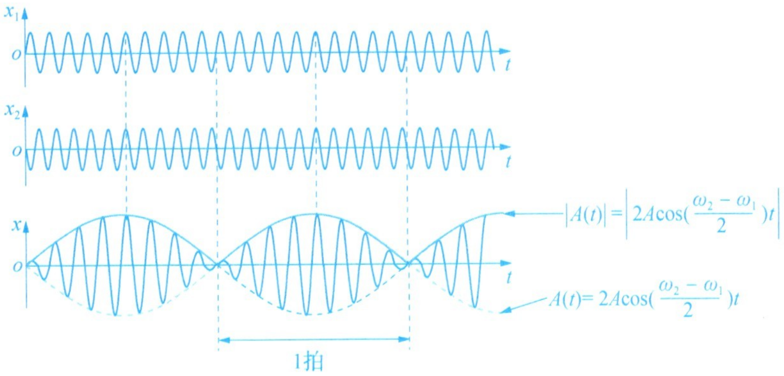

图 4.27　拍的形成

机械振动合成会出现拍现象，类似地，电磁振动(包括光振动)合成也会出现拍现象，例如，两个在同一方向上传播的振动方向相同、振幅相同而频率相差很小的单色光波叠加后就出现光学拍现象。人们经常利用频率相近的两个音叉来演示拍现象。让频率未知的振动跟频率已知的振动形成拍现象，通过测量拍频从而获得未知振动的频率，即可测定声波或无线电波的频率。另外，用音叉振动校准乐器、调制高频振动的振幅等都是拍现象的应用。

***振动的频谱分析**

上述介绍的是振动的合成，那么振动如何分解呢？一个复杂的实际振动可以用一个周期性函数 $f(t)$ 来表示，而周期性函数可以通过傅里叶级数展开，分解成多个余弦或正弦函数之和，即

$$f(t)=a_0+\sum_{k=1}^{\infty}(a_k\cos k\omega t+b_k\sin k\omega t)=A_0+\sum_{k=1}^{\infty}A_k\cos(k\omega t+\varphi_k)$$

上式的变化用到了辅助角公式，式中的各常量可由如下计算得到

$$a_0=\frac{1}{T}\int_t^{t+T}f(t)\,\mathrm{d}t,\ a_k=\frac{2}{T}\int_t^{t+T}f(t)\cos(k\omega t)\,\mathrm{d}t,\ b_k=\frac{2}{T}\int_t^{t+T}f(t)\sin(k\omega t)\,\mathrm{d}t$$

$$A_0=a_0,\ A_k=\sqrt{a_k^2+b_k^2},\ \tan\varphi_k=-\frac{b_k}{a_k}$$

上式中的 T、ω 分别是周期性函数 $f(t)$ 的周期与角频率，$\omega=2\pi/T=2\pi\nu$。

周期性函数 $f(t)$ 代表一个实际的振动，傅里叶级数展开中的余弦或正弦函数表示的是不同频率的简谐振动，其中 $k=1$ 对应的频率 ν 称为基频，$k=2$，3，…对应的频率 2ν，3ν，…分别称为 2 次谐频、3 次谐频等，而振幅 A_k 表示各种频率的分振动在复杂振动中的比例。傅里叶级数反映的就是复杂的振动可以分解成多个简谐振动之和。将复杂振动分解为振幅不同、频率不同的简谐振动，称为**频谱分析**，将这些简谐振动的振幅按频率排列的

图形称为**频谱**。如图 4.28 所示是“方波”的频谱。

如果将脉冲运动、阻尼运动等非周期振动看作周期 T 趋于无穷大的周期振动，也可以利用傅里叶级数将它分解为多个简谐振动之和。当周期趋于无穷大时，ω 趋于无穷小，图 4.28 中显示的离散频谱将变为连续频谱。

频谱分析在机械、电子、通信、医疗卫生等行业有广泛应用，例如在雷达、声呐、遥测遥感、图像处理、语言识别、振动分析、光谱分析领域都会用到频谱分析。

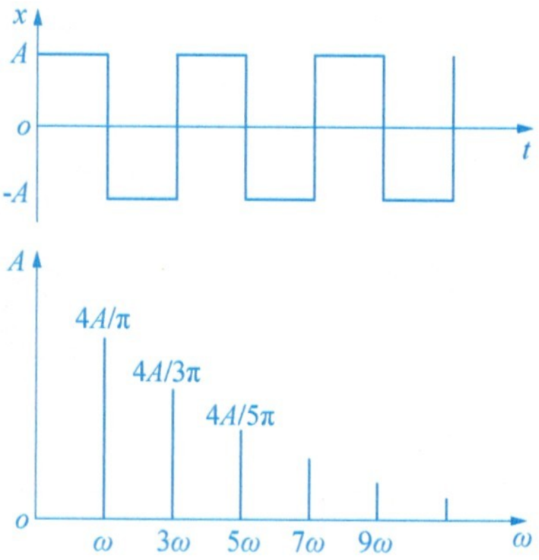

图 4.28 “方波”与频谱

例 4.11 将频率为 348 Hz 的标准音叉振动与另一待测频率的音叉同时振动，振动在空气中传播经叠加出现了拍现象，测得拍频为 3 Hz。若在待测频率的音叉的一端加上一个小物块，则拍频数将减少。求待测音叉的固有频率。

解：设 $\nu_1 = 348$ Hz，待测音叉的固有频率为 ν_2。由于拍频 $\nu_{拍} = |\nu_2 - \nu_1|$，则

$$\nu_2 = \nu_1 \pm \nu_{拍} = 348 \pm 3 (\text{Hz})$$

音叉视为复摆，复摆的振动频率为 $\nu = \dfrac{1}{2\pi}\sqrt{\dfrac{mgh}{J}}$。在音叉的一端加上小物块，那么音叉这个刚体的质量 m 与转动惯量 J 均将增大，但 J 比 m 增大得更多，即 m/J 变小了，因此加上小物块的音叉的频率将减小。由于此时的 $\nu_{拍}$ 也在减少，因此上式中不能取负号，即

$$\nu_2 = 348 + 3 = 351 \text{ Hz}$$

*4.5.5 振动方向相互垂直的两个简谐振动的合成

当振子上同时在相互垂直的两个方向上出现了分简谐振动，对此振动的合成也分频率相同与频率不同两种情况来进行介绍。设两简谐振动分别沿 x、y 轴振动，振动方程设为

$$\begin{cases} x = A_x\cos(\omega_x t + \varphi_x) \\ y = A_y\cos(\omega_y t + \varphi_y) \end{cases}$$

1. 两振动的频率相同

由分振动方程可见振子在 xy 平面上运动，上式中的 x 与 y 即为振子 t 时刻在 xy 平面上的坐标，上式即为振子的运动方程。由于 $\omega_x = \omega_y$，可以从运动方程中消去时间变量 t 得到振子运动的轨道方程，为

$$\frac{x^2}{A_x^2} + \frac{y^2}{A_y^2} - 2\frac{xy}{A_xA_y}\cos(\varphi_y - \varphi_x) = \sin^2(\varphi_y - \varphi_x)$$

从轨道方程可见，当两分振动的位相差 $\varphi_y - \varphi_x$ 取不同值时，振子运动轨道的形状不

同，下面给出几种特殊情况的轨道。

(1)当 $\varphi_y-\varphi_x=0$ 或 π 时，轨道方程可简化为 $y=\pm\dfrac{A_y}{A_x}x$，即轨道为直线，此时振子仍做简谐振动，振动频率与分振动的频率相同。当 $\varphi_y-\varphi_x=0$，振子在一三象限的直线上振动；当 $\varphi_y-\varphi_x=\pi$，振子则在二四象限的直线上振动。

(2)当 $\varphi_y-\varphi_x=\pi/2$ 或 $3\pi/2$ 时，轨道方程可简化为$\dfrac{x^2}{A_x^2}+\dfrac{y^2}{A_y^2}=1$，即轨道为正椭圆。当 $A_y=A_x$ 时轨道则为圆。当 $\varphi_y-\varphi_x=\pi/2$ 时，由于 y 轴分振动的位相超前于 x 轴分振动，此时振子在轨道上沿顺时针方向转动(可以通过描点法来显示)，运动的周期与分振动的周期相同。而当 $\varphi_y-\varphi_x=3\pi/2$ 时，由于 y 轴分振动的位相落后于 x 轴分振动，此时振子在轨道上沿逆时针方向转动。

(3)当 $\varphi_y-\varphi_x$ 取其他值时，轨道方程描述的是一个长短轴不在 x、y 轴上的斜椭圆。当 $0<\varphi_y-\varphi_x<\pi$ 时，由于 y 轴分振动的位相超前于 x 轴分振动，此时振子在轨道上沿顺时针方向转动，转动的周期与分振动的周期相同。而当 $\pi<\varphi_y-\varphi_x<2\pi$ 时，由于 y 轴分振动的位相落后于 x 轴分振动，此时振子在轨道上沿逆时针方向转动。

图 4. 29 显示出两分振动的位相差 $\varphi_y-\varphi_x$ 取不同值时振子运动轨道的形状。

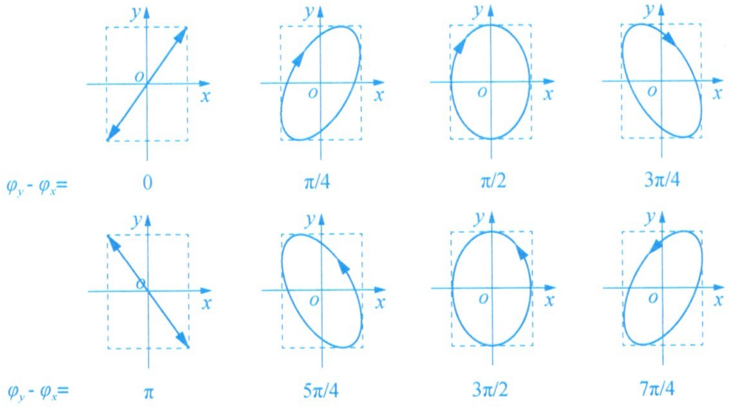

图 4. 29　同频率垂直振动的合成

2. 两振动的频率不同

对于振动方向相互垂直而频率不同的两个简谐振动的合成，情况更为复杂。由于频率不同，一般难以从两分振动方程中消去时间变量 t 得到轨道方程，也就是轨道随时间变化，轨道不固定。然而，当两分振动的(角)频率或周期成整数比时，可以从两分振动方程中消去变量 t 得到轨道方程，此时振子运动的轨道稳定固定，这些轨道称为**李萨如图形**。图 4. 30 显示出四种李萨如图形。

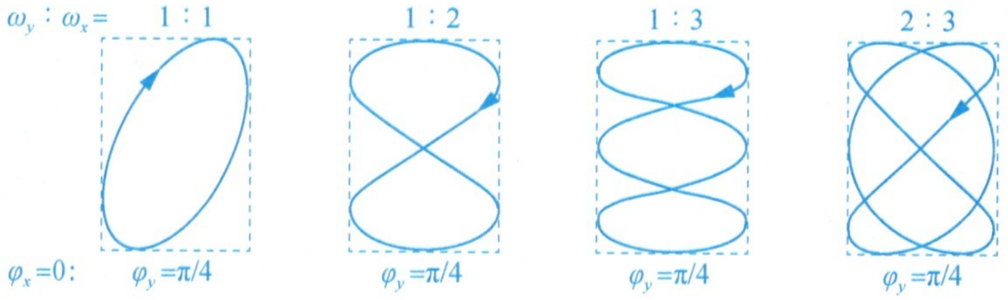

图 4.30　李萨如图形

李萨如图形可以通过示波器来显示。利用传感器将振子在 x、y 轴上的简谐振动转换成周期性的电压信号，然后加载到示波器的水平极板(x 轴)与竖直极板(y 轴)上。当 x、y 轴上的电压频率成整数比时，示波器的电子枪发射的电子束在周期性的偏转电压作用下，在示波器的屏上就可以形成李萨如图形，如图 4.31 所示。

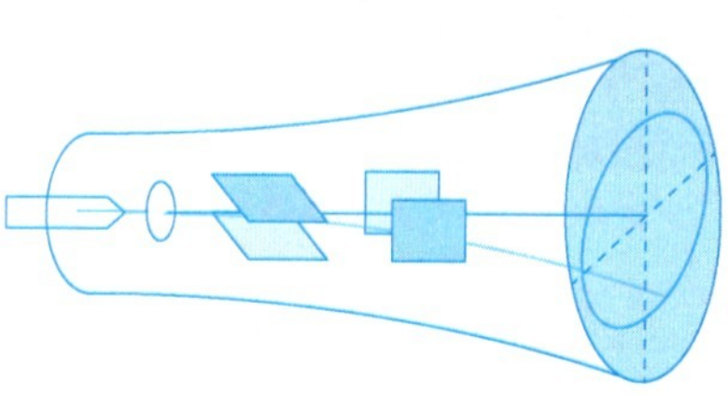

图 4.31　示波器显示李萨如图形

由于两分振动的频率比不同，形成李萨如图形的类型就不同。用一条水平线与一条竖直线靠近李萨如图形与之相切，可以发现水平线与竖直线跟图形的切点个数之比 $n_x:n_y$(对非闭合的李萨如图形，则是水平线与竖直线跟李萨如图形交点的个数之比)，等于竖直与水平电压信号的(角)频率之比 $\omega_y:\omega_x$，即 $\omega_y:\omega_x=n_x:n_y$。将未知频率的电压信号加载到示波器的水平极板，将频率可调节的电压信号加载到竖直极板，调节其频率形成某种李萨如图形，就可以利用该比值关系得到未知频率。因此在电工、电子技术中，常利用李萨如图形的原理，来测量交流电信号的频率、两交流电信号的位相差，测量音叉等机械振动的频率。

习　题

4.1　以下所列 5 种运动方式中有哪些不是简谐振动，判断正确的是(　　)。

①小球在半径很大的光滑球形碗底做小幅度的运动

②细绳悬挂的小球做大幅度的摆动

③小木球在水面上的上下浮动(忽略流体阻力)

④橡皮球在地面上做等高的上下跳动

⑤木质圆柱体在水面上的上下浮动(母线垂直于水面)(忽略流体阻力)

A. ①②③④⑤都不是简谐振动　　B. ①②③④不是简谐振动

C. ②③④不是简谐振动　　D. ①②③不是简谐振动

4.2　轻弹簧上端固定，下端系一质量为 m 的物体，稳定后在其下端又系一质量为 $2m$ 的物体，于是弹簧又伸长了 a。现将最下端的 $2m$ 物体移去，并令系统振动，则振动周期 T 为(　　)。

A. $2\pi\sqrt{\dfrac{a}{g}}$　　B. $2\pi\sqrt{\dfrac{a}{2g}}$　　C. $\dfrac{1}{2\pi}\sqrt{\dfrac{a}{mg}}$　　D. $\dfrac{1}{2\pi}\sqrt{\dfrac{a}{2mg}}$

4.3　将质量为 m 的物体挂在劲度系数为 k 的轻弹簧下面构成弹簧振子系统，振动的角频率为 ω。若把此弹簧分割成二等份，取其中一根弹簧挂上物体构成新弹簧振子系统，则其振动的角频率是(　　)。

A. 2ω　　B. $\sqrt{2}\omega$　　C. $\sqrt{2}\omega/2$　　D. $\omega/2$

4.4　某振子沿 x 轴做简谐振动，振动方程为 $x=0.1\cos\left(4\pi t+\dfrac{\pi}{6}\right)$ (m)。从 $t=0$ 时刻起，到振子第二次到达平衡位置所用的时间为(　　)。

A. 1 s　　B. 1/2 s　　C. 1/3 s　　D. 1/4 s

4.5　某质点同时有两个同方向的分振动，振动方程分别为 $x_1=0.1\cos\left(10\pi t+\dfrac{\pi}{4}\right)$ (m)和 $x_2=0.1\cos\left(10\pi t+\dfrac{3}{4}\pi\right)$ (m)，其合振动方程为(　　)。

A. $x=0.1\sqrt{2}\cos\left(10\pi t-\dfrac{\pi}{2}\right)$ (m)　　B. $x=0.1\sqrt{2}\cos\left(10\pi t+\dfrac{\pi}{2}\right)$ (m)

C. $x=0.1\sqrt{2}\cos\left(10\pi t+\dfrac{\pi}{4}\right)$ (m)　　D. $x=0.1\sqrt{2}\cos\left(10\pi t+\dfrac{3\pi}{4}\right)$ (m)

*4.6　在静止的升降机中，长度为 l 的单摆的振动周期为 T_0，当升降机以加速度 $a=g/2$ 竖直下降时，此时单摆的振动周期 $T=$________。

4.7　某弹簧振子做简谐振动，振动系统的机械能为 E_1。如果将振子的振幅增加为原振幅的 2 倍，质量增为原来的 4 倍，则新系统的机械能 $E_2=$________。

4.8　某弹簧振子做简谐振动，其振动曲线如题 4.8 图所示。则它的周期 $T=$________ s，用余弦函数描述时初相位 $\varphi=$________。

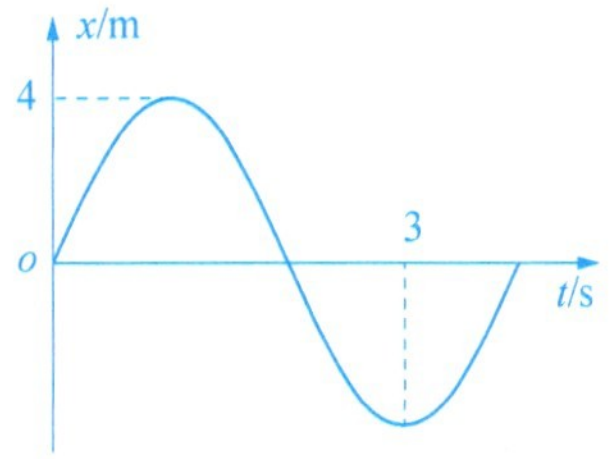

题 4.8 图

4.9　为测定某音叉 C 的频率，选取频率已知且与 C 接近的另两个音叉 A 与 B，已知 A 的固有频率为 800 Hz，B 的固有频率是 797 Hz，进行下面实验：

第一步：使音叉 A 和 C 同时振动，测得拍频为 2 Hz。

第二步：使音叉 B 和 C 同时振动，测得拍频为 5 Hz。

由此可确定音叉 C 的频率为________ Hz。音叉 A 与 B 同时振动形成的拍频应为

________ Hz。

4.10　李萨如图形常用来测定未知简谐振动的频率和位相，如题4.10图所示的两个不同频率、相互垂直的简谐振动合成图像，选水平方向为 x 振动，竖直方向为 y 振动，则该李萨如图形表明 $\omega_x:\omega_y=$________。

4.11　如题4.11图所示，两劲度系数分别为 k_1、k_2 的轻质弹簧自然伸长，与质量为 m 的物体连接置于光滑的水平面上。试证明弹簧的伸缩在弹性限度范围内，该系统是简谐振动系统，并求物体振动的频率。

4.12　某垂直悬挂的弹簧振子，振子质量为 m，弹簧的劲度系数为 k_1。若在振子和弹簧之间串联另一劲度系数为 $k_2=2k_1$ 的弹簧，如题4.12图所示。忽略弹簧的质量，试证明新系统是简谐振动系统，并求振子振动的频率与原频率之比。

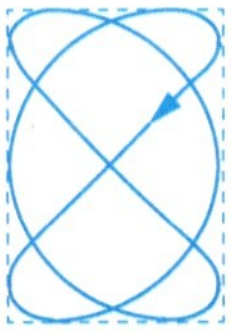

题4.10图

题4.11图

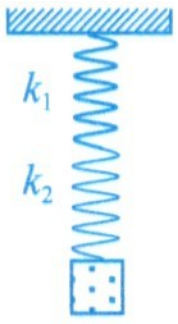

题4.12图

4.13　如题4.13图所示，一小滑块可在半径 $R=2$ m 的光滑凹球面内滑动，o 为球面的球心，P 点为球面的最低点。问：(1)当滑块从何处放手时，它随后的运动开始做简谐振动；(2)滑块的振动周期。

4.14　某竖直U形管压力计，见题4.14图所示，管内横截面积不变为 S，装有液体的总长为 L。忽略摩擦，假定液面不会达到弯管顶部，试证明液面做简谐振动，并计算周期。

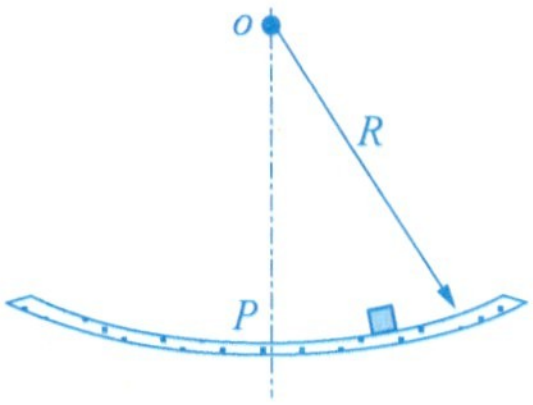

题4.13图

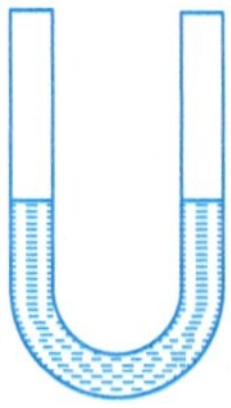

题4.14图

4.15　某水平弹簧振子系统，弹簧的劲度系数为50 N/m，振子的质量0.5 kg，现将弹簧自平衡位置拉长0.1 m并给振子一个远离平衡位置的速度，其大小为1.0 m/s，求该振子的振动方程。

4.16　用长为 $l=0.2$ m 的轻线将质量为 $m_1=20$ g 的小球悬挂在天花板上。最初小球静止，后另一质量为 $m_2=10$ g 的泥丸沿水平方向以 $v_0=0.3$ m/s 的速度与它发生完全非弹性碰撞。求碰撞后新单摆系统的振动方程。

4.17　如题4.17图所示，长为 l 的均匀细棒悬于通过其一端的光滑水平固定轴上，做成一复摆。将此细棒从竖直位置转过一个小角度 $\theta_0(<5°)$，随后松手，求细棒的振动方

程。(细棒的转动惯量 $J=ml^2/3$)

4.18　已知某振子作简谐振动时速度与时间的关系曲线，如题4.18图所示。试求：(1)振子速度的振动方程；(2)振子的振动方程。

4.19　如题4.19图所示，轻弹簧、定滑轮与物体处在同一竖直平面内，轻弹簧的一端固定，另一端与细绳相连，细绳跨过定滑轮与 $m=0.05$ kg 的物体相连。已知弹簧的劲度系数 $k=20$ N/m，定滑轮的转动惯量 $J=3\times10^{-3}$ kg · m^2，半径 $R=0.05$ m。(1)将物体 m 用手向下拉0.1 m后放手，绳子与滑轮间不打滑，滑轮轴承无摩擦，证明物体随后做简谐振动；(2)确定物体振动的周期；(3)求物体的振动方程。

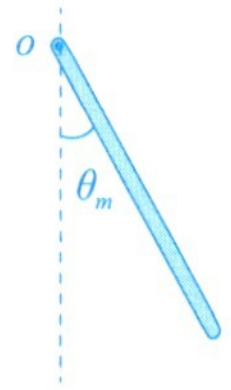

题4.17图

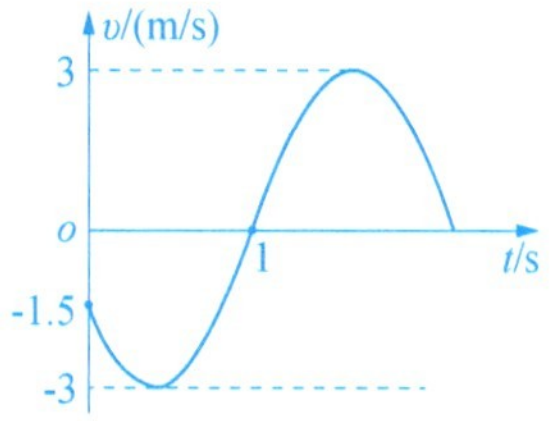

题4.18图

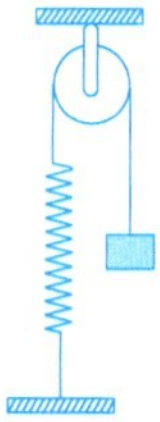

题4.19图

4.20　振子同时有两个同方向、同频率的简谐振动，振动方程为

$$\begin{cases} x_1=3\cos\left(2\pi t+\dfrac{\pi}{6}\right)\ (\mathrm{cm}) \\ x_2=4\cos\left(2\pi t+\dfrac{2}{3}\pi\right)\ (\mathrm{cm}) \end{cases}$$

试写出合振动方程。

*4.21　示波器显示屏上光点的位置，是由加在 x 轴与 y 轴上的不同频率的简谐电压决定，光点的位置满足方程为

$$\begin{cases} x=2\cos\left(\pi t+\dfrac{\pi}{4}\right)\ (\mathrm{cm}) \\ y=4\cos\left(2\pi t+\dfrac{\pi}{2}\right)\ (\mathrm{cm}) \end{cases}$$

试描述光点的运动。

第 5 章 机械波

本章将从最简单的机械波入手，来介绍平面简谐波运动遵循的规律、运动的特征、涉及的能量以及平面简谐波干涉的规律等知识。

学习目标：学习本章需要了解机械波与电磁波的形成与类型、声波和声强；理解机械波与电磁波的运动特征、能量特征，理解平均能量密度、能流密度的概念与定义式，理解惠更斯原理、波传播的独立性原理与叠加原理，理解相位突变、半波损失现象、多普勒效应及其应用；主要掌握平面简谐波的运动规律、相干波相遇发生干涉的规律，掌握驻波运动的特征及其应用，能够运用这些规律理解或解决平面简谐波的运动与干涉等问题。

素质目标：通过本章的学习，以骨笛、骨排箫为例，了解我国古代在乐器方面的成就。以地震的预警系统、无人机的控制为例，了解我国现代在地震预警领域、无人机行业、无线电通信等领域的发展状况与优势所在。

5.1 机械波的形成与传播

空间某处发生的振动，通过某种介质或真空向四周传播，这种**振动在空间的传播称为波**，它是自然界普遍存在的一种运动形式。机械振动在连续介质中的传播称之为**机械波**，例如：空气中传播的声波、地壳中传播的地震波、水面传播的水波。电磁振动在真空或介质中的传播即为**电磁波**，例如：无线电波、可见光、X 射线。类似于电荷激发出电场，有质量的物体在周围空间激发出引力场，变化的引力场在空间中的传播称为**引力波**。近代物理表明实物粒子也具有波动性，可以跟某种“波”联系起来，这种波称为**物质波**。尽管不同类型的波表现形式不同，但都具有一些共同的特征，例如：波传播的周期性，波相遇的叠加性、干涉与衍射现象等。

波是物质的一种重要运动形式，也跟人类活动息息相关。人们要通过声波、电磁波传递信息，如声波传音、无线电通信、光纤通信。波还能传播能量，如太阳能、激光、冲击波。本章讲述的内容主要是机械波，由此来认识波的共性。

5.1.1 机械波的形成

机械波的传播需要传波介质，而传波介质也就是物质具有三种基本形态——固态、液态与气态。要理解机械波的形成，需要先了解介质中微小的质量单元(质元)或微小的体积单元(体元)的受力与形变。

***1. 物体的形变与相应的力**

(1)正应变。物体由于受力、温度变化等外因作用而发生变形，考察物体内任意截面，截面两侧的物质之间产生了相互作用的内力，将截面上单位面积的内力称为**应力**。考察固体传波介质中的一个质元，如图5.1所示，该质元受到相邻质元垂直于S面的力$\boldsymbol{F}$作用。将S面上单位面积受到的垂直作用力F/S称为**正应力**。同时，质元在正应力作用下会发生伸缩形变，沿施力方向上其长度的变化为$l \to l+\Delta l$，将单位长度的形变量$\Delta l/l$称为**正应变**。如果质元的形变在弹性限度范围内，那么它所受正应力与正应变遵从胡克定律：正应力与正应变成正比关系，即

$$\frac{F}{S}=E\frac{\Delta l}{l}$$

上式中系数E称为**杨氏弹性模量**，表示物体发生正应变的难易程度，只与物体的性质有关。

(2)切应变。如图5.2所示，如果所考查的质元受到相邻质元平行于表面S的力$\boldsymbol{F}$作用，则将S面上单位面积受到的平行作用力F/S称为**切应力**。同时，质元在切应力作用下会发生倾斜形变，沿施力方向质元的两个受力面相对错开了一段距离Δd，将对应的角度$\varphi=\arctan(\Delta d/b)$称为**切应变**。如果质元的形变在弹性限度范围内，那么它所受切应力与切应变也遵从胡克定律：切应力与切应变成正比关系，即

$$\frac{F}{S}=G\varphi$$

上式中系数G称为**切变弹性模量**，表示物体发生切应变的难易程度，只与物体的性质有关。

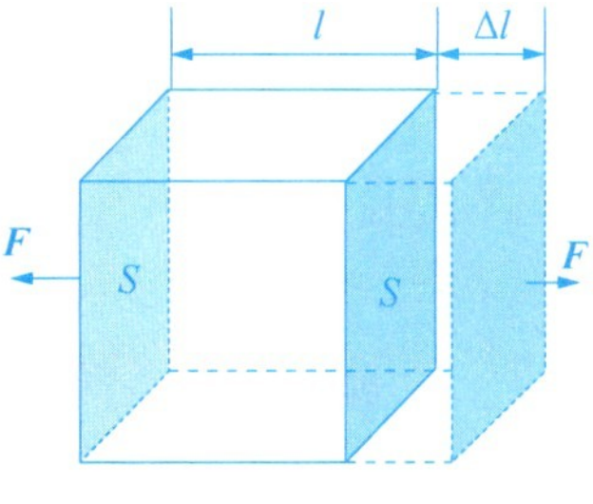

图5.1 正应力与正应变

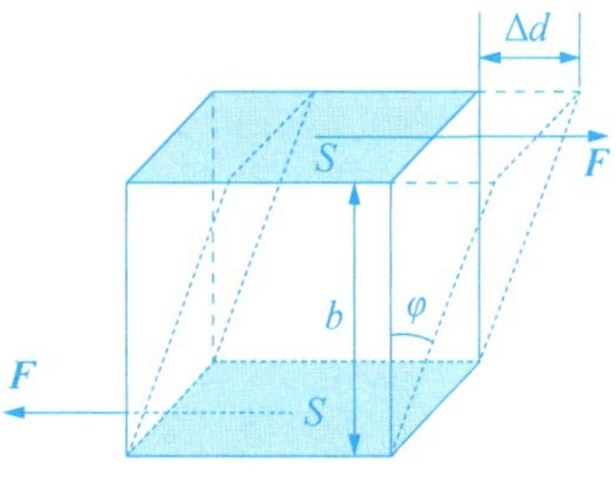

图5.2 切应力与切应变

(3)容变。考虑固体、液体或气体中的质元，如图 5.3 所示。当质元周围的压强变化时，其体积随之改变，当质元承受的压强变化是 $p \to p+\Delta p$，相应地其体积的变化为 $V \to V+\Delta V$，将体积的相对变化 $\Delta V/V$ 称为**容变**(或**体应变**)。如果质元的形变在弹性限度范围内，那么它承受压强的变化量与容应变也遵从胡克定律：压强的变化量与容变成正比关系，即

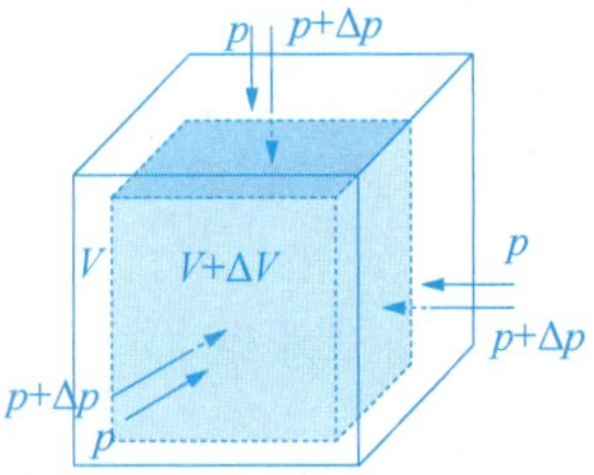

图 5.3 压强的变化与容变

$$\Delta p = -B\frac{\Delta V}{V}$$

上式中负号表示压强的变化量与容变的变化趋势相反，而系数 B 称为**容变弹性模量**，表示物体发生容应变的难易程度，只与物体的性质有关。

正应变与容变都能出现在固体、液体与气体中，而切应变只能出现在固体中。

2. 机械波形成

对于传波介质中的质元，如果受到扰动偏离平衡位置，那么周围相邻质元会给它施加一个使其回复到平衡位置的力，这个力就是回复力。如图 5.4 所示，如果回复力是弹性力(或线性回复力)，那么质元将在该弹性回复力的作用下围绕平衡位置振动。

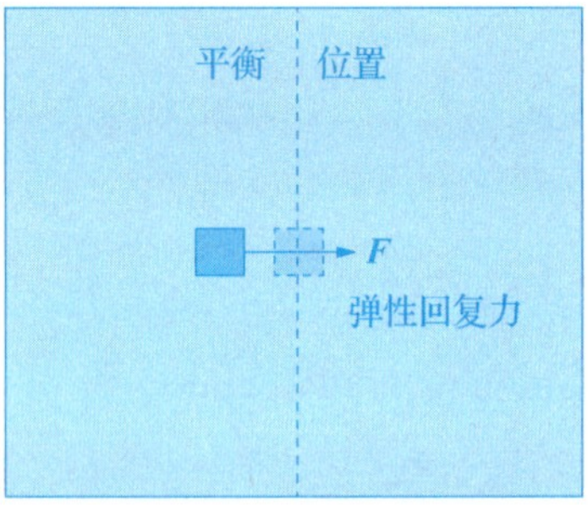

图 5.4 机械波的形成

固体、液体或气体是连续介质，连续介质可以看成是连续质元的集合。各质元间的相互作用，可以表现为正应力、切应力等形式。当介质中的某处质元发生振动，该质元将通过质元间的相互作用使振动向相邻的质元依次传递过去，于是形成了机械波。可见，机械波的形成必须有两个因素：首先要有做机械振动的物体，称之为**波源**；其次需要连续的传波介质。例如，琴弦的振动带动周围空气中质元的振动就形成了声波；拍打水面引起该处水面的振动，而后振动在水面传播形成了水面波(水波)。

需要强调的是，机械波只是振动的传播，并没有物质的传输。考察介质中的一个质元，见图 5.4，可以观察到该质元围绕自己的平衡位置往复运动，并没有跟随波一直向前运动，例如无风时日水面上落叶没有随着水波向前运动，而是围绕某一点在往复运动。另外，质元间相互作用的传递速度是有限的，因此机械波以有限的速度传播。

机械波传播时，如果介质中各质元受弹性回复力而振动，则这种波称为**弹性波**。前述在弹性限度内的正应力、切应力与压强的变化量都是弹性回复力，因此固体、液体或气体中可以传播弹性波。但要注意：机械波不一定都是弹性波。例如水波就不是弹性波，因为水面质元所受回复力为重力和水面张力之合力，而重力不是弹性力。后面的内容主要针对弹性波，但有时拿水波来举例，主要是水波可以直接观测。

5.1.2 机械波的类型

1. 横波

如果传波介质中各质元的振动方向与波的传播方向垂直，这种波称为**横波**。如图5.5(a)图所示，将一根绳的一端固定在墙上，手持另一端上下抖动，就在绳中形成了横波。横波在传播过程中会形成波峰与波谷——分别是质元到达正的最大位移处与负的最大位移处。将绳视为连续质元的集合体，从绳上任取两个相邻的质元，如图5.5(b)所示。由于绳上质元都在做上下的振动，相邻质元的位移方向平行于共同的接触面，以至相邻质元只能发生切应变，通过切应变传递切应力。由于只有固体中能传递切应力，于是横波只能在固体中传播，不能在液体与气体中传播。

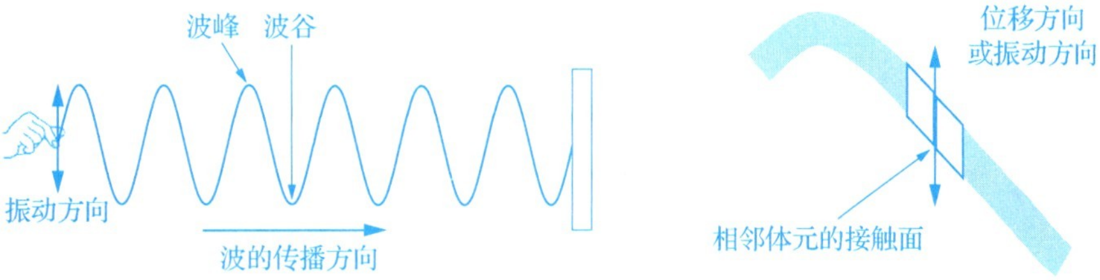

(a)横波　(b)横波中质元的切应变

图5.5　横波的形成

2. 纵波

如果传波介质中各质元的振动方向与波的传播方向平行，这种波称为**纵波**。如图5.6(a)所示，将一根轻弹簧的一端固定，手持另一端做压缩拉伸的抖动，就形成了沿着弹簧轴向传播的纵波。纵波在传播的过程中，会形成波密部与波疏部——分别是质元相对集中的部分与相对稀疏的部分。将弹簧视为连续质元的集合体，从弹簧上任取两个相邻的质元，如图5.6(b)所示。由于弹簧上相邻质元的振动方向平行，它们的位移方向垂直于共同的接触面，以至相邻质元发生正应变，通过正应变传递正应力。由于固体、液体或气体中都能传递正应力，于是三种介质中都能传播纵波。

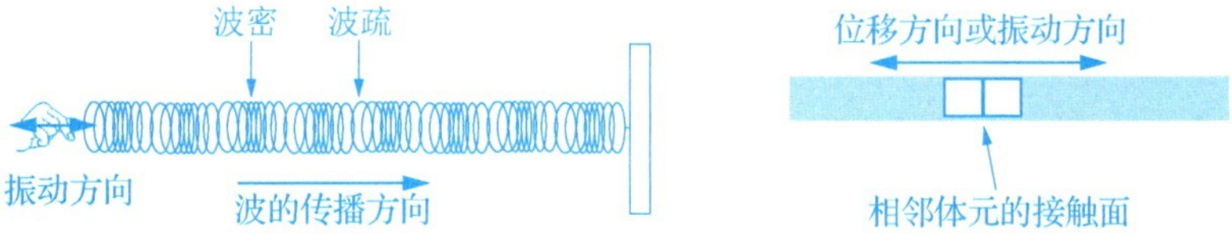

(a)纵波　(b)纵波中体元的正应变

图5.6　纵波的形成

上述举例的绳波与弹簧波分别是典型的横波、纵波。水面波容易让人误以为是横波，其实水面波是一种复杂的波，是横波与纵波的合成波，横波成分的出现是因为水面质元所受的表面张力提供了切应力，水面质元的真实运动是在各自的平衡位置做椭圆运动，如图 5.7 所示。

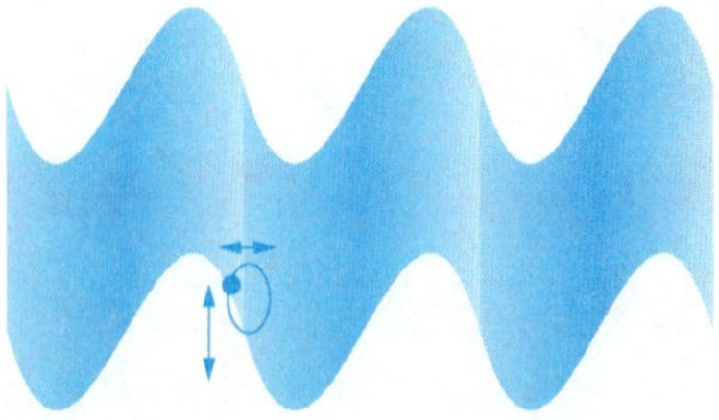

图 5.7 水面质元的运动

5.1.3 波线与波面

如图 5.8 所示，在形成绳波时，如果手持绳子抖动持续时间很短，那么形成绳波的波列长度有限，这种波称为**脉冲波**。当手持绳子周期性不停抖动时，“上游”质元的振动依次带动“下游”质元的振动，最终绳上各质元都振动起来，形成了波峰与波谷的周期性分布，此即为**周期性波**，如图 5.5(a) 所示。对于弹簧形成的周期性纵波，弹簧上质元形成的是疏密相间的周期性分布，见图 5.6(a) 所示，因此纵波也称**疏密波**。后面主要讨论周期性波。

图 5.8 脉冲波

波传播到达的空间称为**波场**。根据波场的分布区域还可以将波分成三种类型：在一维弦线上传播的波为**一维波**，如绳波；在二维面上传播的波为**二维波**，如水面波；在三维空间传播的即为**三维波**，如声波。

在上一章了解到，振子的振动状态用振动位相(或相位)来表示，位相相同表示振子的振动状态相同。因为波是振动的传播，无论横波与纵波，沿波的传播方向，某质元在某时刻的振动状态将在较晚时刻于“下游”由其他质元重现，因此沿波的传播方向各质元的位相依次落后。为了形象地表示波在空间中的传播，可以将某一时刻振动位相相同的各点连成面，这些面称为**波面**(或**波阵面**)，而将波传播到最前面的波面称为**波前**，如图 5.9 所示。每一时刻可以有无数的波面，但波前只有一个。沿波的传播方向画一些带箭头的射线，称为**波线**(或**波射线**)，代表波的传播方向。波线垂直于波面。

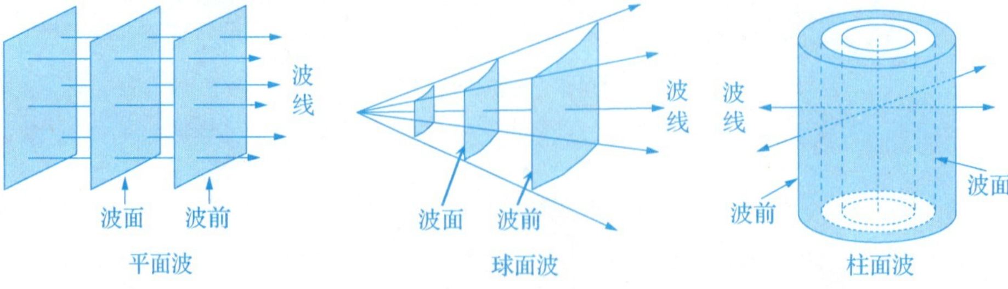

图 5.9 波面的类型

根据波面的形状分类又有平面波、球面波、柱面波的区别，如图 5.9 所示。在各向同性均匀介质中，波面的形状在传播过程不会改变。当波源可以看成为点波源时，它发出的波即为球面波。当球面波传播到远离波源处，在一个小的区域观测，球面波也可以近似看成是平面波。直线波源产生柱面波。在光学检测中，通过波前形状的观测可以获得有关光学材料均匀性的信息。

如图 5.10 所示，对于横波，质元的振动轨迹与波线垂直，两者构成的面称为**振动面**，在光学中也称为**偏振面**。对于纵波，质元的振动轨迹与波线一致，两者构不成振动面，因此只有横波有偏振面。

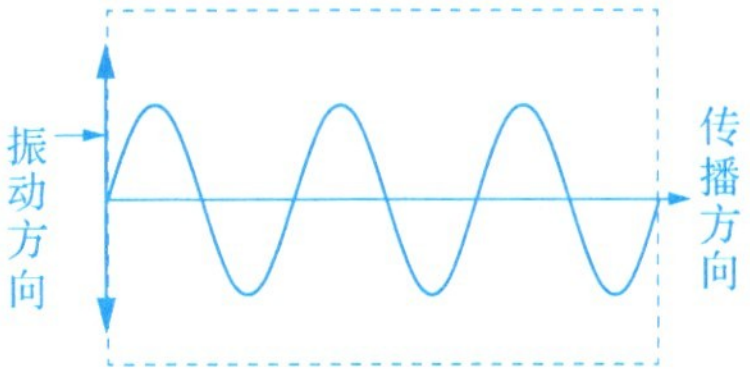

图 5.10　振动面或偏振面

5.1.4　机械波的特征量

要描述机械波在空间传播的运动特征，就需要理解几个相关的特征量。

1. 波长

沿波线方向看，波源在某时刻的振动状态随后将依次向后面质元传递，各质点的振动位相依次落后。由于波源振动具有周期性，波线上每隔一段距离质元的振动状态相同，位相相差 2π，如图 5.11 所示。沿波的传播方向振动状态相同的相邻两点之间的距离即为波长，用 λ 表示。波长反映了波的空间周期性。

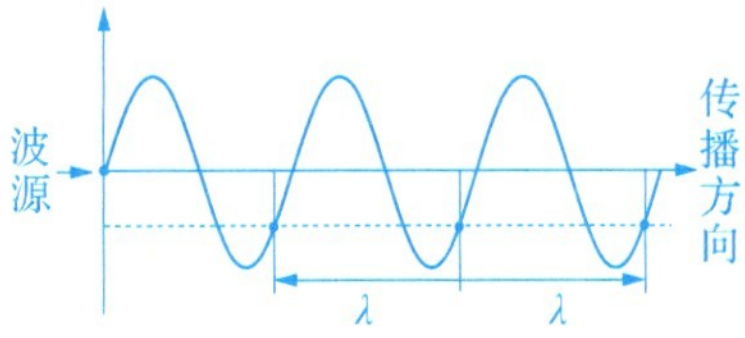

图 5.11　波长

2. 周期

波传播一个波长的距离所用的时间，即为周期，用 T 表示。周期反映了波的时间周期性。波的周期等于波源或任意质元完成一次全振动所用的时间，即振动的周期。

3. 频率

单位时间内波传播的距离中包含的完整波形数目，称为波的频率，用 ν 表示。在 2π 时间内波传播距离中包含的完整波形数目，称为波的**角频率**(或**圆频率**)，用 ω 表示。频率由波源决定，与周期的关系为

$$T=\frac{1}{\nu}=\frac{2\pi}{\omega}$$

波传播的(角)频率就等于各质元振动的(角)频率。

4. 波速

振动状态在单位时间内传播的距离称为波速。波长、周期、频率与波速的关系为

$$u=\frac{\lambda}{T}=\lambda\nu$$

由于波是振动状态的传播，而振动状态是由位相来决定的，于是波速也就反映了位相传播的速度，因此波速也称为**相速**。

5.2 平面简谐波的波函数

在理想介质中波源做简谐振动，结果引起介质中各质元做同频率的简谐振动，这样的波称为**简谐波**。简谐波的波面如果为平面，这就是**平面简谐波**。理想介质指的是均匀、无限大、无吸收的各向同性弹性介质，后面所说的简谐波传播介质就是这种理想化介质。简谐波是最简单最基本的波动形式。正如复杂振动可以看成简谐振动的叠加，自然界中真实出现的复杂的波，同样可以看成是由若干个简谐波的叠加而成。学习平面简谐波是了解真实复杂波的基本途径。

5.2.1 平面简谐波的波函数

1. 波函数

波意味着介质整体的运动，波函数就是描述波整体运动的方程，更具体地讲即是能够完整描述波场中各质元振动的方程。介质中质元无限多，各自的(简谐)振动又不尽相同，要解决这个问题似乎有巨大的困难。然而应注意到，同一波面上各质元的振动状态完全相同，由于波线垂直于波面，如图 5.9 所示，那么波线上的每一点就可以代表一个波面，每点的振动就代表一个波面上所有质元的振动，因此可任选一根波线来研究该波线上各点的振动方程，从而获得所有波面(也就是波场)中各质元的振动方程。总之，波函数就是能描述波场中各质元振动状态的振动方程。下面就来寻求平面简谐波的波函数。

考虑某平面简谐波在理想介质中传播。如图 5.12 所示，在波场中建立二维的直角坐标系，x 轴固定在选定的波线上，在波线上以波源(或某一点)为坐标原点 o，指定 x 轴的正向，图中所示的正向与波的传播方向相同，y 轴表示质元偏离平衡位置的位移方向。已知原点处质元的振动方程为

$$y(0,\ t)=A\cos(\omega t+\varphi)$$

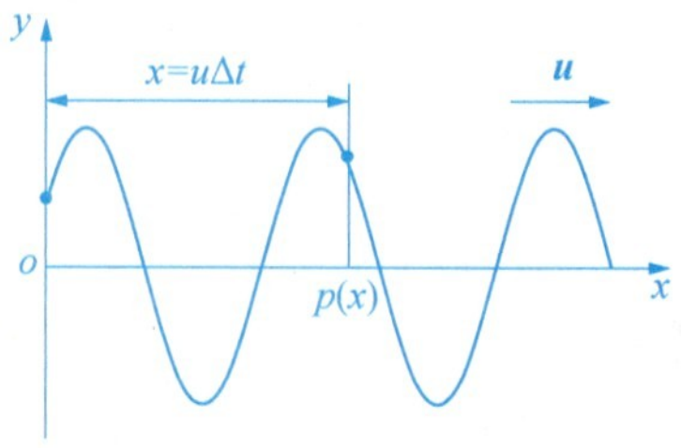

图 5.12　平面简谐波的传播

见图 5.12，x 轴上 p 点的坐标为 x，下面来寻求 p 处质元的振动方程。p 处质元的振动状态是由原点处质元的振动状态经一段时间传播过来的。设波速为 u，原点处质元的振动状态传播到 p 处所用时间为 $\Delta t=x/u$，因此，p 处质元在 $t+x/u$ 时刻即重现原点处质元在 t 时刻的振动状态，换言之，p 处质元在 t 时刻重现的是原点处质元在 $t-x/u$ 时刻的振动状态，即 p 处质元在 t 时刻与原点处质元在 $t-x/u$ 时刻的

振动状态相同。则由上式得

$$y(x,\ t)=y\left(0,\ t-\frac{x}{u}\right)=A\cos\left[\omega\left(t-\frac{x}{u}\right)+\varphi\right] \tag{5.1}$$

上式确定了坐标为 x 处质元的振动方程，它就是平面简谐波的波函数。

要获得波函数还可以这么考虑：由于 p 处质元与原点处质元一样做简谐振动，其振动方程可设为 $y(x,\ t)=A\cos(\omega t+\varphi-\Delta\varphi)$，式中 $\Delta\varphi$ 是 p 处质元的振动位相落后于原点处质元的位相，因为原点处质元先振动，p 处质元后振动。由于原点处质元的振动传播到 p 处所用时间为 $\Delta t=x/u$，则 p 处质元的振动落后于原点的位相为 $\Delta\varphi=\omega\cdot\Delta t=\omega x/u$，它表示波传播 Δt 时间引起的位相延迟。于是由原点处质元的振动方程得到 p 处质元的振动方程，为

$$y(x,\ t)=A\cos\left(\omega t+\varphi-\omega\frac{x}{u}\right)=A\cos\left[\omega\left(t-\frac{x}{u}\right)+\varphi\right]$$

可见通过位相延迟也可以得到波函数。p 处质元落后于原点的位相可以变换为 $\Delta\varphi=\frac{2\pi}{T}\frac{x}{u}=2\pi\frac{x}{\lambda}$，它表示路径 x 相当于多少个波长 λ，每个波长 λ 对应 2π 的位相，即表示波传播 x 距离引起的位相延迟。

若平面简谐波沿 x 轴负向传播，由于 p 处质元先振动，原点处质元后振动，p 处质元的振动状态传播到原点所用时间为 x/u，则 p 处质元在 t 时刻与原点处质元在 $t+x/u$ 时刻的振动状态相同，于是由原点处质元的振动方程可得 p 处质元的振动方程为

$$y(x,\ t)=y\left(0,\ t+\frac{x}{u}\right)=A\cos\left[\omega\left(t+\frac{x}{u}\right)+\varphi\right]$$

上式即为沿 x 轴负向传播的平面简谐波的波函数。要得到该波函数还可以这么考虑：p 处质元先振动，原点处质元后振动，p 处质元的位相超前原点处质元的位相为 $\Delta\varphi=\omega\cdot\Delta t=\omega x/u$，因此 p 处质元 t 时刻的位相为 $(\omega t+\varphi)+\omega x/u$，由原点处质元的振动方程即得波函数。

利用波长、频率、周期与波速之间的关系：$\omega=2\pi\nu=\frac{2\pi}{T}=2\pi\frac{u}{\lambda}$，波函数还可以表示为

$$y(x,\ t)=A\cos\left[2\pi\left(\nu t\mp\frac{x}{\lambda}\right)+\varphi\right]$$

或

$$y(x,\ t)=A\cos\left[2\pi\left(\frac{t}{T}\mp\frac{x}{\lambda}\right)+\varphi\right]$$

式中“$\mp$”分别表示波沿 x 轴正、负向传播。引入**角波数** $k=\frac{2\pi}{\lambda}$，它表示在 2π 长度内所包含完整波的数目。矢量 $\boldsymbol{k}$ 称为**波矢**，其方向指向波传播的方向。波函数还可以表示为

$$y(x,\ t)=A\cos\left[k(ut\mp x)+\varphi\right]$$

2. 波函数的物理意义

平面简谐波的波函数不仅给出了波场中任意位置(x 处)质元的振动方程，而且还可以描绘波传播的物理图像。考察沿 x 轴正向传播的平面简谐波 $y(x,t)=A\cos[\omega(t-x/u)+\varphi]$。

(1)波函数能表示任意时刻的波形。当时刻 t 确定时($=t_0$)，波函数仅是位置坐标 x 的函数，即

$$y_{t_0}(x)=A\cos\left[\omega\left(t_0-\frac{x}{u}\right)+\varphi\right]$$

此时，波函数给出的是波线上各质元在 t_0 时刻偏离平衡位置的位移，称为 t_0 时刻的**波形方程**，而 $y-x$ 曲线描绘出波线上各质元在 t_0 时刻的位移分布，称为 t_0 时刻的**波形图**(或**波形**)。例如，图 5.13 显示出平面简谐波在 $t=0$ 时刻的波形图。

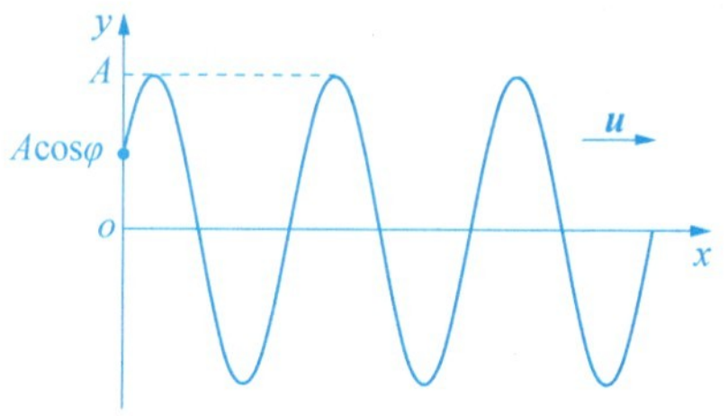

图 5.13　$t=0$ 时刻的波形图

当 t 取任意值时，波函数就表示任意时刻 t 时的波形方程，而 $y-x$ 曲线即描绘出任意时刻 t 的波形图，因此，波函数就可以给出 t 时刻的波形方程与波形图。对于横波，某时刻的波形图描绘出此时刻各质元在空间中的真实分布，如前述的绳波；对于纵波，波形图仅表示此时刻各质元的位移分布，如前述的弹簧波。

波形图直观地反映出波传播在空间的周期性。见图 5.11，考察 t 时刻波线上间距为一个波长的任意两点($x_2-x_1=\lambda$)，由式(5.1)得两点振动的位相差为

$$\Delta\varphi=\left[\omega\left(t-\frac{x_2}{u}\right)+\varphi\right]-\left[\omega\left(t-\frac{x_1}{u}\right)+\varphi\right]=-2\pi\,\frac{x_2-x_1}{\lambda}=-2\pi$$

这表明两点的振动状态完全相同，因此波长是波在空间中周期性的标志。

(2)波函数能反映波形随时间运动的情况。沿波传播方向将 t 时刻的波形平移一段距离 $\Delta x(=u\Delta t$，平移的距离是波在 Δt 时间段传播的距离)，就会跟 $t+\Delta t$ 时刻的波形重合。如图 5.14 所示，在 t 时刻的波形上任取一点 p，由波形方程得其坐标为$[x,\ y_t(x)]$。将 p 点平行于 x 轴平移距离 $u\Delta t$ 到 p' 点，则 p' 点的坐标则为$[x+u\Delta t,\ y_t(x)]$。在 $t+\Delta t$ 时刻的波形上取横坐标为 $x+u\Delta t$ 的点，由 $t+\Delta t$ 时刻的波形方程得该点的纵坐标为 $y_{t+\Delta t}(x+u\Delta t)$，而

$$y_{t+\Delta t}(x+u\Delta t)=A\cos\left[\omega\left(t+\Delta t-\frac{x+u\Delta t}{u}\right)+\varphi\right]=A\cos\left[\omega\left(t-\frac{x}{u}\right)+\varphi\right]=y_t(x)$$

由上可见，t 时刻的波形上 p 点平移距离 $u\Delta t$ 后，必然落在 $t+\Delta t$ 时刻的波形上。因此，已知某时刻的波形，通过波形的平移运动能得到另一时刻的波形。这表明波函数能描绘波形随时间运动的情况。如果波的传播可以保持波形不变并随时间向前平移，这种波称为**行波**。见上式，行波要满足如下的等式关系

$$y(t+\Delta t,\ x+\Delta x)=y(t,\ x)$$

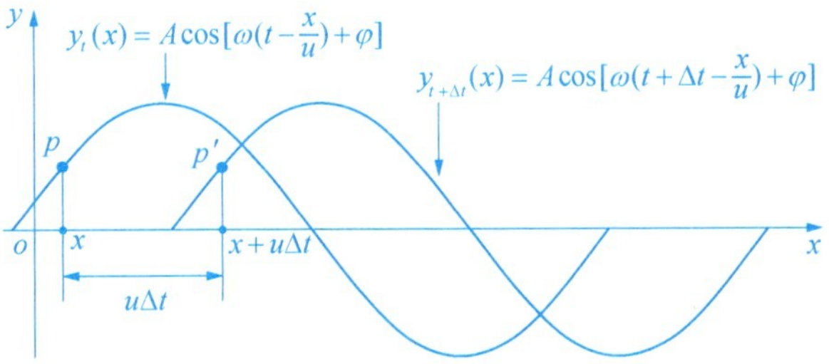

图 5.14　波形的传播

(3) 由波函数可以得到任意质元振动的速度和加速度。将式(5.1)对时间求偏导，可以得到波场中任意位置 x 处质元在任意时刻 t 振动的速度与加速度，分别为

$$v=\frac{\partial y}{\partial t}=-\omega A\sin\left[\omega\left(t-\frac{x}{u}\right)+\varphi\right]$$

$$a=\frac{\partial^2 y}{\partial t^2}=-A\omega^2\cos\left[\omega\left(t-\frac{x}{u}\right)+\varphi\right]$$

例 5.1　某平面简谐波的波函数为 $y=0.5\cos(10\pi t+\pi x+\varphi)$ (m)，$t=0$ 时刻的波形图如图 5.15(a)所示。求：(1)该波的振幅、角频率、频率、周期、波速与波长；(2)某时刻波线上两点之间的位相差为 1.2π，两点之间的距离；(3)波形图上 a 处质元在 $t=0.25$ s 时刻的位移量；(4) b 处质元的振动方程；(5) $t=0$ 时刻 a 处质元振动的速度；(6) $t=1$ s 时刻 b 处质元振动的加速度。

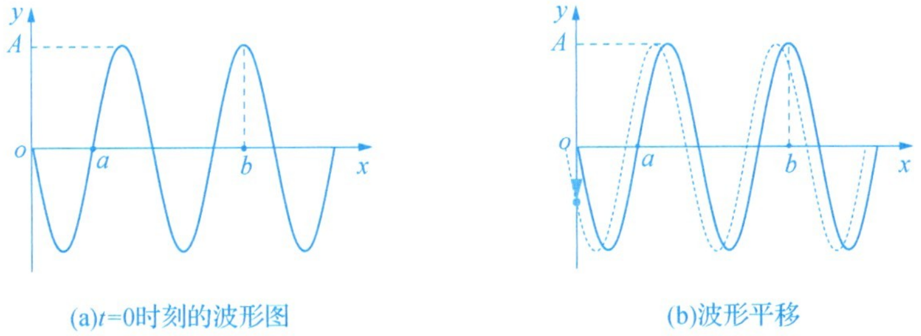

图 5.15

解：(1)将波函数改写为 $y=0.5\cos[10\pi(t+x/10)+\varphi]$，与标准的波函数 $y=A\cos[\omega(t-x/u)+\varphi]$ 比较可知

$$A=0.5\ \text{m},\quad \omega=10\pi\ \text{rad/s},\quad u=10\ \text{m/s}$$

则

$$\nu=\frac{\omega}{2\pi}=5\ \text{Hz},\quad T=\frac{1}{\nu}=0.2\ \text{s},\quad \lambda=\frac{u}{\nu}=2\ \text{m}$$

如图 5.15(a)可知 $t=0$ 时刻原点处质元的位移为零。由于波沿 x 轴负向传播，如图 5.15(b)所示，通过向左平移波形可知，原点处质元必须向下运动才能到达平移后的波形上，可见 $t=0$ 时刻原点处质元的速度为负值。对此，针对原点处质元的振动作 $t=0$ 时刻的

旋转矢量图，如图 5.16 所示，可得

$$\varphi=\frac{\pi}{2}$$

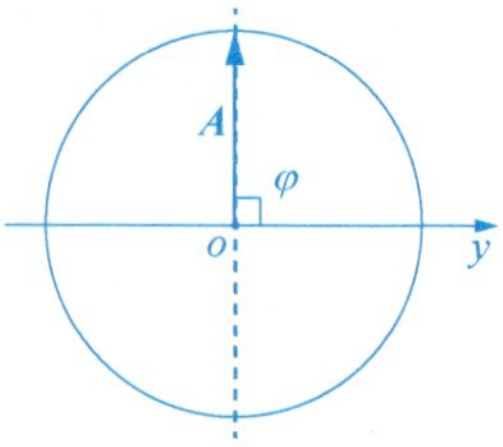

图 5.16 旋转矢量图

则波函数即为

$$y=0.5\cos\left[10\pi\left(t+\frac{x}{10}\right)+\frac{\pi}{2}\right]$$

(2)某时刻波线上两点(x_1、x_2)之间的位相差为 1.2π，即

$$1.2\pi=\left[\omega\left(t-\frac{x_2}{u}\right)+\varphi\right]-\left[\omega\left(t-\frac{x_1}{u}\right)+\varphi\right]=-\omega\frac{x_2-x_1}{u}$$

得两点之间的距离为

$$|x_2-x_1|=\frac{1.2\pi u}{\omega}=\frac{1.2\pi\times10}{10\pi}=1.2\ \text{m}$$

(3)由 $t=0$ 时刻的波形图可知 a、b 两点的坐标分别为

$$x_a=\frac{\lambda}{2}=1\ \text{m},\quad x_b=\frac{7\lambda}{4}=3.5\ \text{m}$$

将 $t=0.25$ s，$x_a=1$ m 代入波函数中，可得 a 处质元的位移量为

$$y_a=0.5\cos\left[10\pi\left(0.25+\frac{1}{10}\right)+\frac{\pi}{2}\right]=0.5\ \text{m}$$

(4)将 $x_b=3.5$ m 代入波函数中，可得 b 处质元的振动方程为

$$y_b(t)=0.5\cos\left[10\pi\left(t+\frac{3.5}{10}\right)+\frac{\pi}{2}\right]=0.5\cos10\pi t\ (\text{m})$$

(5)由波函数可得质元振动的速度为

$$v=\frac{\partial y}{\partial t}=-5\pi\sin\left[10\pi\left(t+\frac{x}{10}\right)+\frac{\pi}{2}\right]$$

将 $t=0$，$x_a=1$ m 代入波速中，可得 a 处质元振动的速度为

$$v=-5\pi\sin\left[10\pi\left(0+\frac{1}{10}\right)+\frac{\pi}{2}\right]=5\pi=15.71\ \text{m/s}$$

(6)由波函数可得质元振动的加速度为

$$a=\frac{\partial^2 y}{\partial t^2}=-50\pi^2\cos\left[10\pi\left(t+\frac{x}{10}\right)+\frac{\pi}{2}\right]$$

将 $t=1$ s，$x_a=3.5$ m 代入加速度中，可得 b 处质元振动的速度为

$$a=-50\pi^2\cos\left[10\pi\left(1+\frac{3.5}{10}\right)+\frac{\pi}{2}\right]=-50\pi^2=-493.48\ \text{m/s}^2$$

例 5.2 如图 5.17 所示是某平面简谐波在 $t=0$ 时刻的波形图，波速为 $u=3$ m/s，求波函数。

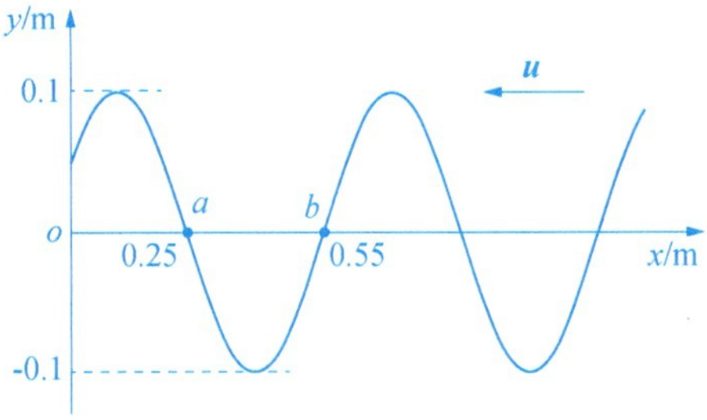

图 5.17　$t=0$ 时刻的波形图

解：由波形图可得

$$A=0.1\ \text{m},\ \lambda=2\times(0.55-0.25)=0.6\ \text{m}$$

得频率为

$$\nu=\frac{u}{\lambda}=\frac{3}{0.6}=5\ \text{Hz}$$

因为波沿着 x 轴负向传播，设波函数为

$$y=A\cos\left[2\pi\left(\nu t+\frac{x}{\lambda}\right)+\varphi\right]=0.1\cos\left[10\pi\left(t+\frac{x}{3}\right)+\varphi\right]$$

向左平移波形图可见 $t=0$ 时刻 a 处质元的位移为零，速度小于零，即 $y_a=0$，$v_a<0$，有

$$y_a=0.1\cos\left(10\pi\times\frac{0.25}{3}+\varphi\right)=0$$

得

$$\varphi=-\frac{\pi}{3}\text{或}\frac{2\pi}{3}$$

由 $v_a=-0.1\times10\pi\sin\left(10\pi\times\frac{0.25}{3}+\varphi\right)<0$，结合上式得

$$\varphi=-\frac{\pi}{3}$$

得波函数为

$$y=0.1\cos\left[10\pi\left(t+\frac{x}{3}\right)-\frac{\pi}{3}\right]\ (\text{m})$$

例 5.3　某声源在狭长的直地道中发声，声源的振动方程为 $y=1\times10^{-3}\cos\left(3400\pi t+\frac{\pi}{3}\right)$ (m)。忽略声波传播的衰减，求：(1) 以声源为坐标原点的波函数；(2) 如图 5.18 所示，以距声源 10.5 m 处的 p 点为坐标原点的波函数。

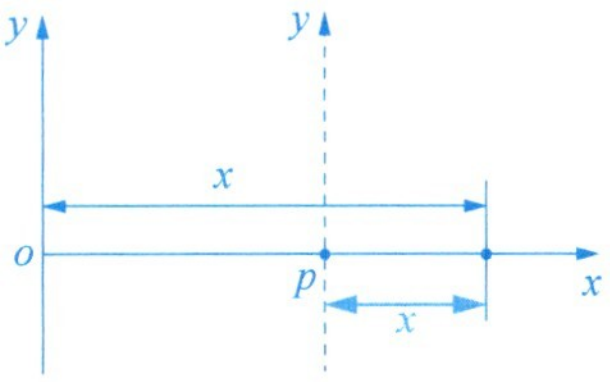

图 5.18　建立坐标系

解：(1) 由于直地道狭长，因此声波波面可以近似看成平面，又声波传播无衰减，故声波可以视为平面简谐波。见图 5.18 所示，取声源为坐标原点，波传播方向为 x

轴正向。声波的波速为 $u=340$ m/s，x 处空气质元在 t 时刻的振动状态与原点处质元在 $t-x/u$ 时刻的振动状态相同，由原点的振动方程得到波函数，为

$$y=1\times10^{-3}\cos\left[3400\pi\left(t-\frac{x}{340}\right)+\frac{\pi}{3}\right]$$

(2)p 处质元的坐标 $x=10.5$ m，代入波函数得到 p 处质元的振动方程为

$$y_p=1\times10^{-3}\cos\left[3400\pi\left(t-\frac{10.5}{340}\right)+\frac{\pi}{3}\right]=1\times10^{-3}\cos\left(3400\pi t-\frac{2\pi}{3}\right)$$

如图 5.18 所示，以 p 为坐标原点，则距 p 点为 x 处的质元在 t 时刻的振动状态与 p 点处质元在 $t-x/u$ 时刻的振动状态相同，由 p 点的振动方程得到波函数，为

$$y=1\times10^{-3}\cos\left[3400\pi\left(t-\frac{x}{340}\right)-\frac{2\pi}{3}\right]\ (\text{m})$$

注意，以波源与 p 点为坐标原点时，两波函数中的 x 并不相同，见图所示。

*5.2.2 波动方程

1. 波动方程

正如前面所看到的：要掌握物体的运动，不光要描述它的运动形式，还要知道出现这种运动形式的力学原因。对于连续介质做波动的运动，也应该从这样的两个方面来认识它。前面的内容已经给出用波函数来描述波的运动，下面来了解波传播的动力学因素，以寻求机械波在弹性介质中传播的动力学规律，描述该规律的方程称为**波动方程**。

以纵波为例，设介质的密度为 ρ。如图 5.19 所示，在介质中选定某根波线建立 ox 轴，而表示质元位移的 y 轴与之平行。考察波线上 x 处的质元，其截面积为 S，平衡时它的两端在 x 轴上的坐标分别为 x 与 $x+\mathrm{d}x$，长度为 $\mathrm{d}x$。在 y 轴上，t 时刻该质元两端的坐标分别为 y 与 $y+\mathrm{d}y$，即质元的位移为 y，形变量为 $\mathrm{d}y$(质元等效于一节弹簧)，此时质元两端所受的弹性力分别为 $f(y)$ 与 $f(y+\mathrm{d}y)$。由于该质元在纵波波场中，除了与它相邻的左右质元给它施加正应力之外，其他与之相邻的质元跟它同步振动，不对它施加力，于是该质元在左右两端弹性力的作用下做加速运动。由牛顿第二定律，t 时刻质元的动力学方程为

$$f(y+\mathrm{d}y)-f(y)=\mathrm{d}m\cdot\frac{\partial^2 y}{\partial t^2} \tag{5.2}$$

式中 $\mathrm{d}m=\rho\mathrm{d}V=\rho S\mathrm{d}x$ 为质元的质量，$\frac{\partial^2 y}{\partial t^2}$为质元的加速度。见第 5.1 节中物体的形变与相应的力的内容，t 时刻，质元所受的正应力与正应变遵从胡克定律有

$$\frac{f(y)}{S}=E\,\frac{\mathrm{d}y}{\mathrm{d}x}=E\,\frac{\partial y}{\partial x}$$

注意 y 是 x 与 t 的函数，所以 f 也是 x 与 t 的函数。由上式，质元的两端 y 与 $y+\mathrm{d}y$ 处所受的弹性力分别为

$$f(y)=ES\frac{\partial y}{\partial x}\bigg|_{x'}, \quad f(y+\mathrm{d}y)=ES\frac{\partial y}{\partial x}\bigg|_{x'+\mathrm{d}x'}$$

上式中 x' 与 $x'+\mathrm{d}x'$ 是 t 时刻质元两端在 x 轴上的坐标，不失一般性，下面仍然用 x 与 $x+\mathrm{d}x$ 来表示。质元所受合力为

$$f(y+\mathrm{d}y)-f(y)=ES\left(\frac{\partial y}{\partial x}\bigg|_{x+\mathrm{d}x}-\frac{\partial y}{\partial x}\bigg|_{x}\right)=ES\,\frac{\partial^2 y}{\partial x^2}\mathrm{d}x \tag{5.3}$$

上式的变换可由函数 $y=f(x,\ t)$ 的二阶偏导定义式可得

$$\lim_{\Delta x\to 0}\frac{\dfrac{\partial y}{\partial x}\bigg|_{x+\Delta x}-\dfrac{\partial y}{\partial x}\bigg|_{x}}{\Delta x}=\frac{\partial^2 y}{\partial x^2}$$

即

$$\frac{\partial y}{\partial x}\bigg|_{x+\mathrm{d}x}-\frac{\partial y}{\partial x}\bigg|_{x}=\frac{\partial^2 y}{\partial x^2}\mathrm{d}x$$

联立(5.2)与(5.3)两式，即得到波动方程，为

$$\frac{\partial^2 y}{\partial t^2}=\frac{E}{\rho}\frac{\partial^2 y}{\partial x^2}$$

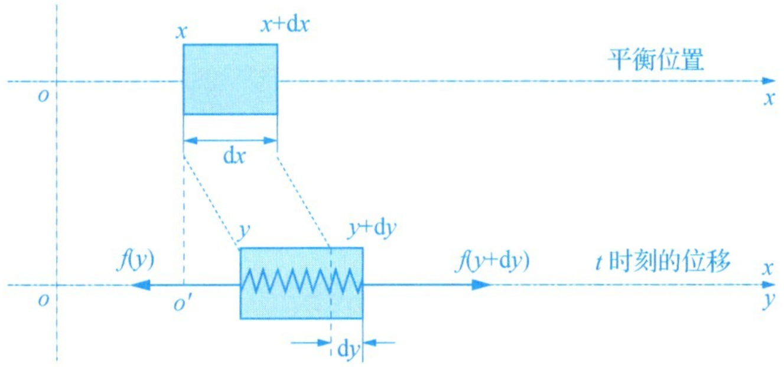

图 5.19　质元的形变与受力

考察固体介质中传播的横波与绳波、流体介质中的纵波，进行类似的推导，可以得到各自满足的波动方程，分别为

固体中横波：$\dfrac{\partial^2 y}{\partial t^2}=\dfrac{G}{\rho}\dfrac{\partial^2 y}{\partial x^2}$

绳波：$\dfrac{\partial^2 y}{\partial t^2}=\dfrac{T}{\lambda}\dfrac{\partial^2 y}{\partial x^2}$

上式中 T 为弦线中的张力，μ 为弦线中质量分布的线密度。

流体中纵波：$\dfrac{\partial^2 y}{\partial t^2}=\dfrac{B}{\rho}\dfrac{\partial^2 y}{\partial x^2}$

2. 波速

弹性介质中传播的机械波都要满足上述的波动方程。将平面简谐波的波函数(5.1)代入以上方程，就可以得到固体介质中传播的横波、流体介质中的纵波的波速。

(1)在固体介质中横波与纵波的波速分别为

$$u_{\perp}=\sqrt{\frac{G}{\rho}},\ u_{//}=\sqrt{\frac{E}{\rho}}$$

由于同一种固体介质中的切变弹性模量 G 一般小于杨氏弹性模量 E，因此固体中横波的波速一般小于纵波的波速。例如地震发生时，纵波比横波先抵达地面。

(2)在张紧的弦线中传播的横波(绳波)波速为

$$u_{\perp}=\sqrt{\frac{T}{\mu}}$$

可见，同一根弦线，线中张力 T 越大，绳波的波速就越大。

(3)液体和气体中只能传播纵波，其波速为

$$u_{//}=\sqrt{\frac{B}{\rho}}$$

上式中的 B 为介质的容变弹性模量。

(4)对于理想气体，将波的传播过程看作绝热过程，纵波声速还可以进一步表示为

$$u_{//}=\sqrt{\frac{\gamma p}{\rho}}=\sqrt{\frac{\gamma RT}{M}}$$

式中，γ、M、T、ρ 分别为气体的比热容比、摩尔质量、热力学温度与密度，R 为普适气体常数。由于海拔高度不同的位置，大气的压强、温度与密度不同，因此声速是不同的。例如海拔为 0 m、5000 m 与 10000 m 处，声速分别是 340.3 m/s、320.5 m/s、299.5 m/s。

由以上波速公式可见，波速是由传波介质的模量、密度、张力、温度等因素决定的。尽管波速 $u=\lambda\nu$，但波速并不是由波的频率或波长决定的。

用波速替换各个波动方程中的比例系数，就得到波动方程的通用表达式，为

$$\frac{\partial^2 y}{\partial x^2}-\frac{1}{u^2}\frac{\partial^2 y}{\partial t^2}=0$$

凡是弹性介质中传播的弹性波都必须满足该方程。不仅机械波，电磁波的波动方程也有同样的形式，只是 u 为电磁波的波速(即光速)。

例 5.4 在室温下，已知空气中的声速为 340 m/s，水中的声速为 1450 m/s，求频率为 200 Hz 与 2000 Hz 的声波在空气中与水中的波长各为多少?

解： 由 $\lambda=\dfrac{u}{\nu}$，频率为 200 Hz 与 2000 Hz 的声波在空气中的波长分别为

$$\lambda_1=\frac{u_1}{\nu_1}=\frac{340}{200}=1.7\ \text{m},\ \lambda_2=\frac{u_1}{\nu_2}=\frac{340}{2000}=0.17\ \text{m}$$

在水中的波长分别为

$$\lambda_1'=\frac{u_2}{\nu_1}=\frac{1450}{200}=7.25\ \text{m},\ \lambda_2'=\frac{u_2}{\nu_2}=\frac{1450}{2000}=0.725\ \text{m}$$

例 5.5 假如声波在空气中的传播过程可看作绝热过程，空气视为理想气体，求海平面位

置 0℃和 20℃的空气中的声速。[空气的 $\gamma=1.4$，$M=2.89\times10^{-2}$ kg/mol，$R=8.31$ J/(mol·K)]

解：由 $u_{//}=\sqrt{\dfrac{\gamma RT}{M}}$，可得 0℃空气中的声速

$$u=\sqrt{\frac{1.4\times8.31\times273.15}{2.89\times10^{-2}}}=331.60\ \text{m/s}$$

20℃空气中的声速

$$u=\sqrt{\frac{1.4\times8.31\times293.15}{2.89\times10^{-2}}}=343.53\ \text{m/s}$$

5.3 波的能量

波在弹性介质中传播，“下游”的质元依次被“上游”质元带动，于是波源的能量随着质元的振动被传输出去。因此，波不仅传播振动，而且必然伴随能量的传输。波场中，介质中各质元都在自己的平衡位置振动因而具有动能，各质元还因发生形变而具有弹性势能，这说明波场中任意质元(或体积单元)都承载着机械能。下面来了解这种能量的表示、分布和传输。

5.3.1 波的能量

要获得波的能量表达式，类似波动方程的推导，仍然考虑纵波的情形。设平面简谐波为 $y(x,t)=A\cos[\omega(t-x/u)+\varphi]$。考察波线上 x 处的质元，见图 5.19。该质元截面积为 S、平衡时的长度为 $\mathrm{d}x$，质元的体积为 $\mathrm{d}V=S\mathrm{d}x$，质量为 $\mathrm{d}m=\rho\mathrm{d}V$。$t$ 时刻质元振动的速度为

$$v=\frac{\partial y}{\partial t}=-\omega A\sin\left[\omega\left(t-\frac{x}{u}\right)+\varphi\right]$$

则 t 时刻质元的动能为

$$\mathrm{d}E_k=\frac{1}{2}\mathrm{d}m\cdot v^2=\frac{1}{2}\rho\mathrm{d}V\cdot\omega^2A^2\sin^2\left[\omega\left(t-\frac{x}{u}\right)+\varphi\right]$$

对于质元的弹性势能，可以将质元看作一节劲度系数为 k 的弹簧，见图 5.19。该弹簧原长为 $\mathrm{d}x$，t 时刻弹簧左右两端受力 $f(y)$ 与 $f(y+\mathrm{d}y)$ 作用，绝对伸长量为 $\mathrm{d}y$，因此弹簧的势能为

$$\mathrm{d}E_p=\frac{1}{2}k(\mathrm{d}y)^2$$

见 5.1 节的内容，t 时刻质元的正应变(dy/dx)与正应力(f/S)遵循胡克定律，因此弹簧的劲度系数 k 可以由胡克定律确定

$$\frac{f(y)}{S}=E\frac{dy}{dx} \quad \rightarrow \quad f(y)=ES\frac{dy}{dx}=kdy \quad \rightarrow \quad k=\frac{ES}{dx}$$

即弹簧的势能为

$$dE_p=\frac{1}{2}\frac{ES}{dx}(dy)^2=\frac{1}{2}E\cdot Sdx\cdot\left(\frac{dy}{dx}\right)^2=\frac{1}{2}E\cdot dV\cdot\left(\frac{\partial y}{\partial x}\right)^2$$

式中，y 是 x、t 的函数，因此求导改写为求偏导。由波函数得到质元的正应变

$$\frac{\partial y}{\partial x}=\frac{\omega}{u}A\sin\left[\omega\left(t-\frac{x}{u}\right)+\varphi\right]$$

而 $u=\sqrt{E/\rho}$ 或 $E=\rho u^2$，于是弹簧即质元的弹性势能为

$$dE_p=\frac{1}{2}\rho dV\cdot\omega^2A^2\sin^2\left[\omega\left(t-\frac{x}{u}\right)+\varphi\right]$$

由上可见，质元的动能与势能的表达式完全相同，随时间同步的变化。质元的机械能为

$$dE=dE_k+dE_p=\rho\cdot dV\cdot\omega^2A^2\sin^2\left[\omega\left(t-\frac{x}{u}\right)+\varphi\right]$$

由质元的机械能，可得单位体积介质所具有的能量，称为**波的能量密度**，用 w 表示为

$$w=\frac{dE}{dV}=\rho\omega^2A^2\sin^2\left[\omega\left(t-\frac{x}{u}\right)+\varphi\right]$$

在波场中某位置取单位体积的介质，它含有的机械能按上式的规律随时间做周期性变化。周期性变化的量有平均值，一个周期内能量密度的平均值称为**平均能量密度**，用 $\overline{w}$ 表示为

$$\overline{w}=\frac{1}{T}\int_0^T w dt=\frac{1}{T}\int_0^T\rho A^2\omega^2\sin^2\left[\omega\left(t-\frac{x}{u}\right)+\varphi\right]dt=\frac{1}{2}\rho\omega^2A^2 \tag{5.4}$$

从上面得到的能量表达式，可以看出波传播时能量的分布和传输特点：

(1)考虑传波介质中单位体积的质元，将它的位移、动能、势能与机械能随时间的变化关系作图，如图 5.20 所示。可见，质元的机械能随时间做周期性变化，质元的能量不守恒。能量不守恒就意味着能量在质元之间有传递，因此波传输能量。见图，当质元从正或负的最大位移运动到平衡位置，其机械能从最小值变到最大值，这表明它从上游质元得到能量；当质元从平衡位置运动到正或负的最大位移处，其机械能从最大值变到最小值，这表明它将能量传递给下游质元。这不同于弹簧振子、单摆等孤立的振动系统，孤立的振动系统的机械能守恒。

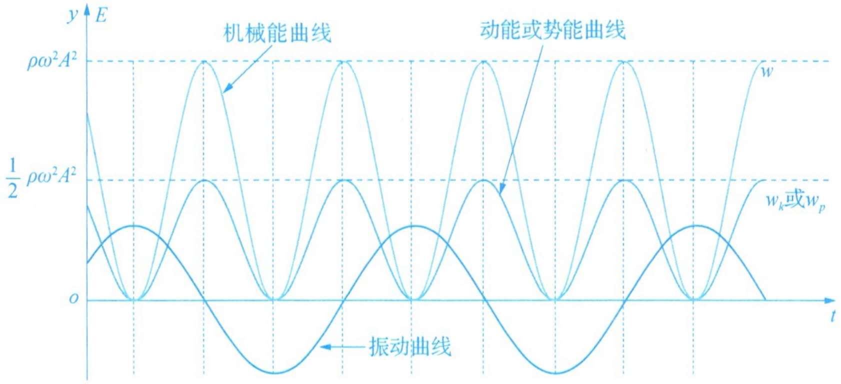

图 5.20　质元的振动曲线，动能、势能与机械能曲线

(2)质元的动能、势能与机械能随时间同步地做周期性变化，见图 5.20。当质元运动到平衡位置，它的动能与势能同时达到最大值；当质元运动到正或负的最大位移处，它的动能与势能同时达到最小值零。这也不同于孤立振动系统。例如孤立的弹簧振子系统，振子运动到平衡位置，其动能最大而弹性势能最小为零；振子运动到最大位移处，其动能为零而弹性势能最大。

可以这么来理解这个问题。考虑初位相为零的简单波函数 $y=A\cos\omega(t-x/u)$，它也是 x 处质元的振动方程。质元位于平衡位置时动能最大，此时有 $y=A\cos\omega(t-x/u)=0$，可得 $\omega(t-x/u)=\pm\pi/2$，则此时质元的形变量 $\partial y/\partial x=A(\omega/u)\sin\omega(t-x/u)=\pm A(\omega/u)$ 为极值，表明此时它的势能也具有最大值。类似分析：质元处于最大位移处动能为零，这时质元的形变为零，其势能具有最小值零。

理论与实验证明，以上结论可以推广到所有弹性波。

5.3.2　能流密度(波强)

既然波能够在介质中传输能量，那么如何描述波传输能量的快慢和方向？可以用**能流密度**来描述，它表示单位时间内通过垂直于波传播方向单位面积的平均能量。能流密度也称为**波的强度**(简称**波强**)，用 I 来表示。如图 5.21 所示，在介质中作垂直于波速方向的截面 S，则单位时间内通过 S 面的平均能量，等于 $u\cdot S$ 体积内含有的平均能量，则波强为

$$I=\frac{\overline{w}uS}{S}=\overline{w}u \tag{5.5}$$

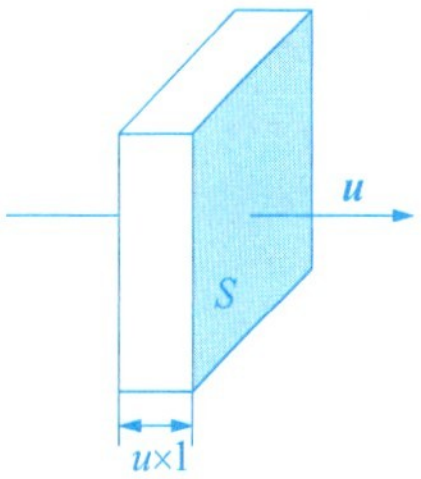

图 5.21　通过 S 面的能量

波强的单位(SI)：瓦/米²(W/m²)

波强是矢量，在各向同性介质中其方向与波速方向同向，于是有

$$\boldsymbol{I}=\overline{w}\boldsymbol{u}$$

对于简谐波，将式(5.4)代入式(5.5)可得波强的大小，为

$$I=\frac{1}{2}\rho\omega^2A^2u \tag{5.6}$$

上式仅对简谐波成立，它表明当传波介质与波的频率确定后，波的强度与振幅的平方成正比的关系，即 $I\propto A^2$。

利用波传播能量的观点，可以分析在理想介质中传播的平面波、球面波的振幅变化。如图 5.22 所示，垂直于波传播方向取两个截面 S_1、S_2，对于平面波是面积相等的平面，对于球面波则是以波源为球心半径为 r_1 与 r_2 的球面。由于理想介质不吸收能量，所以单位时间通过 S_1、S_2 面的平均能量相等：$I_1S_1=I_2S_2$。对平面波即为

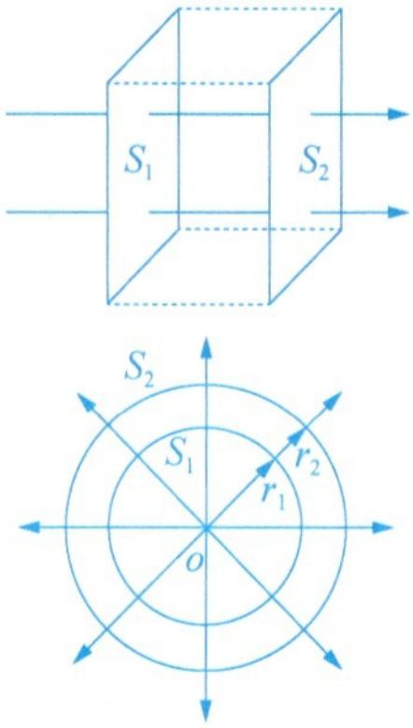

图 5.22 平面波与球面波的振幅变化

$$\frac{1}{2}\rho\omega^2A_1^2uS_1=\frac{1}{2}\rho\omega^2A_2^2uS_2$$

即得

$$A_1=A_2$$

这说明介质中传播的平面波在传播方向上振幅不变。

对球面波则为

$$\frac{1}{2}\rho\omega^2A_1^2uS_1=\frac{1}{2}\rho\omega^2A_2^2uS_2$$

而

$$S_1=4\pi r_1^2,\quad S_2=4\pi r_2^2$$

即得

$$A_1r_1=A_2r_2$$

这说明介质中传播的球面波的振幅与离波源的距离成反比。如果以 $r_1=1$ m 处的振幅为 A_0，由上式，则 $r_2=r$ 处(距波源距离为 r 处)的振幅为 A_0/r，球面简谐波的波函数即为

$$y(r,\ t)=\frac{A_0}{r}\cos\left[\omega\left(t-\frac{r}{u}\right)+\varphi\right]$$

实际上，真实的传波介质对波的能量多少有一些消耗，因此沿波的传播方向，介质中质元的能量随着波的传播不断减少，于是下游质元的振幅不断减小，波强也逐渐减小。这种现象称为**波的吸收**。

*5.3.3 声压、声强与声强级

尽管一说到声波人们就想到空气中传播的声音，然而声波可以出现在所有的弹性介质中。声波是机械纵波，是一种疏密波。如图 5.23 所示，声波在气体中传播会引起空气分子呈现稀疏与密集的分布，使得气体中局部的实际压强 p' 偏离无

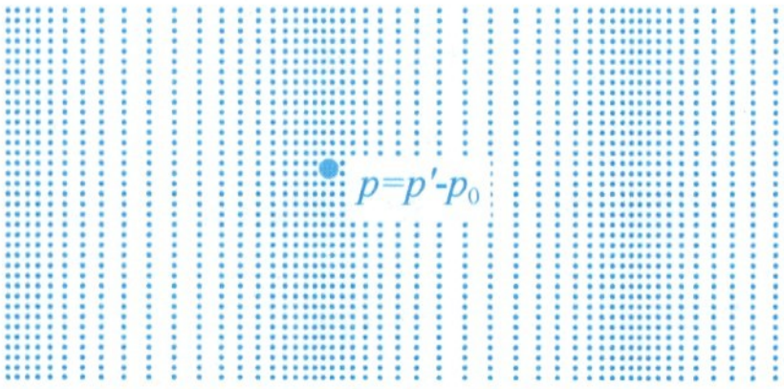

图 5.23 声压

声波时的静压强 p_0，两者之差($p=p'-p_0$)称为声压。在波密区，实际压强大于静压强，声压为正值；而在波疏区，实际压强小于静压强，声压为负值。见前面容变的讨论，考察介质中的质元，可知质元承受的声压为

$$\Delta p=-B\frac{\Delta V}{V}$$

对于平面简谐波，有$\frac{\Delta V}{V}=\frac{\partial y}{\partial x}$，用 p 替代 Δp 则声压为

$$p=-B\frac{\partial y}{\partial x}=-B\frac{\omega}{u}A\sin\left[\omega\left(t-\frac{x}{u}\right)+\varphi\right]$$

将纵波声速 $u=\sqrt{B/\rho}$ 代入上式得声压为

$$p=-\rho u\omega A\sin\left[\omega\left(t-\frac{x}{u}\right)+\varphi\right]=p_m\cos\left[\omega\left(t-\frac{x}{u}\right)+\varphi+\frac{\pi}{2}\right]$$

式中，$p_m=\rho u\omega A$ 为声压的幅值。另外，比较质元的位移函数 $y(x,t)$ 与声压函数 $p(x,t)$，可见声波的声压波动(或密度波动)与质元的位移波动相差 $\pi/2$ 的位相关系。

声强就是声波的强度(或能流密度)，见式(5.6)，则声强可改写为

$$I=\frac{1}{2}\rho A^2\omega^2 u=\frac{1}{2}\frac{p_m^2}{\rho u}$$

能使人耳产生听觉的声波频率在 20 ~ 20000 Hz 之间，频率低于 20 Hz 的声波称为**次声波**，高于 20000 Hz 的称为**超声波**。能引起人耳产生听觉的声波不仅跟频率有关，还与声强有关。对于 1000 Hz 的声波，大多数人听能听见的最弱声强为 10^{-12} W/m^2，这一声强称为闻域；而人耳感受到疼痛的声强约为 1 W/m^2，这一声强称为痛阈。这两种声强相差太大(10^{12}倍)，不便于比较。为了方便地比较不同的声强，于是引入**声强级**的概念。实际声强 I 的声强级定义为

$$L=10\lg\frac{I}{I_0}$$

式中，$I_0=10^{-12}$ W/m^2 为标准声强。声强级的单位(SI)为分贝(dB)。

人正常说话的声强级为 40~60 dB，繁忙街道的声强级为 70 dB，摇滚乐的声强级 120 dB，超声波的声强级达到 210 dB。声强级过大会形成噪声污染，影响人们的听力与身心健康。然而，有时可以利用高声强级的声波来达到某种目的，例如超声波破碎结石、超声波清洗等。

分贝这个单位并不局限于此，在电磁学中也会用到，例如电磁波信号经过一段距离其功率从 P_1 衰减为 P_2，信号的衰减量就用 $10\lg(P_1/P_2)$(dB)来表示。

5.4 惠更斯原理

5.4.1 惠更斯原理

荷兰物理学家惠更斯观察到：当水面波前进通过有小开孔的障碍物时，小开孔后面出现圆形波，此圆形波就好像是以小开孔为波源发出的新水面波。图 5.24(a)是这一现象的示意图，图 5.24(b)是这一现象的实验演示照片。

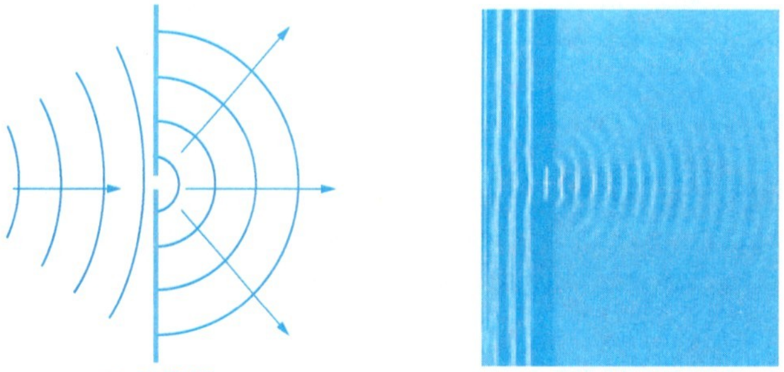

(a) 示意图　　(b) 演示实验的照片

图 5.24　水面波遇到有开孔的障碍物的传播

惠更斯经过大量实验观察后，认识到波传播时介质中任意质元的振动都是由其相邻质元带动的，他于 1690 年提出：波传播过程中，介质中任意波阵面上的各点，都可以看作是发射子波的波源，其后任意时刻这些子波的前方包迹就是新的波阵面。这一关于波传播规律的描述称为**惠更斯原理**。子波源发出的波与原波同频率、同波速。只要已知波速分布和某时刻的波面，就可以由惠更斯原理通过作几何图，确定下一时刻的波面和波的传播方向。如图 5.25(a)、5.25(b)所示，分别显示出由惠更斯原理，确定在各向同性均匀介质中传播的平面波与球面波在某时刻后的下一时刻的波面，图中 S_t 是 t 时刻的波面，半圆代表以波面上各点为子波发出的球面波经 Δt 时间到达的位置，$S_{t+\Delta t}$ 是这些子球面波的包迹面，它表示 S_t 波面在 $t+\Delta t$ 时刻传播到达的位置。

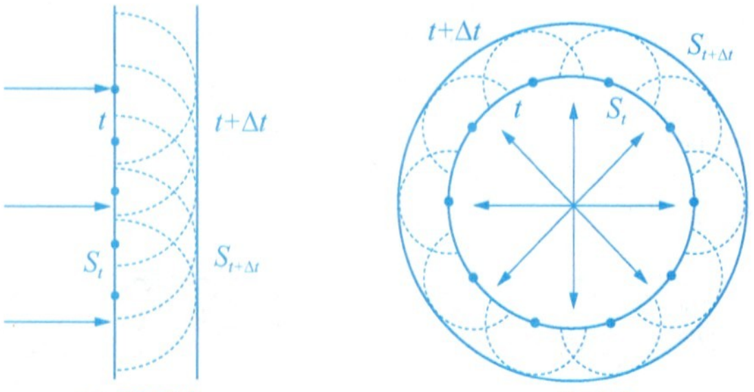

(a) 平面波　　(b) 球面波

图 5.25　惠更斯原理

需要指出的是，惠更斯原理不光适用于机械波，还适用于电磁波，而且也适用于非均匀的、各向异性的介质。应注意到，惠更斯原理来源于直观的观测，并非严格的理论，有其局限性：原理没有说明子波的振幅(强度)分布问题，也没有说明子波只向前不向后传播的问题。

利用惠更斯原理可以很容易解释波的衍射、反射与折射等现象。

5.4.2　波的衍射、反射与折射

1. 波的衍射

当波在介质中传播遇到障碍物时，会绕过障碍物继续传播，且能到达沿直线传播所不能到达的区域。波偏离直线传播的这种现象称为波的**衍射**。由惠更斯原理作图，可以直观解释衍射现象。如图 5.26 所示，当波前到达障碍物的开孔时，在波前上取点作为子波源，以子波源作某时刻的子球面波，然后作这些子球面波的包迹面，即得到波通过开孔后某时刻的波前。垂直新波前的射线指明此时刻波的传播方向，有些射线已偏离了原传播方向，即出现了衍射。

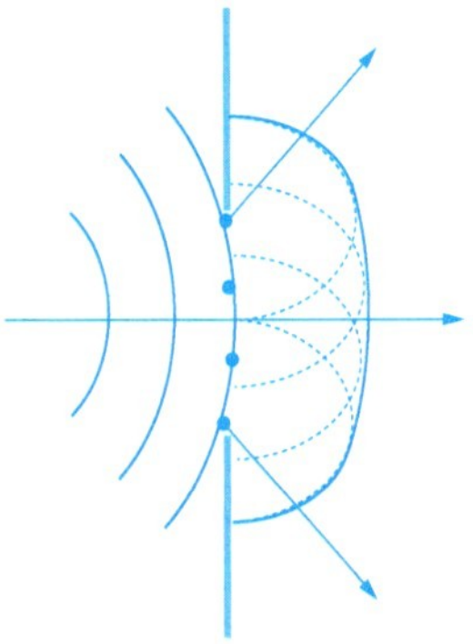

图 5.26　惠更斯原理解释衍射

衍射是波的主要特征之一，所有类型的波都能展现出衍射现象。小孔等障碍物的尺寸越小，从小孔出来的衍射波偏离原前进方向的角度越大，这就显示衍射现象越显著。声音的波长(0.017～17 m)远大于可见光的波长(4×10^{-7}～7×10^{-7} m)，由于日常所见的障碍物尺寸与声音波长都相当，例如门窗的尺寸，因此声波的衍射现象比光波更容易被观测到。

机械波、电磁波等都能发生衍射现象，衍射在许多领域也有广泛的应用。例如后面要学习的光的夫琅和费衍射、光栅衍射、x 射线晶体衍射、电子衍射等，这些衍射在研制光学器件，探索微光世界等方面发挥出了非常重要的作用。

2. 波的反射与折射

波传播到两种介质的分界面将发生反射与折射现象，一部分波在界面改向返回原介质形成反射波，另一部分也改向进入另一种介质形成折射波，反射波、折射波与入射波之间的方向关系分别遵守反射定律、折射定律。由惠更斯原理作图，也可以解释这两种现象，得到反射与折射定律。

如图 5.27 所示，平面波以入射角 i 射向介质 1 与介质 2 的分界面。从平面波中任取了四根波线 1、2、3、4，这些波线称为入射波线，它们跟分界面的交点分别为 A、B、C、D，代表入射平面波先后到达分界面的位置。根据惠根斯原理，四交点先后成为子波源发射球面子波在介质 1 中传播。设平面波在介质 1 中的波速为 u_1，t 时刻入射波的波前到达 AE 位置，那么经过 $\Delta t(=DE/u_1)$ 时间，当 A 点子波的球面波前半径达到 $u_1\Delta t$ 时，D 点子波才开始发出。作 $t+\Delta t$ 时刻各子波波前的包迹，即得到此时刻反射波前到达的位置 DF。垂直于 DF 的波线即为反射波线，它与法线的夹角为反射角 i'。容易看出入射波线、反射波线与法线共面。由于两直角三角形 ΔADE 与 ΔADF 全等，因此 $i=i'$，得到**反射定律**。

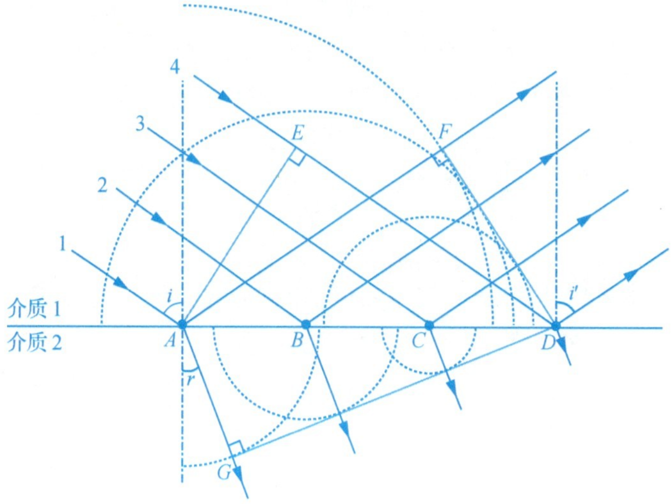

图 5.27　惠更斯原理解释反射与折射

见图 5.27，A、B、C、D 四子波源发射球面子波也能在介质 2 中传播，形成折射波。设平面波在介质 2 中的波速为 u_2，同样 t 时刻入射波的波前到达 AE 位置，那么经过 $\Delta t(=DE/u_1)$时间，A 点子波的球面半径已达到 $u_2\Delta t$ 而 D 点子波刚开始发出。作 $t+\Delta t$ 时刻各子波的包迹即得到折射波前的位置，图示为 DG 位置。垂直于 DG 的波线即为折射波线，与法线的夹角为折射角 r，入射波线、折射波线与法线共面。由于两直角三角形 ΔADE 与 ΔADG 共斜边 AD，$\angle ADG=r$，因此有

$$AD=\frac{DE}{\sin i}=\frac{AG}{\sin r}$$

即为

$$\frac{u_1\Delta t}{\sin i}=\frac{u_2\Delta t}{\sin r}$$

得

$$\frac{\sin i}{\sin r}=\frac{u_1}{u_2}$$

上式即为**折射定律**。在光学中，$\frac{u_1}{u_2}=\frac{n_2}{n_1}$，而 n_1、n_2 分别为介质 1 与介质 2 的折射率。

5.5 波的干涉

5.5.1　波的叠加原理

前面仅仅考虑单个波在介质中传播的问题，如果有多个波在同一种介质中同时传播，

各波的传播彼此是否相互影响？波场中的质元又是如何振动的？通过观测和总结，可以得到如下的规律：

(1) 同一介质中的各个列波在传播过程中仍保持原有的特征(频率、波长、振动方向等)不变，按照原来的方向继续前进，就像没有遇到其他的波一样，这称为**波传播的独立性原理**。明显地可以看出，波的相遇不同于实物粒子相遇，因为波的传播不涉及物质的交换。对于波传播的独立性，最直接的观察是水面波相遇交互而过，最直接的体验是我们可以同时听到不同声源发出的声音，说明不同声波能在空气中同时传播，彼此不影响对方的传播。不仅机械波，波传播的独立性原理也适用于电磁波，例如，夜空中见到的光柱交叉传播。

(2) 在波相遇的区域内，任一质元的振动为各个波单独存在时引起该质元振动的合振动，该质元的位移是各个波单独存在时引起该质元位移的矢量和，这称为**波传播的叠加原理**。然而，波的叠加原理仅适用于弱波情况，对强波则并不适用。因为，弱波时质元的形变小，引起质元振动的应力与应变处在弹性限度范围内成线性关系，而强波时质元的振幅很大，引起质元振动的应力与应变超过了弹性限度范围，两者不再成线性关系，情况复杂。对于强波的问题，需要非线性理论来描述。这里讨论的限于弱波问题。

应该注意，波传播的叠加涉及相遇波场中所有质元振动的叠加，正是由于这种整体的叠加，因此才会出现干涉现象。

5.5.2　波的干涉

两列波相遇，在相遇区域引起各质元的振动合成，有的质元合振动的振幅始终加强，有的合振动的振幅始终减弱，总之，处于不同位置的质元的振幅不随时间变化，结果在波场中形成了一幅稳定的叠加“图样”，这种现象称为**波的干涉**。能形成干涉的波称为**相干波**，能产生相干波的波源称为**相干波源**。多列相干波相遇也能产生干涉现象，但情况复杂，这里只讨论简单的两波干涉，也能认识干涉的条件与特征。

干涉现象实质上还是波引起各质元上两个振动的合成，只是合振动的方向、振幅随时间保持不变。从上一章关于振动合成的讨论可以知道，两简谐振动的方向相同但频率不同，其合振动的振幅随时间变化，例如拍的形成，由此可见两波要实现干涉，它们的频率要相同。另外，两简谐振动的方向与频率相同但初位相随时间变化，其合振动的振幅也随时间变化，因此两波要实现干涉，它们在同一质元处振动的位相差要保持恒定。相干波的振动方向还要平行，如不平行，它们在同一质元处的合振动情况复杂，例如垂直简谐振动的合成。因此，**两波的频率相同、在同一点的位相差固定、振动方向相同是波实现干涉需要满足的条件**。

两列相干波在相遇点进行相干叠加，合振动的振幅最大，此处的干涉称为**相长干涉**，如果合振动的振幅最小，此处的干涉称为**相消干涉**。下面来确定形成相长干涉与相消干涉需要满足的条件。设两个相干波源 S_1、S_2 的频率为 ω，振幅分别为 A_1、A_2，初位相分别为

φ_1、φ_2，两波源的振动方程分别为

$$y_{10}=A_1\cos(\omega t+\varphi_1),\quad y_{20}=A_2\cos(\omega t+\varphi_2)$$

如图 5.28 所示，两波源发出的简谐波在空间 P 点相遇。以 S_1、S_2 波源建立波函数，或考虑 P 点的振动相对波源的振动的位相延迟，可以得到两波引起 P 点质元的振动方程，分别为

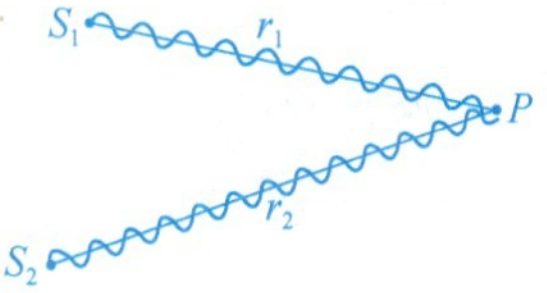

图 5.28　两简谐波的相遇与叠加

$$y_1=A_1\cos\left(\omega t+\varphi_1-\frac{2\pi}{\lambda}r_1\right),\quad y_2=A_2\cos\left(\omega t+\varphi_2-\frac{2\pi}{\lambda}r_2\right)$$

这两个分振动的位相差为

$$\Delta\varphi=(\varphi_2-\varphi_2)-\frac{2\pi}{\lambda}(r_2-r_1) \tag{5.7}$$

两个分振动是同方向同频率的简谐振动，见上一章的振动合成知识，可知合振动亦为简谐振动，方程为

$$y=y_1+y_2=A\cos(\omega t+\varphi)$$

式中，A、φ 分别为合振动的振幅与初位相，其中

$$A^2=A_1^2+A_2^2+2A_1A_2\cos\Delta\varphi$$

在声波、光波等到干涉中，实际上观测的是波强的变化，并不是振幅变化。由于波的强度正比于波振幅的平方[见式(5.6)]，于是上式可以改写为波强之间的关系式，为

$$I=I_1+I_2+2\sqrt{I_1I_2}\cos\Delta\varphi \tag{5.8}$$

式中，I、I_1、I_2 分别为合成波与两相干波的波强。

见以上两式，合成波的振幅中出现了 $2A_1A_2\cos\Delta\varphi$ 这一项，波强中出现了 $2\sqrt{I_1I_2}\cos\Delta\varphi$ 这一项。随着两列相干波相遇位置不同(r_2-r_1)，见式(5.7)，$\Delta\varphi$ 的取值就不同，于是合成波的 A 或 I 随之发生变化，不同位置有强弱之分，即会出现相长与相消干涉。由以上两式可见，两相干波形成相长与相消干涉满足的条件为

$$\begin{cases}\Delta\varphi=2k\pi & \text{——相长干涉}\\ \Delta\varphi=(2k+1)\pi & \text{——相消干涉}\end{cases}\quad (k=0,\ \pm1,\ \pm2,\ \cdots)$$

出现相长干涉时，质元的振幅最大，为 $A_{\max}=A_1+A_2$，如果 $A_1=A_2$，则 $A_{\max}=2A_1$。出现相消干涉时，质元的振幅最小，为 $A_{\min}=|A_1-A_2|$，如果 $A_1=A_2$，则 $A_{\min}=0$。当 $\Delta\varphi$ 取其他值，则 A 与 I 的值在最小与最大之间。自己考虑一下，出现相长或相消干涉时 I 的取值。

当两相干波源振动的初位相相等时 $\varphi_2=\varphi_1$，见式(5.7)，此时令 $\delta=r_2-r_1$(称为**波程差**)，则相干条件转化为

$$\begin{cases}\delta=r_2-r_1=k\lambda & \text{——相长干涉}\\ \delta=r_2-r_1=(k+1/2)\lambda & \text{——相消干涉}\end{cases}\quad (k=0,\ \pm1,\ \pm2,\ \cdots)$$

可以这么理解上式的干涉条件：在一列波的波场中，一条波线上相距整数倍波长的两点处，两质元振动的位相相同，在做同相振动，而波线上相距整数倍波长加半个波长的两

点处，两质元振动的位相相反，在做反相振动。因此，波程差等于整数倍波长的两路波相遇，在相遇点的两个分振动是同相振动，合振动的振幅最大。波程差等于整数倍波长加半个波长的两路波相遇，在相遇点的两个分振动是反相振动，合振动的振幅最小。

当两波不满足相干条件，两波的叠加为非相干叠加。对于非相干叠加，由于两列波在相遇点振动的位相差 $\Delta\varphi$ 不能保持恒定，随时间周期性变化，于是合成波的波强中 $2\sqrt{I_1I_2}\cos\Delta\varphi$ 这一项的平均值为零，因此合成波的波强等于两波的波强之和，无强弱变化，即为

$$I=I_1+I_2$$

干涉是波的又一主要特征。在物理学的发展史上，为证实光与微观粒子的波动性，干涉发挥了决定性的作用。波的干涉在光学、声学等领域有广泛的应用。

例 5.6　如图 5.29 所示，S_1 和 S_2 为两相干波源，相距 $\lambda/4$，S_1 较 S_2 位相超前 $\pi/2$，两者的振幅均为 A_1。求：(1)在两者的连线上 S_1 外侧各点的合振幅和波强；(2)在两者的连线上 S_2 外侧各点的合振幅和波强。

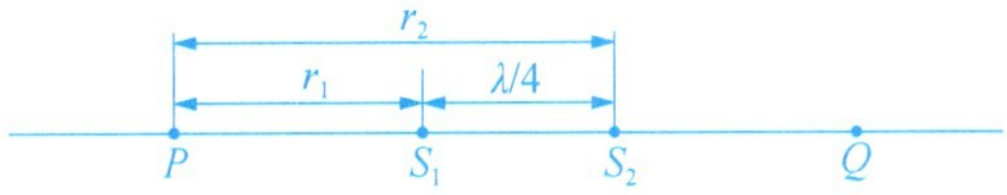

图 5.29　两相干波源

解：(1)见图 5.29，在 S_1 外侧连线上任取一点为 P，S_1 与 S_2 到 P 的距离分别记为 r_1、r_2，则 $r_2-r_1=\lambda/4$。由题可知，两波源的初位相之差 $\varphi_2-\varphi_1=-\pi/2$，于是两波源发出的相干波到达 P 点的位相差为

$$\Delta\varphi=(\varphi_2-\varphi_1)-\frac{2\pi(r_2-r_1)}{\lambda}=-\frac{\pi}{2}-\frac{2\pi}{\lambda}\times\frac{\lambda}{4}=-\pi$$

可见，两波在 P 点振动的位相相反，因此 S_1 外侧各点的合振幅 $A=0$，合成波的波强 $I=0$。

(2)同理，见图 5.29，在 S_2 外侧连线上任取一点为 Q，S_1 与 S_2 到 Q 的距离分别为 r_1、r_2，则 $r_2-r_1=-\lambda/4$。于是两波源发出的相干波到达 Q 点的位相差为

$$\Delta\varphi=(\varphi_2-\varphi_1)-\frac{2\pi(r_2-r_1)}{\lambda}=-\frac{\pi}{2}+\frac{2\pi}{\lambda}\times\frac{\lambda}{4}=0$$

可见，两波在 P 点振动的位相相同，因此 S_2 外侧各点的合振幅 $A=2A_1$，合成波的波强 $I=4I_1$。

例 5.7　如图 5.30 所示是干涉型消声器的结构原理图。一列波长为 λ 的声波，沿管道向前传播，当声波到达 A 处时分成两路 ABD 与 ACD，经过的距离分别为 r_1 与 r_2，再在出口 D 处相遇。若相遇时两路波相干相消，就起到消音的目的。(1)若声波频率 $\nu=1000$ Hz，要使声波干涉相消，则两路径的长度差至少应为多少？(2)已知 $r_1=0.3$ m，若要将频率 $\nu=1000$ Hz 的声波在出口 D 处增强，则 r_2 的长度至少多长？(声速 $u=340$ m/s)

解：(1)见图 5.30，两路来自同一声源 A 的声波在 D 端发生相消干涉，两路声波的波程差要满足相消干涉的条件，即

$$\delta=r_2-r_1=k\lambda+\lambda/2 \quad (k=0,\ \pm1,\ \pm2,\ \cdots)$$

当 $k=0$ 时，两路管道的长度差最小，为

$$\delta_{min}=\frac{\lambda}{2}=\frac{u}{2\nu}=\frac{340}{2\times1000}=0.17\ \text{m}$$

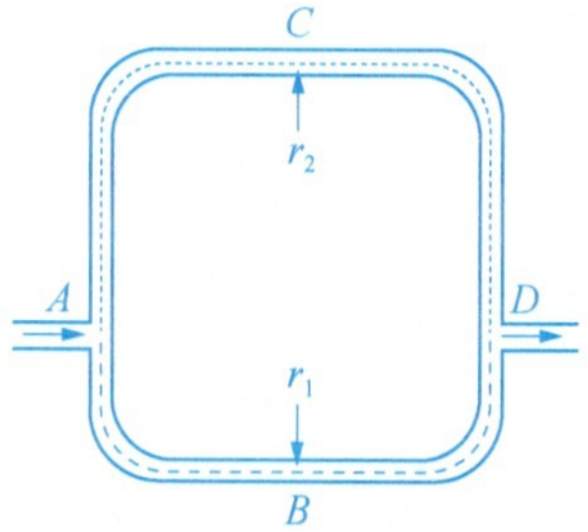

图 5.30　干涉型消声器的结构图

(2)两路声波在 D 端发生相长干涉，波程差要满足相长干涉的条件，即

$$\delta=r_2-r_1=k\lambda \quad (k=0,\ \pm1,\ \pm2,\ \cdots)$$

当 $k=0$ 时，r_2 的长度最小，为

$$r_{2min}=r_1=0.3\ \text{m}$$

例 5.8　如图 5.31 所示，地面上的无线电波波源 S 与探测器 D 之间的距离为 d。从 S 发出一路波沿地面到达探测器 D，从 S 发出另一路波经与高度为 H 的电离层反射到达 D 处，两路波在 D 处相遇加强了。当电离层逐渐升高 h 距离时，在 D 处测量不到信号。电离层与地面平行，不考虑大气的吸收，假定波源发出的波为平面简谐波，求波源 S 发出波的波长。

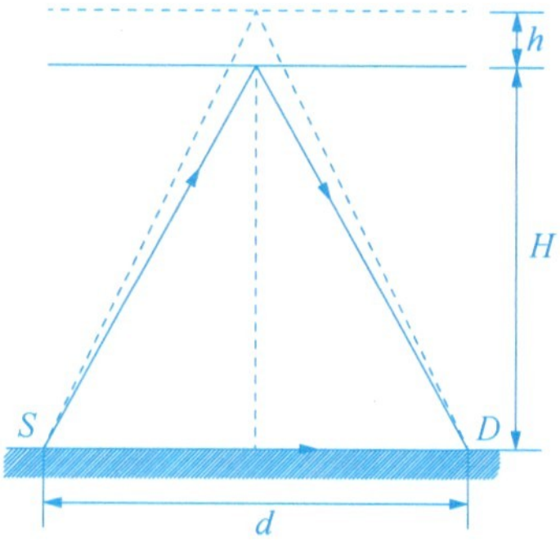

图 5.31　波源 S 与探测器 D

解：见图 5.31，当电离层高度为 H 时，设从波源 S 发出的直达波与反射波经过的距离分别为 r_1 与 r_2，由题知，$r_1=d$。两路波在 D 处发生相长干涉，即有

$$\delta_1=r_2-r_1=r_2-d=k\lambda$$

当电离层高度为 $H+h$ 时，设从 S 发出的反射波经过的距离为 r_2'。两路波在 D 处发生相消干涉，即有

$$\delta_2=r_2'-d=k\lambda+\frac{\lambda}{2}$$

由以上两式可得波程差的变化量为

$$\Delta\delta=\delta_2-\delta_1=r_2'-r_2=\frac{\lambda}{2}$$

由几何关系，有

$$\frac{r_2}{2}=\sqrt{\left(\frac{d}{2}\right)^2+H^2},\ \frac{r_2'}{2}=\sqrt{\left(\frac{d}{2}\right)^2+(H+h)^2}$$

得

$$\lambda=2(r_2'-r_2)=2\left(\sqrt{d^2+4\ (H+h)^2}-\sqrt{d^2+4H^2}\right)$$

5.6 驻波

下面来认识一种特殊的干涉现象。在同一传波介质中，当振幅相同、频率与振动方向相同的两列相干波在同一条直线上反向传播，相遇叠加就形成了**驻波**。驻波是一种有趣的科学现象，在日常生活中比较常见，例如乐器发声与驻波有关。驻波理论在声学、光学、无线电通信与电子学等领域有重要的应用，量子力学的建立也涉及驻波。

5.6.1 驻波的波函数

考虑振幅相同的两列相干波分别沿 x 轴正、负向传播，选取共同的坐标原点和计时起点，为了简单，两波的初位相取为零，两列相干波是行波，波函数分别为

$$y_1=A\cos\left(\omega t-\frac{2\pi}{\lambda}x\right),\ y_2=A\cos\left(\omega t+\frac{2\pi}{\lambda}x\right)$$

两列波相遇叠加，则波场中 x 处质元的位移量为

$$y=y_1+y_2=2A\cos\frac{2\pi x}{\lambda}\cos\omega t=A(x)\cos\omega t$$

式中，$A(x)=2A\cos\dfrac{2\pi x}{\lambda}$。上式为合成波的波函数，给出了波场中任意位置 x 处质元的振动方程，此即为驻波的波函数(或**驻波方程**)。由波函数，通过对时间求偏导，还可以获得各质元振动的速度与加速度等。由波函数可见：各处质元均在做频率相同(ω)、振幅不同($|A(x)|$)的简谐振动。

驻波的波函数同时描述了发生干涉的两列波，其波函数不满足行波关系式：$y(t+\Delta t,x+u\Delta t)=y(t,x)$，所以驻波不是行波。

5.6.2 驻波的特征

1. 波节与波腹

在驻波波场中，不同位置质元的振幅不同，由函数 $|A(x)|=\left|2A\cos\dfrac{2\pi x}{\lambda}\right|$ 来确定，可见各质元的振幅随位置变化具有周期性，如图 5.32 所示。当 $\cos\dfrac{2\pi x}{\lambda}=\pm1$ 时，此处质元的振幅最大，是行波振幅的两倍，即 $|A(x)|=2A$，称该处为驻波的**波腹**。由振幅表达式可得波腹位置为

$$x=k\frac{\lambda}{2}\quad(k=0,\ \pm1,\ \pm2,\ \cdots)$$

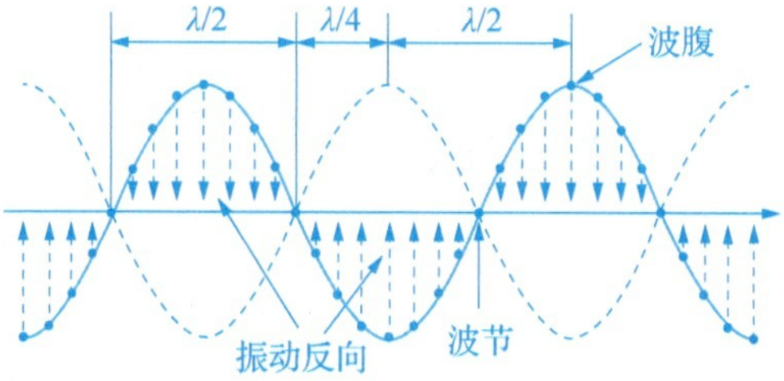

图 5.32　驻波的波节与波腹

当 $\cos\dfrac{2\pi x}{\lambda}=0$ 时，此处质元的振幅最小为零，即 $|A(x)|=0$，表明此处质元处于静止状态，称该处为驻波的**波节**。由振幅表达式可得波节位置为

$$x=(2k+1)\frac{\lambda}{4}\quad(k=0,\ \pm1,\ \pm2,\ \cdots)$$

应该注意：由以上两式来确定驻波的波节与波腹位置，仅对上述的行波成立，如果所考虑的两个相干行波有初位相，那么驻波波函数、波节与波腹将有不同的表达式。但由以上两式得到普遍成立的结论为，相邻波腹或相邻波节之间的距离为 $\lambda/2$，相邻的波腹与波节之间的距离为 $\lambda/4$。

利用上述结论，通过测量驻波的波节或波腹之间的距离，可以确定行波的波长。

2. 质元振动的位相特点

见驻波波函数，当 x 在相邻两个波节 $(2k+1)\lambda/4$ 与 $(2k+3)\lambda/4$ 之间的取值时，有

$$k\pi+\frac{\pi}{2}\leqslant\frac{2\pi x}{\lambda}\leqslant k\pi+\frac{3\pi}{2}$$

当 k 取偶数有 $\cos\dfrac{2\pi x}{\lambda}\leqslant0$，驻波波函数为

$$y=-2A\left|\cos\frac{2\pi x}{\lambda}\right|\cos\omega t=2A\left|\cos\frac{2\pi x}{\lambda}\right|\cos(\omega t+\pi)$$

与标准振动方程 $y=A\cos(\omega t+\varphi)$ 比较，可见这两个波节之间质元振动的位相相同，均为 $(\omega t+\pi)$，说明它们的振动步调一致，同时到达正的或负的最大位移处，是同相振动。

当 k 取奇数有 $\cos\dfrac{2\pi x}{\lambda}\geqslant0$，驻波波函数为

$$y=2A\left|\cos\frac{2\pi x}{\lambda}\right|\cos\omega t$$

可见这两个波节之间质元的振动位相相同，为 ωt，说明它们的振动也同步。结合这两种情况可以看出，在一个波节两侧，距离不超过 $\lambda/2$ 的质元振动的位相相差为 π，见图 5.32，波节两侧质元振动步调相反。

驻波的波形随时间变化，见图 5.32 就是两个时刻的波形，而波场中各质元的振幅始终

不变，就像“伫立不动”，这不同于行波的波形沿波传播方向平移的现象，因此称为驻波。

3. 驻波的能量特征

考察驻波波场中所有质元的振动。如图 5.33 所示，当各质元均运动至平衡位置时，各质元的形变量均最小为零，势能为零。此时各质元的振动速度均最大，动能均最大（均是各自动能的最大值，波节除外），而从波腹向波节过渡，各质元的动能以至机械能将从最大值逐渐减少至零。当各质元均运动至最大位移处时，各质元的速度为零，动能为零。此时各质元的形变量均最大，势能均最大（均是各自势能的最大值，波腹除外），而从波节向波腹过渡，各质元的势能以至机械能将从最大值逐渐减少至零。总之，随着时间的变化，质元上的动能与势能在相互转换，质元之间的机械能也在相互交换，机械能不断交替地集中在波节与波腹位置，能量“驻留”在相邻波节与波腹之间，因此平均来看波节（波腹）两侧的质元没有能量交换。对此可以这么理解：由于两列行波反向传播，平均能流密度之和为零，即 $\overline{w}u+\overline{w}(-u)=0$，平均来看无能量传播。

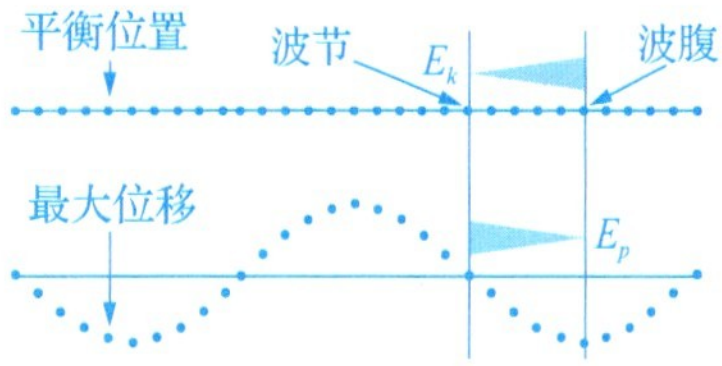

图 5.33　驻波的能量

5.6.3　本征振动与简正模式

常用电动音叉带动张紧的弦线来演示驻波的形成。如图 5.34 所示，音叉振动带动弦线 A 端振动，在弦线上形成向右传播的横波（称为入射波），入射波经支点 B 反射在弦线上形成向左传播的反射波。入射波与反射波的频率与振动方向相同，是相干波，可以在弦线上进行相干叠加，出现相长与相消干涉。改变弦线另一端悬挂物的质量，可以改变弦线中的张力，从而改变弦线中的波速、波长，以至改变反射波的能量，从而在弦线上形成驻波，出现波节与波腹。此时，支点固定不动成为波节。

如图 5.35 所示，当一根张紧的弦线两端固定，拨动弦线就会在线上形成入射波，入射波被两端反射形成反射波，两波叠加也会在弦线上形成驻波，例如拨弦乐器。此种情况下，弦线的两端固定，两端点不动将成为驻波的波节。由图可见，两端固定的弦线上形成中间没有波节的驻波最简单，当中间依次出现 1 个、2 个等波节，对应的驻波波型依次更为复杂。对此进行归纳：能在弦线上形成驻波，线的长度（L）应等于相邻两波节之间距离（$\lambda/2$）的整数倍，即为

$$L=n\frac{\lambda_n}{2}\quad 或\quad \lambda_n=\frac{2L}{n}\quad (n=1,\ 2,\ 3,\ \cdots) \tag{5.9}$$

式中，λ_n 是与整数 n 对应的波长，可见 λ_n 只能取某些不连续的分立值，因此并非所有波长的行波都能在两端固定的弦线上形成驻波。由波长、频率与速度之间的关系，对应地，行波的频率也只能取某些分立的值，即

$$\nu_n=n\frac{u}{2L}\quad (n=1,\ 2,\ 3,\ \cdots)$$

上式确定的每一个频率称为驻波系统的**本征频率**(或**固有频率**)，其中与 $n=1$ 对应的频率最低，称为基频，其他频率分别称为 2 次谐频、3 次谐频等。在声乐理论中，基频称为基音，而谐频称为泛音。见图 5.35，每一个本征频率对应驻波的一种振动方式，称为驻波的**简正模式**。

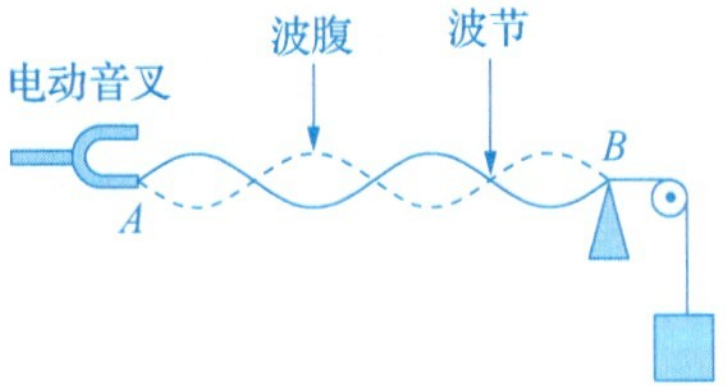

图 5.34　电动音叉带动弦线形成驻波

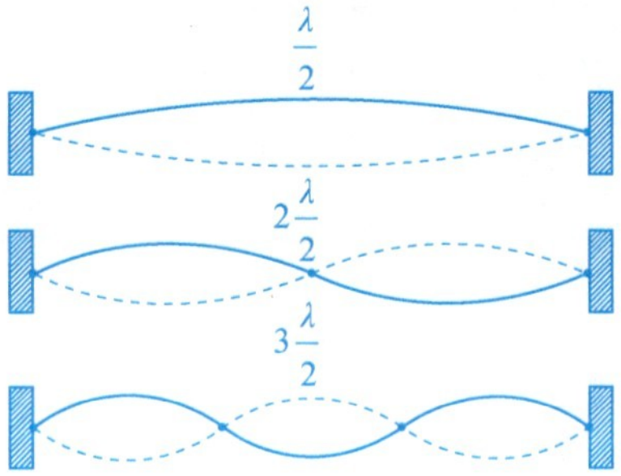

图 5.35　固定两端的弦线形成驻波

一端固定、另一端自由的弦线上形成的驻波如图 5.36(a)所示。固定端不动形成驻波的波节。而自由端没有下游质元，它的振动不受下游质元的限制，沿弦线传播的能量到达自由端被反射回来，于是自由端质元的能量加倍，它的振幅就加倍，因此自由端将形成驻波的波腹。对此种弦线进行归纳：能在弦线上形成驻波，线的长度(L)应等于相邻波节与波腹之间距离($\lambda/4$)的奇数倍，即为

$$L=(2n-1)\frac{\lambda_n}{4}\quad (n=1,\ 2,\ 3,\ \cdots) \tag{5.10}$$

两端自由的弦线上形成的驻波如图 5.36(b)所示，两自由端形成驻波的波腹。对此种弦线进行归纳：能在弦线上形成驻波，线的长度(L)应等于两相邻波节之间距离($\lambda/2$)的整数倍，与两端固定的弦线一样，见式(5.9)。

如图 5.36(c)所示，上图是一端封闭一端开口的管子，下图为两端开口的管子。声波在管中传播，被两端反射，入射波与反射波在管中叠加，也可能形成声驻波。上图的管子与一端固定、另一端自由的弦线对应，下图的管子则对应两端自由的弦线。因此，上图的管中形成驻波的条件见式(5.10)，下图的管中形成驻波的条件见式(5.9)。

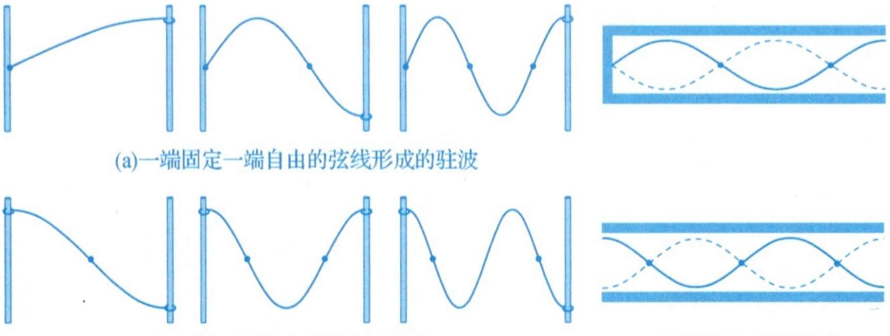

(a)一端固定一端自由的弦线形成的驻波

(b)两端自由的弦线形成的驻波　　(c)管子中形成的驻波

图 5.36　弦线与管子中的驻波

在弯曲的金属环上也能形成驻波。如图 5.37 所示，当振动器带动金属环振动，振动将沿环传播形成两路波，两路波叠加即在环上形成了驻波。由图可见，驻波中一段段相邻波节的长度要衔接形成圆环，因此，圆环的周长应等于 $\lambda/2$ 的整数倍，即 $2\pi R=n\lambda/2$。环状驻波对量子力学的建立起到了非常重要的作用。1913 年波尔建立起初步的量子理论，得到电子绕原子核运动的轨道半径、电子的能量等只能取一些分立值的结论。1924 年德布罗意提出运动的微观粒子也是一种波(称为物质波)，运动电子的物质波在圆轨道上应该形成驻波，由此推动了将玻尔的初步量子理论转变为量子力学。

图 5.37　圆环上的驻波

当波在二维平面或三维空间传播，如果被边界反射回来，反射波与原先的波叠加也可能形成驻波，驻波系统同样存在各种本征频率或简正模式，图 5.38 是用沙子显示出平面上的驻波。不仅机械波，电磁波在有限的空间中传播被反射也可能形成驻波，图 5.39 显示的是波导管中形成的电磁驻波。

图 5.38　平面上的驻波

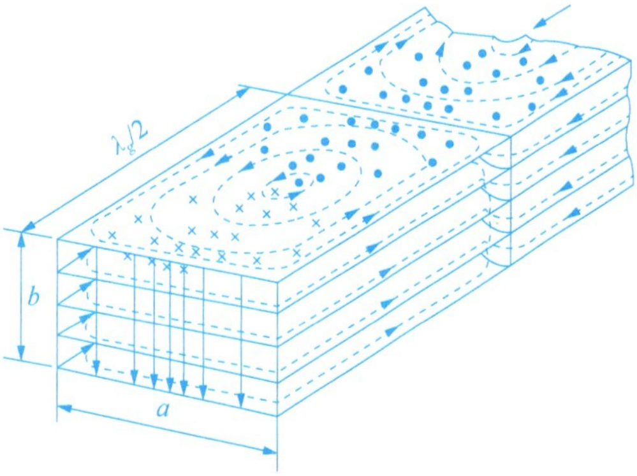

图 5.39　波导管中的驻波

由于一个驻波系统，例如图 5.36 中的弦线或管子，可以同时传播不同波长的波，因此它的实际振动方式，一般可以是多种简正模式的叠加。当外界驱动一个驻波系统振动，外界策动力的频率与驻波系统的某一本征频率相同或非常接近时，将使驻波系统以对应的简正模式振动起来，这种现象也称为**共振**。当吹管乐器时，气流与管子摩擦，振动发声的频率与管子这个驻波系统的某个本征频率相同，发生了共振，管子就以对应的简正模式振动形成驻波。管口又是驻波的波腹位置，波腹处空气质元的振幅是管中行波振幅的两倍，于是管口处质元带动管口周围的空气质元以更大的振幅振动起来，从而放大了特定频率的声音。弦乐器与之类似，拨动琴弦，弦线振动的频率若与弦线驻波系统的某本征频率相同，弦线就以对应的简正模式振动形成驻波，带动波腹周围空气质元以更大的振幅振动，放大声音。如果波腹处有共鸣箱，共鸣箱也是驻波系统，那么也可能经过共鸣箱进一步放大声音。

5.6.4 半波损失

类似于电流在导线中流动要受到阻碍，波在实际介质中传播也会受到阻碍。为了反映介质对波的阻碍大小，引入介质的**波阻**(或**波的阻抗**)这一物理量，它定义为介质的密度与波速之积 $Z=\rho u$。波阻大的介质称为波密介质，波阻小的介质称为波疏介质。例如弦线相对于墙壁，弦线是波疏介质，墙壁则是波密介质。

如图 5.40 所示，弦线上入射波传播到弦线与墙壁的连接点 A 处，假定弦线上质元给 A 处质元施加向上的作用力，A 处质元必然给弦线上质元施加向下的反作用力，这相当于在 A 点处出现了一个反射波源，于是弦线上出现了一个反射波。入射波与反射波在 A 点处叠加，由于 A 处质元被固结在墙上不动，因此反射波与入射波在 A 处的振动方向必须反向，用位相术语来讲，就是入射波与反射波在 A 处出现了位相 π 的突变。前面说过，波前进一个波长发生了 2π 的位相改变，前进半个波长就发生位相 π 的改变，因此反射波相对入射波而言损失了(或增加了)半个波长，这种现象称之为**半波损失**。

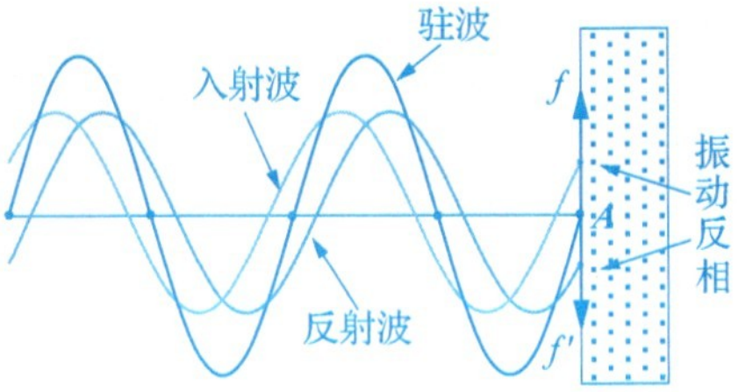

图 5.40　半波损失

前面指出，机械波、电磁波传播到两种介质的分界面时将发生反射和折射，这时就要考虑半波损失。出现半波损失与波的种类、介质的性质以及入射角的大小有关。对于入射波垂直于分界面入射的情况，当入射波由波疏介质垂直入射到波密介质，反射波就会出现半波损失，此时入射波与反射波形成的驻波在分界面形成波节。上述的弦线是波疏介质，墙壁则是波密介质，因此弦线上的反射波出现了半波损失，在反射点形成驻波的波节。当入射波由波密介质垂直入射到波疏介质，则无半波损失出现，此时入射波与反射波形成的驻波在分界面形成波腹。根据波动理论，考虑在分界面处相邻质元的位移(或振动速度)与能流(或应力)应该连续的条件，可以解释半波损失现象。

另外，上述的反射波并非将入射波的能量完全反射，也就是说反射波的振幅会小于入射波的振幅，因此，入射波与反射波叠加并不会形成理想的驻波，波节处的振幅一般并不为零。为了反映是否形成了理想的驻波，一般用驻波比来表示驻波是否完美，驻波比 = 波腹振幅 : 波节振幅。若比值无穷大，此驻波就是理想的驻波。

例 5.9　将有区域度内的水波视为平面简谐波，有这样的平面简谐水波向前传播到 P 点，引起此处质元振动，如图 5.41 所示。水波继续前进时遇到池壁而反射，结果该水波(入射波)与反射波叠加而形成驻波，经测量得到相邻波节与波腹的距离为 3 m。

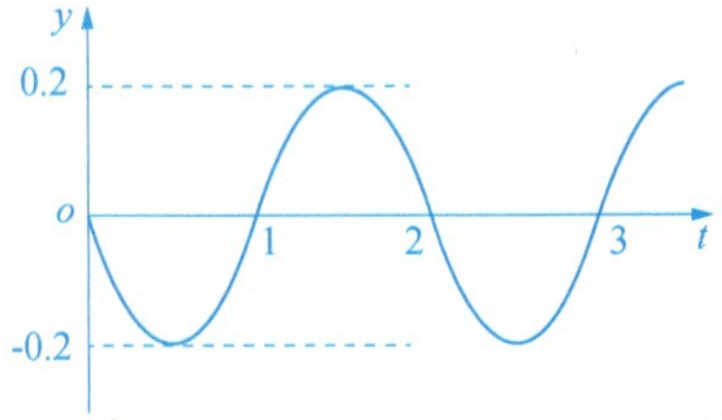

图 5.41　平面简谐波在 P 点振动

以 P 点为坐标原点，入射波传播方向为 x 轴正向，求该入射波的波函数。

解：设 P 点质元振动方程为 $y=A\cos(\omega t+\varphi)$，见图 5.41，由振动曲线可知

$$A=0.2\ \text{m},\quad T=2\ \text{s}$$

对于 P 处质元振动，$t=0$ 时刻 $y=0$，$v<0$。作旋转矢量图，见图 5.41(a)所示，得初位相为

$$\varphi=\frac{\pi}{2}$$

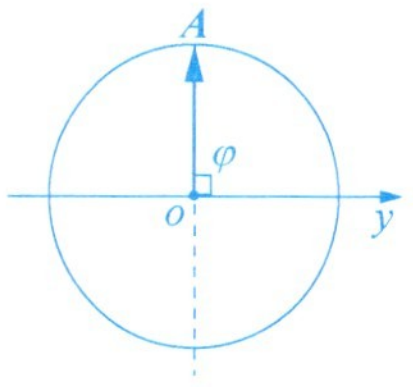

图 5.41(a) 旋转矢量图

则 P 点质元的振动方程为

$$y=A\cos\left(\frac{2\pi}{T}t+\varphi\right)=0.2\cos\left(\pi t+\frac{\pi}{2}\right)\ (\text{m})$$

由于相邻波节与波腹间距离为 $\lambda/4$，由题得

$$\lambda=12\ \text{m}$$

因此以 P 为原点的入射波波函数为

$$y(x,\ t)=A\cos\left[2\pi\left(\frac{t}{T}-\frac{x}{\lambda}\right)+\varphi\right]=0.2\cos\left[2\pi\left(\frac{t}{2}-\frac{x}{12}\right)+\frac{\pi}{2}\right]$$

$$=0.2\cos\left[\pi\left(t-\frac{x}{6}\right)+\frac{\pi}{2}\right]\ (\text{m})$$

例 5.10　迄今世界上最早发现的排箫是距今 3000 多年前中国西周初期的骨排箫。排箫是将若干支同种材质的管子，按长短次序并排连接在一起，管子的底部封闭，如图 5.42 所示。吹奏时气流与管口边缘摩擦使空气振动发声，发声的频率与管子这个驻波系统的某个本征频率相同，发生了共振，放大了特定频率的声音，于是不同长度的管子可以发出音调高低不同的声音。8 管排箫的各管长度分别为：8 cm、8.5 cm、9.6 cm、10.7 cm、12 cm、12.8 cm、14.2 cm 与 16 cm。问：(1)各管子能放大声音的最低频率各是多少？(2)如果将排箫的封闭端做成开口状，那长为 8.5 cm 的管子能放大声音的最低频率又是多少？

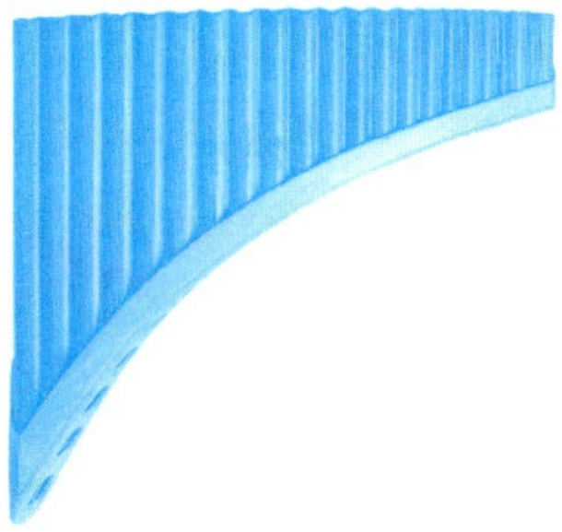
图 5.42　排箫

解：(1)排箫中各管子的一端封闭一端开口，声波在管子中形成驻波，封闭端是驻波的波节，开口端为波腹，因此管子的长度应等于 $\lambda/4$ 的奇数倍，即

$$L=(2n-1)\frac{\lambda_n}{4}\quad (n=1,\ 2,\ \cdots)$$

则驻波的本征频率为

$$\nu_n=\frac{u}{\lambda_n}=(2n-1)\frac{u}{4L}\quad (n=1,\ 2,\ \cdots)$$

各管子能放大声音的最低频率，就是各管子的基频，声速取 $u=340\ \text{m/s}$。取 $n=1$，则基频

分别为

$$L=8\ \text{cm}:\ \nu_1=(2\times1-1)\times\frac{340}{4\times0.08}=1062.5\ \text{Hz}$$

$L=8.5$ cm：$\nu_1=1000$ Hz；　　$L=9.6$ cm：$\nu_1=885.4$ Hz

$L=10.7$ cm：$\nu_1=794.4$ Hz；　　$L=12$ cm：$\nu_1=708.3$ Hz

$L=12.8$ cm：$\nu_1=664.1$ Hz；　　$L=14.2$ cm：$\nu_1=598.6$ Hz

$L=16$ cm：$\nu_1=531.3$ Hz

(2)对于两端开口的管子中形成驻波，管子的长度应等于 $\lambda/2$ 的整数倍，即 $L=n\lambda/2$，则驻波的本征频率为

$$\nu_n=\frac{u}{\lambda}=n\frac{u}{2L}\quad(n=1,\ 2,\ \cdots)$$

长为 8.5 cm 的管子能放大声音的最低频率为

$$\nu_1=1\times\frac{340}{2\times0.085}=2000\ \text{Hz}$$

例 5.11　图 5.43 为驻波演示装置，弦线左端系于音叉一臂的 O 点，右端挂物体使线中张力为 7.2 N，线密度 $\mu=2.0$ g/m，O 与支点 B 的间距为 2.1 m。音叉以 50 Hz 的频率振动使线上形成了驻波，测得弦线上质元的最大位移为 6 cm。当某时刻 O 处质元经过其平衡位置向下振动作为计时起点($t=0$)。若以 O 为坐标原点，向右为 x 轴正向，求：入射波、反射波和驻波的波函数。

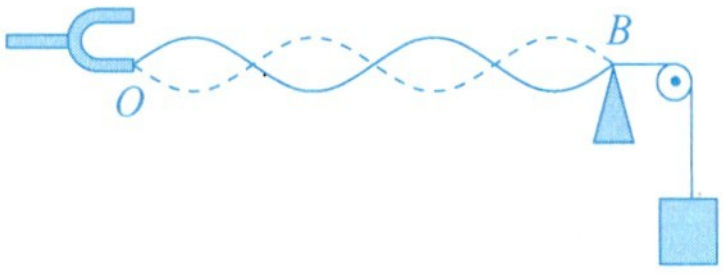

图 5.43　驻波演示装置

解：由题知

$$\omega=100\pi\ \text{rad/s},\ A=\frac{6\times10^{-2}}{2}=3\times10^{-2}\ \text{m}$$

波速为

$$u=\sqrt{\frac{T}{\mu}}=\sqrt{\frac{7.2}{2\times10^{-3}}}=60\ \text{m/s}$$

入射波在原点的振动方程可设为

$$y_{io}=3\times10^{-2}\cos(100\pi t+\varphi)\ \text{m}$$

考虑某个振动状态自 O 点传播到 B 点被反射回 O 点，就形成了反射波在 O 点的振动，因此反射波在 O 点的振动状态较入射波在 O 点振动状态有位相延迟。延迟的位相是由波的传播路径与波在 B 点处反射的半波损失引起，则反射波在 O 点的振动比入射波在原点的振动落后的位相为

$$\omega\frac{2x}{u}+\pi=2\times100\pi\times\frac{2.1}{60}+\pi=8\pi$$

则反射波在原点的振动方程为

$$y_{ro}=3\times10^{-2}\cos(100\pi t+\varphi-8\pi)$$

由振动方程可得入射波与反射波的波函数，分别为

$$y_i=3\times10^{-2}\cos\left[100\pi\left(t-\frac{x}{60}\right)+\varphi\right]\ \mathrm{m}$$

$$y_r=3\times10^{-2}\cos\left[100\pi\left(t+\frac{x}{60}\right)+\varphi-8\pi\right]\ \mathrm{m}$$

驻波函数即为

$$y_{st}=y_i+y_r=6\times10^{-2}\cos\frac{5\pi x}{3}\cos(100\pi t+\varphi)\ \mathrm{m}$$

对驻波函数求导可得质元振动的速度。初始条件：$t=0$ 时刻 A 处($x=0$)质元的位移与速度为 $y_o=0$，$v_0<0$，即

$$y_o=6\times10^{-2}\cos\varphi=0$$

$$v_o=-6\pi\sin\varphi<0$$

由以上两式可得

$$\varphi=\frac{\pi}{2}$$

则

$$y_i=3\times10^{-2}\cos\left[100\pi\left(t-\frac{x}{60}\right)+\frac{\pi}{2}\right]\ (\mathrm{m})$$

$$y_r=3\times10^{-2}\cos\left[100\pi\left(t+\frac{x}{60}\right)+\frac{\pi}{2}\right]\ (\mathrm{m})$$

$$y_{st}=6\times10^{-2}\cos\frac{5\pi x}{3}\cos\left(100\pi t+\frac{\pi}{2}\right)\ (\mathrm{m})$$

由此还可以获知驻波的波节与波腹位置，请自己完成。

5.7　多普勒效应 冲击波

5.7.1　多普勒效应

前面讨论波时均假定波源、传波介质以及观测者都是相对静止的，而实际情况并非如此，一般三者之间有相对运动。多普勒对这类有相对运动的情况进行了研究，于 1842 年提出：如果波源、传波介质以及观测者之间有相对运动，则观测者观测到的波频率不同于波源振动的频率，这类现象称为**多普勒效应**(或**多普勒频移**)。最经典的例子是火车鸣笛高速经过站台，当火车接近站台时站台上的人听到汽笛声变尖厉，离开站台时听到汽笛声变低沉。

机械波与电磁波都可能出现多普勒效应，多普勒效应也有广泛的应用，例如医学上的“D超”，就是利用超声波的多普勒效应检查人体内脏运动、血液的流速和流量。多普勒雷达是利用物体反射电磁波(或超声波)出现多普勒效应而研制的设备，是测量流体、振动物体、车辆、船舶、飞行器以至宇宙天体的运动速度的重要工具。

下面将以声波为例来认识多普勒效应的原理。首先要明确波源与观测者的运动或静止，都是相对于传播介质而言的，因此将波传播的介质作为参考系。为简单起见，假定波源、观测者的运动发生在二者的连线上，波源与观测者相对介质的速度分别记为 $\boldsymbol{v}_s$、$\boldsymbol{v}_o$。波源振动的频率设为 ν。若波源和观测者相对于介质静止，观测者观测到的波的频率、波长与周期分别用 ν、λ、T 表示，波速为 u，即有 $\nu=u/\lambda=1/T$。观测者实际观测到波的频率、波长与周期分别用 ν_o、λ_o、T_o 表示，频率是观测者单位时间里接收到完整波的个数。下面分三种情况讨论。

1. 波源静止，观测者运动

观测者 O 以速度 $\boldsymbol{v}_o$ 接近波源 S，如图 5.44 所示。假设 $t=0$ 时刻位于 S 位置的波源开始发出一个波长的波，经过 T 时间其波前与观测者在 O 位置相遇，此时 $(t=T)$ 观测者距离波源一个波长。接着波源开始发出第二个波长的波，经过 Δt 时间其波前与观测者在 O_1 位置相遇，那么 Δt 就是观测者观测到的波周期 T_o，有

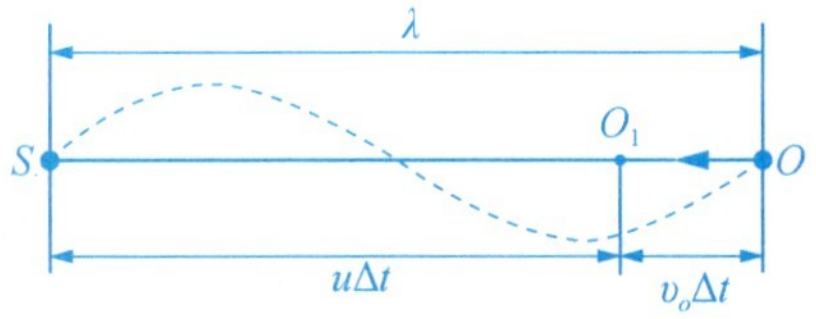

图 5.44　观测者向静止波源运动

$$\lambda=u\Delta t+v_o\Delta t$$

即

$$\frac{u}{\nu}=(u+v_o)T_o$$

观测者观测到的波频率则为

$$\nu_o=\frac{1}{T_o}=\frac{u+v_o}{u}\nu$$

上式表明观测者观测到的波频率提高了。

当观测者以速度 $\boldsymbol{v}_o$ 离开波源 S 时，因为运动方向反向，速度反向，用 $-\boldsymbol{v}_o$ 替换上式中的 $\boldsymbol{v}_o$，即可得到此时观测者观测到的波频率为

$$\nu_o=\frac{u-v_o}{u}\nu$$

上式表明观测者观测到的频率降低了。

上面获得的结果可以统一写为

$$\nu_o=\frac{u\pm v_o}{u}\nu$$

式中，“+”号表示观测者靠近波源，“-”号表示观测者远离波源。

2. 观测者静止，波源运动

若波源 S 以速度 v_s 接近观测者 O，如图 5.45 所示。假设 $t=0$ 时刻位于 S 位置的波源开始发出一个波长的波，经过 T 时间其波前与观测者在 O 位置相遇，此时 $(t=T)$ 观测者距离 S 位置一个波长，与此同时波源已前进到 S_1 位置。接着波源开始发出第二个波长的波，经过 Δt 时间其波前与观测者相遇，那么 Δt 就是观测者观测到的波周期 T_o，有

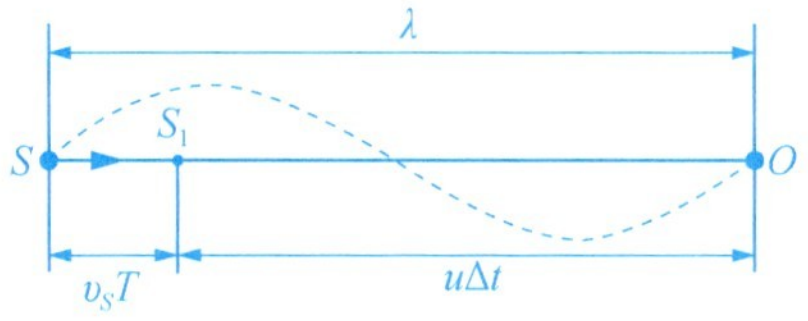

图 5.45　波源向静止观察者运动

$$\lambda = v_s T + u\Delta t$$

即

$$uT_o = \frac{u}{\nu} - \frac{v_s}{\nu} = \frac{u - v_s}{\nu}$$

观测者观测到的波频率则为

$$\nu_o = \frac{1}{T_o} = \frac{u}{u - v_s}\nu$$

上式表明观测者观测到的频率提高了。

若波源 S 以速度 v_s 离开观测者，因为运动方向反向，用 $-v_s$ 替换上式中的 v_s，就得到观测者观测到的波频率，为

$$\nu_o = \frac{u}{u + v_s}\nu$$

上式表明观测者观测到的频率降低了。

同理，上面获得的结果也可以统一写为

$$\nu_o = \frac{u}{u \pm v_s}\nu$$

式中，“+”号表示波源远离观测者，“−”号表示波源靠近观测者。

3. 波源与观测者同时运动

若波源 S 与观测者 O 反向运动，相互接近，如图 5.46 所示。假设 $t=0$ 时刻位于 S 位置的波源开始发出一个波长的波，经过 T 时间其波前与观测者在 O 位置相遇，此时 $(t=T)$ 观测者距离 S 位置一个波长，与此同时波源已前进到 S_1 位置。接着波源开始发出第二个波长的波，经过 Δt 时间其波前与观测者在 O_1 位置相遇，那么 Δt 就是观测者观测到的波周期 T_o，有

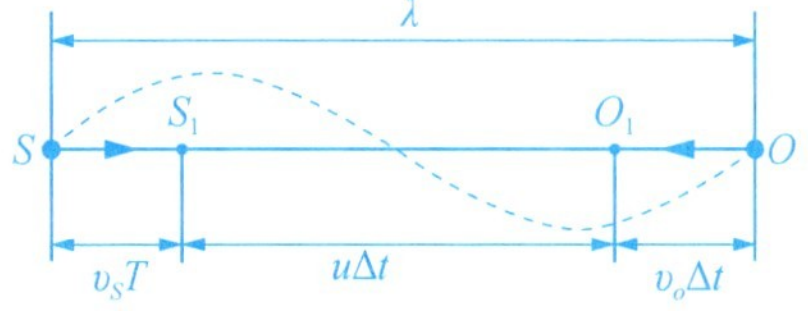

图 5.46　波源与观测者相向运动

$$\lambda = v_s T + u\Delta t + v_o \Delta t$$

即

$$(u - v_s)T = (u + v_o)T_o$$

则观测者观测到的波频率为

$$\nu_o=\frac{1}{T_o}=\frac{1}{T}\frac{u+v_o}{u-v_s}=\frac{u+v_o}{u-v_s}\nu$$

上式表明观测者观测到的波频率提高了。反之，当波源与观测者反向运动，相互远离时，上式中的 v_o 用 $-v_o$ 替换，v_s 用 $-v_s$ 替换，观测者观测到的波频率为

$$\nu_o=\frac{u-v_o}{u+v_s}\nu$$

作如此规定：波源向观测者方向运动的速度取负值，反向运动取正值；观测者向波源方向运动的速度取正值，反向运动取负值。于是观测者观测到的波频率可以统一为

$$\nu_o=\frac{u\pm v_o}{u\mp v_s}\nu \tag{5.11}$$

例如，当波源与观测者同向运动，若波源在追赶观测者，对此可以看成波源向观测者运动，而观测者远离波源运动，那么 v_o 与 v_s 均取负值，由上式可得观测到的波频率为

$$\nu_o=\frac{u-v_o}{u-v_s}\nu$$

当波源 S 与观测者 O 的运动方向不在二者的连线上时，就将两者的速度在连线方向的速度分量按规定的正负代入式(5.11)，即可以得到所观测的波频率。对于机械波，连线方向上有多普勒效应，垂直于连线方向上无多普勒效应。

对于电磁波，也有多普勒效应。电磁波不需要传波介质也能传播，因此电磁波的多普勒效应只由观测者相对波源的速度 v 决定。如图 5.47 所示，当速度 v 的方向与两者连线夹 θ 角时，由相对论理论可以证明，观测者观测到的波频率为

图 5.47　电磁波的多普勒效应

$$\nu_o=\frac{\sqrt{1-\beta^2}}{1-\beta\cos\theta}\nu$$

式中，$\beta=v/c$，c 为真空中的光速。由上式，当 $\theta=0$ 或 π 时，即当波源与观测者在两者连线上靠近或远离时，观测到的波频率分别为

$$\nu_o=\sqrt{\frac{c+v}{c-v}}\nu,\quad \nu_o=\sqrt{\frac{c-v}{c+v}}\nu$$

当 $\theta=\pi/2$ 时，还可以得到波源在垂直于波源与观测者连线方向上运动的多普勒效应。

从上式可以看出，如果光源远离观测者，观测到光的频率变小，波长变长，这种情况称为谱线红移。如果光源接近观测者，观测到光的频率变大，波长变短，这种情况称为谱线蓝移。如果测量了来自某个星球上某种元素的特征光谱，将它跟地球上的同一元素的特征光谱进行频率比较，就可以确定星球相对于地球的运动速度。已经测量的结果显示星球都在远离地球运动，这为“大爆炸”的宇宙理论提供了重要的依据。

例 5.12　某公路边安装一台超声波多普勒雷达来监测汽车行驶是否超速。雷达发出频

率为 40 kHz 的超声波，当汽车向雷达驶来时，雷达的接收器接收到从汽车反射回来的超声波的频率为 48 kHz。求汽车行驶的速度。(声速取 $u=340$ m/s)

解：分两步分析。第一步：超声波向着汽车传播并被汽车接收，此时波源静止，汽车作为观测者向着波源运动。设汽车的行驶速度为 v，则它接收到的频率为

$$\nu_o'=\frac{u+v}{u}\nu$$

第二步：超声波被汽车反射回来，此时接收器是观测者，汽车成为波源向着观测者运动。汽车发出波的频率即是它接收到的频率 ν_o'，接收器接收到的频率为

$$\nu_o=\frac{u}{u-v}\nu_o'=\frac{u+v}{u-v}\nu$$

得汽车行驶的速度为

$$v=\frac{\nu_o-\nu}{\nu_o+\nu}u=340\times\frac{48-40}{48+40}=30.9\ \text{m/s}$$

*5.7.2　冲击波

前面处理多普勒效应得到的结果，都是假定波源运动速度小于波的传播速度，当波源运动速度大于波的传播速度时，上述的公式就失效了。

当波源运动速度大于波的传播速度时，波源本身的运动激起了介质的扰动，此时运动波源充当了另一种波源，波的传播将出现如图 5.48 所示的情况。波源在运动时发出球面声波，由于波源运动的速度大于声速($v_s>u$)，当波源在 S_1 位置激发的球面波经 τ 时间传播到半径为 $u\tau$ 的球面位置时，波源已运动到 S 位置，超出了这个球面波范围，此时 S_1 与 S 之间的距离为 $v_s\tau$。波源在运动的路径上不停地发出球面波，当波源到达 S 位置时，作这些球面波的包迹，将形成以 S 为顶点的一个圆锥面，此圆锥面即是波源到达 S 位置时的波面，这种波称为**冲击波**。将圆锥形波面称为**马赫锥**，其半顶角 α 由下式确定

$$\sin\alpha=\frac{u}{v_s}$$

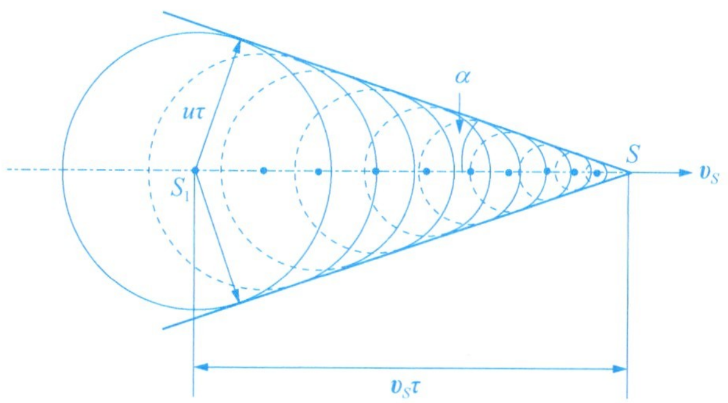

图 5.48　冲击波的产生

大气中飞行器运动的速度大于声速时就会产生冲击波，例如超音速飞行的飞机、导弹、重返大气层的宇宙飞船等。冲击波的波面所到之处将使得该处的气压突增，产生所谓的“音爆”，给所遇到的物体以“冲击力”。例如原子弹爆炸产生强度超强烈的冲击波，会给爆炸区的物体以毁灭性打击。另外，当带电粒子在介质中运动的速度超过光在该介质中的速度时，也会产生冲击波并辐射电磁波，该电磁波的波面亦为圆锥面，将这种电磁辐射称为切连科夫辐射。切连科夫辐射在高能物理、生物学、医学等方面有重要的应用，例如可用来研究反质子、中微子等基本粒子。

5.8 电磁波

*5.8.1 电磁波的预言与证实

对积分形式的麦克斯韦方程组(见后面第 11 章 11.6 节麦克斯韦的电磁理论)取微分，可以得到微分形式的麦克斯韦方程组，为

$$\begin{cases}\nabla\cdot\boldsymbol{D}=\rho\\ \nabla\times\boldsymbol{E}=-\dfrac{\partial\boldsymbol{B}}{\partial t}\\ \nabla\cdot\boldsymbol{B}=0\\ \nabla\times\boldsymbol{H}=\boldsymbol{j}_c+\dfrac{\partial\boldsymbol{D}}{\partial t}\end{cases}$$

上式中 $\boldsymbol{D}$、$\boldsymbol{E}$、$\boldsymbol{B}$、$\boldsymbol{H}$、ρ、$\boldsymbol{j}_c$ 分别是电位移矢量、电场强度、磁感应强度、磁场强度、自由电荷密度、传导电流密度。介质的性质方程 $\boldsymbol{D}=\varepsilon\boldsymbol{E}$，$\boldsymbol{B}=\mu\boldsymbol{H}$，$\boldsymbol{j}_c=\sigma\boldsymbol{E}$，而 $\varepsilon=\varepsilon_0\varepsilon_r$ 与 $\mu=\mu_0\mu_r$ 分别为介质的电容率与磁导率，其中 ε_0 与 μ_0 分别为真空中的电容率与磁导率，是两个基本的物理常量，ε_r 与 μ_r 则为介质的相对电容率与相对磁导率，由介质的性质决定。σ 为电导率。对上面的第 2 与第 4 式进行旋度运算，可以推导出无源区($\boldsymbol{j}_c=0$，$\sigma=0$)中电磁场随时间变化的二阶偏微分方程，为

$$\nabla^2\boldsymbol{E}=\mu\varepsilon\frac{\partial^2\boldsymbol{E}}{\partial t^2},\quad \nabla^2\boldsymbol{H}=\mu\varepsilon\frac{\partial^2\boldsymbol{H}}{\partial t^2}$$

如果是真空，介质的性质方程 $\boldsymbol{D}=\varepsilon_0\boldsymbol{E}$，$\boldsymbol{B}=\mu_0\boldsymbol{H}$，那么二阶偏微分方程为

$$\nabla^2\boldsymbol{E}=\mu_0\varepsilon_0\frac{\partial^2\boldsymbol{E}}{\partial t^2},\quad \nabla^2\boldsymbol{H}=\mu_0\varepsilon_0\frac{\partial^2\boldsymbol{H}}{\partial t^2}$$

由以上方程可得，真空与介质中电场强度的 x 分量的二阶偏微分方程为

$$\frac{\partial^2E_x}{\partial x^2}=\mu_0\varepsilon_0\frac{\partial^2E_x}{\partial t^2},\quad \frac{\partial^2E_x}{\partial x^2}=\mu\varepsilon\frac{\partial^2E_x}{\partial t^2}$$

这跟机械波的波动方程$\frac{\partial^2 y}{\partial x^2}=\frac{1}{u^2}\frac{\partial^2 y}{\partial t^2}$形式一样，因此麦克斯韦预言存在电磁波，而且他还指出光波也是电磁波，电磁波在真空中的速率为光速。见前面方程，将电磁的二阶偏微分方程与机械波的波动方程进行比较，可得电磁波在真空与介质中传播的速度应分别为

$$c=\frac{1}{\sqrt{\mu_0\varepsilon_0}},\ u=\frac{1}{\sqrt{\mu\varepsilon}} \tag{5.12}$$

1888 年赫兹用实验证实了电磁波的存在。赫兹设计了一个电磁波发生器，如图 5.49 所示，将一个感应线圈的两端接到两铜棒上，两铜棒的靠近端上各有一个金属球，远离端各连接一块锌板(形成了 LC 谐振电路)。另外，他设计了一个电磁波接收器，见图，将一段导线弯成带缺口的圆形，线的两端有金属球，金属球间留有间隙。当感应线圈的电流突然中断时，其感应出的高电压在两金属球间隙之间产生了电火花，电荷便经过间隙在两锌板间振荡，将产生电磁波。赫兹在 10 m 远的接收器的两金属球间观察到了电火花，这就证实了电磁波的存在。赫兹还考虑到入射电磁波与反射电磁波相遇叠加将形成驻波。他通过锌板反射电磁波得以证实形成了驻波，并将振荡器的频率与驻波波长相乘，得到了电磁波的速度。这一测量结果与麦克斯韦的理论预言非常一致，电磁波传播的速度等于光速。迄今，通过实验测得真空中最为精确的光速 $c=2.99792458\times10^8$ m/s。

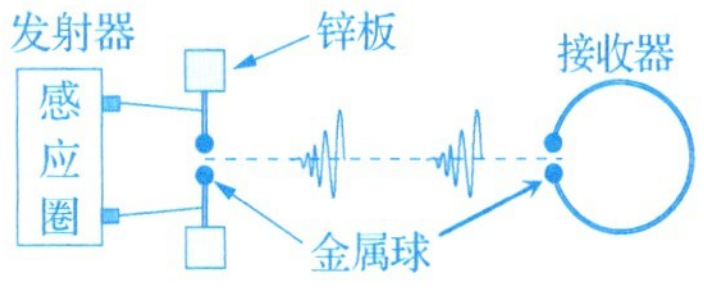

图 5.49　赫兹实验

*5.8.2　电磁波的形成与性质

空间某处有变化的电场或磁场(即为波源)，根据麦克斯韦的电磁理论，就会在其周围激发出变化的磁场或电场，而变化的磁场或电场又会在其周围激发出变化的电场或磁场，于是电场与磁场彼此激发并向周围空间中传播，也就是电与磁的振动向周围空间中传播，因此形成了电磁波，如图 5.50 所示。

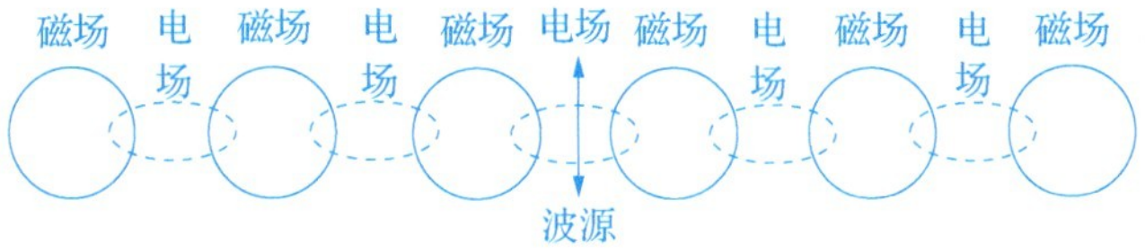

图 5.50　电磁波的形成

如何获得电磁波的波源？交流电路中，电容器两极板上等量的正负电荷能构成电偶极子。$p=ql$ 称为电偶极子的电偶极矩，其中 q 是正电荷的电量，l 是正负电荷之间的距离。由于极板上的电荷做周期性变化，因此电偶极矩 p 也做周期性变化

$$p=ql=p_0\cos\omega t$$

式中，p_0 是电偶极矩的振幅。该电偶极子为振动的电偶极子，此时的电偶极子等效于一个振动的电流元

$$il=\frac{\mathrm{d}q}{\mathrm{d}t}l=\frac{\mathrm{d}p}{\mathrm{d}t}=-p_0\omega\sin\omega t$$

于是振动的电偶极子就成为变化电场、变化磁场的中心，即电磁波的波源。

考察 LC 谐振电路(由电容器与电感线圈组成，忽略了提供能量、输出信号的部分)，如图 5.51(a)所示，由于电容器两极板很近，电磁场主要集中在两极板之间，从电容器边缘发射出去的电磁波分量很少。如果将电容器两极板张开，如图 5.51(b)所示，那么从电容器发射的电磁波分量就变多。更进一步，将电容器两极板完全张开，与导线连成直线，如图 5.51(c)所示，此时发射的电磁波分量就更多，而 LC 谐振电路成为一条直线，这就是杆状天线。如果保留电容器的一个极板，做成锅状等形状，如图 5.51(d)所示，这就是反射面天线。天线的种类很多，这里不一一赘述。

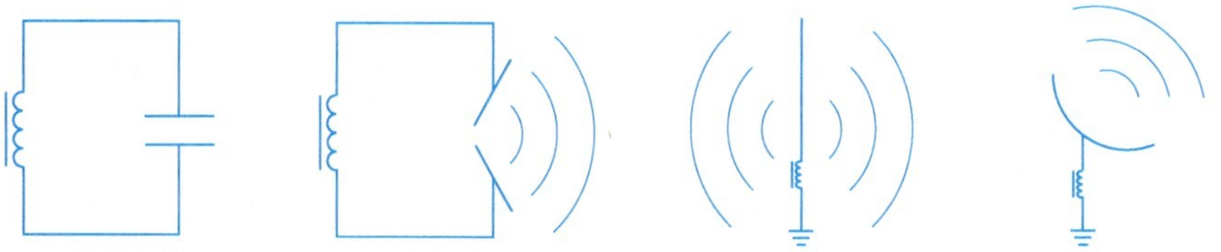

图 5.51　电磁波的发射

对于平面电磁波，其相关性质概括如下：

①电磁波是横波，电场强度 $\boldsymbol{E}$、磁场强度 $\boldsymbol{H}$、波速 $\boldsymbol{u}$ 三者相互垂直，构成正交右旋关系，如图 5.52 所示。$\boldsymbol{E}\times\boldsymbol{H}$ 的方向在任意时刻都指向波的传播方向，即波速的方向。

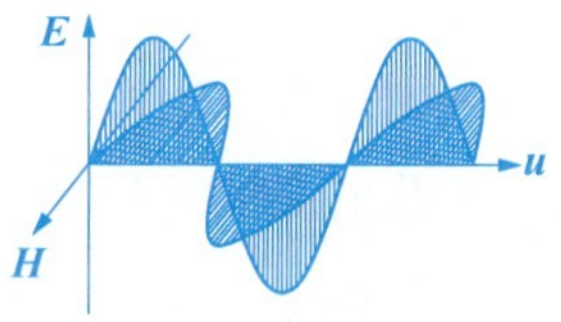

图 5.52　电磁波的传播

②电磁波是偏振波，即 $\boldsymbol{E}$、$\boldsymbol{H}$ 都在各自的平面内振动。

③$\boldsymbol{E}$、$\boldsymbol{H}$ 的振动是同位相关系，因为一旦电场变化就会激发磁场，反之亦然，两者同步变化。

④在介质、真空中某点处的 E 与 H 的数值满足如下关系

$$\sqrt{\varepsilon}E=\sqrt{\mu}H,\ \sqrt{\varepsilon_0}E=\sqrt{\mu_0}H$$

⑤电磁波在某种介质中的波速 u 跟真空中的波速 c 之比称为这种介质的**折射率**。见式(5.12)，该介质的折射率 n 应为

$$n=\frac{c}{u}=\frac{\sqrt{\mu\varepsilon}}{\sqrt{\mu_0\varepsilon_0}}=\sqrt{\mu_r\varepsilon_r}$$

5.8.3　电磁波的波函数

不同天线发射的电磁波的波面是不一样的。在各向同性均匀介质(或真空)中，将振动

的电偶极子看成点波源，其发射的电磁波的波函数可由波动方程求解，在远离电偶极子处的波面为球面，参见第 5.3.2 节中球面简谐波的波函数，则波函数可表示为

$$E(r,\ t)=\frac{E_0}{r}\cos\ \omega\left(t-\frac{r}{u}\right),\ H(r,\ t)=\frac{H_0}{r}\cos\ \omega\left(t-\frac{r}{u}\right)$$

式中，E_0、H_0 分别是 $r=1$ m 处电场强度与磁场强度的振幅。

在远离偶极子处，电磁波的波面半径很大，而通常在小空间范围内观测电磁波，此时电磁波的波面可以近似看成平面，电磁场中电磁强度（$\boldsymbol{E}$、$\boldsymbol{H}$）的振幅也可看作恒量，因此可用平面简谐波来描述该电磁波，如果电磁波沿 z 轴方向传播，波函数则为

$$E(z,\ t)=E_0\cos\ \omega\left(t-\frac{z}{u}\right),\ H(z,\ t)=H_0\cos\ \omega\left(t-\frac{z}{u}\right)$$

上式中的 E_0、H_0 分别是电场强度与磁场强度的振幅。

如同机械波，电磁波在传播的过程中也会出现反射、折射等现象。多路电磁波相遇也会进行叠加，满足相干条件，也会出现干涉、衍射现象。

按照波长或频率的顺序把所有的电磁波排列起来，就形成了电磁波谱。如果按波长值由低至高对波谱分段的话，各波段分别是 γ 射线、X 射线、紫外线、可见光、红外线及无线电波，如图 5.53 所示。可见光是电磁波中一种人眼可见的辐射形态，其波长在 380~780 nm 之间，在电磁波谱中只占很窄的一部分。频率 ν 是电磁波的重要特征量，同一列电磁波在不同介质中传播，波速 u 与波长 λ 会改变，但频率 ν 不变，$\nu=u/\lambda$。人眼所看见光的颜色取决于光波频率对人眼的刺激，在不同介质中观察同一种光波，看到光的颜色是一样的。

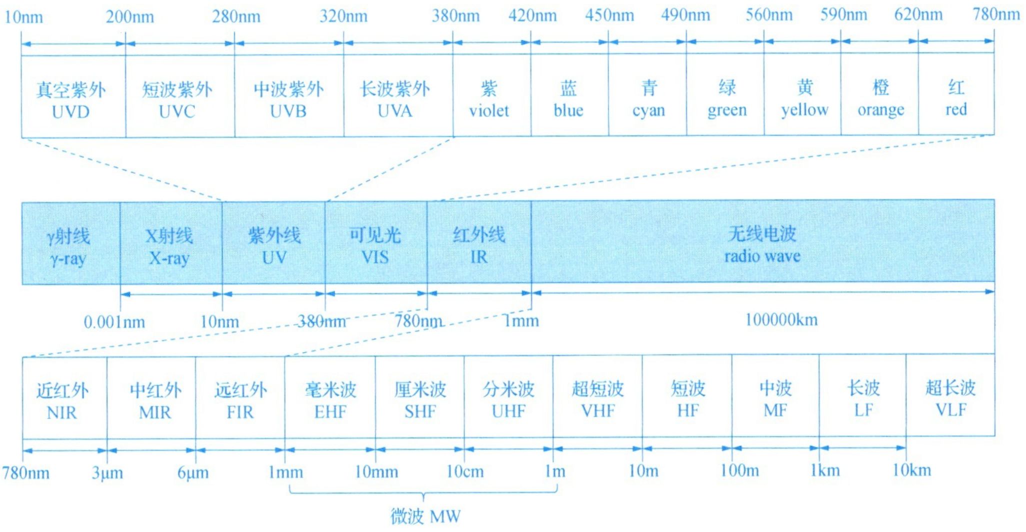

图 5.53　电磁波谱

电磁波有广泛的应用。自 1888 年赫兹用实验证实了电磁波的存在之后，1895 年俄国

科学家波波夫发明了第一个无线电报系统，1914 年实现了语音通信，1920 年商业无线电广播开始使用。20 世纪 30 年代发明了雷达，40 年代雷达和通信得到飞速发展，自 50 年代第一颗人造卫星上天，卫星通信产业得到了迅猛发展。如今电磁波已在通信、遥感、空间测控、军事应用、科学研究等诸多领域得到了广泛的应用。

*5.8.4 电磁波的能量

在后面的电磁学中我们会认识到电场、磁场储存有能量，将学习电场与磁场的能量密度定义。如果空间中同时存在电场与磁场，于是将单位体积空间中电场的能量密度($w_e=\frac{1}{2}\varepsilon E^2$)与磁场的能量密度($w_m=\frac{1}{2}\mu H^2$)之和定义为电磁场的**能量密度**，用 w 表示为

$$w=w_e+w_m=\frac{1}{2}(\varepsilon E^2+\mu H^2)$$

当空间中的电场或磁场变化形成了电磁波，那么电磁场中的能量将随着电磁波的传播向前传输。单位时间内通过垂直于波传播方向单位面积的能量就是电磁波的**能流密度**，用 S 表示。电磁波的能流密度 S 与机械波的能流密度 I[也称为波强，见式(5.5)]有所差别，S 在一个周期的平均值即为波强($I=\bar{S}$)。电磁波的能流密度 S 可表示为

$$S=wu=\frac{1}{2}(\varepsilon E^2+\mu H^2)u$$

由于介质中光速 $u=1/\sqrt{\varepsilon\mu}$，见电磁波的性质④有 $\sqrt{\varepsilon}E=\sqrt{\mu}H$，则

$$S=EH$$

电磁波的能流密度 S 是矢量，称为**坡印廷矢量**，其方向由 $\boldsymbol{E}$、$\boldsymbol{H}$ 确定，如图 5.54 所示，$\boldsymbol{S}$ 的矢量式为

$$\boldsymbol{S}=\boldsymbol{E}\times\boldsymbol{H}$$

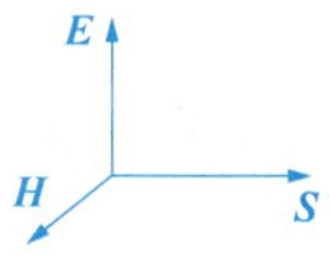

图 5.54 坡印廷矢量

对于上述的平面电磁波，可以证明能流密度的平均值即波强为

$$I=\bar{S}=\frac{1}{2}E_0H_0=\frac{1}{2}\sqrt{\frac{\varepsilon_0\varepsilon_r}{\mu_0\mu_r}}E_0^2$$

上式中的变换用到了电磁波的性质④，即 $\sqrt{\varepsilon_0\varepsilon_r}E_0=\sqrt{\mu_0\mu_r}H_0$。由上式可见，平面电磁波的波强(对于光波即是光强)正比于电场强度或磁场强度振幅的平方。

*5.8.5 电磁波的动量

在爱因斯坦的狭义相对论中，得到光子的能量(这里以 W 来表示)与其动量 p 之间的关系为 $p=W/c$，光波也是电磁波，那么单位体积中电磁波的动量即为

$$p=\frac{w}{c}$$

式中，w 是电磁波的能量密度。由于坡印廷矢量的大小 $S=wu=EH$。对于真空，$u=c$，$\sqrt{\varepsilon_0}E=\sqrt{\mu_0}H$，$c=1/\sqrt{\mu_0\varepsilon_0}$，则单位体积中电磁波的动量大小为

$$p=\frac{EH}{c^2}=\frac{\varepsilon_0 E^2}{c}$$

电磁波的动量是矢量，因此上式写成矢量形式为

$$\boldsymbol{p}=\frac{1}{c^2}\boldsymbol{E}\times\boldsymbol{H}=\frac{1}{c^2}\boldsymbol{S}$$

由于电磁波有动量，当电磁波辐射到物体表面被反射或被吸收时，正如物体间的碰撞，就会给物体施加作用力，由此产生的压强称为**辐射压强**，也称为**光压**，这不同于声压。我国古人最早观察到彗星有很长的尾巴。这是因为当彗星距离太阳较近时，太阳加热彗星核中的冰使其变为气体，这些气体中有尘埃，在太阳光压和太阳风的作用下，气体与尘埃向外运动就形成彗星的尾巴。北斗导航卫星在轨道上运动要承受光压，这会影响卫星的运动，因此要保障卫星的准确定位，就需要考虑光压对卫星轨道的影响。

麦克斯韦在电磁理论中提出能量定域在电磁场中，从而赋予电磁波有能量属性。列别捷夫证实了存在电磁理论所预言的光压，这表明电磁波也具有动量属性。汤姆孙又提出了电磁质量的概念，于是电磁波具有质量、动量与能量这些实物物质的重要属性。至此可以说，电磁波(电磁场)也是物质，电磁波就是物质的一种形态。这本质上不同于机械波。

习　题

5.1　某平面简谐波的波函数为 $y=0.1\cos(3\pi t-\pi x+\pi)$ (m)，下述结论正确的是(　　)。

A. 该波的波长为 3 m

B. 该波的波速为 1 m/s

C. 该波的周期为 0.5 s

D. $t=1$ s 时刻波传播方向上相距 2 m 的两点之间的位相差为 2π

5.2　某平面简谐波沿 x 轴负方向传播，波速 $u=5$ m/s，$x=0$ 处质元振动的曲线如题 5.2 图所示，则该波的波函数为(　　)。

A. $y=2\cos\left(\frac{\pi}{2}t-\frac{\pi}{20}x+\frac{\pi}{2}\right)$ (m)　　B. $y=2\cos\left(\frac{\pi}{2}t+\frac{\pi}{20}x-\frac{\pi}{2}\right)$ (m)

C. $y=2\cos\left(\frac{\pi}{2}t-\frac{\pi}{10}x+\frac{\pi}{2}\right)$ (m)　　D. $y=2\cos\left(\frac{\pi}{2}t+\frac{\pi}{10}x-\frac{\pi}{2}\right)$ (m)

5.3　某平面简谐波沿 x 轴正方向传播，波速 $u=200$ m/s，$t=0$ 时刻的波形图如题 5.3 图所示，则该波的波函数为 (　　)。

A. $y=3\cos\left(50\pi t-\frac{\pi}{4}x-\frac{\pi}{2}\right)$ m　　B. $y=3\cos\left(50\pi t+\frac{\pi}{4}x-\frac{\pi}{2}\right)$ m

C. $y=3\cos\left(50\pi t-\dfrac{\pi}{4}x+\dfrac{\pi}{2}\right)$ m　　D. $y=3\cos\left(50\pi t+\dfrac{\pi}{4}x+\dfrac{\pi}{2}\right)$ m

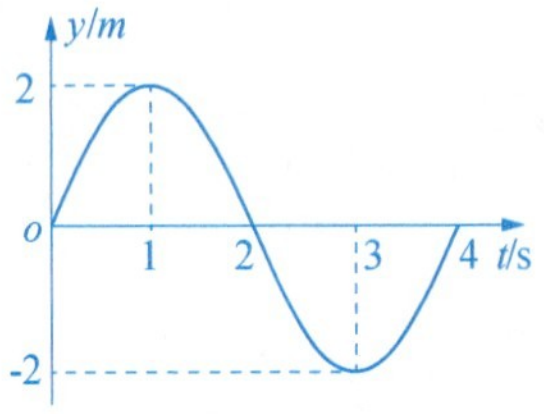

题 5.2 图

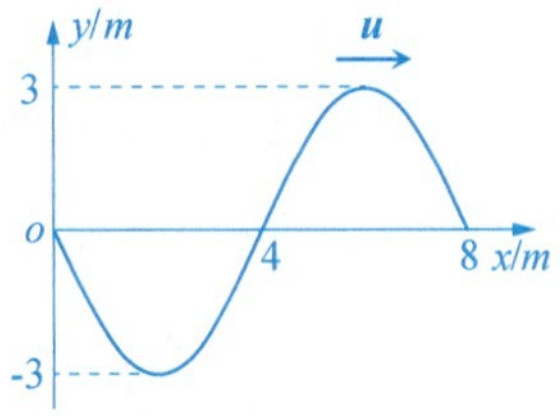

题 5.3 图

5.4　如题 5.4 图所示，为某平面简谐波在 t 时刻的波形曲线。若此时 A 点处质元的振动动能在增大，则(　　)。

A. A 点处质元的弹性势能在减小　　B. B 点处质元的振动动能在增加

C. 波沿 x 轴正方向传播　　D. 各点的波的能量密度都不随时间变化

5.5　如题 5.5 图所示，S_1 与 S_2 为两相干波源，发出波长为 λ 的平面简谐波，S_1 的振动方程为 $y_1=0.2\cos(2\pi t-\pi/5)$(m)，$S_2$ 的振动方程为 $y_2=0.2\cos(2\pi t+2\pi/5)$(m)。$P$ 点是两列波相遇区域中的一点，已知 $S_1P=5\lambda$，$S_2P=6.3\lambda$，则两波在相遇点(　　)。

A. 不发生干涉

B. 发生相消干涉，合振幅为 0 m

C. 发生相长干涉，合振幅为 0.4 m

D. 发生的干涉既不是相长干涉也不是相消干涉，合振幅为 0.2 m

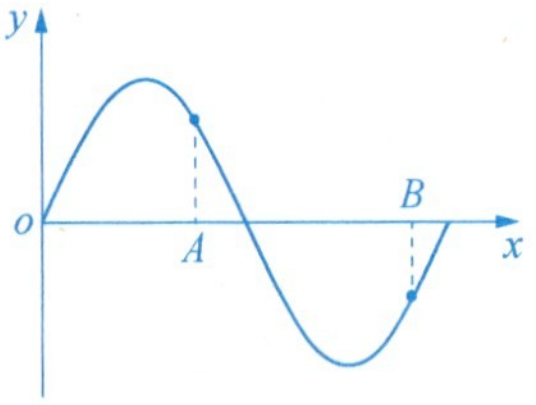

题 5.4 图

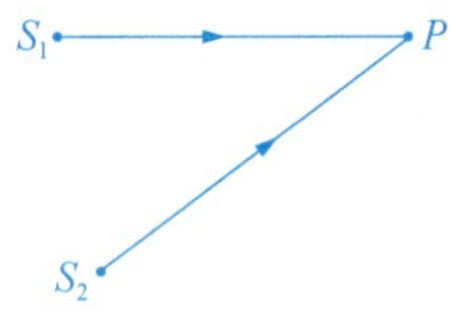

题 5.5 图

5.6　如题 5.6 图所示，为某时刻驻波波形曲线，则 a、b 两点位相差是(　　)。

A. 0　　B. $5\pi/4$　　C. $\pi/2$　　D. π

5.7　如题 5.7 图所示，某平面简谐波沿 ox 轴负方向传播，波长为 λ，若 P 处质元的振动方程是 $y_P=A\cos(2\pi\nu t+\pi/2)$。则 P 处质元在________时刻的振动状态与 o 处质元在 t_1 时刻的振动状态相同。

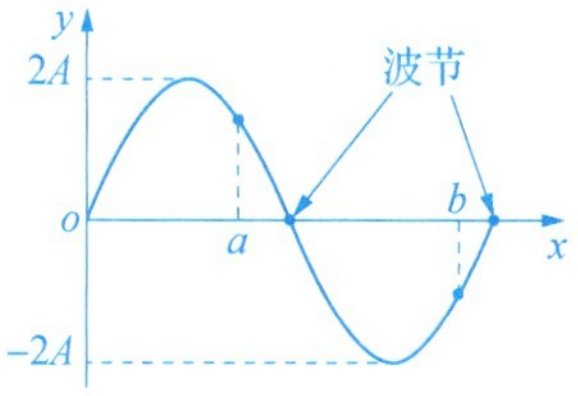

题 5.6 图

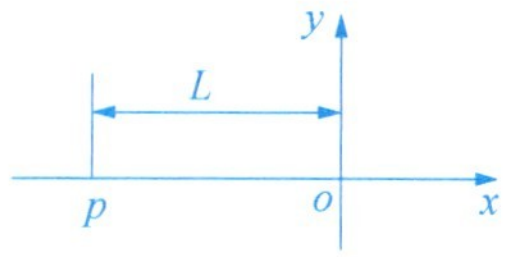

题 5.7 图

5.8　某平面简谐波沿 ox 轴正向传播，波函数为 $y=A\cos[2\pi(\nu t-x/\lambda)+\varphi]$。则与 $x_1=L$ 处质元振动状态相同的其他质元的位置是________。

5.9　某平面简谐波沿 ox 轴负向传播，波函数为 $y=A\cos\left[2\pi\left(\frac{t}{T}+\frac{x}{\lambda}\right)+\varphi\right]$。则 $x=\lambda$ 处质元在 $t=T$ 时刻的速度为________。

5.10　如果在长为 L、两端固定的弦线上形成驻波，若此驻波以 2 次谐频简正模式振动，此时行波的波长为________。

5.11　某平面简谐波的波函数为 $y=A\cos\left[2\pi\left(\frac{t}{T}+\frac{x}{\lambda}\right)+\frac{2\pi}{3}\right]$。试利用两种方法将波函数化为最简形式：(1) 改变计时起点；(2) 移动 x 的坐标原点。

5.12　沿钢轨传播的平面简谐波的波函数为 $y=1\times10^{-9}\cos 10\pi\left(t-\frac{x}{5.1\times10^{3}}\right)$ (m)。求：(1) $x=10$ m 处质元在 $t=1$ s 时刻的位相；(2) 该位相是原点在哪一时刻的位相；(3) 该位相所代表的振动状态在 $t=3$ s 时刻达到哪一点。

5.13　声波在长直管中传播，观测 A 处质元振动为 $y=1\times10^{-3}\cos(5000\pi t+\pi/3)$ (m)。忽略声波传播的衰减，求：(1) 以 A 点为坐标原点的波函数；(2) 声源的振动传播到 A 点需要 3 s 的时间，声源的振动方程；(3) 以声源为坐标原点的波函数。(声速 $u=340$ m/s)

5.14　如题 5.14 图所示，为 $t=0$ 时刻的绳波波形。绳中张力为 1 N，线密度为 40 g/m，求：(1) 波幅、波长、波速与波的周期；(2) 波函数；(3) 绳上质元的最大速度与加速度。

5.15　已知平面简谐波在 $t=0$ 和 $t=2$ s 时刻的波形图，见题 5.15 图中曲线，箭头指明波形移动的距离，波沿 x 轴正向传播，求：(1) 波函数；(2) $\Delta x=5$ m 两处质元振动的位相差。

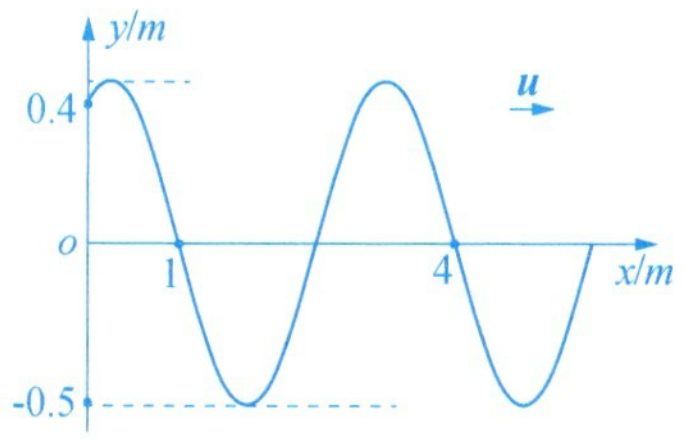

题 5.14 图

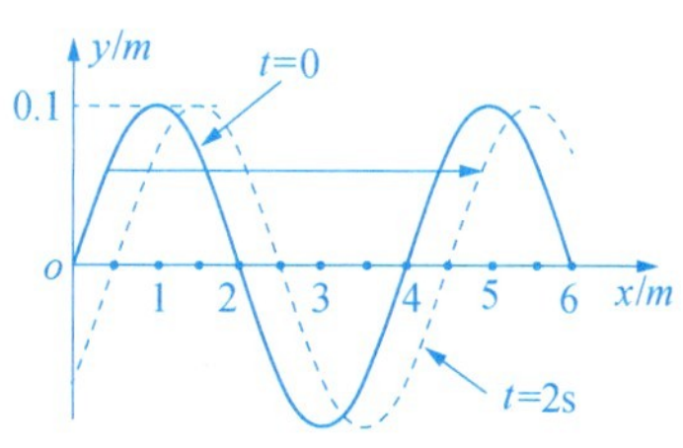

题 5.15 图

5.16　有一截面积为 1 mm^2 的圆柱形钢丝，所受张力为 10.0 N。求其中传播的纵波和横波波速。此种钢的密度为 7.8×10^3 kg/m^3，杨氏模量为 2.0×10^{11} N/m^2。

*5.17　在直径为 10 cm 管中传播着平面简谐波，管中介质分子的位移可表示为 $y=1\times10^{-4}\cos(3400\pi t-10\pi x)$ (m)，介质的密度为 1.29 kg/m^3。求：(1)最大能量密度和平均能量密度；(2)底面垂直于波传播方向的柱体中的总能量，柱体底为单位面积，长为一个波长。

*5.18　频率为 1000 Hz 的稳定的平面声波，测量发现峰值气压以 $\pm10^{-5}$ N/cm^2 偏离通常的大气压(10 N/cm^2)，求声强值。(空气密度为 1.29 kg/m^3)

5.19　如题 5.19 图所示，两相干波源位于同一介质中的 A、B 两点，频率为 5 Hz，波在介质中的传播速度为 10 m/s。两波源发出的两列波传到 P 点时引起该处质元干涉加强，求两波源的初位相差。

5.20　声波干涉仪(共鸣管)的结构如题 5.20 图所示，弯管 C 可以伸缩。声波从 A 端口进入，分成 ABD、ACD 两路在管中传播，随后在 D 端口相遇传出，可由接收器接收。当它伸长时，从 D 端口接收到的声音有强弱周期性的变化。设弯管 C 每伸长 10 cm 声音增强一次，求此声波的频率。

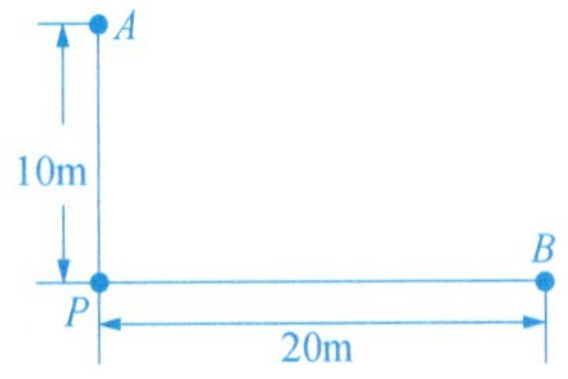

题 5.19 图

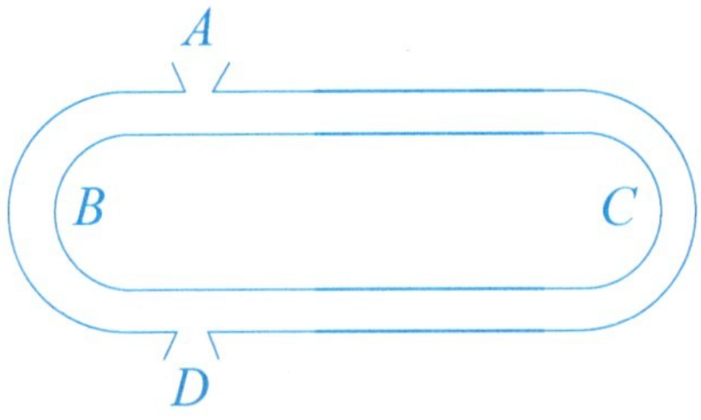

题 5.20 图

5.21　波函数分别为 $y_1=0.5\cos(2\pi x-2\pi t+\pi/2)$ (m) 与 $y_2=0.5\cos(2\pi x+2\pi t-\pi/2)$ (m)的两列相干波在一根很长的细绳上传播。(1)证明绳子上形成驻波，并求波节、波腹的位置。(2)波腹处的振幅多大？$x=0.125$ m 处振幅多大？

5.22　波场中某平面简谐波为 $y=0.1\cos(\pi x-10\pi t)$ (m)，加入另一平面简谐波后在原点形成了波节点的驻波。求：(1)加入波的波函数；(2)波节、波腹的位置；(3) $x=0.3$ m 处质元的振幅。

5.23　如题 5.23 图所示，是超声波悬浮装置。超声波发生器产生超声波向下传播，到达桌面被反射回来，反射波与入射波经叠加形成了超声驻波。将轻小的小球放入声场中，小球等间距排列经测量得到小球之间的平均距离是 5 mm。(1)小球显示的是什么位置？(2)求超声波的频率。

5.24　如题 5.24 图所示，有人抓住波纹管(内壁波纹状)的一端挥动一截管子，管子两端开口，转速逐渐加快，会听到不同音调的“哨声”。(1)试解释这种现象；(2)当波纹管长度 L = 0.85 m 时，求从开始发出前 2 种“哨声”的频率。

5.25 弦乐器的基本结构是一根张紧的弦线两端固定(当然还包括共鸣箱)。有一提琴弦长45 cm，见题5.25图所示，不用手指压按时，发出的声音是基频为440 Hz的A调。问：(1)若想发出基频为528 Hz的C调，手指应压按在何处？(2)若想使它发声的频率比原来提高一倍，问弦内张力应增加多少倍？

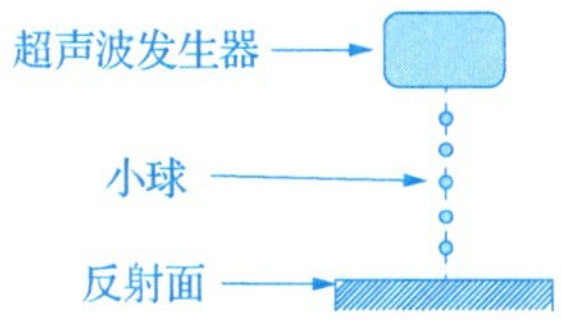

题5.23图

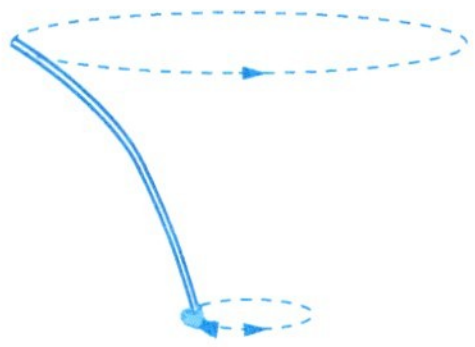

题5.24图

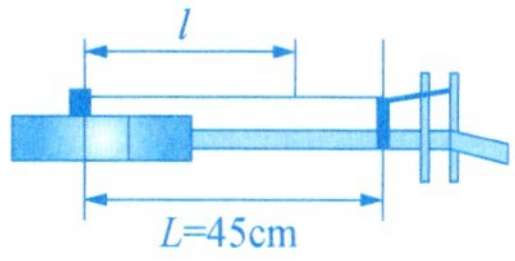

题5.25图

5.26 蝙蝠利用脉冲超声波导航可以在山洞中飞行，若蝙蝠发出超声波频率为39 kHz，在朝平坦洞壁飞扑间，它的运动速率为空气速率的1/40。求蝙蝠接收到的洞壁反射波的频率。

5.27 某音叉以$v_s=2.5$ m/s的速率接近墙壁，观测者在音叉后面听到拍音频率$\nu_{拍}=3$ Hz，求音叉振动的频率。

第6章 狭义相对论基础

至19世纪末期，物理学界在力学、电磁学与热学领域建立起了完整的理论体系(称为经典的理论)，并且应用于生产实践中取得了巨大的成功，推动了人类社会从农耕文明进入工业化社会，又进入电气化社会。然而，应用经典的力学与电磁学理论并不能解释电磁波的传播介质问题，这迫使物理学家思考经典理论的局限性。爱因斯坦等物理学家突破了这种局限性，建立了相对论，使得人类对自然规律的认识进入到更深的层次。

相对论是研究物质的运动跟时间与空间相互联系的理论，分为狭义相对论和广义相对论。狭义相对论只研究在没有引力背景(物体相对运动的参考系无加速运动)作用下物体的运动问题，广义相对论则是研究有引力背景(物体相对运动的参考系有加速运动)作用下的物体运动问题。

学习目标：学习本章需要了解牛顿时空观、力学相对性原理；需要理解狭义相对论的两条基本原理、狭义相对论的时空观；主要掌握洛仑兹坐标变换与速度变换公式、长度收缩和时间膨胀公式，以及狭义相对论动力学的几个重要结论，能够运用这些规律理解或解决简单的高速相对运动问题。

素质目标：通过本章的学习，以第四代核电站高温气冷堆核电站、钍基熔盐堆核能系统为例，了解我国在核电技术领域的发展状况与优势所在。

6.1 经典时空观与力学相对性原理

6.1.1 经典时空观

人类对于时间与空间、物体运动的思考很早就开始了，成书于战国后期(约公元前

388 年)的《墨经》上就有我国古人对时空的认识。"宇，弥异所也；久，弥异时也。"说的就是"空间是不同地点的总称；时间是不同时刻的总称"。成书于西汉的《尚书·考灵曜》上的这段话"地恒动而人不知，譬如闭舟而行，不觉舟之运也"。说的是运动和静止的相对性。至牛顿时代，物理学界对时空的认识已经形成，这就是牛顿时空观，或称经典时空观，也称为绝对时空观。该时空观认为：空间永远是静止的、同一的，时间永远是均匀地流逝着的，而空间、时间、物体的质量与物体的运动无关，彼此独立存在。换句话来说，就是在不同的参考系中来观测同一个物体的长度结果相同，测量同一个物理过程的时间相等，测量同一个物体的质量不变。这种绝对的时空观可以由伽利略变换来反映。

6.1.2　伽利略变换

回顾质点运动学中相对运动的内容，从基本参考系 S 与运动参考系 S' 观测同一个质点在空间中的位置，绝对位矢 $\boldsymbol{r}$、相对位矢 $\boldsymbol{r}'$ 与牵连位矢 $\boldsymbol{r}_0$ 之间的关系为 $\boldsymbol{r}=\boldsymbol{r}'+\boldsymbol{r}_0$。现在考虑两个惯性系 S' 与 S，如图 6.1 所示，两个惯性系的坐标轴互相平行，S' 相对于 S 系沿 x 轴的正方向以速度 u 匀速运动，假定 $t=t'=0$ 时刻，两坐标系的原点 o 与 o' 重合。考察某个质点在 $t=t'$ 时刻运动到空间中的 P 位置，这称之为某一事件。在两个惯性系中，该事件均用它们的时空坐标来表示，即在 S 系中记为 $P(x, y, z, t)$，在 S' 系中记为 $P(x', y', z', t')$。由于此时 $\boldsymbol{r}=\boldsymbol{r}'+ut\boldsymbol{i}$，可得同一事件的两套时空坐标之间的关系，这称为**伽利略坐标变换**，即

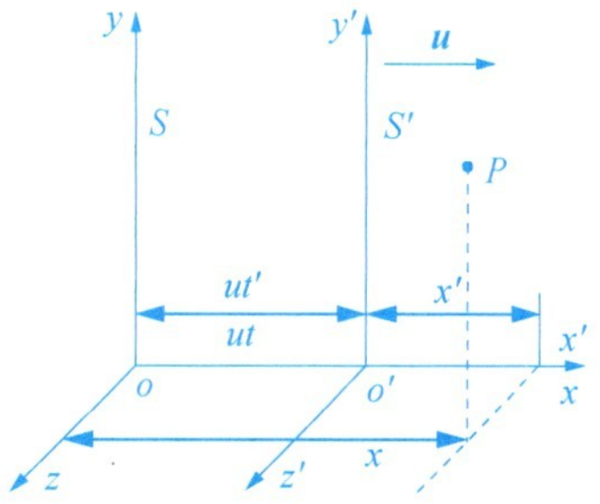

图 6.1　两惯性系的坐标关系

$$\begin{cases}x'=x-ut\\y'=y\\z'=z\\t'=t\end{cases}\quad\text{或}\quad\begin{cases}x=x'+ut'\\y=y'\\z=z'\\t=t'\end{cases}$$

上式中前式表示从 S 参考系到 S' 参考系的坐标变换，称为**正变换**，后式表示从 S' 参考系到 S 参考系的坐标变换，称为**逆变换**。

由伽利略坐标变换关系可以反映绝对的时空观，描述如下。

1. 同时性的绝对性

对于观测者而言，若从 S 系中观测到两个事件 $P_1(x_1, y_1, z_1, t_1)$ 与 $P_2(x_2, y_2, z_2, t_2)$ 是同时发生的，即 $t_2=t_1$。由伽利略变换，那么 $t_2'=t_2=t_1=t_1'$，这表明从 S' 系中观测这两个事件 $P_1(x_1', y_1', z_1', t_1')$ 与 $P_2(x_2', y_2', z_2', t_2')$ 也是同时发生的。

2. 时间间隔的绝对性

对于观测者而言，如果从 S 系中观测到两个事件 $P_1(x_1, y_1, z_1, t_1)$ 与 $P_2(x_2, y_2, z_2,$

t_2)发生的时间间隔为 $\Delta t=t_2-t_1$。由伽利略变换，那么 $\Delta t'=t_2'-t_1'=t_2-t_1=\Delta t$，这表明从 S' 系中观测这两个事件 $P_1(x_1', y_1', z_1', t_1')$ 与 $P_2(x_2', y_2', z_2', t_2')$ 发生的时间间隔跟 S 系中的观测结果相等，两事件发生的先后顺序也不变。

综上所述，伽利略变换中同时性和时间间隔与参考系的运动状态无关，即**同时性和时间间隔是绝对的**。

3. 空间间隔的绝对性

在第 1 章中介绍过，建立坐标系就是先在参考系上选定坐标原点，然后以该点为基点在空间中放置测量长度的标尺，即可对空间进行度量以及确定物体的空间位置。见图 6.1，有相对运动的两个惯性系 S 与 S'，一根直杆静止于 S' 系中，要测量它的长度，只需要测量杆两端的空间坐标即可得到其长度，测量杆两端的坐标这两个事件不必同时进行。由于杆相对 S 系运动，要在 S 系中测量杆的长度，就必须同时测量杆两端的坐标，这两个测量事件必须同时进行。从 S 系同时测量直杆两端坐标的事件记为 $P_1(x_1, y_1, z_1, t_1)$ 和 $P_2(x_2, y_2, z_2, t_2)$，$t_2=t_1$。那么由伽利略变换可知，从 S' 系中观测这两个测量事件 $P_1(x_1', y_1', z_1', t_1')$ 与 $P_2(x_2', y_2', z_2', t_2')$ 必然也是同时发生的，即 $t_2'=t_1'$。从两惯性系中测得直杆的长度分别为

$$L=\sqrt{(x_2-x_1)^2+(y_2-y_1)^2+(z_2-z_1)^2}$$

$$L'=\sqrt{(x_2'-x_1')^2+(y_2'-y_1')^2+(z_2'-z_1')^2}$$

由于同时测量，由伽利略变换，必然得到 $L'=L$。这表明**空间间隔也是绝对的**！总之，牛顿的绝对时空观认为时间和空间是彼此独立的，互不相关，并且不受物体与运动的影响。

6.1.3　力学相对性原理

对伽利略变换关系中的时间变量 t 求一阶导数，可以得到 S 与 S' 两惯性系中观测同一个物体运动速度之间的关系，而求二阶导数，则得到两惯性系中观测同一个物体的加速度具有相等的关系，即 $\boldsymbol{a}=\boldsymbol{a}'$。牛顿力学还认为物体间的相互作用力、质量也是与参考系无关的量，即在 S 与 S' 两惯性系中，$\boldsymbol{F}=\boldsymbol{F}'$，$m=m'$，因此在 S 惯性系中的牛顿第二定律 $\boldsymbol{F}=m\boldsymbol{a}$，经伽利略变换到 S' 惯性系中必为 $\boldsymbol{F}'=m\boldsymbol{a}'$。这表明牛顿第二定律在伽利略变换下具有不变性，在所有惯性系中牛顿第二定律都具有相同的数学表述。

以上结论在第 2 章的《非惯性系中的惯性力》这一节中已经说明过。力学规律在任何惯性系中的数学形式不变，或者说所有惯性系都是等价的，这就是**力学相对性原理**(**或伽利略相对性原理**)。

6.2　狭义相对论基本原理

6.2.1　经典电磁学的以太假说

19 世纪之前人们对光的认识分为牛顿的微粒说与惠更斯的波动说。1801 年托马斯·杨通过光的双缝干涉实验证实了光的波动性，随后人们支持光的波动说。1873 年麦克斯韦建立了电磁理论，指出光是一种电磁波，之后得到赫兹的实验验证。电磁理论对光的干涉、衍射与传播速度等给出了全面、精确的描述。此时的物理学界受经典力学思想的束缚，深信电磁波的传播与机械波一样需要弹性的传播介质，否则就不会有电磁波。人们给传播光振动的弹性介质取名为“以太”(ether)，并认为“以太”充满着整个宇宙空间，带电粒子的振动会引起“以太”形变，这种形变以弹性波的形式传播，即形成了电磁波。根据波动理论，在相对于“以太”静止的参照系中，电磁波沿各个方向传播的速度都等于恒量光速 c。

19 世纪，许多物理学家相信“以太”的存在，并把这种无处不在的“以太”看作绝对惯性系，用实验去验证“以太”的存在就成为许多科学家追求的目标。人们设计了许多实验来寻找“以太”，其中迈克尔孙-莫雷实验是最为著名的实验，其方法是通过观测地球相对“以太”的绝对运动来寻找它，然而实验的结果并没有证实“以太”的存在。

6.2.2　狭义相对论的两条基本原理

由于人们在任何实验中都没有观察到相对于“以太”参考系的绝对运动，这意味着根本就不存在假想的“以太”这种传播介质及其参考系。对此，爱因斯坦指出：“电磁场不是媒质的状态，而是一个独立的实体，正像重物质的原子一样，不能归结为任何别的什么东西，也不能依附在任何载体之上。电磁场是物质存在的基本方式。”也就是说电磁波的传播跟机械波不一样，不需要传播介质也能传播。另外，由麦克斯韦预言并被赫兹证实的电磁波遵循的规律，并不满足相对性原理，在伽利略变换下其数学方程形式不能保持不变。这表明要么是电磁规律不满足力学相对性原理，要么反映经典时空观的伽利略变换不适用于电磁规律！

爱因斯坦认为，所有物理规律都应满足相对性原理，即所有物理规律在不同惯性系中是一样的！他指出，如果物理规律与参考系之间的相对速度有关，那么在地球上不同地点不同时间的物理规律就会不同，研究科学也就失去了意义；电磁规律也应该在所有惯性参考系中成立，力学规律与电磁规律都应该满足相对性原理，因此需修改伽利略变换。

在爱因斯坦于 1905 年提出狭义相对论之前，1892 年菲兹哲罗与洛伦兹提出了运动长度收缩的概念，1899 年洛伦兹还提出运动物体上的时间间隔将变长以及洛伦兹变换，

1904 年庞加莱提出物体所能达到的速度有一最大值(真空中的光速，标记为 c)。

根据电磁学理论，光在真空中的速度 $c=\frac{1}{\sqrt{\varepsilon_0\mu_0}}$，式中 ε_0 与 μ_0 为不依赖于参考系的两个物理常量，这意味着在所有参考系中真空中的光速相等。比较准确的光速最先为物理学家斐索于 1849 年测量获得，随后有多种实验显示光速不依赖于光源以及观测者的运动，真空中的光速不变。例如观测绕质心运动的双星发出光的速度，观测 π_0 介子衰变发出的两个光子的速度，均为 c。

这些研究成果为爱因斯坦建立狭义相对论提供了基础。基于以上原因，爱因斯坦提出了两条基本假设(现在也称为基本原理)：①相对性原理：物理规律在所有惯性系中都是一样的，其数学表达形式不变(这是力学相对性原理的推广)。②光速不变原理：从所有惯性系中测量光在真空中的速率均相等，与光源的运动状态无关。基于这两个基本假设可以推导出，从两个惯性系 S 与 S' 中描述同一个事件 P 的两套时空坐标 (x, y, z, t) 与 (x', y', z', t') 之间的变换关系，这就是洛伦兹变换。

6.2.3 洛伦兹变换

如前所述，从两惯性系 S 与 S' 中观测同一个事件 P。从两个惯性系来观测时空，时空都应该是均匀的，因此两套坐标之间的变换要遵循线性变换。既然时空均匀，那么从两个惯性系中测量同一根杆的两个长度值要成正比例关系，测量同一个物理过程的两个时间值也要成正比例关系。如图 6.2(a)所示，从 S 惯性系测量 oa 的长度值为 x，从 S' 惯性系测量 oa 的长度值为 $x'+ut'$，两数值应成正比例，设比例因数为 γ，即有

$$x=\gamma(x'+ut') \quad ①$$

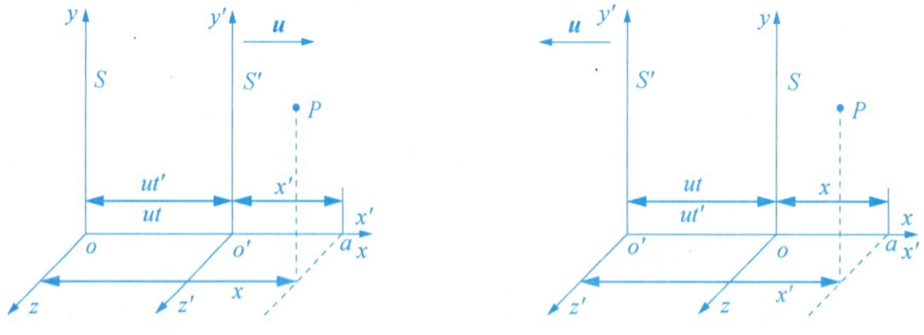

(a)从S惯性系测量oa长度　　(b)将S与S′惯性系调换身份

图 6.2　从两惯性系中测量同一长度的数量关系

而从 S 与 S' 惯性系测量 $o'a$ 的长度值分别为 $x-ut$ 与 x'，此两数值也应成正比例关系，比例因数记为 γ'，即有

$$x'=\gamma'(x-ut) \quad ②$$

根据相对性原理，两惯性系应等价。如图 6.2(b)所示，现将 S 与 S' 调换身份，则 S'

相对 S 沿 x 轴负向运动，速度为$-u$，此时①式中的坐标互换(x 与 x'，t 与 t')后变为

$$x'=\gamma(x-ut) \tag{③}$$

比较②、③两式可见

$$\gamma=\gamma' \tag{④}$$

当两惯性系的原点重合时，从原点发出一个沿 ox 轴正向传播的光信号，经过 t 时间，光信号在 S 惯性系中到达的空间坐标为 ct。对于这一事件，从 S'惯性系中来观测，由光速不变，光信号到达的空间坐标应为 ct'，即有

$$x=ct,\quad x'=ct' \tag{⑤}$$

由①⑤式得

$$ct=\gamma(c+u)t'$$

由②④⑤式得

$$ct'=\gamma(c-u)t$$

将以上两式相乘为

$$c^2tt'=\gamma^2(c+u)t'(c-u)t$$

化简即得比例因数 γ，为

$$\gamma=\frac{1}{\sqrt{1-(u/c)^2}}=\frac{1}{\sqrt{1-\beta^2}}$$

上式中 $\beta=u/c$。将②式代入①式有

$$x=\gamma(x'+ut')=\gamma[\gamma(x-ut)+ut']$$

化简可得

$$t'=\gamma\left(t-\frac{ux}{c^2}\right)$$

另外从两个惯性系观测事件 P 可得 $y=y'$，$z=z'$，至此就获得洛伦兹变换关系为

$$\begin{cases}x'=\gamma(x-ut)\\ y'=y\\ z'=z\\ t'=\gamma\left(t-\dfrac{u}{c^2}x\right)\end{cases} \tag{6.1}$$

上式是将 S'系的时空坐标用 S 系的时空坐标来表示，这称为**洛伦兹正变换**。如将 S 系的时空坐标用 S'系的时空坐标用来表示，则称为**洛伦兹逆变换**，为

$$\begin{cases}x=\gamma(x'+ut')\\ y=y'\\ z=z'\\ t=\gamma\left(t'+\dfrac{u}{c^2}x'\right)\end{cases} \tag{6.2}$$

由洛伦兹变换关系可见，由于$\sqrt{1-u^2/c^2}$不应小于零，所以 $u<c$，因此任何实物物体运动的速度不能超过真空中的光速。当 $u<<c$ 时，$\gamma=1/\sqrt{1-u^2/c^2}\to1$，洛伦兹变换就简化为伽利略变换。这说明洛伦兹变换包含了伽利略变换，伽利略变换是适用于描述低速运动物体的坐标变换。既然洛伦兹变换包含了伽利略变换，因此洛伦兹变换对描述高、低速运动物体的坐标变换都适用。低速($<<c$)运动的物体遵循牛顿第二定律 $\boldsymbol{F}=m\boldsymbol{a}$ 的规律，高速运动的物体 $\boldsymbol{F}=m\boldsymbol{a}$ 则不适用。牛顿第二定律与电磁学的规律在洛伦兹变换下的数学表达式均保持不变。因此在狭义相对论中，洛伦兹变换方程在相对论的理论中占据了中心地位。

另外，需要注意的是，洛伦兹变换是将同一事件在不同惯性系中的两组时空坐标联系起来，应用洛伦兹变换方程处理相关问题时，必须确认两组时空坐标(x，y，z，t)和(x'，y'，z'，t')代表的是同一事件。应用洛伦兹变换来处理物体高速运动的问题，得到的结果跟我们想象的结果相差很大，请看如下举例。

例 6.1 某短跑运动员在地面的直线赛道上以 10 s 的时间跑完 100 m，一艘飞船沿赛道的直线方向以 0.98c 的速率高速飞行。从飞船中的观测者来看，这个运动员跑了多长时间与多长距离？

解： 如图 6.3 所示，以地面为 S 惯性系，飞船为 S'惯性系，S'相对于 S 系沿 x 轴的正方向以速度 u 匀速运动，$u=0.98c$。运动员起跑与到达终点这两个事件在 S 中分别记为 $P_1(x_1, t_1)$与 $P_2(x_2, t_2)$，在 S'系中分别记为 $P_1(x_1', t_1')$与 $P_2(x_2', t_2')$。利用洛伦兹正变换关系 $x'=\gamma(x-ut)$与 $t'=\gamma(t-\frac{u}{c^2}x)$，得

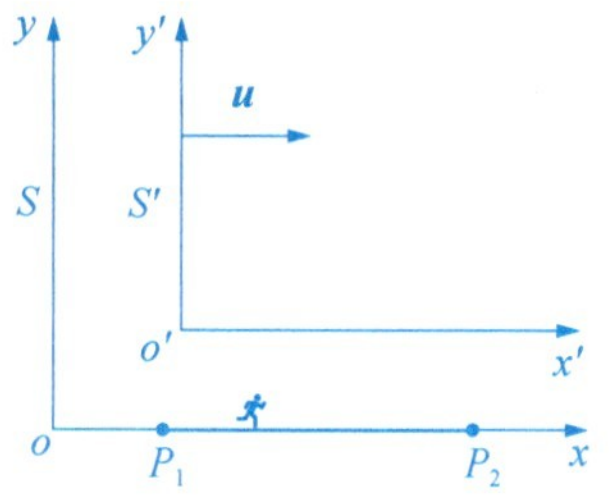

图 6.3 运动员在赛道上跑步

$$x_2'-x_1'=\frac{(x_2-x_1)-u(t_2-t_1)}{\sqrt{1-u^2/c^2}}$$

$$t_2'-t_1'=\frac{(t_2-t_1)-u(x_2-x_1)/c^2}{\sqrt{1-u^2/c^2}}$$

由于在 S 系中观测，运动员跑的距离 $\Delta x=x_2-x_1=100$ m，所用时间 $\Delta t=t_2-t_1=10$ s，则在 S'系中观测，运动员跑的距离与所用时间分别为

$$x_2'-x_1'=\frac{100-0.98c\times10}{\sqrt{1-0.98^2}}=-1.47\times10^{10}\text{ m}$$

$$t_2'-t_1'=\frac{10-0.98c\times100/c^2}{\sqrt{1-0.98^2}}=50.25\text{ s}$$

这表明从飞船上来观测，短跑运动员跑动的方向跟地面上的方向反向，用了 50.25 s 的时间跑出 1.47×10^{10} m 的距离。从此例可见，按照狭义相对论的理论得到，不同惯性系中观测同一个空间的长度、同一个物理过程的时间差别很大。

例 6.2 在惯性系 S 中，相距 $\Delta x=5\times10^{6}$ m 的两个地方发生了两个事件，时间间隔 $\Delta t=1\times10^{-2}s$，而在相对于 S 惯性系沿 x 轴正向匀速运动的 S' 系中，观测到这两事件却是同时发生的。求在 S' 系中观测发生这两事件的地点间的距离 $\Delta x'$。

解： 设 S' 系相对于 S 系的速率为 u。利用洛伦兹正变换，可得

$$\Delta x'=x_2'-x_1'=\frac{\Delta x-u\Delta t}{\sqrt{1-u^2/c^2}},\quad \Delta t'=t_2'-t_1'=\frac{\Delta t-u\Delta x/c^2}{\sqrt{1-u^2/c^2}}$$

由于 S' 系中观测到这两事件同时发生，即 $\Delta t'=0$，由上面第二式可得

$$\Delta t-u\Delta x/c^2=0$$

即
$$u=\frac{\Delta t}{\Delta x}c^2$$

得
$$\Delta x'=\frac{\Delta x-\dfrac{(\Delta t)^2c^2}{\Delta x}}{\sqrt{1-\dfrac{(\Delta t)^2c^2}{(\Delta x)^2}}}=\sqrt{(\Delta x)^2-(\Delta t)^2c^2}=\sqrt{25\times10^{12}-1\times10^{-4}c^2}$$
$$=4\times10^{6}\text{ m}$$

6.2.4 洛伦兹速度变换

由洛伦兹坐标变换，可以得到从两个惯性系 S 与 S' 中观测同一个物体的速度之间的变换关系。由速度的定义可知，一个物体在 S 与 S' 系中的速度分别可以表示为

$$v_x=\frac{dx}{dt},\quad v_y=\frac{dy}{dt},\quad v_z=\frac{dz}{dt}$$

$$v_x'=\frac{dx'}{dt'},\quad v_y'=\frac{dy'}{dt'},\quad v_z'=\frac{dz'}{dt'}$$

对洛伦兹坐标变换式(6.1)取微分得

$$dx'=\gamma(dx-u\,dt)=\gamma\left(\frac{dx}{dt}-u\right)dt$$

$$dy'=dy$$

$$dz'=dz$$

$$dt'=\gamma\left(dt-\frac{u}{c^2}dx\right)=\gamma\left(1-\frac{u}{c^2}\frac{dx}{dt}\right)dt=\gamma\left(1-\frac{uv_x}{c^2}\right)dt$$

用 dt' 去除它前面的三式，即可得到 S' 系中物体的速度用 S 系中物体的速度来表示，这一速度变换关系称为**洛伦兹速度正变换**，即

$$\begin{cases} v'_x=\dfrac{\mathrm{d}x'}{\mathrm{d}t'}=\dfrac{v_x-u}{1-\dfrac{uv_x}{c^2}} \\ v'_y=\dfrac{\mathrm{d}y'}{\mathrm{d}t'}=\dfrac{v_y}{\gamma\left(1-\dfrac{uv_x}{c^2}\right)} \\ v'_z=\dfrac{\mathrm{d}z'}{\mathrm{d}t'}=\dfrac{v_z}{\gamma\left(1-\dfrac{uv_x}{c^2}\right)} \end{cases}$$

也可得到 S 系中物体的速度用 S' 系中物体的速度来表示，这一速度变换关系称为**洛伦兹速度逆变换**，即

$$\begin{cases} v_x=\dfrac{v'_x+u}{1+\dfrac{uv'_x}{c^2}} \\ v_y=\dfrac{v'_y}{\gamma\left(1+\dfrac{uv'_x}{c^2}\right)} \\ v_z=\dfrac{v'_z}{\gamma\left(1+\dfrac{uv'_x}{c^2}\right)} \end{cases}$$

由洛伦兹速度变换关系可见，当 $u<<c$ 与 $v_x<<c$ 时，$\gamma\to1$，则 $v'_x=v_x-u$，$v'_y=v_y$，$v'_z=v_z$。这就是伽利略速度变换关系式。由此再次表明，伽利略变换是适用于描述低速运动物体的坐标变换，而洛伦兹变换既适用于描述高速运动物体的坐标变换，也适用于描述低速运动物体的坐标变换。

对于沿 x 轴(或 x'轴)运动的物体，由于 $v_y=v_z=0$，由洛伦兹速度变换关系可得 $v'_y=v'_z=0$，因此只需考虑 x 轴(或 x'轴)物体的速度变换关系。如何应用洛伦兹速度变换来处理相关问题，见如下举例。

例 6.3 如图 6.4 所示，有两个飞船 A、B 沿直线反向运动，从地球测得它们的速率均为 $0.9c$，试求它们相对运动的速度。

解：见图 6.4，以飞船 A 为惯性系 S，地球为惯性系 S'，x 与 x'轴同向，则 S'系沿 x 轴正方向运动，$u=0.9c$，飞船 B 相对于 A 的速度就是在 S 系中测得 B 的速度 v_x。已知飞船 B 在 S'系中的速度 $v'_x=0.9c$，由洛伦兹速度逆变换，可得在 S 系中观测 B 的速度为

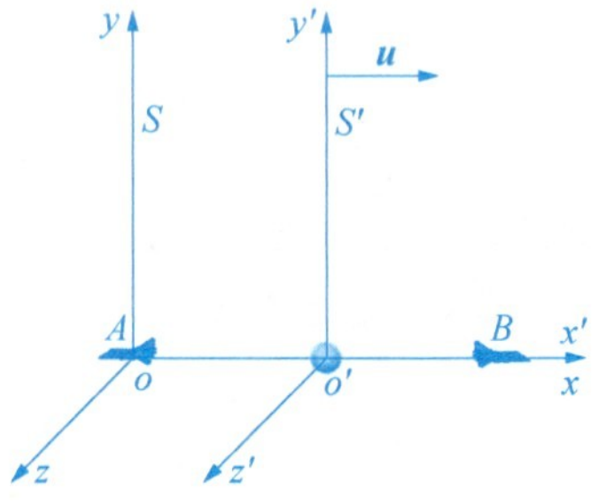

图 6.4 两个飞船沿直线反向运动

$$v_x=\frac{v_x'+u}{1+\frac{uv_x'}{c^2}}=\frac{0.9c+0.9c}{1+\frac{0.9c\times0.9c}{c^2}}=\frac{1.8c}{1.81}=0.994c$$

根据牛顿理论，两个飞船之间的相对速度应该是 1.8c，飞船的速度超过了光速。而按照狭义相对论的理论，无论从哪个飞船观测，另一个飞船的速度并没有超过光速。

例 6.4　有一列火车以速度 u 相对地面做匀速运动，在某车厢中部向车厢前后方向各射出一束光，求这两束光相对于地面的速度。

解：以地面为惯性系 S，火车为惯性系 S'。从火车观测，向前发射的光其速度为 $v'=+c$，向后发射的光其速度为 $v'=-c$。由洛伦兹速度逆变换关系，则从地面观测，光向前的速度为

$$v=\frac{v_x'+u}{1+\frac{u}{c^2}v_x'}=\frac{c+u}{1+\frac{uc}{c^2}}=c$$

光向后的速度为

$$v=\frac{-c+u}{1-\frac{uc}{c^2}}=-c$$

由此可见，从地面上观测两束光的速度大小相等。

请思考：向前与向后发射的两束光之间的相对速度是多少？

例 6.5　在太阳参考系中观察，一束星光垂直射向地面，速率为 c，而地球以速度 u 垂直于光线运动。求在地面上测量，这束星光的光速大小与方向。

解：如图 6.5(a)所示，取太阳系为 S 系，地球为 S'系。在 S 系中观测，地球以速度 u 沿 x 轴正向运动，而星光的速度为

$$v_x=0,\quad v_y=c,\quad v_z=0$$

由洛伦兹速度正变换，在 S'系中星光的速度分量为

$$v_x'=\frac{v_x-u}{1-uv_x/c^2}=-u$$

$$v_y'=\frac{v_y}{\gamma(1-uv_x/c^2)}=c\sqrt{1-u^2/c^2}=\sqrt{c^2-u^2}$$

$$v_z'=\frac{v_z}{\gamma(1-uv_x/c^2)}=0$$

则星光在 S'系中的速率为

$$v'=\sqrt{v_x'^2+v_y'^2+v_z'^2}=c$$

如图 6.5(b)所示，星光在 S'系中与 y'轴的夹角，即与垂直地面方向的夹角为

$$\theta'=\arctan\frac{|v_x'|}{v_y'}=\arctan\frac{u}{\sqrt{c^2-u^2}}$$

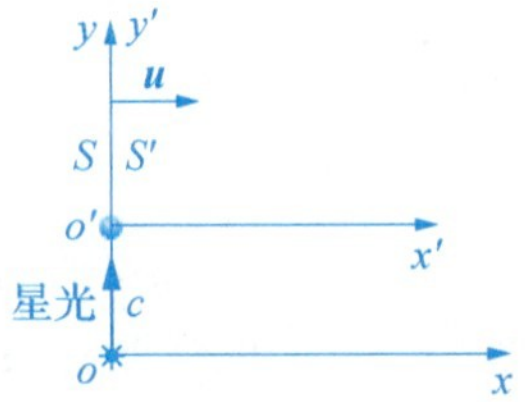

(a)太阳为S系地球为S'系

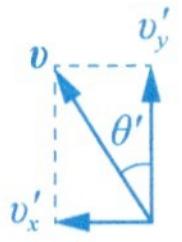

(b)星光在S'系中与y'轴夹角

图 6.5

另法：根据光速不变原理，在地球的 S' 系中，光速也为 c。见图 6.5(a)，在 S 系中观测地球以 u 沿 x 轴正向运动，根据速度变换公式可得星光的速度沿 x' 轴的分量为 $v'_x=-u$，所以星光速度沿 y' 轴的分量为

$$v'_y=\sqrt{c^2-v'^2_x}=\sqrt{c^2-u^2}$$

星光速度与垂直地面方向的夹角则为

$$\theta'=\arctan\frac{|v'_x|}{v'_y}=\arctan\frac{u}{\sqrt{c^2-u^2}}$$

6.3 狭义相对论的时空观

由伽利略变换关系可以出反映出牛顿的绝对时空观，而根据洛伦兹变换关系则可以反映出狭义相对论的时空观。

6.3.1 时间的相对性

1. 同时的相对性

如图 6.6(a)所示，一列火车(常称为“爱因斯坦火车”)相对地面以速率 u 匀速行驶，地面与火车分别称为惯性系 S 与惯性系 S'。在某车厢中点 M 处有一光源，某时刻向车厢前后同时发出光信号，从 S' 系中观测，光信号同时到达车厢前后门被探测器记录的事件分别记为 $P_1(x'_1, t'_1)$ 与 $P_2(x'_2, t'_2)$。由于两事件同时发生，即有 $t'_2=t'_1$。从 S 系中观测，相应地，这两个事件分别记为 $P_1(x_1, t_1)$ 与 $P_2(x_2, t_2)$。由洛伦兹逆变换关系(6.2 式)，则

$$t_1=\gamma\left(t'_1+\frac{u}{c^2}x'_1\right),\quad t_2=\gamma\left(t'_2+\frac{u}{c^2}x'_2\right)$$

可得

$$t_2-t_1=\gamma\left[(t'_2-t'_1)+\frac{u}{c^2}(x'_2-x'_1)\right]=\gamma\frac{u}{c^2}(x'_2-x'_1) \tag{6.3}$$

由上式可见：当 $x_2'=x_1'$ 时，得 $t_2=t_1$，这说明在 S' 系中同一地点同时发生的两事件，在 S 系中观测亦同时发生；而当 $x_2'\neq x_1'$ 时，得 $t_2\neq t_1$，这说明在 S' 系中不同地点同时发生的两事件，在 S 系中观测一定不是同时发生的，而且 x_2' 与 x_1' 相距越远，则在 S 系中观测这两事件的时间差值 t_2-t_1 越大。出现这种结果可以这么理解，空间 M 处光源某时刻向车厢前后同时发出一光信号，从 S 系中观测，向前向后的两光信号速度相等，如图 6.6(b)所示，由于车厢向前运动，前门远离 M 点、后门接近 M 点，所以后门处探测器记录到光信号到达的时刻 t_1 比前门探测器记录的时刻 t_2 早，因此事件 $P_1(x_1,\ t_1)$ 与事件 $P_2(x_2,\ t_2)$ 不会同时发生。

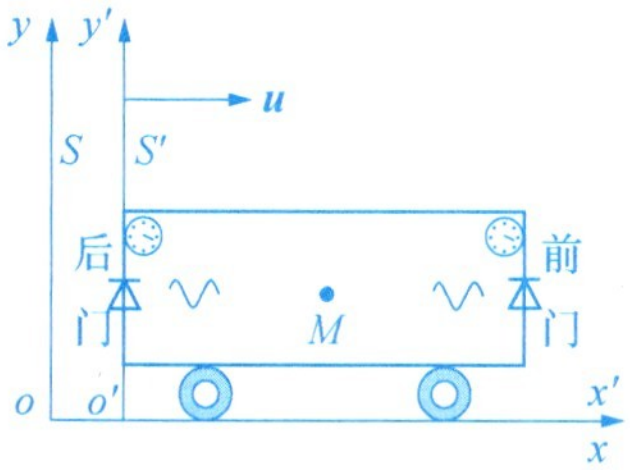

(a) 从S'系观测，从车厢中部发出的光信号同时到达前后门

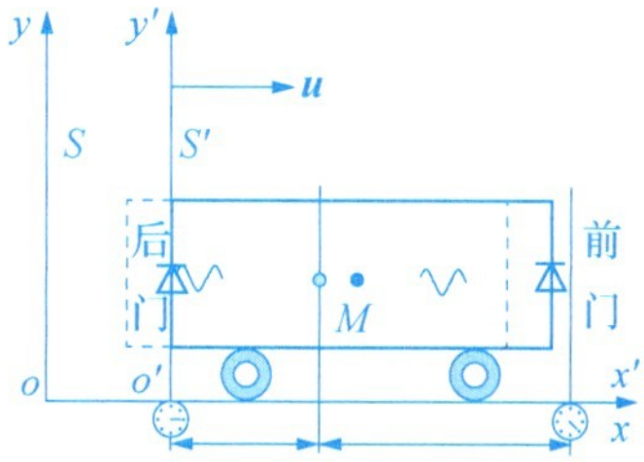

(b) 从S系观测，从车厢中部发出的光信号不同时到达前后门

图 6.6　不同参考系中观测的两事件

请思考： 如果从 S 系中观测两事件同时发生，若从 S' 系中观测它们同时发生吗?

2. 时间间隔的相对性

仍然考虑上述的地面与火车这两个惯性系，设在 S' 系中同一地点先后发生了两个事件 $P_1(x_1',\ t_1')$ 与 $P_2(x_2',\ t_2')$，例如一盏灯的亮和灭(亦可看成为一个物理过程)，两事件在同一地点发生，即有 $x_1'=x_2'$，两事件的时间间隔为 $\Delta t'=t_2'-t_1'$。相应地，在 S 系中观测这两个事件 $P_1(x_1,\ t_1)$ 与 $P_2(x_2,\ t_2)$ 的时间间隔可由洛伦兹逆变换得到，即

$$\Delta t=t_2-t_1=\gamma\left[(t_2'-t_1')+\frac{u}{c^2}(x_2'-x_1')\right]=\gamma(t_2'-t_1')$$

即

$$\Delta t=\gamma\Delta t'$$

这里引入**固有时间**的概念：用相对于惯性系静止的标准时钟测量该惯性系中同一地点发生的两事件的时间间隔。例如上述的那盏灯相对于 S' 惯性系静止，用一个相对于 S' 系静止的标准时钟测量灯亮灯灭的时间间隔，即为固有时间。想象 S 系中各处放置有标准时钟，灯亮灯灭时灯在 S 系中处于两个位置，由 S 系中这两个位置的标准时钟测量灯亮灯灭的时间间隔即是 Δt。固有时间常用 τ_0 来标记，则上式为

$$\Delta t=\gamma\tau_0 \tag{6.4}$$

由于 $\gamma>1$(也称 γ 为时间延缓因子)，则 $\Delta t>\tau_0$，这表明在相对两事件运动的参考系(S 系)中观测的时间间隔，比在相对两事件静止的参考系(S' 系)中观测的时间间隔(即固有时间)更长，反过来说，固有时间最短。时间的测量要用不受环境影响的标准时钟(原子

钟)，对于静止于 S' 系中的两事件的时间间隔，那么 S' 系中的观测者用静止于 S' 系中的时钟测量该时间间隔，就比 S 系中的观测者用静止于 S 系中的时钟测量的时间间隔短，换句话说，S 系中的观测者发现 S' 系中的时钟(动钟)较 S 系中的时钟(静钟)走得慢。换一个角度，那么 S' 系中的观测者也发现 S 系中的时钟较 S' 系中的时钟走得慢，这称为**钟慢效应**，又称为**时间膨胀或时间延缓效应**。之所以出现钟慢效应，并不是时钟的问题，而是由于两惯性系的相对运动引起的。如图 6.7(a)所示，在 S' 系中放置一对平行于 x 轴的反射镜，从 S' 系中观测，光从下面的镜子出发被上面的镜子反射回来，经过的距离为 $2d$。由于镜子固定在 S' 系中随 S' 系运动，从 S 系中观测，如图 6.7(b)所示，光从下面的镜子出发被上面的镜子反射回来，经过的距离是 $2l$。由洛伦兹变换可知，垂直于运动方向的距离不变，因此 $d<l$，而由于光速不变，于是在 S' 系中光在两镜子间来回一次的时间比在 S 系中的时间短。容易证明，从 S 与 S' 系中观测光在两镜子间来回一次的时间满足式(6.4)。

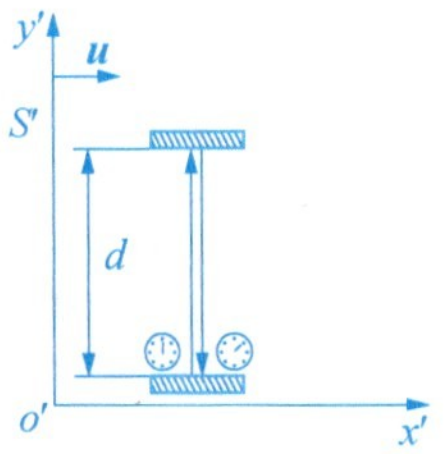

(a)从S'系观测，光被上下镜面反射行进距离等于$2d$

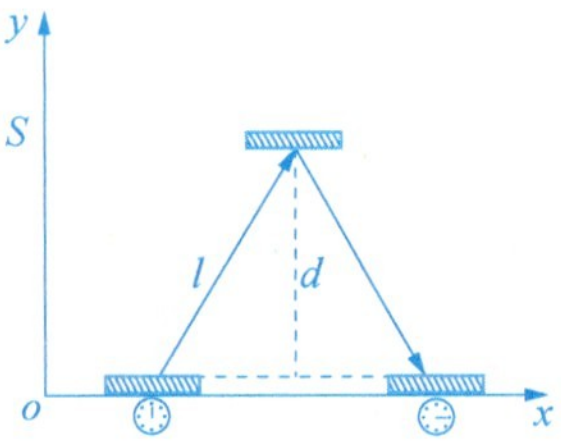

(b)从S系观测，光被上下镜面反射行进距离大于$2d$

图 6.7　反射镜时钟

钟慢效应已经被实验所证实。1971 年，美国科学家将铯原子钟放在飞机上，让飞机在赤道附近环球飞行，随后将飞机上的原子钟与地面上的原子钟进行比较，发现运动时钟变慢了(这里还涉及引力引起的钟慢效应)。由于钟慢效应，因此北斗等导航卫星上的原子钟每经过一段时间就需要校准一次，否则导航卫星给出的位置误差会越来越大。还有，飞行的 μ 子其寿命增长也验证了钟慢效应(见后面的举例)。

综上所述，两个事件在一个惯性系中是同时发生的，从另一个惯性系中观测则不一定是同时发生的；两个事件的时间间隔，从不同的惯性系中观测，时间间隔是不同的。可见，同时与时间间隔均是相对的，不是绝对的。

当 $u<<c$ 时，$\gamma\to1$，由式(6.3)可得 $t_2=t_1$，由式(6.4)可得 $\Delta t=\tau_0$，这表明从两个惯性系中观测两个事件的同时性与时间间隔均是绝对的，又回归到了牛顿力学的结论。

如何应用时间的相对性处理跟时间相关的问题，见如下举例。

例 6.6　孪生子中的哥哥乘坐宇宙飞船做星际航行，弟弟留在地球上，飞船相对于地球以 $0.6c$ 的速度匀速行驶。飞船中有一朵花，哥哥用飞船中的原子钟测得花开花谢的时间是 240 h，那么弟弟用地球上的原子钟观测花开花谢的时间是多少？

解：设地球与飞船分别为 S、S' 惯性系，S' 系相对 S 系以 $0.6c$ 的速度匀速行驶，即 $u=$

$0.6c$。哥哥测得花开花谢的时间是固有时间，即 $\tau_0=240$ h，则弟弟测得花开花谢的时间是

$$\Delta t=\gamma\tau_0=\frac{240}{\sqrt{1-(0.6c/c)^2}}=300\ \text{h}$$

请思考：我国的神话故事中有“天上一日，地上一年”的说法，如果将天宫看成是宇宙飞船，那么要达到“天上一日，地上一年”的效果，飞船相对地球的速度应该是多少？

例 6.7　宇宙飞船相对地球以 $u=0.6c$ 的匀速度飞离地球。在飞船飞行 $\Delta t'=10$ s 后（飞船上的时钟），该飞船向地球发射一物体，其速度相对地球为 $v=0.3c$，问飞船飞离地球后多长时间，物体到达地球？（地球上的时钟）。

解：地球与飞船分别为 S、S' 惯性系，飞船离地为计时起点。飞船上的时钟测得的是固有时间，则地球上的时钟测得飞船离地至物体发射的时间为

$$\Delta t_1=\frac{\Delta t'}{\sqrt{1-(u/c)^2}}=\frac{10}{\sqrt{1-(0.6c/c)^2}}=12.5\ \text{s}$$

这段时间飞船距地球飞行距离为

$$L=u\cdot\Delta t_1$$

则物体飞到地球的时间是

$$\Delta t_2=\frac{L}{v}=\frac{u}{v}\cdot\Delta t_1=25\ \text{s}$$

则飞船发射后到物体到达地面的时间是

$$\Delta t=\Delta t_1+\Delta t_2=12.5+25=37.5\ \text{s}$$

例 6.8　被誉为“中国天眼”的 500 米口径球面射电望远镜是世界上最大的单孔射电望远镜，至今已发现了九百多颗新脉冲星。脉冲星能够周期性地发出脉冲式电磁波，发射两个相邻脉冲的间隔时间称为脉冲周期。地球上接收到某脉冲星发射电磁脉冲的周期为 6 s。假定该脉冲星正沿观测方向以 $u=0.8c$ 的速度离地球而去。如果从该星观测，它发射脉冲式电磁波的周期是多少？

解：如图 6.8 所示，地球与脉冲星分别设为惯性系 S、S'。从 S' 系中观测，脉冲星开始发射第一与第二个脉冲的时刻分别为 t_1'、t_2'，而从 S 系中观测对应的时刻分别为 t_1 与 t_2。$\Delta t'=t_2'-t_1'$ 是从脉冲星观测它发射电磁脉冲的周期，为固有时间。$\Delta t=t_2-t_1$ 是放置在地球惯性系中脉冲星经过的标准时钟测量的脉冲星发射相邻电磁脉冲的时间差。由钟慢效应有

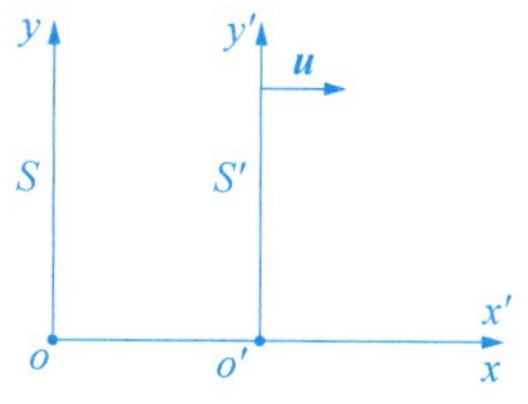

图 6.8　地球为 S 系、脉冲星为 S′系

$$\Delta t=\frac{\Delta t'}{\sqrt{1-u^2/c^2}}=\frac{\Delta t'}{\sqrt{1-0.8^2}}=\frac{5}{3}\Delta t'$$

从地球观测，脉冲星开始发射第一个脉冲时星地之间的距离记为 l，接着发射第二个脉冲时星地之间的距离则为 $l+u\Delta t$。电磁脉冲传播至地球需要时间，地球开始接收到第一与第

二个脉冲的时刻分别为

$$t_{1接收}=t_1+\frac{l}{c},\ t_{2接收}=t_2+\frac{l+u\Delta t}{c}$$

地球接收到这两个脉冲的间隔即周期为

$$\Delta t_{接收}=t_{2接收}-t_{1接收}=t_2-t_1+\frac{u\Delta t}{c}=\left(1+\frac{u}{c}\right)\Delta t$$

将前面的 Δt 代入上式即

$$\Delta t_{接收}=\left(1+\frac{u}{c}\right)\times\frac{5}{3}\Delta t'=(1+0.8)\times\frac{5}{3}\Delta t'=3\Delta t'$$

脉冲星上测得的脉冲周期则为

$$\Delta t'=\frac{\Delta t_{接收}}{3}=\frac{6}{3}=2\ \text{s}$$

3. 时间次序和因果关系

时间次序是指在某个惯性系中有因果关系的两个事件发生的时间先后次序。例如地球上开枪打死鸟这两个事件有因果关系，时间次序上必然是开枪在前鸟死在后；返回式火箭返回的时间不能先于它发射的时间，赛跑运动员冲线时间不能先于他起跑的时间，等等。换一个惯性系来观察有因果关系的两事件的时间次序会不会颠倒过来？可以证明，无论从哪个惯性系来观察，它们的时间次序不会颠倒。

设在 S 系中 $P_1(x_1,\ t_1)$ 与 $P_2(x_2,\ t_2)$ 为有因果关系的两事件，P_1 事件在先，P_2 事件在后，即 $t_2-t_1>0$。对应地，在 S' 系中这两个事件分别记为 $P_1(x_1',\ t_1')$ 与 $P_2(x_2',\ t_2')$。由洛伦兹正变换有

$$t_2'-t_1'=\gamma\left[(t_2-t_1)-\frac{u}{c^2}(x_2-x_1)\right]=\gamma(t_2-t_1)\left(1-\frac{u}{c^2}\cdot\frac{x_2-x_1}{t_2-t_1}\right)$$

由于 P_1 事件引起了 P_2 事件，即 P_1 事件作用于 P_2 事件相当于从前者向后者传递了一个信号，将 $\frac{x_2-x_1}{t_2-t_1}=v$ 称为信号传递的速度。由于物体的速度不能超过光速，即信号速度 v 应小于光速。另外 $t_2-t_1>0$，则由上式得

$$t_2'-t_1'>0$$

由此可见，在 S' 惯性系中 P_1 事件与 P_2 事件的先后次序没有颠倒。

如果两事件没有因果关系，那在不同的惯性系中观测两事件的时间次序有可能颠倒过来。若上述的 P_1 与 P_2 事件无因果关系，即使 $t_2-t_1>0$，$\frac{x_2-x_1}{t_2-t_1}$ 的值也可以大于 c，于是 $\frac{u}{c^2}\cdot\frac{x_2-x_1}{t_2-t_1}$ 的值也可以大于 1，即 $t_2'-t_1'$ 的值可为负值，这说明 S' 系中两事件可颠倒。

请思考：科幻小说、电影、电视中的时空穿越情景有可能实现吗？

6.3.2　空间间隔的相对性

牛顿力学认为空间间隔是绝对性的——从不同的惯性系观测空间中两点之间的距离(或同一个物体的长度)结果相同。而根据狭义相对论的理论，可以得到空间间隔是相对的——从不同的惯性系观测空间中两点之间的距离(或同一个物体的长度)结果有可能不同。

仍然考虑前述的地面与火车这两个惯性系，如图 6.9 所示，将尺子平行于 S'系的 x'轴静止放置，由于尺子静止于 S'系中，在 S'系中测量尺子的长度并不需要同时测量，因为无论何时测量尺子两端的空间坐标都不会变，而要从 S 系中测量尺子的长度，就必须要同时测量尺子两端的空间坐标。在 S 系中观测尺子两端坐标这两个事件记为 $P_1(x_1,\ t_1)$ 与 $P_2(x_2,\ t_2)$，而在 S'系中记为 $P_1(x_1',\ t_1')$ 与 $P_2(x_2',\ t_2')$。由洛伦兹正变换[式(6.1)]可得

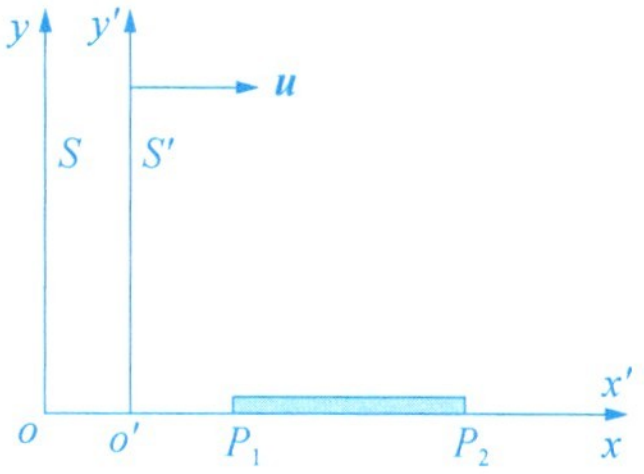

图 6.9　长度的相对性

$$x_2'-x_1'=\gamma[(x_2-x_1)-u(t_2-t_1)]$$

因为 $t_1=t_2$，所以

$$x_2'-x_1'=\gamma(x_2-x_1)$$

上式中 $x_2'-x_1'$是尺子在 S'系中观测到的长度，称为**固有长度或本征长度**，一般用 l_0 来标记，而 x_2-x_1 是尺子在 S 系中观测到的长度，称为**运动长度**，一般用 l 来标记，上式则为

$$l_0=\gamma l \quad 或 \quad l=l_0\sqrt{1-(u/c)^2} \tag{6.5}$$

由于 $\gamma>1$，由上式可见 $l<l_0$，这表明从相对于物体运动的参考系中观测，物体的长度变短了，即物体的长度沿运动方向收缩了，这称为**长度收缩效应**。而在垂直于运动方向上物体的长度不变，并不会出现长度收缩，因为在洛伦兹变换中 $y'=y$，$z'=z$，物体长度垂直于运动方向的分量为$\sqrt{y^2+z^2}=\sqrt{y'^2+z'^2}$。另外，长度收缩效应是相对效应，也就是说从 S 系中观测 S'系中的物体，其运动方向的长度收缩了，而从 S'系中观测 S 系中的物体，其运动方向的长度也收缩了。

还需要说明的是，从 S 系中观测 S'系中物体的长度，运动方向上长度的收缩是测量得到的结果，不能理解为从 S 系中看到了物体长度的收缩，因为看到物体是物体发射的光对人眼(或光学仪器)成像的结果，S'系中物体上不同部位发出的光到达人眼的时刻不同，是不同的事件，不满足测量的同时性要求。测量与成像是不同的概念。

如果 S'系(即物体)相对 S 系低速运动，则式(6.5)变为 $l_0=l$，这又回到了牛顿力学的时空观——空间间隔不变。

如何应用空间间隔的相对性处理跟长度相关的问题，见如下举例。

例 6.9　宇航员在飞船上测得飞船的长度为 5 m，当飞船以 $u=9000$ m/s 的速度相对地

面匀速飞行时，从地面上观测飞船的长度是多少？若飞船的速度 u=0.6c 时，地面上观测飞船的长度又是多少？

解：地面与飞船分别为 S、S' 惯性系，宇航员在飞船上测得飞船的长度是固有长度，由固有长度与运动长度之间的关系，地面上观测飞船的长度为

$$l=l_0\sqrt{1-\left(\frac{u}{c}\right)^2}=5\sqrt{1-\left(\frac{9\times10^3}{3\times10^8}\right)^2}=4.999999998\ \text{m}$$

若 $u=0.6c$，则

$$l=l_0\sqrt{1-(u/c)^2}=5\sqrt{1-(0.6c/c)^2}=4\ \text{m}$$

由此可见，在物体低速运动的情况下长度收缩效应不明显，而当物体高速运动时长度收缩效应就很明显了。

例 6.10 当太阳抛射出来的高能质子还有宇宙射线进入地球时，与外层大气发生碰撞，产生了 μ 子。从相对 μ 子静止的参考系中测得其自发衰变的平均寿命为 2.15×10^{-6} s。若在离地面 6000 m 的高空产生的 μ 子，它相对地面以 0.995c 的速率垂直飞来。问它能否在衰变之前到达地面？

解：以地面与 μ 子分别为 S、S' 系。从地面观测的产生 μ 子的高度为固有长度，而从 μ 子惯性系来观测，它距地面的距离则为

$$l=l_0\sqrt{1-\left(\frac{u}{c}\right)^2}=6000\sqrt{1-\left(\frac{0.995c}{c}\right)^2}=599.2\ \text{m}$$

μ 子看到地面以 0.995c 的速率飞来，因此它到达地面的时间为

$$\Delta t'=\frac{l}{u}=\frac{599.2}{0.995c}=2.01\times10^{-6}\ \text{s}<2.15\times10^{-6}\ \text{s}$$

可见 μ 子在衰变之前能到达地面。

另解：从 μ 子惯性系观测到的 μ 子寿命是固有时间，而从地面惯性系看，μ 子衰变的平均时间(即寿命)则为

$$\Delta t=\gamma\tau=\frac{2.15\times10^{-6}}{\sqrt{1-(0.995c/c)^2}}=2.15\times10^{-5}\ \text{s}$$

则从地面观测到 μ 子衰变前能飞行的距离为

$$L=u\Delta t=0.995\times3\times10^8\times2.15\times10^{-5}=6418\ \text{m}>6000\ \text{m}$$

可见 μ 子在衰变之前能到达地面。

例 6.11 如图 6.10 所示，惯性系 S' 相对惯性系 S 以速率 0.8c 沿 x 轴匀速运动，在 S' 系中静止放置一边长为 1 m 的等边三角形木架 $a'b'c'$。试问：在 S 系中观测它是什么形状？其各边边长是多少？

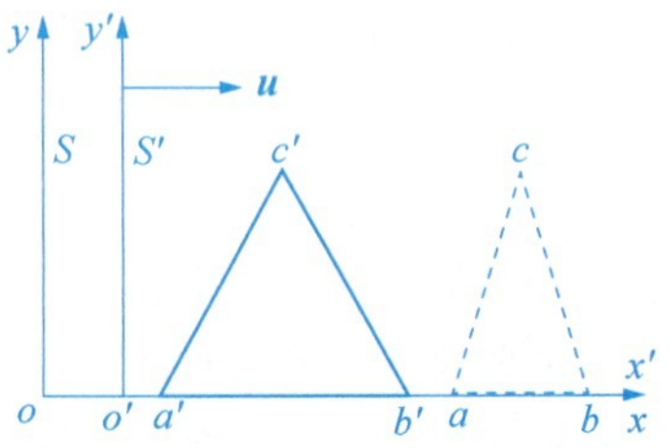

图 6.10 等边三角形木架置于 S' 系

解：从 S 系中观测，$a'b'$ 边会出现长度收缩，而 $a'c'$ 与 $b'c'$ 边可以分解为平行于运动方向与垂直于运动

方向的分量，其垂直分量不会出现长度收缩，但平行分量会收缩，两边的平行分量收缩量相等，因此从 S 系中观测原等边三角形 $a'b'c'$ 变为等腰三角形 abc，如图 6.10 所示。

从 S 系中观测，ab 边的长度为

$$l_{ab}=l_0\sqrt{1-\left(\frac{u}{c}\right)^2}=1\times\sqrt{1-\left(\frac{0.8c}{c}\right)^2}=0.6\ \text{m}$$

ac 边的垂直与平行分量记为 $l_{ac\perp}$、$l_{ac//}$，则 ac 与 bc 边的长度为

$$l_{ac}=l_{bc}=\sqrt{l_{ac\perp}^2+l_{ac//}^2}=\sqrt{(l_0\sin 60°)^2+(l_0\cos 60°)^2\left[1-\left(\frac{u}{c}\right)^2\right]}$$

$$=\sqrt{\frac{3}{4}+\frac{1}{4}\times\left[1-\left(\frac{0.8c}{c}\right)^2\right]}=0.92\ \text{m}$$

至此总结，从洛伦兹变换关系可见，不仅 x' 是 x、t、u 的函数，而且 t' 也是 x、t、u 的函数，反过来 x 与 t 也是 x'、t'、u 的函数，这反映出时间、空间与物质的运动有着密切联系，狭义相对论将时间、空间与物质的运动不可分割地联系起来了，不同的惯性系观测的时间与空间具有相对性，没有绝对的时间、绝对的空间。

由于时间变换跟位置、时间与物质的运动有关，因此在某惯性系同时发生的两个事件在另一个惯性系中观测可能不是同时发生，同一个物理过程的时间间隔在不同惯性系中观测的结果是不同的，两个惯性系中的观测者均发现对方惯性系中的时钟比自己惯性系中的时钟走得慢，于是不同的惯性系不再有统一的时间。另外，从不同惯性系中观测同一物体沿运动方向的长度结果不同，在相对物体运动的惯性系中观测到物体的长度比物体所在惯性系中观测到的长度短。

6.4 狭义相对论动力学

6.4.1 质速关系

在牛顿力学中，物体的质量被认为是绝对量，跟惯性系或物体的运动速率无关。而在狭义相对论中，物体的质量如同时间与空间一样也是相对量，跟惯性系或物体的运动速率有关。下面来推导物体质量与其速率的关系。

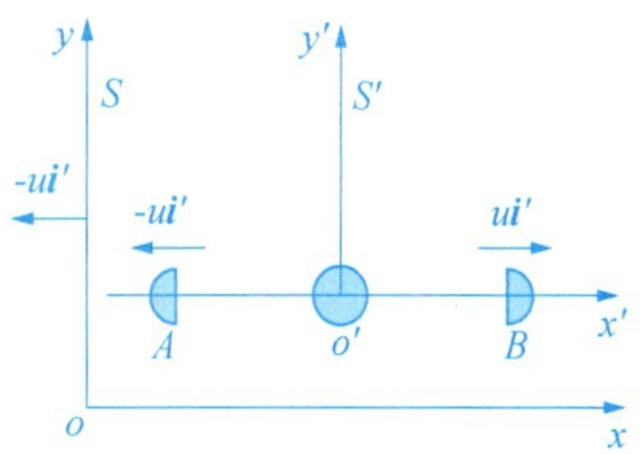

图 6.11　相对论下的碰撞

如图 6.11 所示，惯性系 S' 相对惯性系 S 沿 x 轴正向匀速运动，从这两个惯性系来观测一个粒子的分裂过程。在 S' 系中有一粒子，原来静止于坐标原点 o' 处，某时刻此粒子突然分裂为完全相同的两半 A 与 B，分别沿

x'轴的负方向和正方向运动。从 S'系中观测，根据动量守恒定律，A 与 B 两部分的速率应相等，记作 u。记 $\boldsymbol{i}'$为 x'轴的单位矢量，则 A、B 部分的速度分别为$-u\boldsymbol{i}'$与 $u\boldsymbol{i}'$。

若 S'系相对 S 系运动的速率也是 u，则从 S 系中观测，由洛伦兹速度逆变换，可得 A 的速率为零，B 的速率为

$$v_B=\frac{v_x'+u}{1+\frac{u}{c^2}v_x'}=\frac{2u}{1+u^2/c^2} \tag{6.6}$$

B 的速度方向沿 x 轴正向。记 $\boldsymbol{i}$ 为 x 轴的单位矢量，在 S 系中观测，则粒子分裂前的速度即 o'点的速度为 $u\boldsymbol{i}$，动量为 $Mu\boldsymbol{i}$，M 为粒子分裂前的质量。以 m_A 与 m_B 分别表示 A、B 部分的质量。粒子分裂后，A 与 B 部分的总动量为 $m_Bv_B\boldsymbol{i}$。根据动量守恒，应有

$$Mu=m_Bv_B$$

可以合理地假设在 S 系中粒子分裂前后质量也是守恒的，即 $M=m_A+m_B$，上式可改写成

$$(m_A+m_B)u=\frac{m_B\cdot 2u}{1+u^2/c^2}$$

如果物体的质量与速率无关，则应有 $m_A=m_B$，上式就不成立，动量守恒定律也就不成立。为了使动量守恒定律成立并且保持 $P=mv$ 的形式，就必须认为 m_A、m_B 都是各自速率的函数。由上式可求得

$$m_B=m_A\frac{1+u^2/c^2}{1-u^2/c^2}$$

由于 B 物体的速率不能超过光速，则由式(6.6)解得

$$u=\frac{c^2}{v_B}\left(1-\sqrt{1-\frac{v_B^2}{c^2}}\right)$$

由以上两式得

$$m_B=\frac{m_A}{\sqrt{1-v_B^2/c^2}}$$

从 S 系中观测，A 静止、B 运动，将 m_A 记作 m_0，表示物体的**静止质量**，而将 m_B 记作 m，称之为物体的**运动质量**(或**相对论质量**)。用 v 代替 v_B，表示运动物体的速率，是运动物体相对惯性系 S 的速率，不是 S'系相对 S 系的速率。至此，得到相对论的质量速度关系式，简称**质速关系**，为

$$m=\frac{m_0}{\sqrt{1-v^2/c^2}} \tag{6.7}$$

综上所述，从 S'系来看两个完全相同的物体，到了 S 系中一个静止一个运动，它们的质量就不同了。换句话来说，一个运动物体的质量跟它的速率有关，速率越大质量就越大。由质速关系可以计算，相对地球以第二宇宙速度(11.2 km/s)飞行的火箭，其运动质量 $m\approx 1.0000000007m_0$。原子内电子的速度大约为光速的 1/137，电子的运动质量

$m\approx 1.000027m_0$。被加速到 $0.99c$ 的电子，其运动质量 $m\approx 7.09m_0$。由此可见，当物体的速率 v 远小于光速 c，由质速关系得到 $m\approx m_0$。因此，对于低速运动的物体，其运动质量近似等于静止质量，可认为此时物体的质量跟速率无关，这又回到了牛顿力学的观点。由此再次显示，牛顿力学是相对论力学在低速情况下的近似。

如果将物体加速，使其速率趋于光速，那么它的运动质量将趋于无穷大，而要将物体加速到光速，需要给它提供的能量也将趋于无穷大。因此，静止质量 m_0 不为零的物体不可能被加速到光速，而要使物体的速率到达光速，其静止质量必须为零，例如光子、中微子的静止质量为零，可以到达光速。

6.4.2　动量与动力学基本方程

对于以速度 $\boldsymbol{v}$ 运动的物体，考虑到相对论效应，它的质量由式(6.7)确定，那么物体的动量为

$$\boldsymbol{p}=m\boldsymbol{v}=\frac{m_0\boldsymbol{v}}{\sqrt{1-v^2/c^2}} \tag{6.8}$$

当物体受力为 $\boldsymbol{F}$，物体的运动遵循牛顿第二定律，考虑到相对论效应，此时的动力学方程为

$$\boldsymbol{F}=\frac{\mathrm{d}\boldsymbol{p}}{\mathrm{d}t}=\frac{\mathrm{d}(m\boldsymbol{v})}{\mathrm{d}t}=m\frac{\mathrm{d}\boldsymbol{v}}{\mathrm{d}t}+\boldsymbol{v}\frac{\mathrm{d}m}{\mathrm{d}t} \tag{6.9}$$

由于运动质量是物体速率的函数，因此动力学方程不能以经典的牛顿第二定律 $\boldsymbol{F}=m\boldsymbol{a}$ 的形式出现，但能以 $\boldsymbol{F}=\mathrm{d}\boldsymbol{p}/\mathrm{d}t$ 的形式出现。而当 $v<<c$ 时，如前所述，$m\approx m_0$ 近似为常量，此时动力学方程又回到经典的牛顿第二定律的形式，为

$$\boldsymbol{F}=m_0\frac{\mathrm{d}\boldsymbol{v}}{\mathrm{d}t}\quad \text{或}\quad \boldsymbol{F}=m_0\boldsymbol{a}$$

6.4.3　质能关系

考虑静止质量为 m_0 的质点，初始静止。它在外力 $\boldsymbol{F}$ 的作用下，t 时刻获得速度为 $\boldsymbol{u}$，设质点随后经过 $\mathrm{d}t$ 时间发生的位移为 $\mathrm{d}\boldsymbol{r}(=\boldsymbol{u}\mathrm{d}t)$，由动能定理，则质点动能增量等于外力所做的功，即

$$\mathrm{d}E_k=\boldsymbol{F}\cdot\mathrm{d}\boldsymbol{r}=\boldsymbol{F}\cdot\boldsymbol{u}\mathrm{d}t$$

见式(6.9)，用 $\boldsymbol{F}=\dfrac{\mathrm{d}(m\boldsymbol{u})}{\mathrm{d}t}$代入上式得

$$\mathrm{d}E_k=\mathrm{d}(m\boldsymbol{u})\cdot\boldsymbol{u}=(\mathrm{d}m)\boldsymbol{u}\cdot\boldsymbol{u}+m(\mathrm{d}\boldsymbol{u})\cdot\boldsymbol{u}=u^2\mathrm{d}m+mu\mathrm{d}u \tag{6.10}$$

其中 $\mathrm{d}\boldsymbol{u}\cdot\boldsymbol{u}=u\mathrm{d}u$（证明请参考第 2 章保守力部分 $\boldsymbol{r}\cdot\mathrm{d}\boldsymbol{r}=r\cdot\mathrm{d}r$）。此时质速关系 $m=\dfrac{m_0}{\sqrt{1-u^2/c^2}}$，对它取微分得

$$\mathrm{d}m=\frac{m_0u\mathrm{d}u}{c^2\ (1-u^2/c^2)^{3/2}}$$

解出

$$\mathrm{d}u=\frac{c^2\ (1-u^2/c^2)^{3/2}\mathrm{d}m}{m_0u}$$

将 m、$\mathrm{d}u$ 的关系式代入式(6.10)，可得

$$\mathrm{d}E_k=c^2\mathrm{d}m$$

当 $u=0$ 时，$m=m_0$，动能 $E_k=0$。对上式积分 $\int_0^{E_k}\mathrm{d}E_k=\int_{m_0}^{m}c^2\mathrm{d}m$ 得到

$$E_k=mc^2-m_0c^2=m_0c^2\left(\frac{1}{\sqrt{1-u^2/c^2}}-1\right)$$

这就是相对论动能的表达式，其中 $E_0=m_0c^2$ 被称为物体的**静止能量**(简称**静能**)。当 $u<<c$ 时，$\left(1-\frac{u^2}{c^2}\right)^{-1/2}\approx1+\frac{1}{2}\frac{u^2}{c^2}$，则上式化简可得 $E_k=\frac{1}{2}m_0u^2$，于是相对论的动能又回归到牛顿力学的动能。

由上式可见，物体的静止能量加上动能即为物体的总能量，即运动质量为 m 的物体的总能量为

$$E=mc^2$$

上式即为爱因斯坦的**质能关系**。质能关系将质量与能量紧密地联系起来，由于 c 是常量，因此一定量的质量就对应一定量的能量。对于一个孤立系统，系统在变化的过程中的质量守恒，能量也守恒，这两个守恒分别称为质量守恒定律与能量守恒定律。前者发现于18世纪中叶，这里的质量是指物体的静止质量，而后者发现于19世纪40年代。爱因斯坦的质能关系将该系统的质量守恒与能量守恒统一起来——由于质量与能量的对应，以质量或以能量来度量，一个孤立系统中的总质量守恒或总能量守恒。例如一个正电子与一个负电子(静止质量均为 9.11×10^{-31} kg)相遇发生湮没，会产生两个0.511 MeV的光子，这两个电子的静止质量对应1.022 MeV的光子能量。

当系统的质量在某过程中发生了变化(Δm)，由质能关系式，那么必然同时伴随着能量的变化(ΔE)，因此质能关系式也可以表示为

$$\Delta E=\Delta mc^2$$

质能关系在大量的高能物理与核物理实验中得到证实，它具有重要的意义，为人类利用核能提供了理论基础。例如在核裂变和核聚变反应中，反应前后系统的静止质量有减小(Δm 称为**质量亏损**)，系统将释放出巨大的能量。

例 6.12 已知一个氘核($^2_1$H)和一个氚核($^3_1$H)可聚变成一氦核($^4_2$He)，并产生一个中子($^1_0$n)，其核聚变反应式为$^2_1\mathrm{H}+^3_1\mathrm{H}\rightarrow^4_2\mathrm{He}+^1_0\mathrm{n}$。已知氘核、氚核、氦核与中子的静止质量分别为 $2.014u$、$3.016u$、$4.003u$、$1.009u$。求1 mol氘与1 mol氚聚变放出的能量。($1u=1.661\times10^{-27}$ kg)

解：一个氘核和一个氚核聚变为一个氦核释放的能量为

$$\Delta E_1=\Delta m\cdot c^2=(2.014+3.016-4.003-1.009)\times1.661\times0^{-27}\times(3.00\times10^8)^2$$
$$=2.691\times0^{-12}\text{ J}$$

则 1 mol 氘与 1 mol 氚聚变放出的能量为

$$\Delta E=\Delta E_1\cdot N=2.691\times10^{-12}\times6.022\times10^{23}=1.621\times10^{12}\text{ J}$$

该能量约相当于 55 吨标准煤的燃烧热量。

6.4.3　动量和能量的关系

对于以速度 $\boldsymbol{u}$ 运动的物体，考虑到相对论效应，见式(6.8)，它的动量 $\boldsymbol{p}=m\boldsymbol{u}$，这里的 m 是物体的运动质量，见式(6.7)，而物体的总能量 $E=mc^2$，静止能量 $E_0=m_0c^2$，所以

$$E^2=m^2c^4=m^2c^4-m^2u^2c^2+m^2u^2c^2$$
$$=m^2c^4\left(1-\frac{u^2}{c^2}\right)+p^2c^2=m_0^2c^4+p^2c^2$$

即

$$E^2=E_0^2+p^2c^2 \tag{6.11}$$

由此可见，E、E_0 与 pc 三者数量之间的关系即为直角三角形三边长之间的关系。

对于光子，其静止质量等于零，而光子的能量 $E=h\nu$，则光子的运动质量为

$$m=\frac{E}{c^2}=\frac{h\nu}{c^2}=\frac{h}{\lambda c}$$

由式(6.11)，光子的动量为

$$p=\frac{E}{c}=\frac{h\nu}{c}=\frac{h}{\lambda}$$

正是因为光子有运动质量与动量，当大量光子照射到物体表面，由于光子与物体的碰撞，就会对物体表面施加作用力。光对被照射物体单位面积上所施加的压力称为光压，也称为辐射压强。因此，科学家试图在宇宙飞船上安装太阳帆，利用光照射太阳帆产生光压来推动宇宙飞船加速，进行星际航行。

例 6.13　用一个功率 $P=5.0$ kW 的激光器对钢板打孔，激光器可发射截面积 $A=1.0\text{ mm}^2$ 的激光束。求：(1) 当激光束垂直照射到钢板表面，对钢板产生的光压最大值是多少？(2) 如果照射到地球的太阳光被地球完全吸收，太阳光对地球的光压力是多少？已知垂直于太阳光线方向，单位时间太阳辐射到地球轨道处单位面积上的辐射能 $P=1.37\times10^3\text{ W/m}^2$，地球半径 $R=6.37\times10^6$ m。

解：(1) 当垂直入射到物体表面的光被完全反射，此时光子动量的变化量最大，为

$$\Delta p=p-(-p)=\frac{2h}{\lambda}$$

此时钢板表面受到的光压力最大。设单位时间内垂直照射到钢板表面的光子数为 n，则钢板所受光压力 F 由动量定理有

$$F\cdot1=(n\cdot1)\cdot\Delta p$$

得
$$F=n\cdot\Delta p=n\frac{2h}{\lambda}=\frac{2nh\nu}{c}$$
由于激光功率为单位时间激光器发射光子的能量，即
$$P=\frac{E}{\Delta t}=nh\nu$$
则
$$F=\frac{2P}{c}$$
得最大光压为
$$p_{\max}=\frac{2P}{cA}=\frac{2\times5.0\times10^3}{3\times10^8\times1.0\times10^{-6}}=33.33\ \text{Pa}$$

(2)当垂直入射到物体表面的光被完全吸收，此时光子动量的变化量最小，为
$$\Delta p=p-0=\frac{h}{\lambda}$$

由于太阳辐射中含有各种频率的光子，设单位时间垂直照射到物体表面单位面积上频率为 ν_i 的光子数为 N_i，则太阳的辐射能即太阳光的辐射功率 P 为
$$P=\sum_i N_i h\nu_i$$
单位时间内垂直照射到物体表面单位面积的光子数 $N=\sum_i N_i$，则物体表面所受最小光压 $p_{\min}$ 由动量定理有
$$p_{\min}=\sum_i N_i\cdot\Delta p_i=\sum_i N_i\cdot\frac{h}{\lambda_i}=\sum_i\frac{N_i h\nu_i}{c}=\frac{P}{c}$$
垂直于光束地球的有效接受光照面积为 πR^2，得地球所受光压力 F 为
$$F=p_{\min}\cdot\pi R^2=\pi R^2\frac{P}{c}=\frac{3.14\times(6.37\times10^6)^2\times1.37\times10^3}{3\times10^8}=5.82\times10^8\ \text{N}$$

习　题

6.1　光速不变原理指的是(　　)。

A. 在任何媒质中光速都相同　　B. 任何物体的速度不能超过光速

C. 任何参考系中光速不变　　D. 一切惯性系中，真空中光速为一相同值

6.2　根据狭义相对论的时空观，以下说法正确的是(　　)。

A. 在某惯性系中两事件同时发生，在其他惯性系中也是同时发生

B. 在某惯性系中两事件同地发生，在其他惯性系中也是同地发生

C. 在某惯性系中两事件同时不同地发生，在其他惯性系中也是同时不同地发生

D. 在某惯性系中两事件同地不同时发生，在其他惯性系中既不同地也不同时发生

6.3　在某地发生了两事件，静止位于该地的甲观测者测得时间间隔为 4 s，相对于甲做匀速直线运动的乙观测者测得时间间隔为 5 s，则乙相对于甲的运动速度是(　　)。

A. 0.5c　　B. 0.6c　　C. 0.8c　　D. 0.9c

6.4 宇航员要到离地球 5 光年的星球去度假，如果他希望路程缩短为 4 光年，则他乘的火箭相对于地球的速度应是(　　)。(c 表示真空中光速)

A. 0.5c　　B. 0.6c　　C. 0.8c　　D. 0.9c

6.5 如题 6.5 图所示，有一直尺固定在 S' 系中，它与 ox' 轴的夹角 $\theta'=45°$，如果 S' 系以速度 u 沿 ox' 方向相对于 S 系运动，S 系中的观测者测得该尺与 ox 轴的夹角(　　)。

A. 大于 45°

B. 小于 45°

C. 等于 45°

D. 当 S' 系沿 ox 正方向运动时大于 45°，而当 S' 系沿 ox 负方向运动时小于 45°。

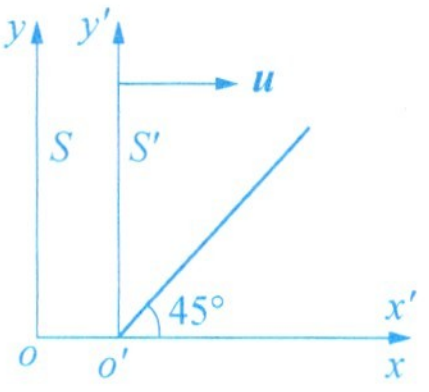

题 6.5 图

6.6 一个光子以速度 c 运动，一艘飞船以 0.8c 的速度紧随光子运动，飞船上的宇航员观察到光子的速度大小为________。

6.7 π^+ 介子是不稳定的微观粒子，在它自己的参考系中测得平均寿命是 2.6×10^{-8} s，如果它相对实验室以 0.8c 的速度运动，那么实验室参考系中测得 π^+ 介子的寿命是________ s。

6.8 设想某飞船以 0.8c 的速度在地球上空飞行，如果某时刻从飞船上沿速度方向抛出一个物体，物体相对飞船的速度为 0.9c。从地面上看，物体的速度为________。

6.9 相对地面静止的微观粒子质量是 m_0，当粒子相对地面以 0.96c 速度运动起来，地面上的观测者测得该粒子的质量 $m=$________ m_0。

6.10 电子相对实验室以 0.99c 的速率运动，在经典力学中它的动能是________ J，在相对论中它的总能量是________ J。(电子的静止质量 $m_0=9.11\times10^{-31}$ kg)

6.11 惯性系 S' 相对惯性系 S 沿 x 轴做匀速直线运动，取两坐标原点重合时刻作为计时起点。在 S 系中测得两事件的时空坐标分别为 $x_1=5\times10^4$ m，$t_1=2\times10^{-4}$ s，以及 $x_2=1.2\times10^5$ m，$t_2=1\times10^{-4}$ s。已知在 S' 系中测得该两事件同时发生。求：(1) S' 系相对 S 系的速度；(2) S' 系中测得的两事件的空间间隔。

6.12 两个电子沿相反方向飞离一个放射性样品，每个电子相对于样品的速度大小为 0.8c，求两个电子的相对速度。

6.13 如题 6.13 图所示，一根长为 1 m 的细棒静止在惯性系 S 中，平行于 x 轴放置。求：(1) 当细棒沿 x 轴方向以 0.6c 的速度运动起来，在惯性系 S 中观测到细棒的长度；(2) 当细棒沿 y 轴方向以 0.6c 的速度运动起来，在惯性系 S 中观测到细棒的长度；(3) 当细棒沿 x 轴与 y 轴的角平分线方向以 0.6c 的速度运动起来，在惯性系 S 中观测到细棒的长度。

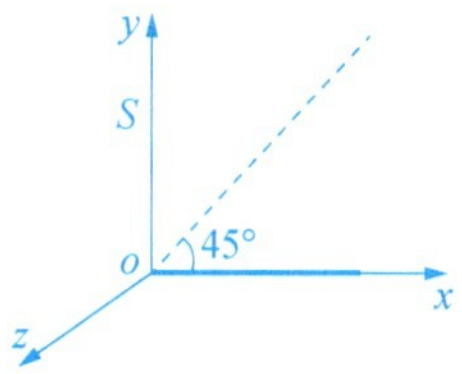

题 6.13 图

6.14 将两根尺子静止放置于地面的直线轨道上，两者的长度方向平行于轨道，从地面观测两者的长度均为 l_0。若它们以相同的速率 u 反向高速运动起来，求从一根尺上观测另一根尺子的长度。

6.15 两个宇宙飞船 o 与 o' 均在匀速运动，两者以 $0.6c$ 的相对速度互相接近。如果飞船 o 中的观测者某时刻测得两者之间的距离是 9×10^8 m，那么飞船 o' 中的观测者测得两者相遇需要多长时间？

6.16 某物体相对地面从静止开始运动，当速率达到某一值时其质量增加了 10%。求与此物体的静止长度比较，此时它在运动方向上缩短了百分之几？

6.17 由于相对论效应，如果带电粒子的能量增加，它在磁场中的回旋周期将随能量的增大而增大。试计算动能为 10^4 MeV 的质子在磁感应强度为 1 T 的磁场中的回旋周期。

6.18 已知太阳发出的能量是由质子参与一系列热核反应产生的，核反应的总结果相当于 4 个质子（${}_1^1\mathrm{H}$）聚合成一个氦核（${}_2^4\mathrm{He}$）加 2 个正电子（${}_1^0\mathrm{e}$），核反应方程为：${}_1^1\mathrm{H}+{}_1^1\mathrm{H}+{}_1^1\mathrm{H}+{}_1^1\mathrm{H}\rightarrow{}_2^4\mathrm{He}+2{}_1^0\mathrm{e}$。已知质子、氦核与正电子的静止质量分别为 $m_p=1.6726\times10^{-27}$ kg，$m_{He}=6.6425\times10^{-27}$ kg，$m_e=0.0009\times10^{-27}$ kg。求：(1) 该核反应释放的能量；(2) 消耗 1 kg 质子释放的能量；(3) 目前太阳辐射的总功率 $P=3.9\times10^{26}$ W，它一秒消耗质子的质量；(4) 目前太阳约有 $m=1.5\times10^{30}$ kg 的质子，若太阳以目前消耗质子的速率继续反应，消耗完这些质子所用的时间。

热学基础

四季变换、寒暑交替是人类对冷热最直接的感受。由于热可以直接感受到，人类也很早就从观察中学会了对热现象的利用。李冰父子修建都江堰的时代，就能够利用向加热的岩石泼冷水让岩石爆裂，来开凿山体。然而，对热现象进行科学研究，标志性的事件是十七世纪时伽利略、波义耳发明了气体温度计。随后，随着温度计制造技术的成熟，蒸汽机的发明。十七世纪末学者对热现象进行了系统性的研究，通过大量的实验和观测，一些重要的规律相继被发现。1662 至 1802 年波义耳、查理、盖-吕萨克相继发现了气体的体积、压力跟温度之间的关系。17 世纪末蒸汽机的发明极大地促进了人们对热力学系统的研究。1714 年华伦海特建立了华氏温标，1742 年摄尔修斯建立了摄氏温标。1824 年卡诺提出卡诺循环，发表了卡诺定律。焦耳自 1843 年起通过实验证实了热是能量的另一种形式，并测量出了热能与功两种单位的换算比值，能量守恒定律即热力学第一定律呼之欲出，最终克劳修斯用数学形式表达出热力学第一定律。焦耳还发现气体迅速膨胀温度会下降的现象，由此促使了制冷系统的诞生。对第一定律有贡献的还有卡诺、梅耶与开尔文等人。1850 年开尔文及克劳修斯相继提出了热力学第二定律的两种表述。1854 年克劳修斯首次引入熵的概念，并于 1865 年发表了熵增加原理。能斯特在 1906 年提出的热力学第三定律，指出物体的温度无法通过有限次降温达到绝对零度。在 1850 前后，焦耳与克劳修斯还将热功相当原理跟微粒说结合起来，促使了气体分子运动论的建立。同时期，玻尔兹曼结合热力学与分子动力学的理论，发展了统计热力学。20 世纪初吉布斯提出了系统的统计力学理论。如今，热力学、统计物理学跟量子力学结合，形成了量子统计力学。

热力学是研究能量、能量转换以及能量利用的科学，它涉及工程、物理与化学诸多方面，很多工程学科都是由热力学所衍生或与其有密切关系，例如传热学、流体力学、材料科学等。热力学应用范围广泛，主要包括燃烧系统、内(外)燃机、涡轮机、压缩机、制冷系统、能源替代系统、生命支援系统等。

热学基础由气体动理论基础与热力学基础两部分组成。

第7章 气体动理论基础

物理学所研究的对象多种多样，在牛顿力学中研究了质点与质点系、刚体与刚体系的运动规律，运用这些规律来处理质点系中的质点个数、刚体系中的刚体个数有限，当随着个数的增多，获得的结果就越来越不准确。在这一章中，将处理数量巨大的微观粒子组成的热力学系统，要研究这类系统的运动规律，就需要从系统中的微观个体出发，对单个粒子应用力学规律，对大量粒子应用统计平均的方法，从而获得微观量的统计平均值(也就是系统的宏观量)，以此来研究热力学系统热运动的规律，这种方法在热学中称为**微观法**。由此方法可以揭示出压强、温度等宏观量的微观本质。

学习目标：学习本章需要了解热力学系统的平衡态、状态参量、温度和温标、理想气体的模型、玻耳兹曼分布律；需要理解热力学第零定律、压强、温度等的微观本质、平均自由程等概念；主要掌握理想气体的状态方程、理想气体的压强与温度公式、能量按自由度的均分定理、理想气体的内能、麦克斯韦分子速率分布律及其应用，能够运用这些规律理解或解决理想气体系统的热运动问题。

素质目标：通过本章的学习，以我国科学家钱学森、葛正权为例，了解我国科学家在气体动理论、空气动力学等领域的发展状况与优势所在。

7.1 理想气体与状态方程

7.1.1 平衡态

1. 热力学系统

热力学研究的对象是**热力学系统**，简称**系统**。热力学系统是指由大量微观粒子(原子、分子等)组成的宏观物体。热力学系统可以是气体、液体或固体，小到半导体中的PN结，日常所见内燃机气缸中的气体，甚至大到宇宙天体，它们都包含大量的原子、分子，均可以视为热力学系统。后面所涉及的热力学系统主要针对气体系统。

对于气体系统，由标准状态下1 mol气体占据22.4 L的体积估算，即使是1 μm^3的体积，包含的分子个数约2.7×10^7。分子的直径又很小(在10^{-10} m量级)，而分子运动的速率很快(标准状态下约$10^2\sim10^3$ m/s)。可以想象，这么多分子在1 μm^3的区域中快速运动，相互之间的频繁碰撞使得它们的运动杂乱无章、瞬息万变。这种大量分子无规则的运动称为**热运动**。实际上热运动是可以间接观察到的，例如布朗运动与扩散现象，就反映出水分子等的杂乱无章的热运动。

对于一个热力学系统，它有外部环境(称为**外界**)。如果系统与外界既无能量交换又无物质交换，这种系统称为**孤立系统**。如果系统与外界只有能量交换而无物质交换，这种系统称为**封闭系统**。如果系统与外界既有能量交换又有物质交换，这种系统称为**开放系统**。例如，在一个容器中装入热水，拧紧瓶盖，容器与瓶盖都是用保温性能理想的材料制成，那么容器中的热水就是孤立系统，因为它跟外界既无能量又无物质交换。然而现实中并没有理想的保温材料，实际上热水通过容器会跟外界有能量交换，因此该热水实际是一个封闭系统。如果将瓶盖打开，那么此时的热水就是开放系统。

2. 平衡态

将一杯热水与一杯冷水放入一个绝热容器中封闭起来，容器中的水就是一个孤立系统。由于容器中的冷热水之间会交换能量，可以想象，无论冷热水最初的状态如何，只要经过足够长的时间，冷热水这个热力学系统就会达到一种状态，它们的宏观性质不随时间改变。概括而言，一个不受外界影响的系统(孤立系统)，不论系统初始状态如何，经过足够长的时间后，系统的宏观性质必将达到一个不随时间改变的稳定状态，此状态即为**平衡态**。因此要判断一个热力学系统是否处于平衡态有两个条件：一是看它是不是一个孤立系统，二是看它的宏观性质是否随时间变化。如果两个条件都满足，那么该系统即是**平衡态系统**；若不满足这两个条件其中之一，则该系统就是**非平衡态系统**。因此系统也可以分为两类——平衡态系统与非平衡态系统。后面研究的系统主要针对平衡态系统。

需要注意的是：①平衡态是一种热动平衡，处于平衡态的大量分子仍在做热运动，而且因为频繁碰撞，每个分子的速度变化迅速，但是系统的宏观量不随时间改变。例如，图7.1所示是一个绝热容器，在容器中任取一个体积单元ΔV，由于气体分子的热运动，不断地有分子进出该体积单元，当气体达到平衡时，则单位时间进出该体积单元的分子数相同，也就是单位体积中的分子数(称为**数密度**)不变。②平衡态是一种理想状态，实际上不存在纯粹的孤立系统。

图7.1　动态平衡态

另外，处于平衡态时系统的宏观量仍会发生对平衡数值的微小偏离，这种现象称为涨落。如果体积单元ΔV很微小，包含的分子数少，那么涨落就很大。如果体积单元ΔV很小，但包含的分子数很大，那么涨落就极小，在宏观观测时就可以忽略涨落的影响。后面所说的体积微元 dV(或某个很小的区间)尽管很小，但仍然包含了大量的分子。

3. 状态参量

要描述一个热力学系统中微观粒子本身的特征以及运动特征有很多的物理量，这些特征量不容易直接测量，称之为**微观量**，例如分子的质量 m、直径 d、速率 v、能量 E 等。

用来表征系统中大量微观粒子集体特征的量称为**宏观量**。宏观量可以直接测量，例如气体的压强 p、体积 V、温度 T 等。这些宏观量称为**状态参量**。描述一个热力学系统的状态参量有很多，体积是描述系统的几何参量，压强是描述系统的力学参量，温度是描述系统的热学参量，摩尔质量是描述系统的化学参量，极化强度与磁化强度是描述系统的电磁参量等。这些状态参量彼此之间又有关联性，其中的有些量可以用其他的参量来表示，于是从这些参量中选取相互独立的一些参量就可以描述系统的宏观性质，选取出的一组宏观量也称为状态参量，正如线性代数中的独立变量。例如对于一个平衡态的系统，它的压强、体积、温度、摩尔质量有关联性，其中的一个量可以用其他的 3 个量来表示，因此只需要 3 个参量就可以描述这个系统的 4 个宏观性质了。

微观量与宏观量有一定的内在联系，气体动理论的任务之一就是要描述气体宏观量的微观本质，建立起宏观量与微观量统计平均值之间的关系。

7.1.2 温度

1. 热力学第零定律

将两个热力学系统放入一个绝热容器中，那么它们之间就会相互影响，交换能量，这称为**热接触**。当两系统的宏观性质不随时间变化时就达到热平衡。如图 7.2 所示，绝热容器中两个系统 A 与 B 分别与第三个系统 C 达到热平衡，那么 A 与 B 两个系统彼此也处于热平衡，这称为**热力学第零定律**。

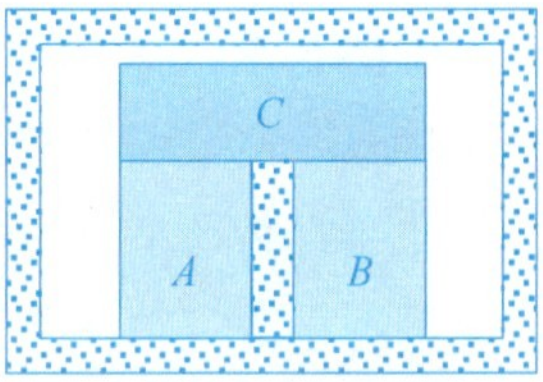

图 7.2 动态平衡态

热力学第零定律给出了温度的概念，并指出了比较和测量温度的方法。该定律反映出：处在同一热平衡状态的所有的热力学系统都具有一个共同的宏观性质，这一性质是由这些互为热平衡系统的状态所决定的一个数值相等的状态参量，该状态参量即是**温度**，因此温度相等是系统达到热平衡的必要条件。要测量物体的温度就须将物体与测温仪表热接触，达到热平衡，从而获得物体的温度。

2. 温标

要测量长度与时间，就需要先建立一个测量长度与时间的标准——一米的长度、一秒的时间如何规定。同样，测量温度也要建立一个测量标准，这个标准称为**温标**。建立温标的步骤：首先要选定合适的测温物质和测温属性，常用的测温物质如酒精、水银、金属等，它们的体积、压强或电阻等测温属性随温度单调且显著地变化；然后选择温度的定标点，也就是选定两个特定的温度值；最后规定分度法，即确定两个特定温度值之间温度间隔的方法。于是，通过测量测温物质的体积等属性随温度的变化量即可测量温度。

历史上建立的温标有很多，至今还在广泛使用的温标有摄氏温标、理想气体温标与热力学温标等。**摄氏温标**由摄尔修斯于 1742 年建立。该温标以水银或酒精为测温物质，以它们的体积随温度的变化为测温属性，规定在标准大气压下纯水冰点温度为 0，沸点温度为 100，将水银的体积在这两个温度之间的变化量等分成 100 份，于是制成了温度计。实际上是将水银封装在一个毛细管中，由水银柱的长度变化来显示不同的温度。

摄氏温标的温度被称为摄氏温度，用符号“t”来表示，单位是摄氏度，表示符号为“℃”。

摄氏温标利用水银或酒精等作为测温物质，在同样的温度范围，这些物质的体积不一定随温度严格地呈线性的变化，也就是说用水银等制成的温度计是否准确依赖于测温物质。波义耳发现，对于一定量的各种气体，当温度不高压强不大时，如果温度不变，其压强与体积的乘积是一个常量，即

$$pV=C$$

盖-吕萨克发现，对于一定量的气体，当温度不高压强不大时，如果压强不变，其体积随温度线性变化，可表示为

$$V=V_0(1+\alpha_V t)$$

上式中的 V_0 是 0℃时气体的体积，α_V 是气体的体积膨胀系数。查理发现，对于一定量的气体，当温度不高压强不大时，在体积不变的情况下，其压强随温度线性变化，即

$$P=P_0(1+\alpha_p t)$$

上式中的 P_0 是 0℃时气体的压强，α_p 是气体的压强系数。如果气体均满足这三个实验规律，那么该气体称为理想气体。温度与压强越低的实际气体遵循上述的规律越准确，温度不高压强不大的实际气体都可以近似视为理想气体。

对于理想气体的体积膨胀系数 α_V 的测量，最初的测量值是 100/26666，随后的测量值越来越准确，至今最为准确的测量值为 1/273.15。于是盖-吕萨克定律可改写为

$$V=V_0\frac{273.15+t}{273.15}$$

令 $t+273.15=T$，由此引入新温度 T(对应一个新温标)，上式即变为

$$T=\frac{273.15}{V_0}V$$

由上式可见，各种理想气体的体积与温度的线性关系变为正比例关系。图 7.3 显示出两种温度下的体积与温度的关系图。对于压强系数 α_p 的测量，也得到了类似的结果。

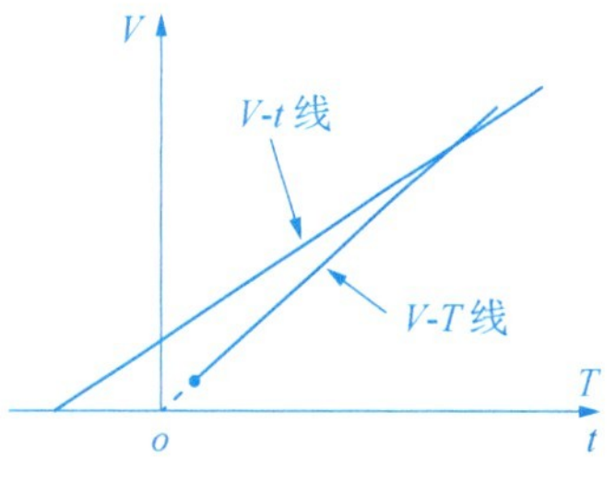

图 7.3　体积随温度的变化关系

引入的新温度 T，它的单位是开，表示符号为“K”。当 $T=0$ K 时，对应的摄氏温度为-273.15℃，该温度称为绝对零度，由开尔文引入。由于物体的体积不可能为

零，因此物体的温度 T 可以接近绝对零度，但不能达到该温度，这称为**热力学第三定律**。本章后面的内容会学到，物质的温度取决于它的原子、分子的平均动能。而绝对零度的定义是任何分子没有运动，但根据量子力学的结论，即使处于绝对零度的原子、分子也有最低振动动能(称为零点能)，因此绝对零度是不可能达到的。

至此，以理想气体为测温物质，以它的体积或压强为测温属性，以理想气体的绝对零度 $T_0=0$ K 与水的三相点温度 $T_3=273.16$ K 为两个定标点(水的三相点温度由国际计量大会于 1954 规定)，建立了一个新温标——**理想气体温标**。理想气体温标是利用稀薄的理想气体建立的温标，各种稀薄的理想气体的 α_V 与 α_p 都趋向同一个值 1/273.15，因此理想气体温标用各种理想气体作测温物质都行，不依赖于测温物质。

开尔文于 1848 年利用热力学第二定律的推论卡诺定理(见下一章，$\frac{T_2}{T_1}=\frac{Q_2}{Q_1}$)引入了**热力学温标**。它是一个纯理论上的温标，与测温物质的属性无关。该温标对应的温度称为热力学温度，也用 T 表示，单位为开，表示符号为“K”。热力学温标通过理想气体温标来实现温度的测量。

热力学温度(K)和摄氏度(℃)，是国际单位制中温度仅有的两种法定计量单位，而热力学温标是最基本的温标，温度的测量最终应以热力学温度为准。摄氏温度与热力学温度的数量关系为

$$T=t+273.15$$

在热力学温标中，水的三相点温度为 273.16 K。由于水的三相点的摄氏温度为 0.01℃，高出冰点温度(即摄氏 0℃)约为 0.01℃，因此摄氏 0℃对应的热力学温度为 273.15 K。

7.1.3 理想气体状态方程

如上所述，如果气体满足三个实验规律(波意耳定律、盖-吕萨克定律、查理定律)，那么该气体即为理想气体。在理想气体温标与热力学温标体系下，对于一定量的理想气体，三定律的数学表达式分别为

$$pV=C_1,\quad \frac{V}{T}=C_2,\quad \frac{P}{T}=C_3$$

将以上三式相乘后开方得

$$\frac{pV}{T}=\sqrt{C_1C_2C_3}$$

由于测量的气体是一定量的气体，因此常量 $\sqrt{C_1C_2C_3}$ 与气体的质量或摩尔数有关，于是将 $\sqrt{C_1C_2C_3}$ 用摩尔数 ν 乘以常量 R 来替换，最终得到

$$pV=\nu RT=\frac{m}{M_{\mathrm{mol}}}RT$$

上式中 $\nu=m/M_{\mathrm{mol}}$，其中 m 与 M_{mol} 分别是气体的质量与摩尔质量，R 称为普适气体常量(或摩尔气体常数)。上式描述了处于平衡态的理想气体系统，各状态参量之间的关系，称为**理想气体状态方程**，由法国科学家克拉珀龙于 1834 年提出。

考虑标准状态下 1 mol 的理想气体，其压强 $p_0=1.013\times10^5$ Pa，温度 $T_0=273.15$ K，体积 $V_0=22.4\times10^{-3}$ m^3，可得普适气体常量的值为

$$R=\frac{p_0V_0}{\nu T_0}=8.31\ \mathrm{J/(mol\cdot K)}$$

将 R 除以阿伏伽德罗常数 $N_A=6.022\times10^{23}/\mathrm{mol}$，引入另外一个热力学常数——玻耳兹曼常数 k，即

$$k=\frac{R}{N_A}=1.38\times10^{-23}\ \mathrm{J/K}$$

于是理想气体状态方程可变化为

$$p=\frac{\nu RT}{V}=\frac{\nu N_A kT}{V}=\frac{NkT}{V}=nkT$$

上式中 $N=\nu N_A$ 是气体分子的总数，而 $n=N/V$ 是单位体积中分子的个数，称为**分子的数密度**。上式是理想气体状态方程的另一种形式。

理想气体的状态方程适用于理想气体，对于实际气体，则需要对状态方程进行修正。

如何应用理想气体状态方程处理问题，举例如下。

例 7.1　要在管中获得低压环境，如图 7.4 所示，将长金属管下端封闭，上端开口，置于压强为 p_0 的大气中，然后在封闭端加热到高温 $T_1=1000$ K，另一端保持在室温 $T_2=300$ K，随后封闭开口端即可。设封闭前管中温度沿管长方向均匀变化，求封闭开口端后，待管子冷却至室温时管内的压强。

解：设管长为 l，截面为 S。见图 7.4，以开口端为坐标原点，建立 ox 坐标系。由于封闭前温度沿管长方向均匀变化，则管中温度分布函数为

$$T(x)=T_1-\frac{T_1-T_2}{l}x=1000-\frac{700}{l}x$$

管子开口时管内压强为 p_0。在距封闭端 x 处取长为 dx 的一截管子，其中气体分子的摩尔数设为 dν，由理想气体状态方程有

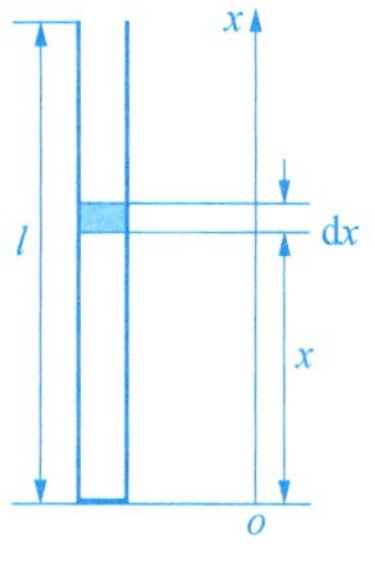

图 7.4　金属管

$$\mathrm{d}\nu=\frac{p_0\cdot S\mathrm{d}x}{RT(x)}=\frac{p_0S\mathrm{d}x}{R(1000-700x/l)}$$

管中总摩尔数则为

① 范德瓦耳斯气体方程是比较著名的实际气体的状态方程，$\left(p+\frac{a}{V^2}\right)(V-b)=RT$，其中 a 是考虑分子间作用力而做的修正，b 是考虑真实气体分子总占据一定体积而做的修正。

$$\nu=\int_0^l \mathrm{d}\nu=\frac{p_0 S}{R}\int_0^l \frac{\mathrm{d}x}{(1000-700x/l)}$$

得

$$\nu=-\frac{p_0 Sl}{700R}\ln\frac{1000-700}{1000}=\frac{p_0 V}{700R}\ln\frac{10}{3}$$

上式中 $V=Sl$ 为管子的体积。设管口封闭后并使管子冷却到 300 K 时管中压强为 p。因管口封闭前后管中气体分子的摩尔数相等，有

$$\nu=\frac{pV}{RT_2}=\frac{pV}{300R}=\frac{p_0 V}{700R}\ln\frac{10}{3}$$

得

$$p=\frac{3p_0}{7}\ln\frac{10}{3}=0.52p_0$$

例 7.2 在温度为 274 K，压强为 1.0×10^3 Pa 的条件下，测得气体的密度 $\rho=1.23\times10^{-5}$ g/cm^3，试判断该气体是何种气体？

解： 变化理想气体状态方程 $pV=\frac{m}{M_{mol}}RT$ 为

$$p=\frac{m}{V}\frac{RT}{M_{mol}}=\rho\frac{RT}{M_{mol}}$$

则气体摩尔质量为

$$M_{mol}=\frac{\rho}{p}RT=\frac{1.23\times10^{-5}\times10^3}{1.0\times10^3}\times8.31\times274=0.028\ \text{kg}$$

由于氮气与一氧化碳的摩尔质量均为 28 g，可知该气体是氮气或一氧化碳。

7.2 理想气体的压强与温度

7.2.1 理想气体的压强

人在大风天气撑伞，会感受到风对伞面施加的压力，这种压力实际上来自空气分子定向运动跟伞面碰撞产生的持续冲击力。一个容器装有气体，想象其中有一个平面，该面一侧的气体分子会持续跟该面发生碰撞，从而持续对该面施加冲击力，该面单位面积单位时间受到的平均冲击力就是压强，这就是气体中压强的微观本质。那么能否应用牛顿定律获得每个碰撞分子产生的平均冲力，从而得到压强呢？由于气体中分子数目巨大，分子之间的碰撞太频繁，所以难以获得。然而用统计的方法能够获得微观量(分子的速度 $\boldsymbol{v}$、质量 m 等)的统计平均值与宏观量(压强 p)之间关系，这就是气体动理论的研究方法。1857 年克劳修斯首先导出了气体压强公式。

1. 理想气体的分子模型

在获得理想气体的压强之前，先对理想气体分子及其运动建立简化模型，并做出合理的统计假设。尽管各种气体分子有结构有大小，但由于分子很小(直径在 10^{-10} m 量级)，且远小于分子之间的平均距离($\sim10^{-7}$ m)，因此可将各种气体分子视为质点。

回顾第 2 章中保守力与势能的内容，由于分子是由正负电荷构成的，因此两个分子之间有相互作用力。见图 2.41，当两个分子之间的距离小于 r_0 时两者之间为排斥力，当距离大于 r_0 则为吸引力。理论与实验表明，两个分子之间的距离小于 10^{-9} m 时，两者之间的吸引力不可忽略，大于 10^{-9} m 时则可以忽略。由于 10^{-9} m 远小于分子之间的平均距离($\sim10^{-7}$ m)，因此对分子的运动可以简化：除碰撞之外，分子之间的作用力可忽略不计，分子做匀速直线运动；分子之间的碰撞是完全弹性碰撞。理想气体的分子模型：气体分子视为质点。

2. 合理的统计假设

一个容器中的理想气体处于平衡态。不考虑重力影响，那么分子均匀分布在容器中，各处分子的数密度相等。如图 7.5 所示，在容器中建立直角坐标系，每个分子的速度均可以分解为三个分量，图中显示出分子 i 的速度 $\boldsymbol{v}_i=v_{ix}\boldsymbol{i}+v_{iy}\boldsymbol{j}+v_{iz}\boldsymbol{k}$。现在将容器中所有分子按它的 v_y 值进行分类，由于气体处于平衡态，可以得到这样的结论：$v_y>0$ 的分子个数与 $v_y<0$ 的分子个数相等。如若不等，系统就不是平衡态。继续对容器中的分子按 v_y 值进行细致的分类，见图 7.5，图中 v_y 的单位为 m/s，将 ov_y 轴等分成一个一个宽度很小的区间，图中宽度是 1 m/s。统计 v_y 值取正负的对应区间中的分子数。这里以 $100<v_y<101$ 区间与 $-101<v_y<-100$ 区间为例，系统要维持平衡态，那么前者中的分子个数 N_{100} 与后者中的分子个数 N_{-100} 也应该相等。这两个区间很窄，前者中所有分子的 v_y 可取值为 100.5 m/s，后者中所有分子的 v_y 可取值为 −100.5 m/s，于是这两个区间中所有分子的 v_y 值之和为零，即 $\sum v_{iy}=0$。类似的分析，可以得到 $101<v_y<102$ 区间与 $-102<v_y<-101$ 区间中分子个数相等，两个区间中所有分子的 v_y 值之和也为零……对此列表如表 7.1 所示。至此可知，容器中所有分子的 y 分速度之和为零，即 $\sum v_{iy}=0$，也就是所有分子的 v_y 平均值为零，即 $\overline{v_y}=0$。在 x 轴与 z 轴方向进行类似的分析可得，容器中所有分子的 x 与 z 分速度的平均值也为零，即有

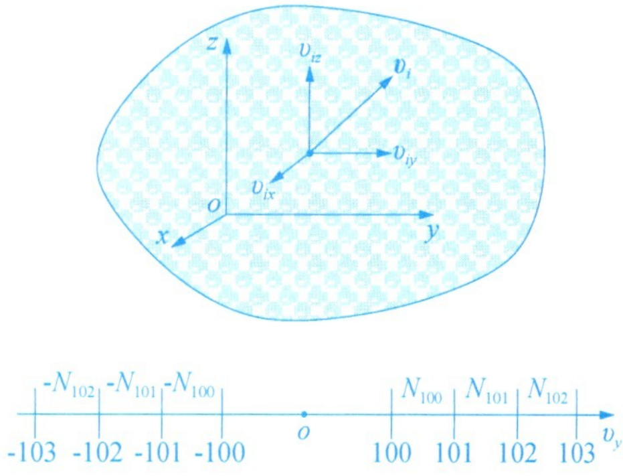

图 7.5　分子个数按速度的分布

$$\overline{v_x}=\overline{v_y}=\overline{v_z}=0$$

表 7.1 小区间中的分子数与 y 分速度之和

两对应小区间中分子数的关系	$\sum v_{iy}$
⋮	0
$N_{100}=N_{-100}$	0
$N_{101}=N_{-101}$	0
$N_{102}=N_{-102}$	0
⋮	0

可见所有分子的平均速度为零，即 $\bar{\boldsymbol{v}}=0$。这是可以理解的，在容器中任取一个很小的体积单元(里面包含大量的分子)，前面已经分析过，如图 7.1 所示，尽管不断有分子进出该体积单元，由于气体处于平衡态，里面的分子个数维持不变，这就等效于里面的分子静止不动，因此气体分子的平均速度为零。

尽管所有分子的平均速度为零，但所有分子的速度的平方值或速率的平方值不为零。第 i 个分子的速度为 $\boldsymbol{v}_i=v_{ix}\boldsymbol{i}+v_{iy}\boldsymbol{j}+v_{iz}\boldsymbol{k}$，则

$$(\boldsymbol{v}_i)^2=(v_{ix}\boldsymbol{i}+v_{iy}\boldsymbol{j}+v_{iz}\boldsymbol{k})^2$$

即

$$v_i^2=v_{ix}^2+v_{iy}^2+v_{iz}^2$$

将容器中所有分子的速度的平方值相加并除以容器中分子的总数 N，得

$$\frac{\sum v_i^2}{N}=\frac{\sum v_{ix}^2}{N}+\frac{\sum v_{iy}^2}{N}+\frac{\sum v_{iz}^2}{N}$$

上式中的四项分别是气体分子速度平方的平均值，三个分速度平方的平均值，即有

$$\overline{v^2}=\overline{v_x^2}+\overline{v_y^2}+\overline{v_z^2}$$

同样由于气体处于平衡态，三个分速度平方的平均值应该相等，即

$$\overline{v_x^2}=\overline{v_y^2}=\overline{v_z^2} \tag{7.1}$$

由以上两式可得

$$\overline{v_x^2}=\overline{v_y^2}=\overline{v_z^2}=\frac{1}{3}\overline{v^2} \tag{7.2}$$

3. 理想气体的压强公式

有了理想气体分子的模型化与合理的统计假设，下面按微观法的思想来推导理想气体的压强公式。考察一个边长为 l_1、l_2、l_3 的长方体容器，容器的体积 $V=l_1l_2l_3$，如图 7.6(a)所示，里面含有分子总数为 N 的某种理想气体，分子的质量为 m。气体处于平衡态，那么容器中各处以及器壁上的压强相等。这里选 A_1 面，求得该面承受的压强，即得到理想气体的压强。

追踪气体中第 i 个分子的运动，其速度为 $\boldsymbol{v}_i=v_{ix}\boldsymbol{i}+v_{iy}\boldsymbol{j}+v_{iz}\boldsymbol{k}$。如图 7.6(b)所示，分子 i 与器壁 A_1 发生完全弹性碰撞，故该分子碰撞前后速度大小不变，即 $v_i=v_i'$，而在 x 轴方向

上的分速度由 v_{ix} 变为 $-v_{ix}$，其他方向的分速度不变，所以分子 i 的动量增量为 $\Delta p_{ix}=-2mv_{ix}$。分子动量的改变是因为器壁给它施加了冲击力($\boldsymbol{f}_i'$)，反过来，分子也会给器壁施加冲击力($\boldsymbol{f}_i$)。假设分子 i 跟器壁一次碰撞作用的时间为 δt，由第 2 章中平均冲力的知识，可以得到一次碰撞分子给器壁施加平均冲力的大小为

$$\bar{f}_i=\bar{f}_i'=\frac{2mv_{ix}}{\delta t}$$

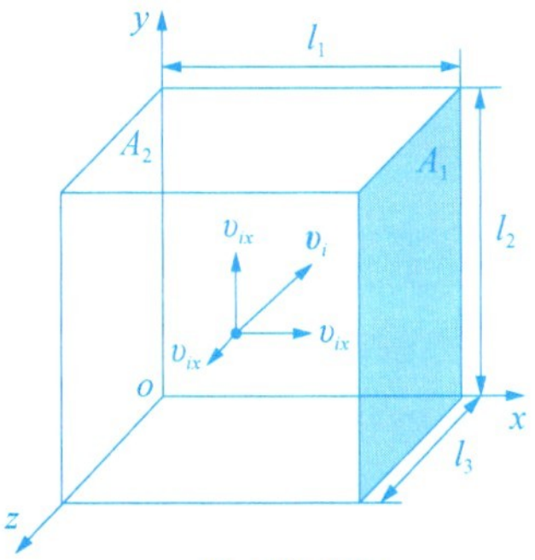

(a)长方体容器

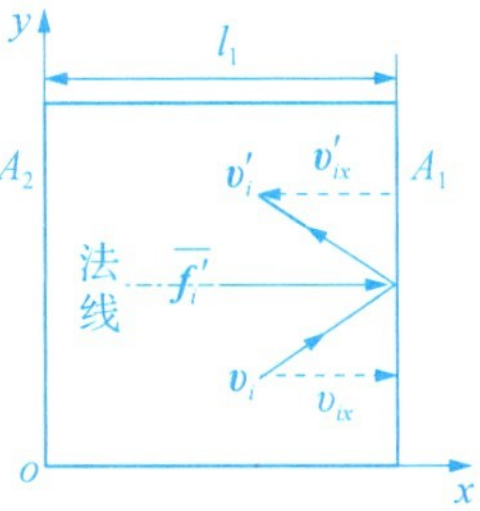

(b)分子i与器壁的碰撞

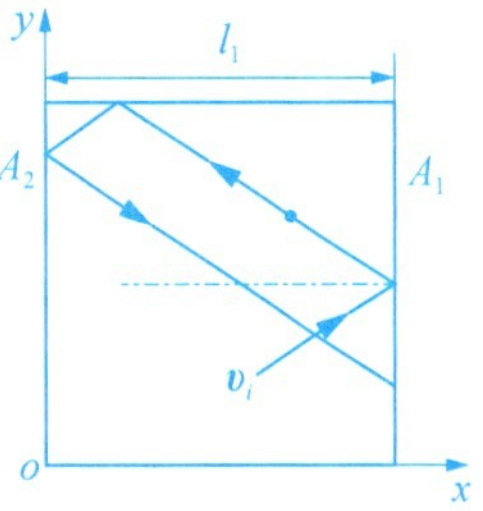

(c)分子i与器壁相继碰撞

图 7.6　容器中分子的运动与器壁的碰撞

如图 7.6(c)所示，分子 i 与器壁 A_1 面相继发生两次碰撞期间，在 x 轴方向行进的距离是 $2l_1$，行进的速率是 v_{ix}，故分子 i 与器壁 A_1 面相继发生两次碰撞的时间间隔为

$$\Delta t=\frac{2l_1}{v_{ix}}$$

单位时间内分子 i 与器壁 A_1 面发生碰撞的次数(或碰撞频率)则为

$$Z=\frac{1}{\Delta t}=\frac{v_{ix}}{2l_1}$$

图 7.7 显示出单位时间内分子 i 与器壁 A_1 面发生碰撞的次数、每次碰撞的持续时间与平均冲力，则单位时间内分子 i 给 A_1 面施加的平均冲力($\overline{F_i}$)为

$$\overline{F_i}=\frac{\bar{f}_i\cdot\delta t\cdot Z}{1}=\frac{2mv_{ix}}{\delta t}\cdot\delta t\cdot\frac{v_{ix}}{2l_1}=\frac{mv_{ix}^2}{l_1}$$

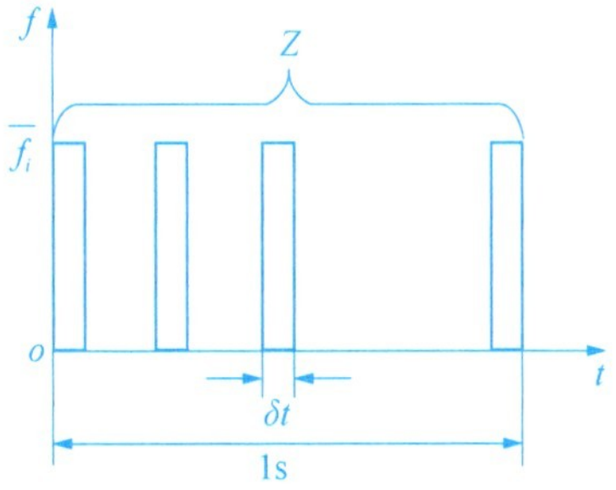

图 7.7　分子 1 s 给器壁的平均冲力

单位时间内与器壁 A_1 面发生碰撞的分子，都会给 A_1 面施加平均冲力，将这些平均冲力 $\overline{F_i}$ 相加，即得到单位时间内 A_1 面受到的总平均冲力($\bar{F}$)，为

$$\bar{F}=\sum_{i=1}^{N}\overline{F_i}=\sum_{i=1}^{N}\frac{mv_{ix}^2}{l_1}$$

由压强定义，可得 A_1 面受到的压强为

$$p = \frac{\overline{F}}{S} = \frac{1}{l_2 l_3}\sum_{i=1}^{N}\frac{mv_{ix}^2}{l_1} = \frac{m}{l_1 l_2 l_3}\sum_{i=1}^{N} v_{ix}^2 = m\frac{N}{V}\sum_{i=1}^{N}\frac{v_{ix}^2}{N}$$

上式中$\frac{N}{V}=n$为气体分子的数密度，而$\sum_{i=1}^{N}\frac{v_{ix}^2}{N}=\overline{v_{ix}^2}$是所有分子的$x$轴分速度平方的平均值，即

$$p = mn\,\overline{v_{ix}^2}$$

由式(7.2)，上式的压强还可表示为

$$p = \frac{1}{3}nm\,\overline{v^2}$$

令$\overline{\varepsilon}_t=\frac{1}{2}m\,\overline{v^2}$，它表示容器中所有分子的平动动能的平均值(称为**平均平动动能**)，压强还可表示为

$$p = \frac{2}{3}n\,\overline{\varepsilon}_t \tag{7.3}$$

上式即为**理想气体的压强公式**。

能够推导出这样的压强公式是很合理的，因为气体分子的平均速率越大，分子跟器壁单位时间碰撞的次数就越多，给器壁施加的平均冲力就越大，而分子的质量越大，每次碰撞给器壁施加的平均冲力也越大。也就是说，分子的平均平动动能$\overline{\varepsilon}_t$越大，单位时间给器壁产生的平均冲力就越大。另外，容器中分子的数密度n越大，单位时间内跟器壁碰撞的分子数多，产生的平均冲力也就大。这些因素越大从而导致压强越大。这里还要强调的是，宏观量压强的推导是追踪单个分子跟器壁的碰撞，随后考虑大量分子对器壁作用的统计平均值，只考虑个别或少量分子的压强是无意义的。

理解了大量微观粒子持续跟一个面碰撞，对该面施加持续的压力从而产生压强的这种思想，我们就可以很容易地理解辐射压强(见第6章的相对论)，也可以理解简并压强。金属原子对最外层电子的约束力很小，最外层电子可以成为自由电子在金属原子晶格间运动，这些电子就像气体分子(称为电子气)，这些电子运动到金属表面处，会跟表面“碰撞”，从而对金属表面施加压力形成压强，这就是简并压强。

请思考：如图7.6(c)所示，分子i在前进的路径上没有遇到其他分子，而实际上分子之间碰撞频繁，为何忽略了分子i与其他分子的碰撞?

7.2.2 温度的统计解释

由压强公式[式(7.2)]与理想气体状态方程$p=nkT$，可以得到**温度公式**，即

$$\overline{\varepsilon}_t = \frac{3}{2}kT$$

由温度公式可见，温度的高低由气体分子的平均平动动能决定，平均平动动能确定了，系统的温度就确定了。气体分子的平均平动动能大，意味着分子的平均速率大，平均

来看分子在系统中运动就快，分子之间的碰撞频率也大。平均平动动能大，也意味着分子之间碰撞的相互作用力大，分子的速度变化也就大。分子的平均速率大、碰撞频率大与速度变化大，这就表明气体分子杂乱无章热运动的剧烈程度大。因此，气体分子的平均平动动能(也就是温度)反应出分子无规则热运动的剧烈程度。温度是大量分子无规则热运动剧烈程度的表现与量度，对单个分子讨论它的温度没有意义。

还要说明的是，以上得到的压强公式与温度公式，是针对处于平衡态的理想气体而言。系统处于平衡态，系统内各处的压强相等、温度相同，也就是说系统具有统一的压强、统一的温度。如果理想气体系统处于非平衡态，那么系统内部各处的压强、温度并不相同，系统没有统一的压强与温度。

7.2.3　混合理想气体的压强

前面针对的气体都是种类单一的理想气体，如果理想气体由多种气体混合而成，前面的结论又会如何？道耳顿发现，密闭容器中混合气体对器壁所产生的压强，等于在同样的温度与体积条件下，组成混合气体的各成分单独存在时产生的分压强之和，这称为**道耳顿分压定律**。若一个容器中的混合气体由多种气体组成，其中第 i 种气体的分子数密度为 n_i，由于多种气体混合在一起，达到平衡时有共同的温度 T，因此各种气体的平均平动动能相同，即

$$\bar{\varepsilon}_{ti}=\frac{3}{2}kT$$

上式中 $\bar{\varepsilon}_{ti}$ 为第 i 种气体的平均平动动能。容器中第 i 种气体单独存在时的压强则为

$$p_i=\frac{2}{3}n_i\bar{\varepsilon}_{ti}=n_ikT$$

由于容器中的压强是各种气体分子共同碰撞的结果，将各种气体单独存在时的压强相加，即可得到混合理想气体的压强，即

$$p=\sum p_i=\sum n_ikT=\left(\sum n_i\right)kT=nkT$$

上式中 $\sum n_i=n$ 是混合气体的分子数密度。上式就是**混合理想气体的状态方程**。由上可见，混合理想气体的状态方程形式不变，n 仍然是单位体积中分子的个数。

温度公式的应用举例如下。

例 7.3　(1)在一个有活塞的容器中储有一定量的理想气体，压强为 p_0。如果压缩气体并对它加热，使它的温度从 27℃升到 177℃，体积减小一半，求：(1)气体压强的变化量；(2)这时气体分子的平均平动动能的变化量。

解：(1)气体压缩前后的状态参量分别记为(p_0，V_0，T_0)、(p，V，T)，由题知

$$V_0=2V,\quad T_0=273.15+27=300.15\ \text{K},\quad T=273.15+177=450.15\ \text{K}$$

由理想气体状态方程可得

$$\frac{p_0V_0}{T_0}=\frac{pV}{T}$$

即
$$p=\frac{V_0T}{VT_0}p_0=\frac{2\times450.15}{300.15}p_0=3.00p_0$$

得
$$\Delta p=p-p_0=2.00p_0$$

(2)由温度公式得

$$\Delta\bar{\varepsilon}_t=\bar{\varepsilon}_t-\bar{\varepsilon}_{t0}=\frac{3}{2}k(T-T_0)$$

$$=\frac{3}{2}\times1.38\times10^{-23}\times(450.15-300.15)=3.11\times10^{-21}\ \text{J}$$

例 7.4 某容器储有 0.28 kg 的氮气，已知氮气分子的平动动能总和为 4.25×10^4 J，求：(1)氮气分子的平均平动动能；(2)氮气的温度。

解：(1)0.28 kg 的氮气的分子个数为

$$N=\frac{m}{M_{\text{mol}}}N_A=\frac{0.28}{28\times10^{-3}}N_A=10N_A$$

已知氮气分子的总平动动能，则分子的平均平动动能为

$$\bar{\varepsilon}_t=\frac{E_t}{N}=\frac{4.25\times10^4}{10\times6.02\times10^{23}}=7.06\times10^{-21}\ \text{J}$$

(2)由温度公式 $\bar{\varepsilon}_t=\frac{3}{2}kT$，得

$$T=\frac{2\bar{\varepsilon}_t}{3k}=\frac{2\times7.06\times10^{-21}}{3\times1.38\times10^{-23}}=341.1\ \text{K}$$

7.3 理想气体的内能

对于一个热力学系统，它含有大量的分子(或原子)，每个分子都在运动有动能，而分子内部的原子之间、分子之间有相互作用的势能，将所有分子的动能与分子之间的势能相加，得到的总能量即为系统的内能。在获得理想气体系统内能之前，先来了解一下自由度的概念。

7.3.1 自由度

所谓自由度，就是确定一个物体的空间位置所需要的独立坐标数目。自由度一般用“i”表示，$i=t+r+s$，其中 t 表示平动自由度，r 表示转动自由度，s 表示振动自由度。

对于单原子分子，如 He、Ne、Ar 等惰性气体分子，可视为单个质点。由于质点无大小，质点在空间中运动无需考虑它的转动，只考虑平动。要确定它平动的位置，在直角坐标系中需要 3 个坐标(x，y，z)，因此单原子分子的平动自由度为 3，故总自由度 $i=t=3$。

对于刚性双原子分子，如 H_2、O_2、CO 等气体分子，其结构可视为两个质点由刚性轻杆连接的哑铃，两原子之间无相对运动。先确定其中一个原子在空间中平动，需要 3 个坐标(x, y, z)，$t=3$。分子还有转动，无论怎么转动，只要确定了分子化学键(连杆)的方位角，就确定了分子在空间中的位置。回顾第 1 章中关于位矢的方位角(α, β, γ)，其中只有 2 个独立变量，也即是说只要 2 个方位角就可以确定化学键的方位。因此，刚性双原子分子的转动自由度 $r=2$，总自由度 $i=t+r=5$。若双原子分子为非刚性分子，两原子之间有相对振动，与刚性分子比较，还需要一个确定两原子相对位置的坐标，即振动自由度 $t=1$，因此总自由度 $i=t+r+s=6$。当温度比较高时，双原子气体分子的振动就比较显著，这时的双原子分子就是非刚性的。温度不高时，原子间的振动不显著可忽略，这时的双原子分子就是刚性的。

对于刚性多原子分子，如 H_2O、CH_4 等分子，可视为刚体。确定刚体质心在空间中的位置，需要 3 个坐标(x, y, z)，$t=3$。确定刚体转动的转轴在空间中的方位角，需要 2 个方位角，另外刚体绕轴转动还需要一个转动角位置。因此，刚性多原子分子的转动自由度 $r=3$，总自由度 $i=t+r=6$。若是线型刚性多原子分子，如 CO_2、C_2H_2 等分子，由于多个原子成直线排列，类似于刚性双原子分子，总自由度 $i=t+r=5$。若是非刚性多原子分子(n 个原子构成)，自由度最多为 $i=3n$，其中平动自由度 $t=3$，转动自由度 $r=3$，振动自由度 $s=3n-6$。

分子的力学自由度为 $i=t+r+s$，而热学自由度为 $i=t+r+2s$(这里的振动自由度为何加倍，见后面的解释)。表 7.2 显示出不同种类的理想气体分子的自由度。

表 7.2　理想气体分子自由度的理论值

自由度	单原子分子	双原子分子		多原子分子(n 为原子个数，$n>2$)			
		刚性	非刚性	刚性		非刚性	
				非线性分子	线性分子	非线性分子	线性分子
平动自由度 t	3	3	3	3	3	3	3
转动自由度 r	0	2	2	3	2	3	2
振动自由度 s	0	0	1	0	0	$3n-6$	$3n-5$
力学自由度 $i=t+r+s$	3	5	6	6	5	$3n$	$3n$
热学自由度 $i=t+r+2s$	3	5	7	6	5	$6n-6$	$6n-5$

7.3.2　能量均分定理

对于一个处于平衡态的理想气体系统，其中分子 i 的平动动能为

$$\varepsilon_{it}=\frac{1}{2}mv_{ix}^2+\frac{1}{2}mv_{iy}^2+\frac{1}{2}mv_{iz}^2$$

将所有分子的平动动能相加，再除以分子的总数，即得到系统中分子的平均平动动能，为

$$\bar{\varepsilon}_t=\frac{\sum\varepsilon_{it}}{N}=\frac{1}{2}m\frac{\sum v_{ix}^2}{N}+\frac{1}{2}m\frac{\sum v_{iy}^2}{N}+\frac{1}{2}m\frac{\sum v_{iz}^2}{N}$$

$$=\frac{1}{2}m\overline{v_x^2}+\frac{1}{2}m\overline{v_y^2}+\frac{1}{2}m\overline{v_z^2}=\frac{3}{2}kT$$

上式用到了温度公式。见式(7.1)有$\overline{v_x^2}=\overline{v_y^2}=\overline{v_z^2}$，由此可得

$$\frac{1}{2}m\overline{v_x^2}=\frac{1}{2}m\overline{v_y^2}=\frac{1}{2}m\overline{v_z^2}=\frac{1}{2}kT$$

由上可见，气体分子在空间中运动，它的平动动能有3个分量，那么系统中所有分子的平均平动动能也有3个分量，而且这3个分量完全相等，均为$kT/2$。出现这种结果可以这么理解：气体系统处于平衡态时，由于分子间的频繁碰撞，彼此之间快速交换能量、改变方向，如果分子只作平动，那么分子在各方向上平动的机会均等，没有哪个方向上的平动占优势，因此分子在每个方向上的平动动能相等。从自由度的角度来看，就是每个平动自由度均分$kT/2$的能量。

对于多原子分子系统，如果分子出现转动，其中的原子转动有线速度，原子的动能与平动动能形式一样，均为$mv^2/2$，即转动动能与平动动能无本质区别。同样由于分子间的频繁碰撞，彼此之间快速交换转动动能、改变转动方向，结果分子在各方向上的平均转动动能也相等。而且转动动能与平动动能也在分子间快速交换，于是每个转动自由度也应该均分$kT/2$的能量。

对于多原子分子系统，如果分子中的原子出现振动，振动与平动的本质是一样的。类似的考虑，那么分子还有平均振动动能，每个振动自由度也应该均分$kT/2$的能量。对于原子间的振动，可以将它们看成为一个弹簧振子系统，如图7.8所示，由于原子间的振动伴随着弹性势能，而振动动能与弹性势能是相互转化的，故两者具有相同的平均值。这就意味着一旦出现一个振动自由度，振动自由度上分配的平均能量就要加倍。如果保持一个自由度分配的能量不变为$kT/2$，那么出现一个振动自由度，该振动自由度就要加倍。因此，热力学系统的自由度为$i=t+r+2s$，如表7.2所示。

图7.8　原子间的弹性振动

处于平衡态的气体系统，分子的任何一种运动形式都应该机会均等，没有哪一种运动形式比其他运动形式占优势。**气体处于平衡态时，分子的任何一个自由度的平均动能都相等，均为$kT/2$，这就是能量按自由度均分定理**。需要强调的是，对于每一振动自由度，还有$kT/2$的平均势能，振动自由度要加倍。

应用能量按自由度均分定理，气体处于平衡态时，分子的平均能量(指平均平动动能、平均转动动能与平均振动动能之和，也称为**平均动能**)为

$$\bar{\varepsilon}=\frac{i}{2}kT\tag{7.4}$$

上式是对气体系统中大量分子进行统计平均得到的结果，对单个分子不成立，因为单个分

子的动能随着分子间碰撞的进行不断地在改变。

应用上式，可以得到处于平衡态的各种气体分子的平均能量，例如室温氮气系统，此时氮气分子是刚性的，其平均能量为 $5kT/2$。如果是温度很高的氮气系统，此时氮气分子是非刚性的，其平均能量为 $7kT/2$。

7.3.3　理想气体的内能

如前所述，一个热力学系统的内能是系统中所有分子的动能与分子之间的势能之和。对于理想气体，前面在推导压强公式时做了简化，理想气体分子之间的平均距离远大于分子间有相互作用力的距离，因此分子间相互作用力可以忽略不计，理想气体分子间的相互作用势能也就忽略不计。对此，理想气体的内能可以认为仅是所有分子热运动的动能之和。处于平衡态的理想气体，分子的平均能量见式(7.4)，那么 N 个理想气体分子组成的系统的内能为

$$E=N\,\bar{\varepsilon}=N\,\frac{i}{2}kT$$

对于 1 mol 理想气体的内能为

$$E_{\mathrm{mol}}=N_A\left(\frac{i}{2}kT\right)=\frac{i}{2}RT$$

对于 ν mol 的理想气体的内能

$$E=\nu\,\frac{i}{2}RT=\frac{m}{M_{\mathrm{mol}}}\frac{i}{2}RT$$

由上式可知，对给定的理想气体而言，其内能仅与温度有关，内能是温度的单值函数。所以当温度改变 ΔT 时，系统内能的改变量为

$$\Delta E=\nu\,\frac{i}{2}R\Delta T=\frac{m}{M_{\mathrm{mol}}}\frac{i}{2}R\Delta T$$

上式表明：一定量的理想气体在状态变化的过程中，内能的改变只取决于始态和末态的温度，与具体过程无关。内能是状态量，或说内能是状态的函数。

由理想气体状态方程 $pV=\nu RT$，ν mol 的理想气体的内能还可以表示为 $E=\frac{i}{2}pV$，内能的增量可表示为 $\Delta E=\frac{i}{2}(p_2V_2-p_1V_1)$，这并不能说明内能是压强 p 或体积 V 的状态函数，而应该是 pV 也就是温度 T 的状态函数。

另外，要意识到，对于实际气体系统的内能是要考虑势能的，此时的内能不仅跟温度有关，还跟分子间的距离(以至气体的体积)有关。

能量按自由度的均分定理的相关应用举例如下。

例 7.5　某绝热容器被中间的绝热隔板分成体积相等的两半，一半装有 2 mol 氦气，另一半装有 1 mol 氧气，两者均为理想气体，它们的压强相等均为 p，体积均为 V。现去掉隔板使两种气体混合，求达到平衡后混合气体的温度与压强。

解：设混合前氦、氧气体的温度分别为 T_1、T_2。氦、氧分子的自由度分别为 3/2、5/2，由气体内能公式，得氦、氧气体的内能分别为

$$E_{He}=2\times\frac{3}{2}RT_1=\frac{3}{2}pV,\ E_{O_2}=1\times\frac{5}{2}RT_2=\frac{5}{2}pV$$

混合前气体的内能即为

$$E=E_{He}+E_{O_2}=\frac{3}{2}pV+\frac{5}{2}pV=4pV$$

设混合后气体的温度、压强分别为 T、p。混合后气体的内能则为

$$E=2\times\frac{3}{2}RT+1\times\frac{5}{2}RT=\frac{11}{2}RT$$

混合前后内能不变，即有

$$\frac{11}{2}RT=4pV$$

得
$$T=\frac{8pV}{11R}$$

压强为

$$p=nkT=\frac{3N_A}{2V}k\frac{8pV}{11R}=\frac{12}{11}p$$

例 7.6 某卡车以 20 m/s 的速度运动，车上载有储气瓶，某气瓶储有 10 kg 二氧化碳气体。今卡车紧急刹车，气瓶随之停止运动，据估计二氧化碳 80%的机械能转变为气体分子热运动的动能。试求气瓶停止运动时二氧化碳气体的内能与温度的增量。

解：二氧化碳分子除了做热运动的动能外，还有随气瓶做定向运动的动能，气瓶停止运动的过程中，二氧化碳分子跟气瓶碰撞，将定向运动的动能转变为气体系统的内能，由此得到系统内能的增量为

$$\Delta E=0.8\times\frac{1}{2}mv^2=0.4\times10\times20^2=1600\ \text{J}$$

由内能公式 $E=\frac{m}{M_{\text{mol}}}\frac{i}{2}RT$，得气体内能的增量为

$$\Delta E=\frac{m}{M_{\text{mol}}}\frac{i}{2}R\Delta T=1600\ \text{J}$$

二氧化碳分子的自由度为 5，摩尔质量为 44 g，则温度的增量为

$$\Delta T=3200\frac{M_{\text{mol}}}{miR}=3200\times\frac{44\times10^{-3}}{10\times5\times8.31}=0.34\ \text{K}$$

这里需要说明一下，无论一个容器是否运动，其中气体的温度由分子的平均平动动能决定，而不是气体的内能，当然两者之间还是有关联性的。内能是气体分子的总能量。容器不动时气体的内能包含分子的平动动能、转动动能与振动动能，容器运动时内能包含平动动能、转动动能、振动动能，还有定向运动的动能。如果是实际气体还要加上分子之间的势能。

7.4 麦克斯韦分子速率分布规律

前面通过理论推导得到压强公式 $p=\frac{1}{3}nm\overline{v^2}$，该理论是否正确？必须接受实验的检验。压强公式中的分子质量 m、数密度 n 可以通过化学方法获得，如果通过实验能够得到气体分子的 $\overline{v^2}$ 值，就可以由压强公式得到压强值，然后跟实际测量的压强进行比较，从而判断理论是否正确。

7.4.1 气体分子的速率分布函数

对于含有 N 个分子的气体系统，还是要用到统计的方法来获得 $\overline{v^2}$ 值。N 个分子的速率有大有小，最小为零，最大假定无穷大(实际上不可能有速率无穷大的分子，这里假定无穷大是要涵盖所有速率的分子)。如图 7.9 所示，将速率数轴以很小的区间 Δv 等分，假定分子的速率落在各区间中的分子数分别为 ΔN_1，ΔN_2，…，ΔN_i，…。由于每个速率区间宽度很小，各区间中分子的速率近似相等，各区间中分子的速率可近似为 v_1，v_2，…，v_i，…。于是可以得到 $\overline{v^2}$ 的近似值，为

$$\overline{v^2}\approx\frac{\Delta N_1 v_1^2+\Delta N_2 v_2^2+\cdots+\Delta N_i v_i^2+\cdots}{N}=\frac{\Delta N_1}{N}v_1^2+\frac{\Delta N_2}{N}v_2^2+\cdots+\frac{\Delta N_i}{N}v_i^2+\cdots$$

上式中 $\frac{\Delta N_i}{N}$ 表示速率落在 $v_i\sim v_i+\Delta v$ 区间中的分子数占总分子数的百分比，这个百分比也称为**概率**。见图中所示，以每个区间的百分比作柱形图，由此得到阶梯形百分比函数曲线。显然这样得到的 $\overline{v^2}$ 值不准确。可以想象，当速率区间宽度 Δv 越小，由上述方法得到的 $\overline{v^2}$ 值就越准确。当 $\Delta v\to 0$ 时就可以得到准确的 $\overline{v^2}$ 值，此时的百分比函数曲线将是平滑的曲线，如图中所示。该百分比函数 $f(v)$ 称为**速率分布函数**，它在 v 处的函数值 $f(v)$ 表示：**分子速率落在 v 附近的单位速率区间中的分子数占总分子数的百分比(或概率)**。因此，$f(v)$ 可表示为

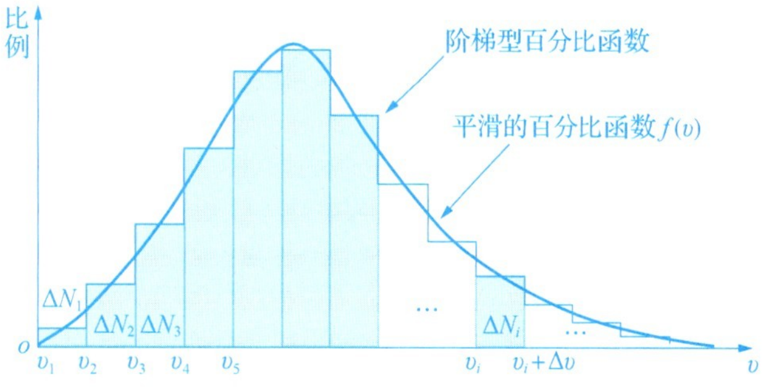

图 7.9　区间中分子数占总数的百分比

$$f(v)=\lim_{\Delta v\to 0}\frac{\Delta N}{N\Delta v}=\frac{dN}{Ndv}$$

如果速率分布函数 $f(v)$ 已知，对上式进行变换，就可以看出下面变换式的物理意义。

$f(v)\cdot dv=\frac{dN}{N}$：表示分子速率落在 $v\sim v+dv$ 区间内的分子数占总分子数的百分比(或分子速率 v 落在 $v\sim v+dv$ 区间内的分子的概率)。

$Nf(v)\cdot dv=dN$：表示分子速率落在 $v\sim v+dv$ 区间内的分子数。

如果将 $v_1\sim v_2$ 区间中各微小区间内的分子数相加，即对上式积分，就得到分子速率落在 $v_1\sim v_2$ 区间中的分子数，为

$$\int_{v_1}^{v_2} Nf(v)\,dv = \Delta N$$

将上式的积分范围扩展至 $0\sim\infty$，就得到速率落在 $0\sim\infty$ 区间中的分子总数 N，即

$$\int_0^{\infty} Nf(v)\,dv = N$$

将上式两边同时除以 N，则为

$$\int_0^{\infty} f(v)\,dv = 1$$

上式表明：气体系统中所有分子的速率必然 100%落在 $0\sim\infty$ 区间。上式称为**归一化条件**，由此条件，要求一个气体系统的速率分布函数 $f(v)$ 在 $0\sim\infty$ 区间的积分必须等于 1。

由于 $v\sim v+dv$ 区间无限小，该区间中所有分子的速率均可视为 v，因此该区间中分子的速率之和为 $v\cdot dN=Nvf(v)dv$，对此在 $v_1\sim v_2$ 区间积分，即可得到 $v_1\sim v_2$ 区间中所有分子的速率之和，即

$$\int_{v_1}^{v_2} v\,dN = \int_{v_1}^{v_2} Nvf(v)\,dv$$

将上式除以 $v_1\sim v_2$ 区间的分子总数，即可得到该区间中分子的平均速率，为

$$\bar{v}_{v_1\to v_2} = \frac{\int_{v_1}^{v_2} Nvf(v)\,dv}{\int_{v_1}^{v_2} Nf(v)\,dv} = \frac{\int_{v_1}^{v_2} vf(v)\,dv}{\int_{v_1}^{v_2} f(v)\,dv}$$

将上式的积分范围扩展至 $0\sim\infty$，即得到 $0\sim\infty$ 区间中也就是系统中所有分子的平均速率，为

$$\bar{v} = \int_0^{\infty} vf(v)\,dv \tag{7.5}$$

类似的处理，可以得到系统中所有分子的速率平方 v^2 之和，进而得到 $\overline{v^2}$ 值，为

$$\overline{v^2} = \int_0^{\infty} v^2 f(v)\,dv \tag{7.6}$$

至此可以归纳，处于平衡态的气体系统中，任一与速率有关的微观量 $g(v)$ 的平均值，可以表示为

$$\bar{g} = \int_0^{\infty} g(v)f(v)\,dv$$

7.4.2　麦克斯韦速率分布律

1. 麦克斯韦速率分布律及其特征速率

1859 年麦克斯韦运用概率理论推导出，在无重力等外力场的情况下，理想气体系统处于平衡态时分子的速率分布规律，该规律称为**麦克斯韦速率分布律**，其数学表式为

$$f(v)=4\pi\left(\frac{m}{2\pi kT}\right)^{3/2}v^2\mathrm{e}^{-\frac{mv^2}{2kT}}$$

上式中的 m 指分子的质量，k 是玻尔兹曼常数，T 是热力学温度。如前所述，麦克斯韦速率分布函数 $f(v)$ 在 v 处的函数值表示：理想气体分子的速率落在 v 附近的单位速率区间中的分子数占总分子数的百分比（或概率）。

对不同温度的理想气体的分布函数 $f(v)$ 作曲线，如图 7.10 所示，可见不同温度下的速率分布曲线均有一个峰，此峰对应的速率称为**最概然速率**（或**最可几速率**），用 v_p 表示。直观地看，在曲线下作同样宽度的柱形，以 v_p 为中心的柱形，该柱形的面积最大。最概然速率表示，在理想气体系统中，分子速率落在 v_p 附近的单位速率区间中的分子数占总分子数的比值最大，也就是分子出现在该区间的概率最大。对分布函数求导，由极值条件 $f'(v)=0$ 可以得到最概然速率为

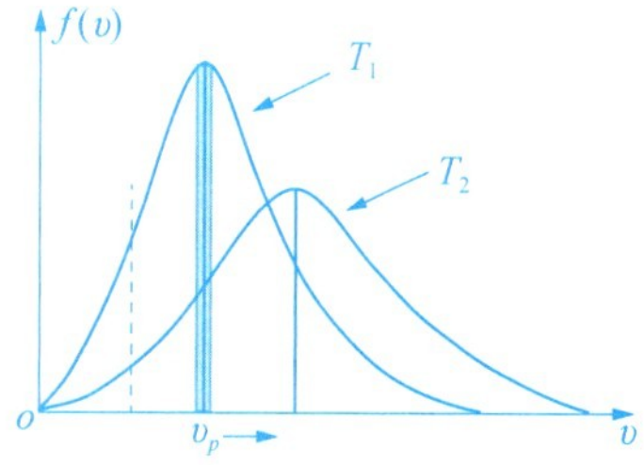

图 7.10　最概然速率

$$v_p=\sqrt{\frac{2kT}{m}}=\sqrt{\frac{2RT}{M_{\mathrm{mol}}}}\approx 1.41\sqrt{\frac{RT}{M_{\mathrm{mol}}}}$$

由上式可见，对于同种气体，由于摩尔质量确定，因此最概然速率 v_p 正比于 $\sqrt{T}$。当温度升高，最概然速率将增大，说明图 7.10 中的温度 $T_2>T_1$。另外，将 v_p 代入 $f(v)$ 中，可见 $f(v_p)$ 的值反比于 $\sqrt{T}$，因此当气体温度升高，速率分布曲线的峰值将降低，而归一化条件要求速率分布曲线下的总面积不变，于是分布曲线的宽度将增大，如图所示。在图中垂直于速率轴作一条垂线（见图中虚线），可见垂线右侧高温速率分布曲线下的面积大于低温分布曲线下的面积，这说明随着温度的升高，气体分子中速率落在高速率区间中的分子个数增多。

理想气体中各分子的速率不尽相同，但对于系统中所有的分子，其速率有一个平均值，该平均值称为**平均速率** $\bar{v}$。由麦克斯韦速率分布函数 $f(v)$，可以得到该平均速率 $\bar{v}$，由式（7.5）可得

$$\bar{v}=\sqrt{\frac{8kT}{\pi m}}=\sqrt{\frac{8RT}{\pi M_{\mathrm{mol}}}}\approx 1.60\sqrt{\frac{RT}{M_{\mathrm{mol}}}}$$

由式（7.6），可得理想气体中所有分子的速率平方的平均值 $\overline{v^2}$，将该平均值开方所得到的值称为**方均根速率** $\sqrt{\overline{v^2}}$，即

$$\sqrt{\overline{v^2}}=\sqrt{\frac{3kT}{m}}=\sqrt{\frac{3RT}{M_{\mathrm{mol}}}}\approx 1.73\sqrt{\frac{RT}{M_{\mathrm{mol}}}}$$

以上得到的最概然速率、平均速率与方均根速率是理想气体的三个特征速率，是对大量分子进行统计的结果。平均速率反映的是气体分子平均运动的快慢，方均根速率可以反映气体分子平均平动动能的大小。对于某种确定的气体，由于摩尔质量确定，因此三个特征速率均正比于$\sqrt{T}$。可见气体的温度越高，三个特征速率均增大。对于温度相同的不同种类的理想气体，三个特征速率反比于$\sqrt{M_{\mathrm{mol}}}$。可见气体的摩尔质量越小，三个特征速率均越大。例如，一个容器中有氧气与氢气两种气体，由于两者的温度相同，于是氢气的三个特征速率是氧气的 4 倍。

请思考：氢气是宇宙中最多的物质，早期地球大气中氢气分子的含量是比较多的，然而现在大气中氢气分子的含量很少，是什么原因导致的？

2. 麦克斯韦速率分布律的实验验证

斯特恩于 1920 年通过实验获得了银蒸汽的速率分布函数，验证了麦克斯韦的速率分布规律。随后还有其他人对此实验进行了改进，其中包括我国物理学家葛正权，他们的测量结果更准确地验证了麦克斯韦的速率分布规律。

图 7.11(a)显示的是 1931 年蔡特曼改进的实验装置。整个实验装置置于一个真空室中，真空室中有一个容器，金属铋在其中被加热成蒸汽，处于平衡态。容器上开一小孔，铋蒸汽从小孔逃逸出来，经过两道狭缝 S_1 与 S_2 形成一束很细的分子束，射向带有狭缝 S_3 的圆筒，圆筒的内壁贴有弯曲的玻璃片。圆筒以角速度 ω 匀速转动，从狭缝 S_3 射来的分子束可沉积到玻璃片上。由于分子束中各分子的速率不同，速率大的分子先沉积在玻璃片前端，速率小的分子随后沉积在玻璃片后段，而某个速率区间中的分子个数多，那么就在玻璃片的相应位置沉积的分子多。沉积完成后，将玻璃片从圆筒内壁取出，随后测量玻璃片上不同位置(即不同速率处)分子沉积层的厚度，如图 7.11(b)所示。由此可求得分子束中各种速率 v 附近的分子数占总分子数的百分比，从而得出分子速率的分布规律。

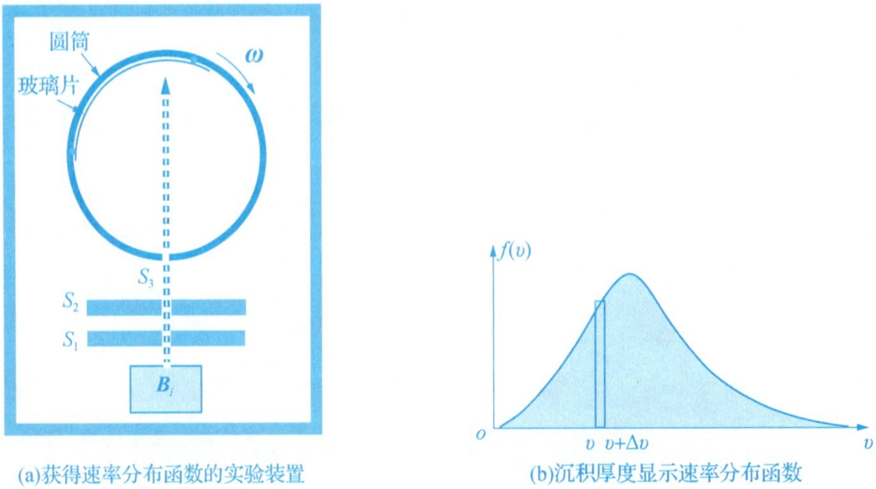

(a)获得速率分布函数的实验装置　　(b)沉积厚度显示速率分布函数

图 7.11　速率分布函数的验证实验

速率分布规律的相关应用见如下举例。

例 7.7　物体挣脱地球引力脱离地球，其逃逸速度需要达到第二宇宙速度 $v_2=11.2\ \mathrm{km/s}$。有两个容器，分别储有 1 mol 的氢气与氧气，两者的温度均为 0℃，压强均为一个大气压。两种气体中分子速率在 v_2 至 $v_2+10\ \mathrm{m/s}$ 之间的分子数分别以 N_1 与 N_2 表示，求 N_1 与 N_2 之比。

解：氢氧两种气体可视为理想气体，其速率分布函数应遵循麦克斯韦速率分布规律，相对两种分子的速率范围，区间 $\Delta v=10\ \mathrm{m/s}$ 很小，于是 N_1 与 N_2 可表示为

$$N_1=Nf(v_2)_{H_2}\Delta v,\ N_2=Nf(v_2)_{O_2}\Delta v,\ f(v)=4\pi\left(\frac{m}{2\pi kT}\right)^{3/2}v^2\mathrm{e}^{-\frac{mv^2}{2kT}}$$

得

$$\frac{N_1}{N_2}=\frac{Nf(v_2)_{H_2}\Delta v}{Nf(v_2)_{O_2}\Delta v}=\frac{f(v_2)_{H_2}}{f(v_2)_{O_2}}=\left(\frac{m_{H_2}}{m_{O_2}}\right)^{3/2}\frac{\mathrm{e}^{-\frac{m_{H_2}v_2^2}{2kT}}}{\mathrm{e}^{-\frac{m_{O_2}v_2^2}{2kT}}}=\left(\frac{M_{molH_2}}{M_{molO_2}}\right)^{3/2}\mathrm{e}^{-\frac{(M_{molH_2}-M_{molO_2})v_2^2}{2RT}}$$

即

$$\frac{N_1}{N_2}=\left(\frac{2}{32}\right)^{3/2}\mathrm{e}^{-\frac{(2-32)\times10^{-3}\times(1.12\times10^4)^2}{2\times8.31\times273.15}}=1.58\times10^{358}$$

由此可见，相同条件下达到逃逸速度的氢气分子远远多于氧气分子。

例 7.8　设想有 N 个分子的气体系统，其速率分布函数为

$$f(v)=\begin{cases}Av(v_0-v) & 0\leqslant v\leqslant v_0\\ 0 & v>v_0\end{cases}$$

试求：(1)常数 A；(2)最概然速率，平均速率和方均根速率；(3)速率介于 $0\sim v_0/3$ 之间的分子数；(4)速率介于 $0\sim v_0/3$ 之间的气体分子的平均速率。

解：(1)气体分子的速率分布函数应满足归一化条件 $\int_0^\infty f(v)\mathrm{d}v=1$，因此有

$$\int_0^{v_0}Av(v_0-v)\mathrm{d}v+\int_{v_0}^\infty 0\cdot\mathrm{d}v=1$$

即

$$\frac{1}{2}Av_0^3-\frac{1}{3}Av_0^3=1$$

得

$$A=\frac{6}{v_0^3}$$

(2)由极值条件 $f'(v)=0$ 可得到最概然速率，为

$$A(v_0-2v)=0$$

得

$$v_P=\frac{v_0}{2}$$

平均速率为

$$\bar{v}=\int_0^{v_0}vf(v)\mathrm{d}v=\int_0^{v_0}\frac{6}{v_0^3}v^2(v_0-v)\mathrm{d}v=\frac{v_0}{2}$$

方均速率为

$$\overline{v^2}=\int_0^{v_0}v^2f(v)\mathrm{d}v=\int_0^{v_0}\frac{6}{v_0^3}v^3(v_0-v)\mathrm{d}v=\frac{3v_0^2}{10}$$

则方均根速率为

$$\sqrt{\overline{v^2}}=\sqrt{\frac{3}{10}}v_0$$

(3)速率介于 $0\sim v_0/3$ 之间的分子数为

$$\Delta N=\int_0^{v_0/3}Nf(v)\mathrm{d}v=\int_0^{v_0/3}N\frac{6}{v_0^3}v(v_0-v)\mathrm{d}v=\frac{7N}{27}$$

(4)速率介于 $0\sim v_0/3$ 之间的气体分子平均速率为

$$\bar{v}_{v_1\to v_2}=\frac{\int_0^{v_0/3}vf(v)\mathrm{d}v}{\int_0^{v_0/3}f(v)\mathrm{d}v}=\frac{\int_0^{v_0/3}\frac{6}{v_0^3}v^2(v_0-v)\mathrm{d}v}{\int_0^{v_0/3}\frac{6}{v_0^3}v(v_0-v)\mathrm{d}v}=\frac{3v_0}{14}$$

*7.5 玻耳兹曼分布律

麦克斯韦不仅推导出理想气体处于平衡态时速率分布服从的速率分布律，还推导出速度分布律——理想气体中分子速度落在 $v_x\sim v_x+\mathrm{d}v_x$，$v_y\sim v_y+\mathrm{d}v_y$，$v_z\sim v_z+\mathrm{d}v_z$ 区间内的分子数占总分子数的百分比为

$$f(\boldsymbol{v})=\left(\frac{m}{2\pi kT}\right)^{3/2}\mathrm{e}^{-\frac{m}{2kT}(v_x^2+v_y^2+v_z^2)}=\left(\frac{m}{2\pi kT}\right)^{3/2}\mathrm{e}^{-\frac{\varepsilon_k}{kT}}$$

上式中 $\varepsilon_k=\frac{1}{2}mv^2=\frac{1}{2}m(v_x^2+v_y^2+v_z^2)$ 为分子的平动动能。这是不考虑气体处在保守力场中得到的结果。实际上气体很可能处在重力场等保守力场中，那么气体分子运动时不仅有动能还有势能。玻耳兹曼将麦克斯韦的速度分布律推广到分子运动有各种自由度的情况，他认为一般的分布函数应该 $f\propto\mathrm{e}^{-\varepsilon/kT}$，其中 ε 是分子的总能量，$\varepsilon=\varepsilon_k+\varepsilon_p$，$\varepsilon_p$ 为势能。对于位于重力场中处于平衡态的气体分子系统，玻耳兹曼推导出，分子速度处于 $v_x\sim v_x+\mathrm{d}v_x$，$v_y\sim v_y+\mathrm{d}v_y$，$v_z\sim v_z+\mathrm{d}v_z$ 区间内，位置位于 $x\sim x+\mathrm{d}x$，$y\sim y+\mathrm{d}y$，$z\sim z+\mathrm{d}z$ 区间内的分子数为

$$\mathrm{d}N_{v_x,v_y,v_z,x,y,z}=n_0\left(\frac{m}{2\pi kT}\right)^{3/2}\mathrm{e}^{-\frac{(\varepsilon_k+\varepsilon_p)}{kT}}\mathrm{d}v_x\mathrm{d}v_y\mathrm{d}v_z\mathrm{d}x\mathrm{d}y\mathrm{d}z$$

上式中 n_0 表示势能 $\varepsilon_p=0$ 处单位体积中的分子总数。上式称为**玻耳兹曼能量分布律**，反映气体分子按能量分布的规律。由上式可见，处于平衡态的气体系统中，能量越高的分子其个数就越少。

由于位于体积元 $\mathrm{d}V=\mathrm{d}x\mathrm{d}y\mathrm{d}z$ 中的分子具有各种速度，将上式对速度积分，分布函数则为

$$\mathrm{d}N_{x,y,z}=n_0\mathrm{e}^{-\frac{\varepsilon_p}{kT}}\mathrm{d}x\mathrm{d}y\mathrm{d}z$$

由此得到位于(x, y, z)处单位体积中的分子数 n 为

$$n=\frac{\mathrm{d}N_{x,y,z}}{\mathrm{d}x\mathrm{d}y\mathrm{d}z}=n_0\mathrm{e}^{-\frac{\varepsilon_p}{kT}}$$

在重力场中，在三维直角坐标中取 z 方向作为高度，则分子的重力势能为 $\varepsilon_p=mgz$，上式可表示为

$$n=n_0\mathrm{e}^{-\frac{mgz}{kT}}$$

上式就是重力场中气体分子数密度公式，它反映了分子数密度随高度变化的情况。从上式可见，当温度一定，z 值越大也就是海拔越高的位置，分子的数密度越小。事实上也是如此，高海拔的山上空气稀薄。

考虑到平衡态下的压强为 $p=nkT$，当温度一定时，压强与分子数密度成正比，故由上式得到大气压强跟高度的关系为

$$p=p_0\mathrm{e}^{-\frac{mgz}{kT}}$$

上式中 p_0 为高度为零处的大气压强，实际测量中常取海拔高度为零处的大气压为 p_0。从上式可见，z 值越大也就是海拔越高的位置，压强越小。事实上也是如此，高海拔的山上大气压强低。根据大气压强跟高度的关系，航空界常使用气压式高度表，通过测量飞行器外界大气压强从而获得飞行器的高度。

例 7.9 某客机在 10000 m 高空飞行，机舱内的气压为 0.6 个大气压 p_0。设空气的温度为 0℃，问客机机舱内外的气压差是多少个大气压？（空气的摩尔质量为 28.97 g，重力加速度取 9.8 m/s^2）

解： 由大气压强跟高度的关系，可得 10000 m 高空机舱外的气压为

$$p=p_0\mathrm{e}^{-\frac{mgz}{kT}}=p_0\mathrm{e}^{-\frac{M_{mol}\cdot gz}{RT}}=p_0\mathrm{e}^{-\frac{28.97\times10^{-3}\times9.8\times10000}{8.31\times273.15}}=0.29p_0$$

机舱内外的气压差为

$$\Delta p=0.6p_0-0.29p_0=0.31p_0$$

*7.6 平均碰撞频率与平均自由程

一个气体系统包含了大量的分子，分子在运动的过程中频繁跟其他分子碰撞，因此分子实际行进的路径是一条曲折线，如图 7.12 所示。对于单个分子而言，曲折线的每一段长度，也就是它相邻两次跟其他分子碰撞行进的路径长度是不同的。然而当系统处于平衡态，对所有分子进行统计平均，平均来看，分子相邻两次碰撞行进的路径长度是一定的，这一路径长度就称为**平均自由程**，用符号 $\overline{\lambda}$ 来表示。分子单位时间与其他分子碰撞的次数称为**平均碰撞**

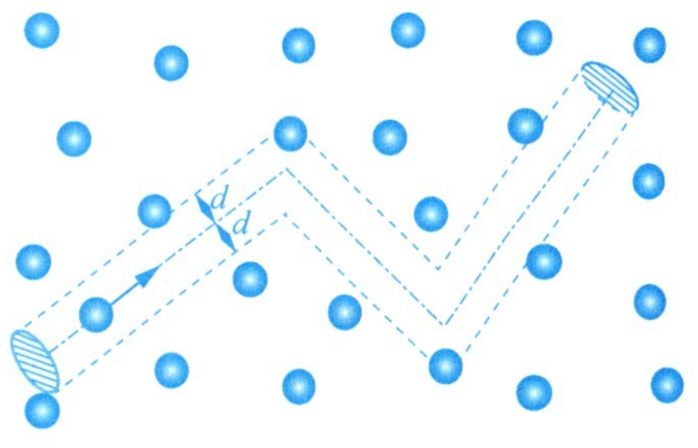

图 7.12 分子运动与其他分子的碰撞

频率，用符号 $\overline{Z}$ 来表示。

平均碰撞频率与平均自由程是有联系的。单个分子的速率随着与其他分子的碰撞不断改变，但对大量分子进行统计平均，前面已经得到这样的结论：处于平衡态的气体系统中，如果温度一定，分子的平均速率 $\overline{v}$ 是一定的。那么必然有

$$\overline{v}=\overline{\lambda}\cdot\overline{Z} \tag{7.7}$$

大量分子的平均碰撞频率与平均自由程服从统计分布规律，经过统计推导，可以求出平均碰撞频率与平均自由程。假定每个分子都是有效直径为 d 的弹性小球，追踪分子 i 以平均速率 $\overline{v}$ 运动，其余分子都静止(处于平衡态的气体系统，分子的平均速度为零)。如图7.12 所示，运动路径上，以 d 为半径的圆柱体内的分子都将与分子 i 碰撞，也就是分子的球心落在圆柱体内的分子都将与分子 i 碰撞。圆柱体的截面积 $\sigma=\pi d^2$ 称为分子的**碰撞截面**。一秒钟内分子 i 经过的路程为 $\overline{v}$，相应圆柱体的体积为 $\pi d^2\overline{v}$，而圆柱体内的平均分子数是 $\pi d^2\overline{v}\cdot n$。由此可得，一秒钟内分子 i 与其他分子发生碰撞的平均次数即平均碰撞频率为

$$\overline{Z}=\pi d^2\overline{v}n$$

如果考虑到其余的分子也在运动的情况，那么分子之间的相对速率 $\overline{v}$ 就要修正，理论推导的结果是相对速率 $\sqrt{2}\overline{v}$，于是上述结果修正为

$$\overline{Z}=\sqrt{2}\pi d^2\overline{v}n$$

可见，平均碰撞频率 $\overline{Z}$ 与分子的有效直径的平方 d^2、分子数密度 n 以及平均速率 $\overline{v}$ 成正比。因为 d^2 越大，上述考虑的圆柱体的截面积就越大，$\overline{v}$ 越大，单位时间形成的圆柱体就越长，而 n 越大，圆柱体中包含的分子数就越多，于是分子 i 与圆柱体中其他分子碰撞的平均频率就越大。将上式代入式(7.7)，则平均自由程为

$$\overline{\lambda}=\frac{\overline{v}}{\overline{Z}}=\frac{1}{\sqrt{2}\pi d^2 n}$$

可见，分子的平均自由程 $\overline{\lambda}$ 与分子的有效直径的平方 d^2 及分子数密度 n 成反比。若再结合公式 $p=nkT$，有

$$\overline{\lambda}=\frac{kT}{\sqrt{2}\pi d^2 p}$$

上式表明，对于某种气体分子，当压强恒定时，其平均自由程与气体温度成正比；当温度恒定时，其平均自由程与气体压强成反比。

很多学科都要研究微观粒子的平均碰撞频率与平均自由程，例如热力学与统计力学、物理化学、固体物理、流体力学、等离子体物理等，因为研究气体、液体与固体中微观粒子的运动与碰撞，是了解化学反应、热传导、物质的扩散与掺杂等微观本质的基础。

请思考： 空气中某处释放异味，某人距异味源有一段距离(例如 5 m)，气体分子的平均速率很快(标准状态下约 $10^2\sim10^3$ m/s)，异味分子经过这段距离只需要非常短的时间 Δt，而实际上人闻到异味需要的时间远大于 Δt，是何原因？

例 7.10　试计算在标准状态下氢气分子的平均自由程与平均碰撞频率。(已知氢分子的有效直径 $d=2\times10^{-10}$ m)

解：已知 $T=273.15$ K，$p=1.013\times10^5$ Pa。由理想气体的状态方程 $p=nkT$ 得

$$n=\frac{p}{kT}=\frac{1.013\times10^5}{1.38\times10^{-23}\times273.15}=2.69\times10^{25}\text{个}/\text{m}^3$$

由平均自由程公式得

$$\bar{\lambda}=\frac{1}{\sqrt{2}\pi d^2 n}=\frac{1}{\sqrt{2}\times\pi\times(2\times10^{-10})^2\times2.69\times10^{25}}=2.09\times10^{-7}\text{ m}$$

在标准状态下氢气分子的平均速率为

$$\bar{v}=\sqrt{\frac{8RT}{\pi M_{mol}}}=\sqrt{\frac{8\times8.31\times273.15}{2\times10^{-3}\pi}}=1.70\times10^3\text{ m/s}$$

得平均碰撞频率为

$$\bar{z}=\frac{\bar{v}}{\bar{\lambda}}=\frac{1.70\times10^3}{2.14\times10^{-7}}=7.94\times10^9/\text{s}$$

习　题

7.1　温度、压强相同的理想气体氦气与氧气，其分子的平均动能 $\bar{\varepsilon}$ 与平均平动动能 $\bar{\varepsilon}_t$ 有如下关系(　　)。

A. $\bar{\varepsilon}$ 和 $\bar{\varepsilon}_t$ 都相等　　B. $\bar{\varepsilon}$ 相等，而 $\bar{\varepsilon}_t$ 不相等

C. $\bar{\varepsilon}_t$ 相等，而 $\bar{\varepsilon}$ 不相等　　D. $\bar{\varepsilon}$ 和 $\bar{\varepsilon}_t$ 都不相等

7.2　某容器内贮有 2 mol 氢气与 3 mol 氦气的理想气体处于平衡态，若两种气体各自对器壁产生的压强分别为 p_1 和 p_2，则两者的大小关系是(　　)。

A. $p_1>p_2$　　B. $p_1<p_2$　　C. $p_1=p_2$　　D. 不确定的

7.3　一瓶氦气与一瓶氮气的质量密度相同，分子的平均平动动能相同，而且都处于平衡状态，则它们的(　　)。

A. 温度相同、压强相同

B. 温度相同，但氦气的压强小于氮气的压强

C. 温度、压强都不相同

D. 温度相同，但氦气的压强大于氮气的压强

7.4　在相同的压强下，同等体积的氢气(视为刚性双原子分子气体)与氦气的内能之比为(　　)。

A. 3/10　　B. 1/2　　C. 5/6　　D. 5/3

7.5　某理想气体的麦克斯韦速率分布曲线如题 7.5 图所示，速率为 v_0 的直线将图分成面积相等的 A、B 两部分，从该图可知(　　)。

A. v_0 为最可几速率

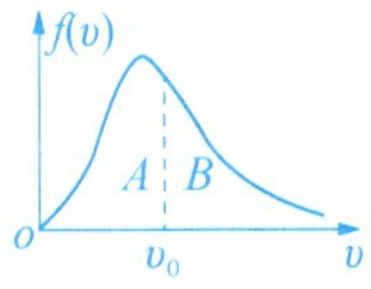

题 7.5 图

B. v_0 为平均速率

C. v_0 为方均根速率

D. 速率大于和小于 v_0 的分子数各占一半

7.6 某容积不变的封闭容器内有某种理想气体，若分子的平均速率提高为原来的3倍，则(　　)。

A. 温度和压强都提高为原来的3倍

B. 温度为原来的3倍，压强为原来的6倍

C. 温度和压强都提高为原来的9倍

D. 温度为原来的6倍，压强为原来的3倍

7.7 有容积不同的 A、B 两个容器，分别装有单原子、双原子分子的理想气体处于平衡态。若两种气体的压强相同，则这两种气体单位体积的内能体积之比 $(E/V)_A$ ________ $(E/V)_B$。(填“>”“=”或“<”)

7.8 在相同的温度下，同等质量的氢气(视为刚性双原子分子气体)与氦气的内能之比为________。

7.9 一定量的氢气理想气体(视为刚性分子)，若温度每升高1 K，其内能增加41.6 J，则该氢气的质量为________g。

7.10 $f(v)$ 为麦克斯韦速率分布函数，$\int_{v_p}^{\infty} f(v)\,\mathrm{d}v$ 的物理意义是________，$\int_0^{\infty} \frac{mv^2}{2} f(v)\,\mathrm{d}v$ 的物理意义是________。

7.11 同一温度下的氢气和氧气的速率分布曲线如题7.11图所示，其中曲线1为________的速率分布曲线，________的最概然速率较大(填“氢气”或“氧气”)。若图中曲线表示同一种气体不同温度时的速率分布曲线，温度分别为 T_1 和 T_2 且 $T_1<T_2$；则曲线1代表温度为________的分布曲线(填 T_1 或 T_2)。

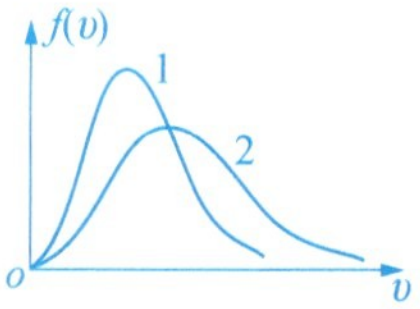

题7.11图

7.12 温度为27℃的2 mol氢气，氢气分子的总平动动能为________J，分子的总转动动能为________J。

7.13 为避免混入其他气体而需洗瓶，氧气瓶的压强降到 10^6 Pa 即应重新充气。今有一瓶氧气，容积为32 L，压强为 1.3×10^7 Pa，若每天用 10^5 Pa 的氧气400 L，问此瓶氧气可供多少天使用？(使用期间温度不变)

7.14 如题7.14图所示，两个容器容积相等，分别储有相同质量的氮气和氧气，它们用光滑细管相连通，管子中置一小滴水银，两边的温度差为30 K。当水银滴在正中不动时，求氮气和氧气的温度。

题7.14图

7.15 体积为 1.0×10^{-3} m^3 的容器中，含有 4.0×10^{-5} kg 的氦气与 4.0×10^{-5} kg 的氢气，它们的温度为30℃，试求容器中的混合气体的压强。

7.16 容器中储有氮气，处于标准状态下，求：(1)单位体积中的分子数 n；(2)氮分子的质量 m；(3)气体的密度 ρ；(4)分子间的平均距离 $\bar{d}$；(5)分子的平均速率 $\bar{v}$；(6)分

子的方均根速率$\sqrt{\overline{v^2}}$；(7)分子的平均动能$\overline{\varepsilon}_k$。

7.17 某绝热容器被中间的隔板分成相等的两半，一半装有温度为250 K的氦气，另一半装有温度为310 K的氧气，二者压强相等均为p_0。求去掉隔板两种气体混合后的温度。

7.18 就质量而言，空气主要是由76%的N_2，23%的O_2和1%的Ar三种气体组成，它们的分子量分别为28、32、40。空气的摩尔质量为28.97 g，试计算1 mol空气在标准状态下的内能。

7.19 水蒸气分解为同温度(T)的氢气和氧气的反应方程为$H_2O \rightarrow H_2+\frac{1}{2}O_2$，也就是1 mol的水蒸气可分解成同温度的1 mol氢气和0.5 mol氧气。当不计分子的振动时，求此过程中系统内能的增量。

7.20 某些恒星的温度可达到约1.0×10^8 K，这是发生聚变反应(也称热核反应)所需的温度。通常在此温度下的恒星可视为由质子组成。求：(1)质子的平均动能是多少？(2)质子的方均根速率为多大？

7.21 物体挣脱地球引力脱离地球，其速度需要达到第二宇宙速度$v_2=11.2$ km/s。对于温度为0℃的氢气，求分子速率在v_2至v_2+10 m/s之间的分子数N_1与速率在v_p至v_p+10 m/s之间的分子数N_2之比。

7.22 导体中自由电子的运动可以看成类似于气体分子的运动，所以常常称导体中的电子为电子气。电子气中电子的最大速率为v_f(称为费米速率)，电子气中电子的速率分布函数为：

$$f(v)=\begin{cases}4\pi Av^2 & (0\leqslant v\leqslant v_f)\\ 0 & (v>v_f)\end{cases}$$

式中A为常量。(1)试用v_f确定常数A；(2)电子的质量为m_e，试证明电子气中自由电子的平均动能为$\overline{\varepsilon}=\frac{3}{5}\varepsilon_f$，此处$\varepsilon_f=\frac{1}{2}m_e v_f^3$称为费米能。

7.23 青藏高原某地的海拔高度为5000 m，当空气的温度为0℃时，求：(1)该地的空气分子的数密度；(2)该地的大气压是多少个大气压？(空气的摩尔质量为28.97 g，重力加速度取9.8 m/s²)

7.24 计算空气分子在标准状态下的平均自由程和碰撞频率。取分子的有效直径$d=3.5\times10^{-10}$ m，空气的摩尔质量为28.97 g。

第 8 章 热力学基础

前一章从系统中的微观个体出发，对单个粒子应用力学规律，对大量粒子应用统计平均的方法，获得了微观量的统计平均值，以此来研究热力学系统热运动的规律。微观法研究热力学系统的缺点是可靠性与普遍性差，因为得到的公式用到很多理想化条件。这一章将介绍研究热力学系统的另一种方法——**宏观法**，它是以实验定律为基础，结合物质系统的特性，应用逻辑推理，得到热力学系统热运动的其他规律。微观法与宏观法互为补充，能使我们更全面地认识热现象及其规律。

学习目标： 学习本章需要了解准静态过程、循环过程与类型；需要理解热力学第二定律的两种表述及其意义，理解卡诺定理、克劳修斯熵、玻尔兹曼熵、熵增加原理及其统计意义，理解摩尔热容与比热容的定义，热机与制冷机的工作原理；主要掌握热力学第一定律在准静态的各等值过程中的应用，掌握热机的效率与制冷机的制冷系数，能够运用这些规律理解或解决理想气体系统在等值准静态过程中的内能、功与热，以及循环过程的效率等问题。

素质目标： 通过本章的学习，以内燃机的效率提升、245 克煤一度电的超超临界发电站为例，了解我国在内燃机、火力发电等领域的发展状况与优势所在。

8.1 准静态过程中的内能增量、功与热量

8.1.1 准静态过程

上一章主要针对处于平衡态的静态热力学系统进行研究，而实际的热力学系统是动态的，在外界影响下(做功或传热)，其状态随时间要连续发生变化，例如给一个气体系统加热

让它体积膨胀等。当系统从一个状态到另一个状态的变化过程称为**热力学过程**，简称**过程**。

热力学系统的过程复杂多变，可能在过程进行的每一时刻，系统的状态都不是平衡态。在热力学中，为了能利用系统处于平衡时的性质来研究过程的规律，引入了**准静态过程**的概念——当系统从某个平衡态经过一系列变化到达另一个平衡态，如果过程中间所有的状态都可以近似看成平衡态，这种过程称为**准静态过程**。对应地，如果系统从某个平衡态过渡到另一个平衡态，过程中间所有状态为非平衡态，这样的过程称之为**非静态过程**。准静态过程与非静态过程主要的差别就在于中间的状态是否为平衡态。准静态过程中间的每一个状态都是平衡态，平衡态就意味系统有统一的状态参量，例如系统中各处的温度相同，各处的压强相等，因此可以用状态参量描述系统每一时刻中间平衡态的宏观性质。非静态过程中间的状态均是非平衡态，系统中各处的压强不等，温度不同等等，因此不能用统一的状态参量描述中间状态的宏观性质。

对于经历准静态过程的一定量的理想气体，既然中间的平衡态可以用状态参量$(p,\ V,\ T,\ \nu)$来描述系统的宏观性质——上一章讨论过，这些状态参量并不独立，可以通过理想气体的状态方程将它们联系起来——因此对于一定量的理想气体(ν 确定)，只需要两个状态参量即可描述系统的宏观性值，例如用 p 与 V，或者用 V 与 T、p 与 T 也行。如图 8.1 所示，在 p-V 图上，一个点的坐标$(p,\ V)$就代表一个平衡态，将所有的代表中间平衡态的点连接起来，如此就在 p-V 图上用一条连续平滑线描绘出一个准静态过程，其始末状态分别用 $I(p_1,\ V_1,\ T_1)$ 与 $II(p_2,\ V_2,\ T_2)$ 表示。这条曲线的方程 $p=p(V)$ 称为**过程方程**。由于处于平衡态的理想气体的状态参量都要遵循 $pV=\nu RT$ 的规律，因此准静态过程中各平衡态也要遵循这个规律，所以过程方程 $p=p(V)$ 实际上是状态方程的简化形式。

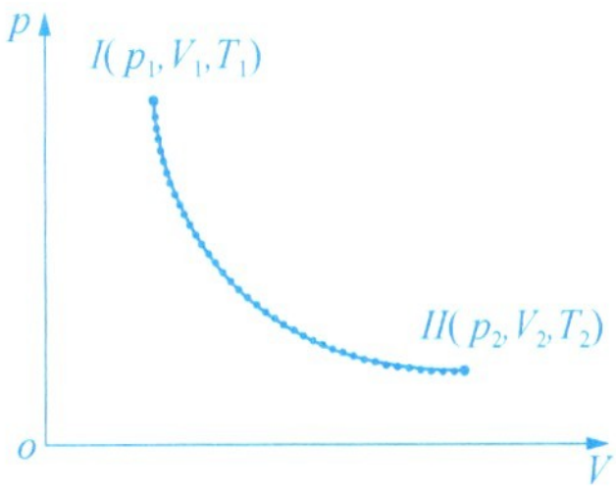

图 8.1　p-V 图中的准静态过程

显然，准静态过程是理想化的过程。严格来讲，实际过程都不是准静态过程。如图 8.2 所示为气缸中气体被压缩的过程，随着活塞的推进，靠近活塞处气体分子的数密度、压强肯定大于左侧的，气体系统不是平衡态。只有当活塞推进得无限缓慢，系统中间的每一个状态可视为平衡态，因此进行得无限缓慢的实际过程可近似为准静态过程。研究这种无限缓慢的过程现实意义不大。实际的热力学过程很可能快速变化，那么这种过程是否也能被看作准静态过程呢？这里引入**弛豫时间**的概念，系统从平衡态破坏到新平衡态建立所需的时间称为弛豫时间。对于实际过程，若系统状态发生变化的**特征时间**远远大于弛豫时间，则该过程可近似为准静态过程，例如内燃机汽缸中气体的压缩或膨胀过程可视为准静态过程。如图 8.2 所示，气缸长取 0.1 m，活塞运动速度取 10 m/s，当活塞从气缸右端运动到左端所需时间为特征时间，即

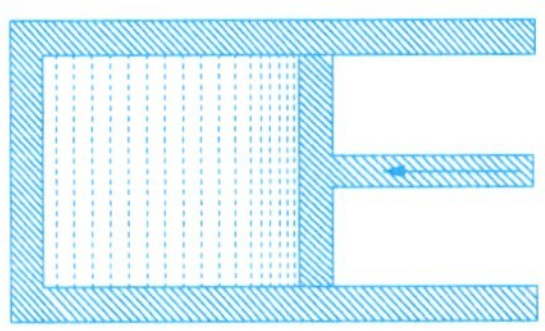
图 8.2　压缩气体过程

$$\Delta t=\frac{L_{容器}}{v_{活塞}}=\frac{0.1}{10}=0.01\ \mathrm{s}$$

而气体分子从气缸右端运动到左端所需时间为弛豫时间，即

$$\tau=\frac{L_{容器}}{v_{分子}}=\frac{0.1}{1000}=0.0001\ \mathrm{s}$$

由于 $\Delta t>>\tau$，活塞每前进一段小距离需要时间，在该时间段由于气体分子的平均速率很大、碰撞频繁，系统很快建立了新的平衡，因此该气缸中气体的快速压缩或膨胀过程可近似为准静态过程。后面研究的对象均是经历近似的准静态过程的理想气体系统。

8.1.2　准静态过程的内能增量、功与热量

1. 内能

回顾上一章中内能的内容，系统的内能是指系统中所有分子的动能与分子之间的相互作用势能之和。对于实际气体，其内能跟温度与分子之间的距离(也就是体积)有关。理想气体忽略了分子之间的势能，其内能值只是分子的动能之和，是温度的函数。ν mol 理想气体的内能为

$$E=\nu\frac{i}{2}RT$$

如果系统经历了一个准静态过程，始末状态的温度分别为 T_1、T_2，内能的增量由温度的增量决定，即

$$\Delta E=\nu\frac{i}{2}R\cdot(T_2-T_1)=\nu\frac{i}{2}R\cdot\Delta T$$

由理想气体的状态方程 $pV=\nu RT$，内能与内能的增量还可以分别表示为

$$E=\frac{i}{2}pV,\ \Delta E=\frac{i}{2}(p_2V_2-p_1V_1)$$

在此规定：系统的内能增加，$\Delta E>0$；系统的内能减小，$\Delta E<0$。

那么，如何改变系统的内能或者温度？有两种方式——对系统做功或对系统传热。要使一杯水温度升高可以不断地搅拌水，如图 8.3(a)所示，或者直接对水加热也可以升高水的温度，如图 8.3(b)所示。搅拌水是外界给水做功，加热则是外界给水传输热量。

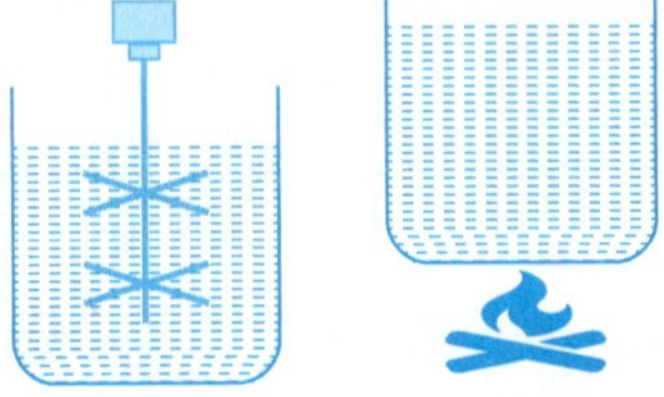

(a)做功　　(b)加热

图 8.3　改变内能的方式

1. 功

对于一个理想气体系统经历准静态过程，系统内部有压强，系统与外界有分界物体，那么气体对分界物体有压力，当分界物体发生运动，气体对分界物体的压力就要做功。如图 8.4 所示，考虑气缸中气体的膨胀过程，气体的压强为 p，活塞的面积为 S，气体对活塞的压力为 pS，当活塞移动元位移 dl 时，经历准静态过程的系统对外界所做的元功为

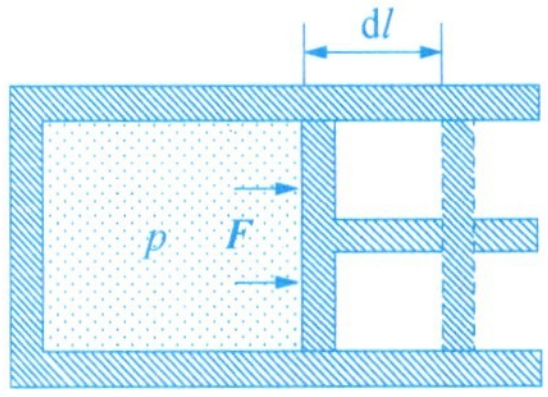

图 8.4　准静态过程做功

$$dW=Fdl=pSdl=pdV$$

上式中 $dV=Sdl$ 为气体系统体积的无限小增量。由此可见，当 $dV>0$ 时 $dW>0$，表示系统对外做正功；当 $dV<0$，$dW<0$，表示系统对外做负功；当 $dV=0$，$dW=0$，系统不做功。总之，气体的体积发生变化，系统才做功，所以气体做功称为**体积功**。

当气体系统的体积发生变化，从 V_1 变为 V_2，则准静态过程系统对外界做的总功为

$$W=\int dW=\int_{V_1}^{V_2}pdV$$

在此规定：系统对外做正功，$W>0$；系统对外做负功，$W<0$。

获得了系统对外做的功 W，那么外界对系统做的功即为

$$W_{外}=-W$$

需要注意的是，准静态过程做功才可以由以上两式表示，非静态过程则不能，因为非静态过程系统内没有统一的压强。

准静态过程可以在 $p-V$ 图上描绘出来，如图 8.5 所示。当气体系统发生了一个无限小的膨胀（dV），那么系统做功 pdV 也可以在图中描绘出来，即图中的矩形面积。如果把每个微小体积膨胀过程气体做的功相加，那就是准静态过程曲线 $p=p(V)$ 下的面积。因此，准静态过程做功可以用过程曲线下的面积来直观显示。准静态过程系统体积膨胀，系统做正功；准静态过程系统体积压缩，系统做负功。

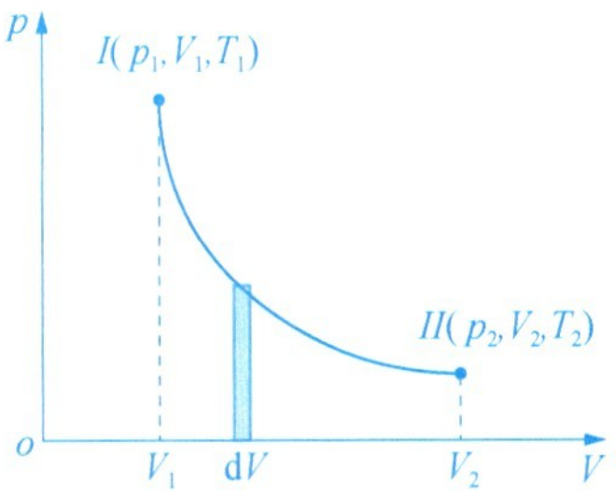

图 8.5　体积功的图示

请思考： 气体在真空中自由膨胀做功吗？

3. 热量

如图 8.3 所示。做功与传热都能使水升温，改变水系统的内能，因此传热与做功具有等效性。

这里要说明一下，做功改变系统内能的本质，是外界有规则运动的能量传递给系统内的分子，并转换成分子无则运动（热运动）的能量。因此，做功是系统与外界转换能量的方式，可将做功的多少作为能量转换的量度。而传热改变系统内能的本质，是外界分子无规则运动的能量传递给系统内的分子，使系统内分子无则运动的能量增加，传热时能量从高

温物体流向低温物体。因此，传热也是系统与外界交换能量的方式，也可以作为交换能量的量度。

热量是指传热过程中所传递的热运动能量的多少。以前学过，质量为 m 的物质温度发生了 ΔT 的变化，那么它与外界交换的热量为

$$Q=mc\Delta T$$

上式中 c 为物质的比热容。

在此规定：系统吸热时，$Q>0$；系统放热时，$Q<0$。

历史上热量与功的单位并不相同，热量的单位称为卡路里，简称卡，表示符号是“cal”。1 cal 的热量是在 1 个大气压下，将 1 g 水提升 1℃所需要的能量。功的单位是焦耳(J)。焦耳通过实验，确定了这两个单位的数量关系：1 cal＝4.18 J，该关系称为热功当量。

4. 热容

如上所述，在计算系统跟外界交换热量时需要用到比热容。这里先来了解热容的概念。不同物质升高同样的温度吸收的热量是不一样的，相同物质经历不同的过程升高同样的温度吸收的热量也不一样，为了反映物质吸收热量的差异，就引入热容的概念。物质在某一无限短过程中吸收热量 $\mathrm{d}Q$ 与温度变化 $\mathrm{d}T$ 的比值称为系统在该过程的**热容**(C)，即

$$C=\frac{\mathrm{d}Q}{\mathrm{d}T}$$

上式表示系统在该过程中温度升高 1 K 所吸收的热量即为热容。

对于单位质量的物质，其温度升高 1 K 所吸收的热量，这就是比热容，一般用 c 表示，单位是 J/(kg·K)。

对于 1 mol 的物质，其温度升高 1 K 所吸收的热量，则称为**摩尔热容**，一般用 C_m 表示，单位是 J/(mol·K)。

8.2 热力学第一定律

考虑一个热力学系统经历了一个准静态过程，系统内能的增量、对外做功与吸收的热量是有关系的。由能量守恒可知：系统从外界吸收的热量 Q，加上外界对系统做的 $-W$(系统对外界做功为 W)，应等于系统内能的增量 ΔE，这即是热力学第一定律，用数学表示为

$$Q+(-W)=\Delta E$$

或

$$Q=\Delta E+W \tag{8.1}$$

以上两式均为积分形式的热力学第一定律。式(8.1)表示，系统从外界吸收的热量，一部分转变成为系统的内能，另一部分对外做功。

热力学第一定律是涉及热现象领域内的能量转换与守恒定律，反映了不同形式的能量在传递与转换过程中守恒。热力学第一定律不仅适用于气体系统，也适用于固体与液体系统，对于准静态过程与非静态过程也适用。

对无限短的热力学过程，则式(8.1)为

$$\mathrm{d}Q=\mathrm{d}E+\mathrm{d}W$$

上式即为热力学第一定律的微分形式。如果气体系统经历的是准静态过程，见准静态过程系统的内能增量、做功，那么第一定律可表示为

$$\mathrm{d}Q=\mathrm{d}E+p\mathrm{d}V=\nu\frac{i}{2}R\mathrm{d}T+p\mathrm{d}V \tag{8.2}$$

或

$$Q=\Delta E+\int_{V_1}^{V_2}p\mathrm{d}V=\nu\frac{i}{2}R(T_2-T_1)+\int_{V_1}^{V_2}p\mathrm{d}V$$

热力学第一定律还有一种表述：制造第一类永动机是不可能的。所谓第一类永动机，就是系统不需要从外界吸收能量，还能不停地对外做功的机器。第一类永动机不需要消耗任何燃料，也不需要从其他机器获得能量，还能向外界不停地输出能量。大量的实践证明，不可能造出这种机器，因为它违背了热力学第一定律。当第一类永动机循环一次，系统从初始状态又回到初始状态，则系统内能的增量 $\Delta E=0$，外界又不供给系统能量，即系统吸热 $Q=0$，由第一定律必然有 $W=0$，因此系统不可能对外界做功。

例 8.1　如图 8.6 所示，某理想气体系统从初始的平衡态 A 经历了一个准静态过程至平衡态 B，又从 B 经历了另一个准静态过程回到 A。试判断整个过程系统是吸热还是放热？

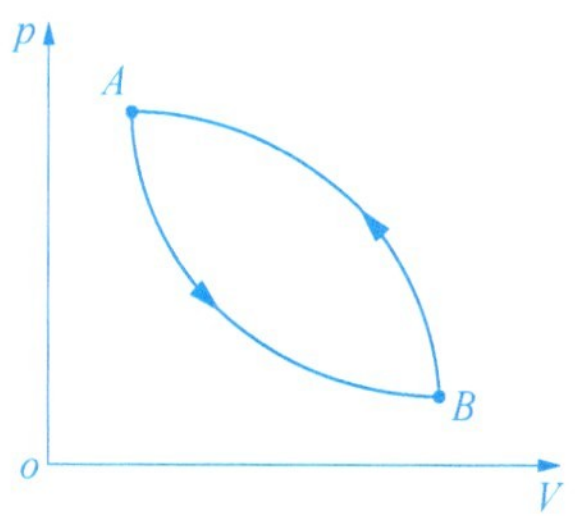

图 8.6　两准静态过程

解：应用第一定律进行分析。

$A\to B$ 过程：气体膨胀，系统对外做正功，记为 W_1，$W_1>0$。

$B\to A$ 过程：气体被压缩，系统对外做负功，记为 W_2，$W_2<0$。

准静态过程系统做功的大小在 $p-V$ 图中表示就是过程曲线下的面积，从图上显示 $A\to B$ 过程曲线下的面积小于 $B\to A$ 曲线下的面积。因此整个过程系统做的总功为

$$W=W_1+W_2<0$$

整个过程系统从初始状态 A 又回到状态 A，始末状态相同，温度不变，因此整个过程内能的增量为零，即 $\Delta E=0$。由第一定律有

$$Q=W+\Delta E<0$$

可见系统放热。

8.3 等值准静态过程

理想气体系统能够经历的准静态过程很多，下面介绍四个重要的准静态过程——等体过程、等压过程、等温过程与绝热过程。

8.3.1 等体过程

1. 等体过程的功、内能增量与热量

理想气体系统在经历准静态过程中如果体积不变，这种过程即为**等体过程**，也称**等容过程**。如图 8.7 所示是等体过程在 p-V 图中的表示，为一条 $V=C$ 的直线段，C 为常量。由于体积不变，则 $\mathrm{d}V=0$，因此微小的等体过程系统对外做功为零，即

$$\mathrm{d}W_V=p\mathrm{d}V=0$$

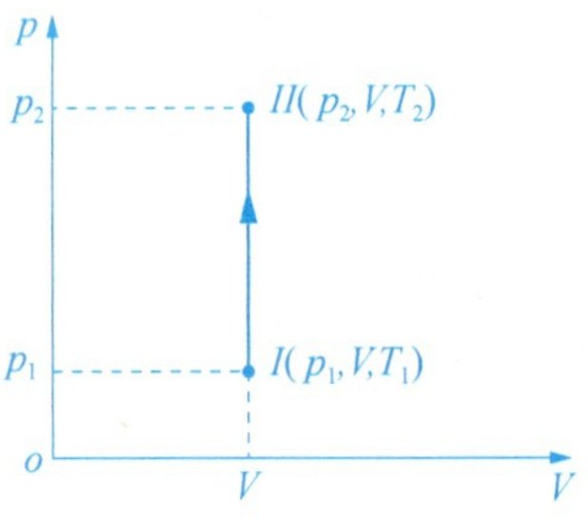

图 8.7 等体过程

由微分形式的第一定律 $\mathrm{d}Q=\nu\dfrac{i}{2}R\mathrm{d}T+p\mathrm{d}V$ [见式(8.2)]，得

$$\mathrm{d}Q_V=\mathrm{d}E_V=\nu\frac{i}{2}R\mathrm{d}T \tag{8.3}$$

当系统从初始状态 $I(p_1, V_1, T_1)$ 变化至末状态 $II(p_2, V_2, T_2)$，系统吸收热量通过积分可得，为

$$Q_V=\Delta E=\nu\frac{i}{2}R(T_2-T_1)=\frac{i}{2}(p_2-p_1)V$$

上式用到了理想气体的状态方程 $pV=\nu RT$。

由上式可见，如果等体过程是升压过程($p_2>p_1$)，则 $T_2>T_1$，$\Delta E>0$，$Q>0$，即过程吸热升温；如果等体过程是降压过程($p_2<p_1$)，则 $T_2<T_1$，$\Delta E<0$，$Q<0$，即过程放热降温。等体过程中，外界传给气体系统的热量全部用来增加系统的内能，系统对外不做功。

2. 等体过程的定体摩尔热容

前面介绍了摩尔热容的概念，对于等体过程，其摩尔热容称为**定体摩尔热容**，由热容的定义与式(8.3)，则定体摩尔热容为

$$C_{V,m}=\left.\frac{\mathrm{d}Q}{\mathrm{d}T}\right|_V=\frac{i}{2}R \tag{8.4}$$

由上式可见，理想气体的定体摩尔热容只与分子的自由度 i 有关，与气体的宏观状态

量无关。为了简单，定体摩尔热容经常用 C_V 表示。例如：单原子分子理想气体 $C_V=3R/2$，刚性双原子分子理想气体 $C_V=5R/2$，非线性刚性多原子分子理想气体 $C_V=3R$。

定体摩尔热容可以通过实验测量得到。如果已经获得了定体摩尔热容，那么由式(8.3)与式(8.4)，ν mol 理想气体的内能增量、吸热的微分形式也可以表示为

$$\mathrm{d}E_V=\mathrm{d}Q_V=\nu C_V\mathrm{d}T$$

对上式积分可得 ν mol 理想气体经历等体过程的内能增量、吸热为

$$\Delta E_V=Q_V=\nu C_V\Delta T$$

8.3.2　等压过程

1. 等压过程的功、内能增量与热量

理想气体系统在经历准静态过程中如果压强不变，这种过程即为**等压过程**。如图 8.8 所示是等压过程在 $p-V$ 图中的表示，为一条 $p=C$ 的直线段，C 为常量。由于压强不变为恒量，见准静态过程做功[式(8.1)]，那么无限短的等压过程系统对外做的功为

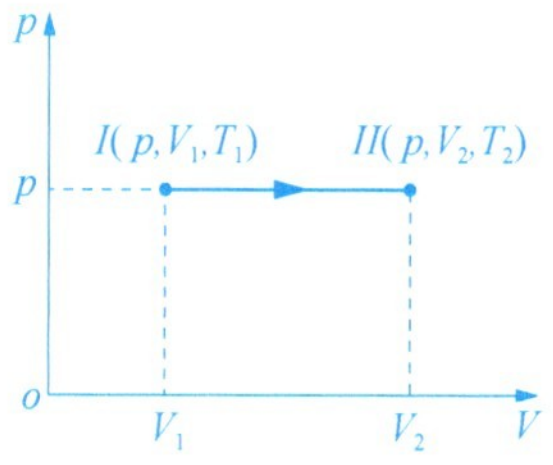

图 8.8　等压过程

$$\mathrm{d}W_p=p\mathrm{d}V=\nu R\mathrm{d}T$$

上式用到理想气体的状态方程 $pV=\nu RT$。由微分形式的第一定律[式(8.2)]，有

$$\mathrm{d}Q_p=\mathrm{d}E+p\mathrm{d}V=\nu\frac{i}{2}R\mathrm{d}T+\nu R\mathrm{d}T=\nu\frac{i+2}{2}R\mathrm{d}T \tag{8.5}$$

当系统从初始状态 $I(p,\ V_1,\ T_1)$ 变化至末状态 $II(p,\ V_2,\ T_2)$，系统做的总功积分可得，为

$$W_p=\int_{V_1}^{V_2}p\mathrm{d}V=p(V_2-V_1)=\nu R(T_2-T_1)$$

而内能的增量为

$$\Delta E_p=\nu\frac{i}{2}R(T_2-T_1)$$

由第一定律或对式(8.5)积分，可得系统吸热为

$$Q_p=\nu\frac{i}{2}R(T_2-T_1)+p(V_2-V_1)=\nu\frac{i+2}{2}R(T_2-T_1)$$

由上式可见，如果等压过程是体积膨胀过程($V_2>V_1$)，则 $T_2>T_1$，$\Delta E>0$，$Q>0$，即过程吸热升温；如果等体过程是体积压缩过程($V_2<V_1$)，则 $T_2<T_1$，$\Delta E<0$，$Q<0$，即过程放热降温。等压过程中系统吸收的热量一部分用来增加系统的内能，一部分用来对外做功。

2. 等压过程的定压摩尔热容

等压过程的摩尔热容称为**定压摩尔热容**，由热容的定义与式(8.5)，则定压摩尔热

容为

$$C_{p,m}=\left.\frac{\mathrm{d}Q}{\mathrm{d}T}\right|_p=\frac{i+2}{2}R \tag{8.6}$$

由上式可见，理想气体的定压摩尔热容也只与分子的自由度 i 有关，与气体的宏观状态量无关。为了简单，定压摩尔热容经常用 C_p 表示。例如：单原子分子气体 $C_p=5R/2$，刚性双原子分子气体 $C_p=7R/2$，非线性刚性多原子气体 $C_p=4R$。

定压摩尔热容也可以通过实验测量得到。如果已经获得了定压摩尔热容，那么由式(8.5)，ν mol 理想气体吸热的微分形式可以表式为

$$\mathrm{d}Q_p=\nu C_p\mathrm{d}T$$

对上式积分可得 ν mol 理想气体经历等压过程吸收的热量为

$$Q_p=\nu C_p\Delta T$$

3. 迈耶公式

通过比较定体摩尔热容[式(8.4)]与定压摩尔热容[式(8.6)]，有

$$C_p=C_V+R$$

上式称为**迈耶公式**。由公式可见，理想气体的定压摩尔热容比定体摩尔热容大一个常量 R。这表示在等压过程，温度升高 1 K 时，1 mol 理想气体比等体过程多吸收 8.31 J 的热量，该能量转换为体积膨胀时对外做功。

4. 比热容比

将理想气体系统的定压摩尔热容与定体摩尔热容相除，其比值称为**比热容比**，工程技术中又称为**绝热系数**，用数学表示为

$$\gamma=\frac{C_p}{C_V}=\frac{i+2}{i}$$

由上式可见，理想气体的比热容比只与分子的自由度有关，与气体的状态无关。例如：单原子分子气体 $\gamma=5/3=1.67$，刚性双原子分子气体 $\gamma=7/5=1.4$，非线性刚性多原子气体 $\gamma=8/6=1.33$。

定体摩尔热容与定压摩尔热容均可以由实验测量获得，因此比热容比也可以通过实验获得。从《Matheson 气体数据手册》中可以查到氮气的定压摩尔热容随温度的变化关系为①

$$C_p=29.342-3.5395\times10^{-3}t+1.0076\times10^{-5}t^2-4.3116\times10^{-9}t^3+2.5935\times10^{-13}t^4$$

据此作图，如图 8.9 所示。将氮气分子视为刚性与非刚性分子，其定压摩尔热容的理论值分别为 29.085 J/(mol·K)与 37.395 J/(mol·K)，实验值在室温附近与理论值吻合得较好，而在其他高温区间实验值与理论值相差比较大。尽管随着温度的升高，气体中出现振动的分子个数随之增多，然而这种考虑还不足以解释高温区间实验值与理论值的偏差。这种偏差说明经典理论有缺陷，因为在获得能量均分定理时做了较多的近似，能量均分定理

① 卡尔·L. 约斯. Matheson 气体数据手册[M]. 北京：化学工业出版社，2003.

的使用有局限性，要对此做出合理的解释需要用到量子理论的知识。

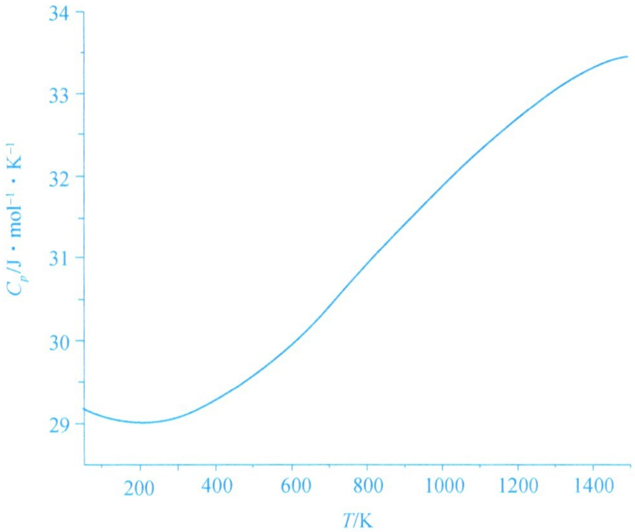

图 8.9　氮气的 C_p 与温度的关系

下面来看第一定律应用于等体、等压过程的相关举例。

例 8.2　如图 8.10 示，侧面绝热的气缸内有 2 mol 的氮气，温度为 $T_0=300$ K。绝热的活塞面积 $S=0.04\ \mathrm{m}^2$，大气压 $p_0=1.01\times10^5$ Pa，活塞质量 $m=200$ kg。由于气缸内小突起物的阻碍，活塞起初停在距气缸底部 $l_1=1$ m 处。今从底部缓慢加热气缸使活塞上升了 $l_2=0.5$ m。若活塞运动时无摩擦，不漏气。(1) 试判断气缸中的气体经历了什么过程？(2) 求气缸中的气体在整个过程中吸收的热量。

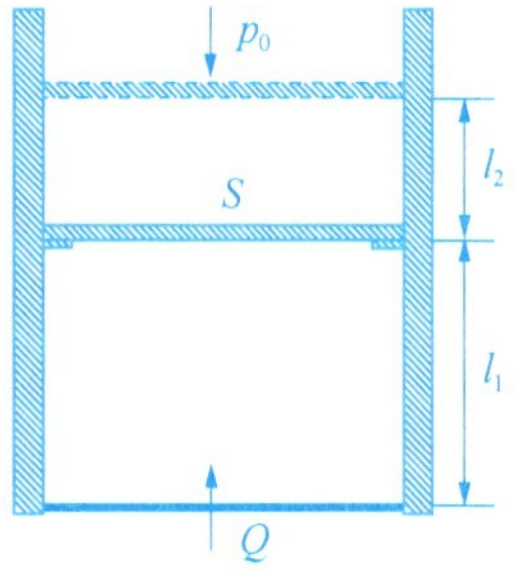

图 8.10　侧面绝热的气缸被加热

解：(1) 气缸中的气体经历了两个过程，活塞没有运动前的阶段，气缸中的气体体积不变，此阶段是等体过程。活塞上升阶段，大气压强与活塞重力产生的压强不变，此阶段是等压过程。

(2) 最初气缸中压强、温度、体积记为 p_1、T_1、V_1，活塞刚被顶起的压强、温度、体积记为 p_2、T_2、V_2，活塞上升到 l_2 处的压强、温度、体积记为 p_3、T_3、V_3。由题可知

$$T_1=T_0=300\ \mathrm{K},\ V_1=V_2=0.04\ \mathrm{m}^3,$$

$$p_2=p_3,\ V_3=0.04\times1.5=0.06\ \mathrm{m}^3$$

由状态方程，得

$$p_1=\frac{\nu RT_1}{V_1}=\frac{2\times8.31\times300}{0.04}=1.25\times10^5\ \mathrm{Pa}$$

而

$$p_2=p_0+\frac{mg}{S}=1.01\times10^5+\frac{200\times9.8}{0.04}=1.50\times10^5\ \mathrm{Pa}$$

等体过程吸热为

$$Q_V=\nu C_V(T_2-T_1)=\nu\frac{i}{2}R(T_2-T_1)=\frac{5}{2}(p_2-p_1)V_1$$

等压过程吸热为

$$Q_p=\nu C_p(T_3-T_2)=\nu\frac{i+2}{2}R(T_3-T_2)=\frac{7}{2}p_2(V_3-V_2)$$

整个过程吸热为

$$\begin{aligned}Q&=Q_V+Q_p=\frac{5}{2}(p_2-p_1)V_1+\frac{7}{2}p_2(V_3-V_2)\\&=\frac{5}{2}\times(1.5\times10^5-1.25\times10^5)\times0.04+\frac{7}{2}\times1.5\times10^5\times(0.06-0.04)\\&=1.30\times10^4\ \text{J}\end{aligned}$$

例 8.3 压强为 1.0×10^5 Pa，体积为 5.0×10^{-3} m^3 的氮气，从初始温度 300 K 加热到 400 K，求：(1)体积不变时氮气吸收的热量；(2)压强不变时氮气吸收的热量。

解：(1)等体过程系统吸热为

$$Q_V=\nu C_V(T_2-T_1)$$

由状态方程 $pV=\nu RT$ 可得 $\nu=pV/RT$，则吸热为

$$\begin{aligned}Q_V&=\frac{p_1V_1}{RT_1}C_V(T_2-T_1)=p_1V_1\frac{C_V}{R}\left(\frac{T_2}{T_1}-1\right)\\&=1.0\times10^5\times5.0\times10^{-3}\times\frac{5}{2}\times\left(\frac{400}{300}-1\right)=416.67\ \text{J}\end{aligned}$$

(2)等体过程系统吸热为

$$\begin{aligned}Q_p&=\nu C_p(T_2-T_1)=\frac{p_1V_1}{RT_1}C_p(T_2-T_1)=p_1V_1\frac{C_p}{R}\left(\frac{T_2}{T_1}-1\right)\\&=1.0\times10^5\times5.0\times10^{-3}\times\frac{7}{2}\times\left(\frac{400}{300}-1\right)=583.33\ \text{J}\end{aligned}$$

8.3.3 等温过程

理想气体系统在经历准静态过程中如果温度不变，这种过程即为**等温过程**。如图 8.11 所示是等温过程在 p-V 图中的表示，为一条 $pV=C$ 的平滑曲线段，C 为常量。由于温度不变为恒量，那么等温过程内能的增量为零，即

$$\text{d}E_T=0$$

考虑到系统经历准静态过程，由微分形式的第一定律有

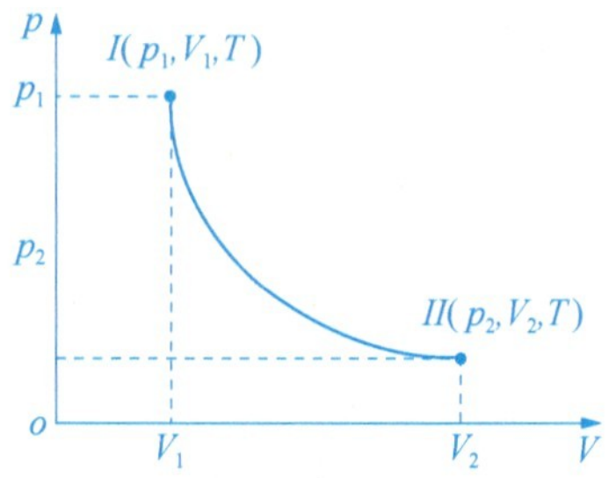

图 8.11 等温过程

$$dQ_T = dW_T = pdV$$

当系统从初始状态 $I(p_1, V_1, T)$ 变化至末状态 $II(p_2, V_2, T)$ 时，由于 $pV=\nu RT$，系统做的总功为

$$W_T = \int_{V_1}^{V_2} pdV = \int_{V_1}^{V_2} \nu RT \frac{dV}{V} = \nu RT\ln\frac{V_2}{V_1} = \nu RT\ln\frac{p_1}{p_2}$$

由第一定律可得系统吸热为

$$Q_T = W_T = \nu RT\ln\frac{V_2}{V_1} = \nu RT\ln\frac{p_1}{p_2}$$

由上式可见，如果等温过程是体积膨胀过程（$V_2>V_1$），则 $Q>0$，即过程降压吸热；如果等温过程是体积压缩过程（$V_2<V_1$），则 $Q<0$，即过程升压放热。等温膨胀过程中系统将吸收的热量全部用来对外做功，系统内能保持不变。

请思考： 等温过程的摩尔热容是多少？有没有必要引入该摩尔热容？

8.3.4　绝热过程

1. 绝热过程的功、内能增量与热量

理想气体系统在经历准静态过程中如果不跟外界交换热量或者说吸收的热量为零，这种过程即为**绝热过程**。如图 8.2 所示，气缸与活塞均由绝热材料制成，那么气体在气缸中膨胀或被压缩的过程就是绝热过程。如果气缸与活塞均由导热性能很好的金属材料制成，此时尽管气体通过气缸跟外界有热量交换，若气体在气缸中膨胀或被压缩的过程进行得很快，过程的时间很短，交换的热量就可以忽略不计，那么这种气体被快速压缩或膨胀的过程也可近似为绝热过程。例如，制冷机、内燃机中气缸内气体的压缩与膨胀过程，气流流经叶轮式压气机、火箭发动机喷管的压缩或膨胀过程均可近似为绝热过程。

由于绝热过程系统不跟外界交换热量，因此

$$dQ_a = 0$$

考虑到系统经历准静态过程，由第一定律的微分形式则有

$$dE_a = -dW_a$$

由上式可见，绝热过程中通过外界对系统做功增加系统的内能，通过系统对外界做功消耗系统的内能。

当系统从初始状态 $I(p_1, V_1, T_1)$ 变化至末状态 $II(p_2, V_2, T_2)$ 时，由于 $\Delta E_a = \nu \frac{i}{2} R\Delta T$，系统做的总功为

$$W_a = -\Delta E_a = -\nu \frac{i}{2}R(T_2 - T_1)$$

由 $pV=\nu RT$ 与比热容比 $\gamma = \frac{i+2}{i}$，上式还可表示为

$$W_a=-\Delta E_a=-\frac{i}{2}(p_2V_2-p_1V_1)=-\frac{\nu R(T_2-T_1)}{\gamma-1}$$

由此可见，如果气体绝热膨胀($V_2>V_1$)，则 $W>0$，那么 $T_2<T_1$，$\Delta E<0$，因此绝热膨胀过程是降温过程。另外，气体膨胀了，分子的数密度 n 就变小，而温度又降低，由 $p=nRT$ 可见绝热膨胀压强也降低。总之，气体绝热膨胀，降温降压。反过来，气体绝热压缩，升温升压。

绝热现象在日常生活中会遇到，例如用气筒给自行车轮胎打气，打完气后用手摸气筒筒身，会感觉到气筒出气端的温度比较高，这就是气体绝热压缩升温升压引起的。晴朗的天空看到喷气式飞机拉着长长的尾迹，这是因为高温气体从发动机喷口喷出，在空气中绝热膨胀降温降压，其中的水蒸气凝结成了微小水珠，大气条件合适就显示出尾迹。

请思考：绝热过程的摩尔热容是多少？有没有必要引入该摩尔热容？

2. 绝热方程

理想气体经历的绝热过程是准静态过程，因此它的状态参量要遵循理想气体状态方程($pV=\nu RT$)的规律。如果用 p 与 V 两个状态参量来描述绝热过程，这样的方程称为**绝热方程**。通过如下推导可得绝热方程。对 $pV=\nu RT$ 取微分得

$$p\mathrm{d}V+V\mathrm{d}p=\nu R\mathrm{d}T$$

将微分形式的第一定律 $\mathrm{d}Q=\mathrm{d}E+p\mathrm{d}V$ 应用于绝热过程有

$$\nu\frac{i}{2}R\mathrm{d}T+p\mathrm{d}V=0$$

联立以上两式，消去 $\mathrm{d}T$ 得

$$V\mathrm{d}p+p\mathrm{d}V=-\frac{2}{i}p\mathrm{d}V$$

由于 $\gamma=\dfrac{i+2}{i}$，则上式为

$$\frac{\mathrm{d}p}{p}=-\gamma\frac{\mathrm{d}V}{V}$$

对上式积分可得

$$pV^{\gamma}=C$$

利用 $pV=\nu RT$ 与上式联立，消去 p 或 V 可得

$$V^{\gamma-1}T=C,\quad p^{1-\gamma}T^{\gamma}=C$$

以上三个方程为绝热方程的三种形式。由第一种形式的绝热方程 $pV^{\gamma}=C$，也可以获得气体从状态 $I(p_1, V_1, T_1)$ 绝热变化至状态 $II(p_2, V_2, T_2)$ 时所做的功，为

$$W_a=\int_{V_1}^{V_2}p\mathrm{d}V=\int_{V_1}^{V_2}\frac{p_1V_1^{\gamma}}{V^{\gamma}}\mathrm{d}V=-\frac{\nu R(T_2-T_1)}{\gamma-1}$$

考察第一种形式的绝热方程 $pV^{\gamma}=C$，在 $p-V$ 图中画出的绝热线类似于等温线，如图 8.12 所示。两条曲线均是平滑的曲线，p 与 V 均是递减关系，然而绝热线比等温线陡峭，

即绝热线的斜率大小大于等温线的斜率大小，为何出现这种情况？见如下解释。

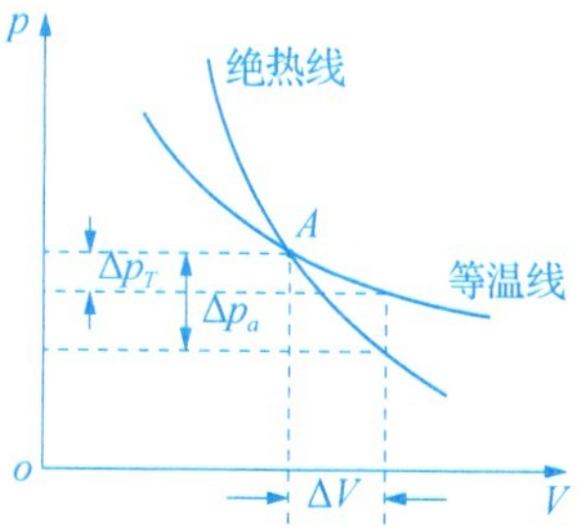

图 8.12　绝热过程

对等温过程方程 $pV=C$ 两边微分，有

$$p\mathrm{d}V+V\mathrm{d}p=0$$

得等温线斜率为

$$\left(\frac{\mathrm{d}p}{\mathrm{d}V}\right)_T=-\frac{p}{V}$$

类似地，对绝热过程方程 $pV^\gamma=C$ 也取微分，有

$$p\gamma V^{\gamma-1}\mathrm{d}V+V^\gamma\mathrm{d}p=0$$

得到绝热线斜率为

$$\left(\frac{\mathrm{d}p}{\mathrm{d}V}\right)_a=-\gamma\frac{p}{V}$$

由于 $\gamma=\dfrac{i+2}{i}>1$，因此

$$\left|\left(\frac{\mathrm{d}p}{\mathrm{d}V}\right)_a\right|>\left|\left(\frac{\mathrm{d}p}{\mathrm{d}V}\right)_T\right|$$

绝热线比等温线陡峭的原因：见方程 $p=nRT$，等温过程中压强的减小 Δp_T，仅仅是体积增大导致分子数密度 n 减小所致；而绝热过程中压强的减小 Δp_a，是由于绝热膨胀导致 n 减小与温度降低两个因素所致，所以绝热线与等温线上同样的体积变化，$|\Delta p_a|$的值要大于$|\Delta p_T|$的值，见图 8.12，因而前者比后者陡峭。

下面来看第一定律应用的相关举例。

例 8.4　某高压容器中储有的气体可能是氮气或氩气。在温度为 298 K 时从中取出试样，使其从 $5\times10^{-3}\ \mathrm{m}^3$ 绝热膨胀至 $6\times10^{-3}\ \mathrm{m}^3$，其温度降至 277 K。试判断容器中是何种气体。

解： 两种气体的自由度不同。设试样气体始末状态的体积与温度分别为$(V_1,\ T_1)$与$(V_2,\ T_2)$，由题知

$$\frac{V_1}{V_2}=\frac{5}{6}$$

由于气体绝热膨胀，有

$$V_1^{\gamma-1}T_1=V_2^{\gamma-1}T_2$$

即

$$\frac{T_2V_1}{T_1V_2}=\left(\frac{V_1}{V_2}\right)^\gamma$$

对上式两边取对数可得

$$\gamma=\frac{\ln\dfrac{T_2V_1}{T_1V_2}}{\ln\dfrac{V_1}{V_2}}=\frac{\ln\dfrac{277\times5}{298\times6}}{\ln\dfrac{5}{6}}=1.40$$

由 $\gamma=\frac{i+2}{i}$ 得

$$i=\frac{2}{\gamma-1}=\frac{2}{1.4-1}=5$$

可见气体为氮气。

例 8.5 如图 8.13 所示，容器右边封闭且导热，其他部分绝热，中间被一可移动且绝热的活塞等分成 A、B 两部分，两部分的体积均为 36 L。最初容器的 A、B 两部分均有温度为 273 K、压强为 1.0×10^5 Pa 的氮气。现从容器右端缓慢对 A 中气体加热，使活塞缓慢向左移动，直到 B 中气体的体积变为 18 L 为止。若活塞移动无摩擦、不漏气，求：(1) A 中气体末态的压强与温度；(2)外界传给 A 中气体的热量。

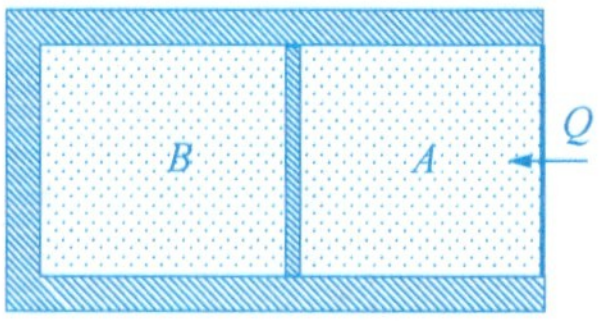

图 8.13 一分为二的容器

解：(1) A、B 中气体初态压强 $p_0=1.0\times10^5$ Pa、$V_0=36\times10^{-3}$ m^3、$T_0=273$ K。设 A、B 中气体末态压强、体积和温度分别为 p_A、V_A、T_A 与 p_B、V_B、T_B。氮气可视为理想气体，其自由度 $i=5$，绝热系数为 $\gamma=1.4$。已知 A 与 B 最终平衡时

$$p_A=p_B,\quad V_A=54\times10^{-3}\ \text{m}^3,\quad V_B=18\times10^{-3}\ \text{m}^3$$

B 中气体经历的是绝热过程，则

$$p_0V_0^\gamma=p_BV_B^\gamma$$

得
$$p_B=p_0\left(\frac{V_0}{V_B}\right)^\gamma=1.0\times10^5\times\left(\frac{36}{18}\right)^{1.4}=2.64\times10^5\ \text{Pa}=p_A$$

由状态方程 $pV=\nu RT$ 得

$$T_A=\frac{p_AV_A}{p_0V_0}T_0=\frac{2.64\times10^5}{1.0\times10^5}\times\frac{54}{36}\times273=1081.08\ \text{K}$$

(2)由内能公式得 A 中气体内能的增量为

$$\Delta E_A=\nu\frac{i}{2}R(T_A-T_0)=\frac{5}{2}(p_AV_A-p_0V_0)$$

$$=\frac{5}{2}\times(2.64\times10^5\times54\times10^{-3}-1.0\times10^5\times36\times10^{-3})=2.66\times10^4\ \text{J}$$

B 中气体经历绝热过程，由第一定律有

$$W_B=-\Delta E_B$$

A 中气体对外做功即为外界对 B 中气体做功，则

$$W_A=-W_B=\Delta E_B=\nu\frac{i}{2}R(T_B-T_0)=\frac{5}{2}(p_BV_B-p_0V_0)$$

$$=\frac{5}{2}\times(2.64\times10^5\times18\times10^{-3}-1.0\times10^5\times36\times10^{-3})=2.88\times10^3\ \text{J}$$

由第一定律可得 A 中气体吸热量为

$$Q_A = W_A + \Delta E_A = 2.95\times10^4\ \mathrm{J}$$

*8.3.4 多方过程

前面提到理想气体系统能够经历很多的准静态过程，上面介绍了四个等值准静态过程，这四个过程的方程均可以归纳到一个方程中，该方程描述的过程称为多方过程，其数学表示为

$$pV^n = C$$

上式中 n 称为多方指数，在过程中取常数，C 亦为常数。等值过程是多方过程的特例：

当 $n=0$ 时，$pV^0=p=C$，此即为等压过程；

当 $n=1$ 时，$pV^1=C$，此即为等温过程；

当 $n=\gamma$ 时，$pV^\gamma=C$，此即为绝热过程；

当 $n\to\infty$ 时，$pV^\infty=C$ 可变化为 $p^{1/\infty}V=C^{1/\infty}$，即为 $V=C'$，此即为等体过程。

***例 8.6** 一定量的理想气体经历一个准静态过程，其压强按 $p=\dfrac{c}{V^2}$的规律变化，c 为常量。求：(1)气体从体积 V_1 增加到 V_2 所做的功，并判断该理想气体的温度是升高还是降低；(2)该过程的摩尔热容。

解：(1)准静态过程气体做功为

$$W=\int_{V_1}^{V_2}p\mathrm{d}V=\int_{V_1}^{V_2}\frac{c}{V^2}\mathrm{d}V=-c\left(\frac{1}{V_2}-\frac{1}{V_1}\right)$$

由 $p=\dfrac{c}{V^2}$可得

$$p_1=\frac{c}{V_1^2},\ p_2=\frac{c}{V_2^2},\ p_1V_1^2=p_2V_2^2$$

代入上式，并利用 $pV=\nu RT$，得

$$W=-p_1V_1^2\left(\frac{1}{V_2}-\frac{1}{V_1}\right)=-(p_2V_2-p_1V_1)=-\nu R(T_2-T_1)>0$$

可见 $T_2<T_1$，即理想气体的温度降低了。

(2)由 $p=\dfrac{c}{V^2}$与 $pV=\nu RT$ 可得

$$\frac{c}{V}=\nu RT$$

对上式取微分得

$$-\frac{c}{V^2}\mathrm{d}V=-p\mathrm{d}V=\nu R\mathrm{d}T$$

代入微分形式的第一定律 $\mathrm{d}Q=\nu\dfrac{i}{2}R\mathrm{d}T+p\mathrm{d}V$ 中，有

$$dQ=\nu\frac{i}{2}RdT-\nu RdT=\frac{i-2}{2}\nu RdT$$

该过程的摩尔热容为

$$C_m=\frac{dQ}{dT}=\frac{i-2}{2}R$$

8.4 循环过程

8.4.1 热机循环与热机效率

1. 循环过程

为何要研究经历准静态过程的热力学系统的内能增量、功与热量？因为人们想知道一个系统含有多少能量，这些能量通过什么途径跟外界交换，如何来利用这些能量。蒸汽机的发明极大地提高了人类的工作效率，也指明了利用能量的主要途径。

我们对蒸汽机的工作原理应该有所了解。如图 8.14 所示，锅炉将水加热成高温蒸汽，气缸的下阀门关闭，上阀门打开，蒸汽通过管道进入气缸，关闭上阀门，高温蒸汽在气缸中膨胀推动活塞向右运动，带动飞轮转动。随后打开下阀门，活塞在飞轮的惯性转动下向左运动，排出低温蒸汽。关闭下阀门，低温蒸汽经过冷凝器冷凝成水，再次流入锅炉。如此不断的循环，活塞不断地运动带动飞轮转动对外做功。蒸汽机的工作过程可以等效于有一团固定不变的蒸汽居于气缸中，它从高温热源(高温蒸汽)吸热，然后绝热膨胀对外做功，随后向低温热源(低温蒸汽)放热，该团蒸汽又被绝热压缩回初始状态。热力学系统经历一系列变化后又回到初始状态的整个过程，即称为**循环过程**，简称**循环**。由此可见研究循环的意义。循环工作的物质称为**工作物质**，简称**工质**。

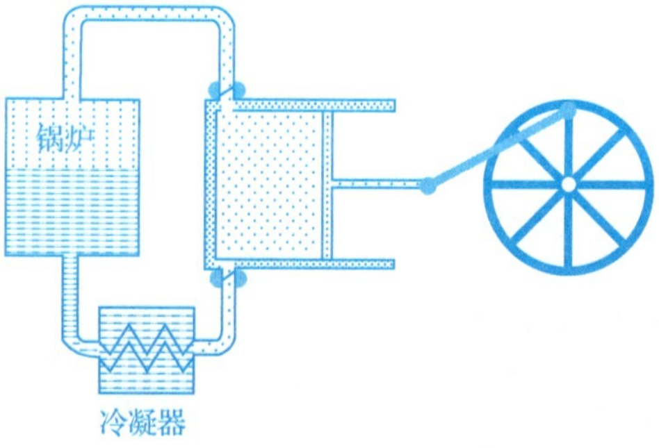

图 8.14 蒸汽机工作的原理图

2. 热机循环(正循环)

对于理想气体作为工质，它完成一次循环要经历一系列准静态过程，从初始状态又回到初始状态，于是循环在 $p-V$ 图上可以描绘出来，它是一条闭合曲线，如图 8.15 所示。图中显示的循环沿顺时针方向进行，这种循环称为**正循环**。循环一次气体工质的内能增量为零，即 $\Delta E=0$。由第一定律，则有

$$Q=W$$

见图 8.15，在循环曲线上取了两点 A 与 B(从 A、B 引出的垂线与循环图相切)将循环分成两个过程，假定 A 点是初始状态，B 点为中间的某个状态。从图可见，$A \to B$ 过程气体膨胀对外做正功，做功大小为 $A \to B$ 曲线下的面积，而 $B \to A$ 过程气体被压缩对外做负功，做功大小为 $B \to A$ 曲线下的面积，因此循环一次系统对外做的总功为正，做功的大小即为循环曲线包围的面积。又由 $Q=W>0$ 可见，正循环是气体将从外界吸收的热量转变为对外做功，蒸汽机、内燃机、外燃机、汽轮机等的工质进行的循环就是正循环，因此正循环也称为**热机循环**。图 8.16 显示的是热机循环的能量流动图，气体从高温热源吸热 Q_1，一部分转化为对外做功 W，另一部分向低温热源放热 Q_2。循环一次气体工质对外做的总功(净功)可表示为

$$W_{净}=Q_1-Q_2$$

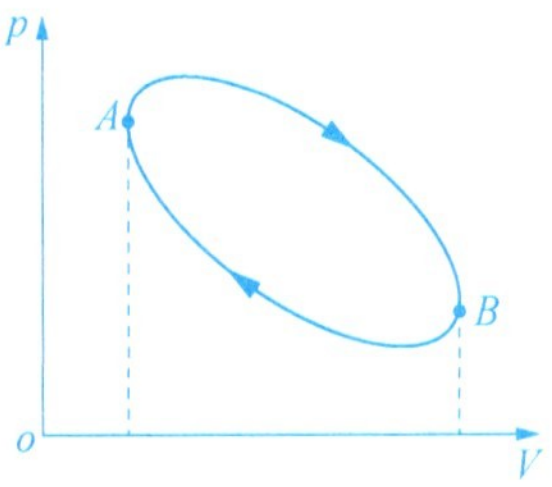

图 8.15　正循环

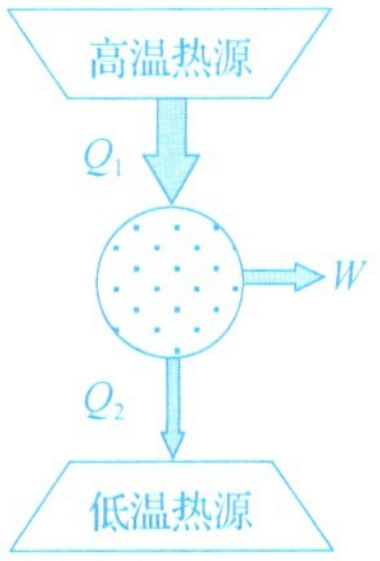

图 8.16　正循环的能量流动

在前面介绍等值过程时，规定系统吸热 Q 为正，放热 Q 为负。而热机循环中气体从高温热源吸热，$Q_1>0$，向低温热源放热，$Q_2<0$，这样由上式得到的对外做功 $W_{净}=Q_1-Q_2=Q_1+|Q_2|>Q_1$，从能量流动图 8.16 来看，这就不合理了。因此，在利用上式计算热机循环系统对外做功时，Q_1 与 Q_2 均指实际过程吸热与放热的绝对值。

请思考：前面在循环曲线上取的两点 A 与 B，如果从 A、B 引出的垂线并不与循环图相切，此时还能证明循环一次系统对外做功的大小为循环曲线包围的面积吗?

3. 热机效率

为了反映热机工作的效率，将循环过程气体工质对外做的净功($W_{净}=Q_1-Q_2$)除以从高温热源吸收的热量 Q_1，该比值称为**热机效率**，一般用符号“η”来表示，即

$$\eta=\frac{W_{净}}{Q_1}=1-\frac{Q_2}{Q_1}$$

热机效率表明：从高温热源吸热越少，而对外做功越多，热机的效率就越高。

8.4.2　制冷循环(逆循环)

如图 8.17 所示，图中显示的循环沿逆时针方向进行，这种循环称为**逆循环**。与正循环相比，整个过程逆向进行。循环一次整个过程的内能增量 $\Delta E=0$，则 $Q=W$。同样在循

环曲线上取两点 A 与 B。从图可见，$A \to B$ 过程气体膨胀对外做正功的值，小于 $B \to A$ 过程气体被压缩对外做负功的绝对值，因此循环一次系统对外做的总功为负(也就是外界对系统做了功)，做功的大小为循环曲线包围的面积。由 $Q=W<0$ 可见，逆循环是外界对气体做功 $|W|$ 并从低温热源吸热 Q_2，随后向高温热源放热 Q_1，能量流动见图 8.18 所示。随着逆循环的持续进行，不断地将热量从低温热源抽取传递至高温热源，于是低温热源处的温度被降低，因此逆循环也称为**制冷循环**。空调、冰箱等制冷设备中的气体工质进行的循环就是制冷循环。循环一次气体工质对外做的总功(净功)可表示为

$$W_{净}=Q_2-Q_1$$

上式中 Q_1 与 Q_2 均指实际过程放热与吸热的绝对值。

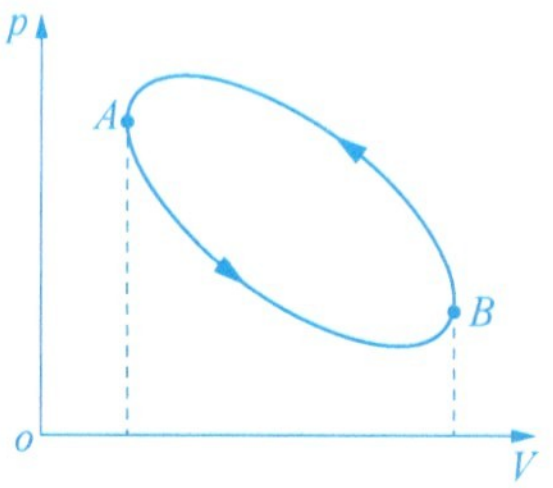

图 8.17　逆循环

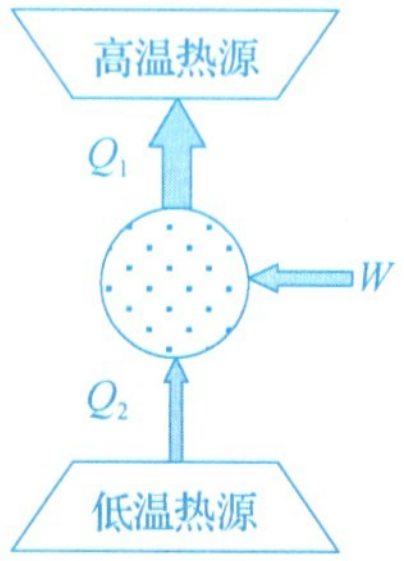

图 8.18　逆循环的能量流动

3. 制冷系数

为了反映制冷机工作的效率，将循环过程气体工质从低温热源吸收的热量 Q_2 除以外界对系统做的功($|W_{净}|=Q_1-Q_2$)，该比值称为**制冷系数**，一般用符号“e”来表示，即

$$e=\frac{Q_2}{|W_{净}|}=\frac{Q_2}{Q_1-Q_2} \tag{8.7}$$

外界对系统做功越少，而从低温热源吸热越多，制冷机的效率就越高。

现在制冷机的工质一般用 R410A 制冷剂等，它在一个大气压下的沸点为-51.6℃。压强越大，物质的沸点就越高。在环境温度为 35℃的夏天，R410A 工作时的冷凝温度为 45～50℃，对应的冷凝气压约为 3.1 MPa。图 8.19 为制冷机工作的原理图。先关闭压缩机的上阀门打开下阀门，压缩机的活塞向右运动，将冰室中的气体抽至气缸。随后关闭下阀门，活塞向左运动，气体被绝热压缩变成高温高压气体。当活塞运动至气缸底部时打开上阀门，高温高压气体经管道流至散热器，通过散热器向外界传递热量，同时气体在 45～50℃、约 3.1 MPa 气压时液化为液体，经管道流至储液罐。储液罐下端连接节

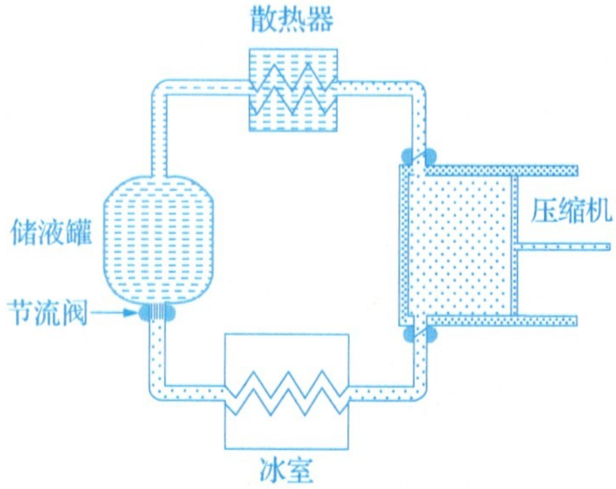

图 8.19　制冷机工作的原理图

流阀，节流阀起到降压限流的作用，高压液体经节流阀变为低压、小流量液体进入冰室管道，冰室管道中是低压低温环境，进入的液体立即沸腾汽化，并从冰室吸收热量。随后活塞再次抽气压缩……进行下一次循环，不断将冰室的热量传递至外界。

蒸汽机、制冷机发明之后人们就在思考，如何提高热机与制冷机的效率？如前所述，热机与制冷机的循环过程是由多个准静态过程连接而成，不同的准静态过程吸收或放出的热量不同，因此对应的热机与制冷机的效率是不同的。那么该选择哪些过程构成循环其效率最高？

8.4.3　几个重要的循环

1. 卡诺循环

1824 年，法国年轻的工程师卡诺找到了工作在两个热源之间的理想循环：由两个准静态等温过程与两个准静态绝热过程组成的循环，该循环称为**卡诺循环**。以卡诺正循环运行的机器称为**卡诺热机**，图 8.20(a)所示为卡诺热机循环图。

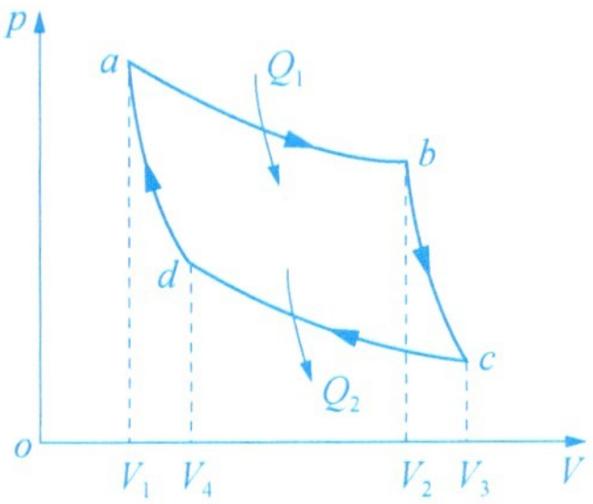

(a)卡诺热机循环

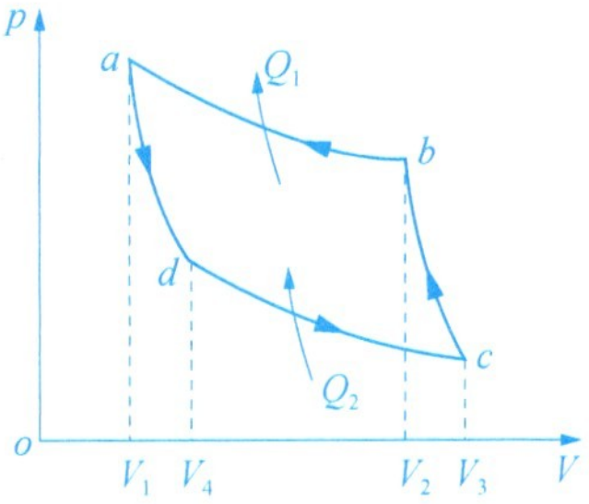

(b)卡诺制冷循环

图 8.20　卡诺热机与制冷机的循环

$a \to b$ 等温过程：理想气体工质与温度为 T_1 的高温热源接触，体积等温地从 V_1 膨胀至 V_2。该过程气体从外界(高温热源)吸收的热量为

$$Q_1 = \nu R T_1 \ln \frac{V_2}{V_1} > 0$$

$b \to c$ 绝热过程：气体绝热膨胀对外做正功，体积从 V_2 膨胀至 V_3。该过程气体从外界吸热为零。

$c \to d$ 等温过程：气体与温度为 T_2 的低温热源接触，体积等温地从 V_3 压缩至 V_4。该过程气体跟外界(低温热源)放出的热量为

$$Q_2 = \nu R T_2 \ln \frac{V_4}{V_3} < 0$$

$d \to a$ 绝热过程：气体绝热压缩对外做负功，体积从 V_4 压缩至 V_1。该过程气体从外界吸热为零。

对于卡诺热机，其效率为

$$\eta=1-\frac{|Q_2|}{Q_1}=1-\frac{T_2\ln(V_3/V_4)}{T_1\ln(V_2/V_1)}$$

由于 b 与 c 状态处在同一条绝热线上，a 与 d 状态处在另一条绝热线上，由绝热方程有

$$T_1V_2^{\gamma-1}=T_2V_3^{\gamma-1},\quad T_1V_1^{\gamma-1}=T_2V_4^{\gamma-1}$$

以上两式相除，则

$$\frac{V_3}{V_4}=\frac{V_2}{V_1}$$

得

$$\eta=1-\frac{T_2}{T_1}$$

由此可见，卡诺热机循环的效率只与两个热源温度有关，其效率应小于 100%。要提高热机的效率，可以通过提高高温热源的温度 T_1、降低低温热源的温度 T_2 来实现。现代热电厂在锅炉中燃烧煤炭产生高压蒸汽，在管道中形成高速流动的蒸汽，冲击汽轮机的叶片使之转动，随之带动发电机发电，汽轮机也是一种热机。发电厂主要通过提高高温热源的温度来提高热机的效率，高温热源的温度一般达到了 $T_1=900$ K，而 $T_2=300$ K。据此计算热机效率的理论值应为 65%，而实际值小于 40%，原因何在？原因在于推导卡诺热机效率公式前有很多近似，气体近似为理想气体，热机中的摩擦力近似为零，气体经历的绝热过程也是近似的等因素，于是实际效率比理论值小不少。

前面介绍的卡诺循环是正循环，如果将卡诺循环逆向进行，这就是**卡诺制冷循环**，对应的机器称为**卡诺制冷机**，其循环图如图 8.20(b) 所示。$a\to d$ 与 $c\to b$ 过程是绝热过程，气体不与外界交换热量。$d\to c$ 过程是等温膨胀过程，气体吸热为

$$Q_2=\nu RT_2\ln\frac{V_3}{V_4}>0$$

$b\to a$ 过程是等温压缩过程，气体放热为

$$Q_1=\nu RT_1\ln\frac{V_1}{V_2}<0$$

由于 b 与 c 状态处在同一条绝热线上，a 与 d 状态处在另一条绝热线上，类似地由绝热方程得到

$$\frac{V_3}{V_4}=\frac{V_2}{V_1}$$

得卡诺制冷机的制冷系数为

$$e=\frac{Q_2}{|Q_1|-Q_2}=\frac{T_2}{T_1-T_2}$$

2. 奥托循环

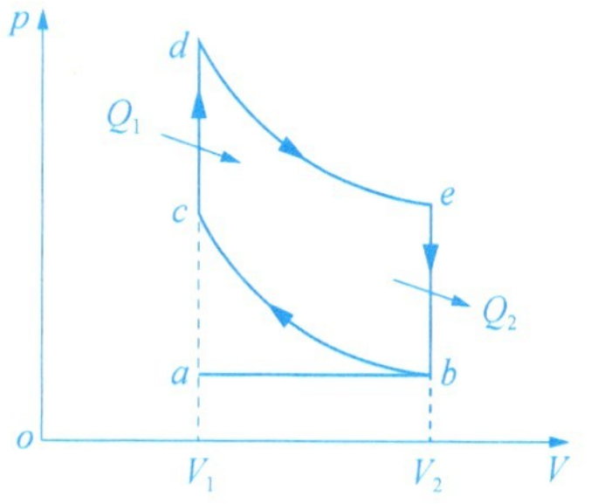

图 8.21 奥托循环

以前了解过，汽油机、柴油机等内燃机的工作以四个冲程——吸气、压缩、做功、排气——来完成一次循环，这种循环由两条绝热线与两条等体线组成，称为**奥托循环**，其循环过程如图 8.21 所示，内燃机的结构图可参见 3.28(a)图。

$a \to b$ 吸气冲程：打开进气阀门，气缸等压地吸入油气混合气。设想该团气体一直驻留的气缸中。

$b \to c$ 压缩冲程：关闭阀门混合气绝热压缩，体积从 V_2 压缩至 V_1 对外做负功，混合气变成高温高压气体。

$c \to d$ 等体过程：点火混合气使其爆炸式燃烧，时间很短，燃烧热被混合气(实际为燃烧产物气体)吸收，气体相当于经历了一个等体过程，升温升压。气体吸热为

$$Q_1 = \nu C_V (T_d - T_c) > 0$$

$d \to e$ 做功冲程：气体绝热膨胀对外做正功，体积从 V_1 膨胀至 V_2。

$e \to b$ 排气冲程：打开排气阀排气，等效于气缸中的气体经历了一个等体过程，降温降压。气体放热为

$$Q_2 = \nu C_V (T_b - T_e) < 0$$

随后活塞在飞轮惯性带动下由 $b \to a$ 等压回到起点，完成一次循环。奥托循环的效率可表示为

$$\eta = 1 - \frac{|Q_2|}{Q_1} = 1 - \frac{T_e - T_b}{T_d - T_c}$$

由于 b 与 c 状态处在同一条绝热线上，e 与 b 状态处在另一条绝热线上，由绝热方程有

$$T_e V_2^{\gamma-1} = T_d V_1^{\gamma-1},\quad T_b V_2^{\gamma-1} = T_c V_1^{\gamma-1}$$

得
$$\frac{T_e}{T_d} = \frac{T_b}{T_c} \quad \to \quad \frac{T_e - T_b}{T_d - T_c} = \left(\frac{V_1}{V_2}\right)^{\gamma-1}$$

得
$$\eta = 1 - \left(\frac{V_2}{V_1}\right)^{1-\gamma} = 1 - r^{1-\gamma}$$

上式中 $r = V_2/V_1$ 被定义为气体的体积压缩比。可见奥托循环的效率只决定于体积压缩比。若压缩比为 7，$\gamma = 1.4$，计算得到奥托循环的效率约为 54%，而实际只有约 25%。

循环问题的相关举例如下。

例 8.7 如图 8.22(a)所示，带活塞的金属圆筒中封住 1 mol 氮气，圆筒浸在冰水混合物中。由位置 I 迅速推动活塞至位置 II，气体被压缩为原来的一半，然后保持活塞不动，待气体温度降至 0℃，再让活塞缓慢上升到位置 I，完成一次循环。(1)在 p-V 图上画出循环曲线；(2)循环 1000 次放出的热量能熔解多少冰？($\lambda_{冰} = 3.35 \times 10^5$ J/kg)

解：(1)p-V 图上的循环曲线如图 8.22(b)所示。

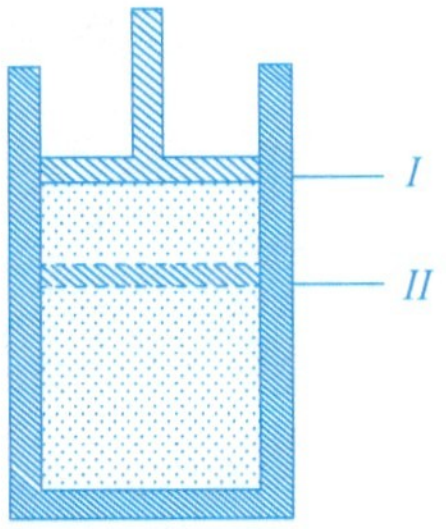

(a)金属圆筒封住氮气

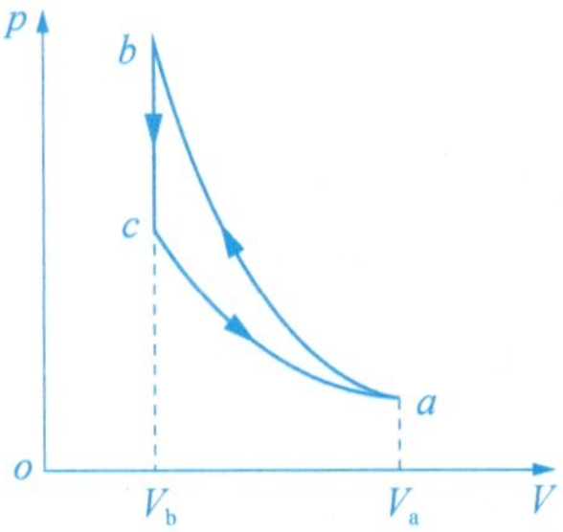

(b)氮气的循环曲线

图 8.22

$a \to b$ 过程：活塞迅速由位置 I 运动至位置 II，气体绝热压缩，体积从 V_a 压缩至 V_b。

$b \to c$ 过程：活塞在位置 II 不动，气体温度下降至 0℃，气体等体降温。

$c \to a$ 过程：活塞缓慢由位置 II 回至位置 I，气体等温膨胀，体积从 V_b 膨胀至 V_a。

(2)a 与 b 在同一条绝热线上。已知 $V_a=2V_b=22.4$ L，$T_a=T_c=273.15$ K，$i=5$，有

$$V_a^{\gamma-1}T_a=V_b^{\gamma-1}T_b$$

得
$$T_b=\left(\frac{V_a}{V_b}\right)^{\gamma-1}T_a=2^{2/5}\times 273.15=360.42\ \text{K}$$

$b \to c$ 过程：

$$Q_{bc}=\Delta E_{bc}=\nu\frac{i}{2}R(T_c-T_b)=1\times\frac{5}{2}\times 8.31\times(273.15-360.42)=-1813.03\ \text{J}$$

$c \to a$ 过程：

$$Q_{ca}=W_{ca}=\nu RT_a\ln\frac{V_a}{V_c}=1\times 8.31\times 273.15\times\ln 2=1573.36\ \text{J}$$

循环一次气体与外界交换的热量为

$$Q=Q_{bc}+Q_{ca}=1573.36-1813.03=-239.67\ \text{J}$$

可见循环一次气体要放热，则 1000 次循环放出的热量能熔解的冰为

$$m=\frac{1000|Q|}{\lambda}=\frac{1000\times 239.67}{3.35\times 10^5}=0.72\ \text{kg}$$

例 8.7 如图 8.23 所示是一种先进的供暖系统：用热机带动制冷机工作，热机的高温热源是锅炉产生的高温蒸汽，低温热源是供暖系统中的水，供暖水作为热机的冷却水，制冷机从河水中吸热向供暖水放热。高温蒸汽的温度 $T_1=210$℃，供暖水的温度 $T_2=60$℃，河水的温度 $T_3=5$℃。假定热机与制冷机均是卡诺机，以理想气体为工质工作。求：(1) 每燃烧 1 kg 煤，供暖水得到的热量；

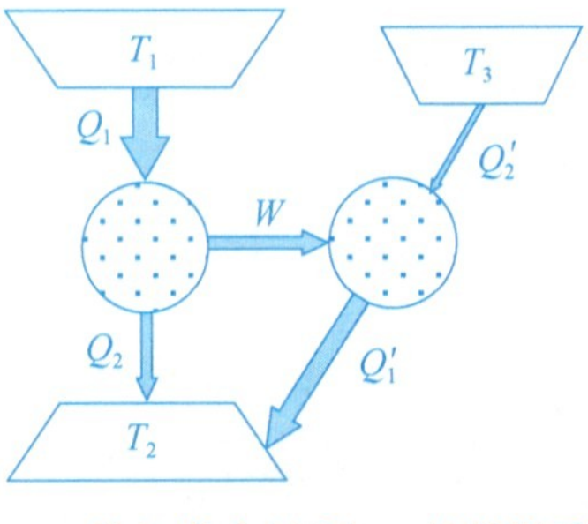

图 8.23 热机带动制冷机工作的供暖系统

(2) 该热量是燃烧煤发热量的倍数。(已知煤的燃烧值是 3.34×10^{7} J/kg)

解：(1) 对于热机，其效率为

$$\eta=\frac{W}{Q_1}=1-\frac{T_2}{T_1}$$

即

$$W=\left(1-\frac{T_2}{T_1}\right)Q_1$$

对于制冷机，其制冷系数为

$$e=\frac{Q_2'}{|W|}=\frac{T_3}{T_2-T_3}$$

即

$$Q_2'=\frac{T_3}{T_2-T_3}W=\left(\frac{T_3}{T_2-T_3}\right)\left(1-\frac{T_2}{T_1}\right)Q_1$$

锅炉每燃烧 1 kg 煤传递至供暖水中的热量为

$$Q_1+Q_2'=Q_1+\left(\frac{T_3}{T_2-T_3}\right)\left(1-\frac{T_2}{T_1}\right)Q_1=\frac{T_2(T_1-T_3)}{T_1(T_2-T_3)}Q_1$$

$$=\frac{333.15\times(483.15-278.15)}{483.15\times(333.15-278.15)}\times3.34\times10^{7}=8.58\times10^{7}\ \text{J}$$

(2) 该热量是煤发热量的倍数为

$$\frac{8.58\times10^{7}}{3.34\times10^{7}}=2.57$$

可见该供暖系统给供暖水提供的热量，比单纯燃烧煤给水提供的热量高得多。

8.5 热力学第二定律

能否将热机的效率提高到 100%，将制冷机的制冷系数提高到无穷大？从上一节的循环过程可知，在循环过程中，由于要向低温热源放热，故热机效率是不可能达到 100%。但仅从热力学第一定律是无法得出热机效率达不到 100% 的结论，这说明自然界中还有另外一条法则来阻止热机效率的无限提高，这就是热力学第二定律。

8.5.1 热力学第二定律的两种表述

1. 开尔文表述

如前所述，需要向低温热源放热的热机循环过程，其热机效率 $\eta=1-Q_2/Q_1$ 不可能达到 100%。那么存不存只需要一个热源的热机呢？如果一个热机只从单一热源吸取热量做功，不需要向低温热源放热，即 $Q_2=0$，效率就能达到 100%，如图 8.24 所示。这就是说，如果在一个循环中，只从单一热源吸收热量使之全部变为功，循环效率就可达到 100%。该结论不违反能量守恒定律。据估算，如果利用这种单一热源热机，只要使海水温度降低 0.01K，就能使全世界所有机器工作上千年，这种想法如果实现，人类将有随手可得的清洁能源，前景诱人。

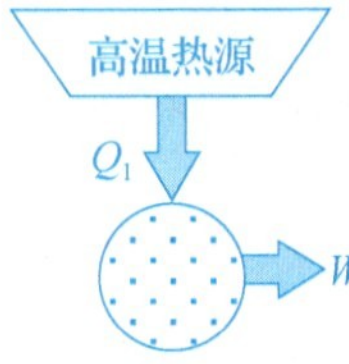

图 8.24　单一热源热机

开尔文针对热机的效率进行了大量研究，他于 1851 年归纳出一种表述：不可能制成一种循环动作的热机，它只从一个单一温度的热源提取热量，并使其全部变为有用功，而不引起其他变化。这种表述称为**热力学第二定律的开尔文表述**。从单一热源吸热并全部转变为对外做功的热机被称为**第二类永动机**，开尔文的表述否定了可以实现这种热机。于是热力学第二定律也可表述为：第二类永动机是不可能实现的。自蒸汽机发明以来，不断有人自称设计出了第二类永动机，然而这些设计随后都被证实是错误的。长期的实践显示，不可能研制出循环效率达 100%的热机。

前面介绍了理想气体的等温过程，从中可知：当理想气体从一个热源吸热做等温膨胀，它可以将吸收的热量全部转变为对外做功。然而，这只是单一的等温过程，不是循环过程。循环过程需要多个过程衔接构成闭合回路，才能使热机或制冷机循环动作。如图 8.25 所示，由于等温线不相交，即使多个等温过程也不能构成循环。考虑气缸中的气体作等温膨胀随后等温压缩，那么气体从外界吸热为零，做功也为零。如果气缸中的气体在高温下膨胀随后在低温下压缩(见图)，此时气体从外界吸热也对外做功，但也会对外放热，而且从 d 回到 a 状态，从 b 到 c 状态，必然会引起系统或外界的变化。总之，不可能制成第二类永动机。

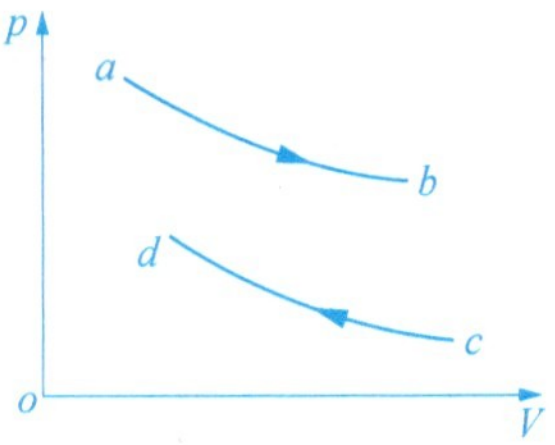

图 8.25　仅等温过程构不成循环

自蒸汽机发明以来，人们就从循环过程、材料等多方面进行研究，研制出不同种类的发动机，内燃机中有汽油机、柴油机、燃气轮机、三角转子发动机、喷气发动机、冲压发动机等，外燃机中有蒸汽机、斯特林发动机、汽轮机等。内燃机中的汽油机使用最为广泛，其效率为 25%~40%，2024 年潍柴动力研发出本体热效率达到 53.09%柴油机，居于全球第一。

2. 克劳修斯表述

制冷机的制冷系数能否达到无穷大？见制冷系数的定义式式(8.7)，要使制冷系数 e 趋于无穷大，那么外界做功 $|W_{净}|$ 必趋于零，也就是无须外界做功，热量就自动地从低温热源传递到高温热源，这种制冷机的制冷系数趋于无穷大。克劳修斯针对制冷机的制冷系数进行了研究，于 1850 年提出了关于热量流动方向的一个表述：热量不可能自动地由低温物体传递至高温物体。这称为**热力学第二定律的克劳修斯表述**。克劳修斯表述否定了可以实现制冷系数无穷大的制冷机。

需要注意的是，克劳修斯表述是说热量不能“自动地”由低温物体传递至高温物体，而要使热量从低温物体传向高温物体必然需要外界的作用，制冷机就起到这种作用。另外，热力学第二定律是从大量实践中总结出来的规律，还不能从更普遍的原理推出，不能直接验证其正确性，但从它的推论跟实际相符间接证明了它的正确性。

尽管热力学第二定律有两种表述，实际上两种表述是等价的。下面用反证法来证明如果开尔文表述不成了，那么克劳修斯表述必然也不成了。假设开尔文表述不对，可以从单一热源吸取热量 Q，并把它完全变为对外做功 W，而不引起其他变化。于是就用这个热机去推动一台制冷机工作，如图 8.26 所示。若将这两台机器组合成一台机器，其最终效果就是无须外界做功，热量 Q_2 自动地由低温热源流向高温热源，这等价于说克劳修斯表述也不对。因此，开尔文表述不成了，必然导致克劳修斯表述也不成立。

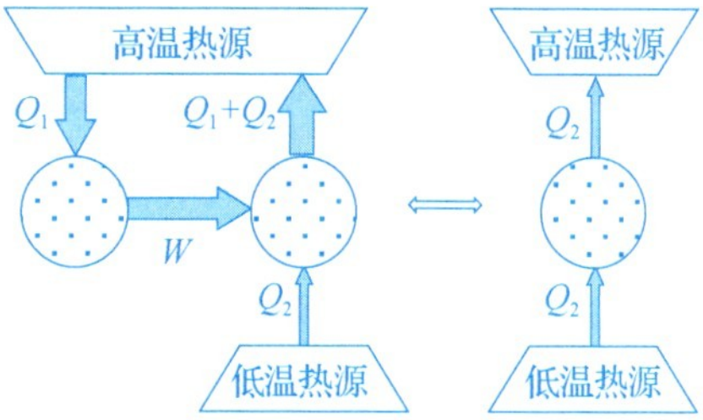

图 8.26 单一热源热机联合制冷机工作

根据这种思路，请自己证明克劳修斯表述不成了，开尔文表述必然也不成了。总之，两种表述是等价的。

8.6 熵增原理

8.6.1 自然过程与不可逆过程

上一章介绍了平衡态，一个孤立系统不论初始状态如何，经过足够长的时间后，系统最终会达到平衡态。可见，孤立系统从非平衡态向平衡态过渡是自动进行的，这样的过程称为**自然过程**。这也意味着自然过程具有确定的方向性。如果要改变过程进行的方向就需要外界的干预。

考察一个热力学系统，系统从始态经历某过程变化到了末态，随后让系统进行逆向变化——从末态恢复到始态，如果系统逆向进行不能恢复到始态，或者虽能恢复到始态，但周围环境不能恢复原状，这样的过程称为**不可逆过程**。

自然过程都具有方向性，是不可逆过程。例如，参考上一章的例题 7.6，若将储气瓶自空中抛下，重力对气体系统做功，气瓶与地面碰撞过程中气体的内能增加、温度升高。反过来，气瓶不能通过降温使气瓶自动脱离地面升高到原位置。摩擦做功可以把功全部转化为热量，反过来，热量却不能在不引起其他变化的情况下全部转化为功。可见，功变热是自动地进行的，功热转换的过程是有方向性的，是不可逆的。让两个温度不同的系统接触，热量自动地从高温物体传递到低温物体，反过来，热量不可能自动地从低温物体传到高温物体。可见，热传递过程是有方向性的，也是不可逆的。将储气瓶在真空环境中打开阀门，气体会自动地向真空中膨胀，反过来，气体不可能自动地回到储气瓶中。可见，气体自由膨胀过程也是有方向性的，也是不可逆的。从更广义的角度看，生命过程——人、动植物、宇宙天体——也是有方向性的，是不可逆的。

总之，一切与热现象有关的自然过程都是按一定的方向进行，是不可逆的。这也是热力学第二定律的一种表述。

另外，不可逆过程又是相互依存的，如果一种不可逆过程存在(或消失)，那么另一不可逆过程也随之存在(或消失)，总可以由一个过程的不可逆性推断出另一个过程的不可逆性。例如，物体沿斜面下滑，摩擦力做功产生热，热使物体与斜面升温，物体与斜面向周围空气传热。尽管热力学第二定律有各种不同的表述，其实质在于指出：**一切与热现象有关的实际宏观过程都是不可逆的**。

8.6.2 可逆过程

系统从始态经历某过程变化到了末态。如果能使系统进行逆向变化——从末态回复到始态，当回复到始态时，周围的环境都恢复原状，这样的过程即是**可逆过程**。既然自然过程都是不可逆的，那为何还要引入可逆过程的概念？因为引入可逆过程，有助于建立热力学系统的基本模型与理论框架，有助于人们了解热力学系统的基本规律。借助于理论，才可以对热力学系统的行为和性质进行定量描述与预测，才可以指导人们如何设计实际过程使之尽可能接近可逆过程。前面的准静态过程、平衡态的概念均是如此。

可逆过程肯定是理想化的过程，那实际过程满足什么条件才可以视为可逆过程？只有当系统的状态变化过程是无限缓慢进行的过程，而且在过程进行之中没有摩擦等因素引起的能量耗散，此时系统经历的过程即是可逆过程。例如，让气缸中的理想气体先做等温膨胀，之后再让气体等温压缩，如果活塞无限缓慢地运动，则气体的膨胀与压缩过程均可视为准静态过程。如果活塞与气缸壁之间的摩擦力、气体间的黏性力，以至电流流过电阻等所引起系统的所有能量耗散均可以忽略不计，那么气体压缩到原状态后，系统与外界环境没有净能量交换，做的净功也为零，没有对外界造成影响，因此该过程就是可逆过程。总之，无摩擦等因素引起能量耗散的准静态过程均是可逆过程。实际上气体的压缩与膨胀过程是不可逆过程，因为活塞与气缸之间总有摩擦力做功，就要向外界放出热量，影响外界环境，活塞的运动也不可能无限缓慢，气体的压缩与也不是准静态过程。

8.6.3 卡诺定理

引入可逆过程与不可逆过程后，那么准静态过程就分为可逆的准静态过程与不可逆的准静态过程。若组成循环的每一个过程都是可逆过程，则称该循环为可逆循环，对应的热机与制冷机即称为可逆热机与可逆制冷机。若组成循环的每一个过程或其中一个过程是不可逆过程，则称该循环为不可逆循环，对应的热机与制冷机即称为不可逆热机与不可逆制冷机。卡诺证明：

(1)在相同的高低温热源之间工作的一切可逆热机，其效率都相等，与工作物质无关。

$$\eta_{可逆}=1-\frac{Q_2}{Q_1}=1-\frac{T_2}{T_1}$$

(2)在相同的高低温热源之间工作的一切不可逆热机，其效率都不可能大于可逆热机的效率。

$$\eta_{不可逆}=1-\frac{Q_2}{Q_1}<1-\frac{T_2}{T_1}$$

这称为**卡诺定理**。卡诺定理的第一部分证明见卡诺循环的效率，第二部分的证明如下。

设 A 与 B 是工作在相同高低温热源之间的可逆热机与不可逆热机，循环一次从高温热源吸收热量分别为 Q_1 与 Q_1'，向低温热源释放热量分别为 Q_2 和 Q_2'，对外做功分别为 W 与 W'。两者工作的效率分别为

$$\eta_A=\frac{Q_1-Q_2}{Q_1}=\frac{W}{Q_1},\ \eta_B=\frac{Q_1'-Q_2'}{Q_1'}=\frac{W'}{Q_1'}$$

由以上两式得

$$W=\eta_A Q_1,\ Q_2=Q_1(1-\eta_A),\ W'=\eta_B Q_1',\ Q_2'=Q_1'(1-\eta_B)$$

让可逆热机 A 逆向循环，成为制冷机，它可由不可逆热机 B 推动，两者组成联合机，如图 8.27 所示。对于联合机循环一周，B 对外做功等于外界对 A 做的功，即 $W'=W$，于是

$$Q_1'=\frac{\eta_A}{\eta_B}Q_1$$

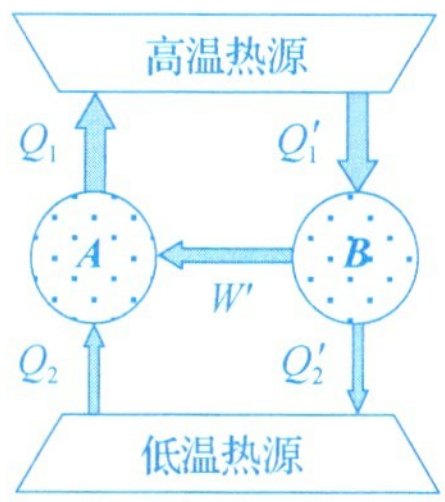

图 8.27　联合机的能量流动

联合机循环一周，从低温热源吸热为 Q_2-Q_2'，向高温热源放热为 Q_1-Q_1'，即

$$Q_2-Q_2'=Q_1(1-\eta_A)-Q_1'(1-\eta_B)=Q_1(1-\eta_A)-\frac{\eta_A}{\eta_B}Q_1(1-\eta_B)=Q_1\left(1-\frac{\eta_A}{\eta_B}\right)$$

$$Q_1-Q_1'=Q_1-\frac{\eta_A}{\eta_B}Q_1=\left(1-\frac{\eta_A}{\eta_B}\right)Q_1$$

由以上两式得 $Q_1-Q_1'=Q_2-Q_2'$。由此可见：联合机循环一周，无需外界做功，热量自动地从低温热源传至高温热源。这与热力学第二定律的克劳修斯表述矛盾。对于联合机系统，热量只可能自动地由高温热源传至低温热源，即要从高温热源吸热向低温热源放热，则

$$Q_1-Q_1'=\left(1-\frac{\eta_A}{\eta_B}\right)Q_1<0$$

得

$$\eta_B<\eta_A$$

8.6.4　克劳修斯熵

自然界中所有热力学过程都是不可逆的、有方向性。为了判断热力学过程进行的方

向，有必要引入一个判断热力学过程进行方向的函数。

对于可逆的卡诺热机，由卡诺定理可知其热机效率为 $\eta_{可逆}=1-\frac{Q_2}{Q_1}=1-\frac{T_2}{T_1}$。此后又将 Q 看成代数量，吸热 Q 为正，放热 Q 为负，则有

$$\frac{Q_1}{T_1}+\frac{Q_2}{T_2}=0$$

可见，系统经历一个可逆卡诺循环后，热温比(Q/T)之和为零。对于一个任意的可逆循环，可以将该循环视为由一系列微小的可逆卡诺循环组成，如图 8.28 所示。将各微小可逆卡诺循的热温比相加，则有

$$\sum_{i=1}^{n}\frac{Q_i}{T_i}=0 \quad 或 \quad \oint\frac{\mathrm{d}Q}{T}=0$$

上式称为**克劳修斯等式**。见图，在可逆循环上任意取两状态点 A 与 B，将循环分成 ACB 与 BDA 过程，则有

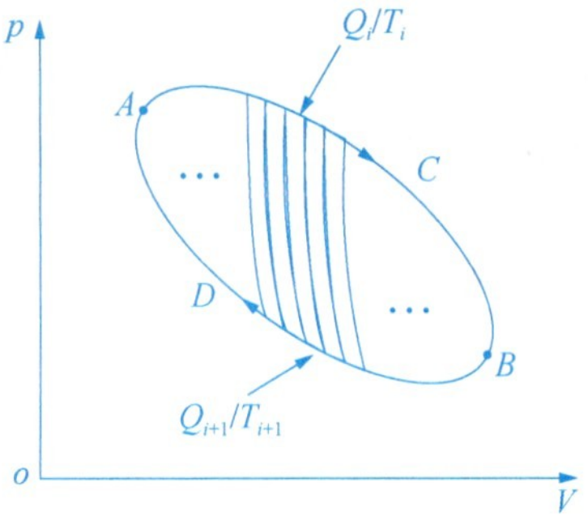

图 8.28　任意可逆循环的热温比

$$\oint\frac{\mathrm{d}Q}{T}=\int_{ACB}\frac{\mathrm{d}Q}{T}+\int_{BDA}\frac{\mathrm{d}Q}{T}=0$$

因 BDA 过程可逆，则有

$$\int_{ACB}\frac{\mathrm{d}Q}{T}-\int_{ADB}\frac{\mathrm{d}Q}{T}=0$$

即

$$\int_{ACB}\frac{\mathrm{d}Q}{T}=\int_{ADB}\frac{\mathrm{d}Q}{T}$$

上式说明积分 $\int_A^B\frac{\mathrm{d}Q}{T}$ 与过程无关，只由始末状态 A 与 B 来决定。回顾第 2 章保守力的势能内容，保守力做功与路径无关，只由质点的始末位置决定，始末位置的势能差与路径无关。类似于势能，这里引入一个由状态确定的新的物理量——熵，称为**玻尔兹曼熵**，用符号“S”表示。系统在始末状态 A 与 B 的熵分别记为 S_A、S_B，于是系统从始态变化到末态时，其熵的增量(熵差)等于始态与末态之间任意一可逆过程热温比的积分，即

$$S_B-S_A=\int_A^B\frac{\mathrm{d}Q}{T} \tag{8.8}$$

如果 A 至 B 过程无限短，则上式变为微分形式，即

$$\mathrm{d}S=\frac{\mathrm{d}Q}{T}$$

需要注意的是，熵是热力学系统的状态函数，某一状态的熵值只有相对意义，与熵的零点选择有关，两个确定状态的熵差是一个确定的值，与过程无关。

熵的单位(SI)：焦耳每开(J/K)。

如何获得两个状态之间的熵差？先选择一个可逆过程将始态与末态连接起来，随后计算该过程的热温比积分，即可得到两状态之间的熵差。见如下举例。

例 8.8　在 $p=1.01\times10^5$ Pa，$T=273.15$ K 的条件下，冰的熔解热为 $\Delta h=3.34\times10^5$ J/kg。求 1 kg 冰融成水的熵差。

解： 设想系统与 273.15 K 的恒温热源接触而进行等温可逆吸热，则过程的熵差为

$$\Delta S=\int_A^B\frac{\mathrm{d}Q}{T}=\frac{1}{T}\int_A^B\mathrm{d}Q=\frac{Q}{T}=\frac{m\cdot\Delta h}{T}$$

$$=\frac{1\times3.34\times10^5}{273.15}=1.22\times10^3\ \mathrm{J/K}$$

例 8.9　有 2 mol 的理想氮气，初始状态为 $A(p_0,\ V_0)$，末状态为 $B(2p_0,\ 2V_0)$，求该气体始末状态的熵差。

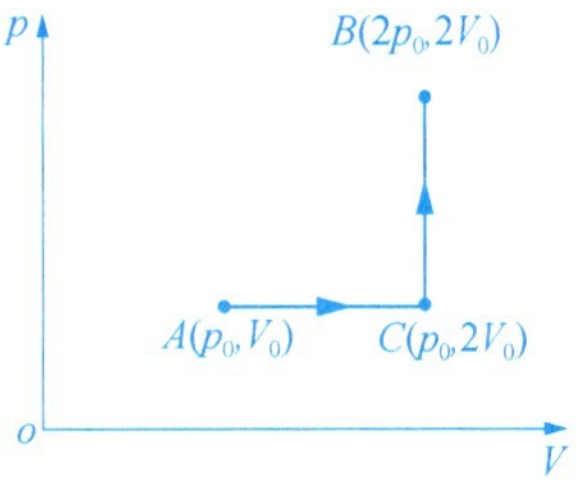

图 8.29　选可逆的等压与等体过程将始末态连接起来

解： 从始末状态来看，两者既不在同一条等体线上，也不在同一条等温线、等压线或绝热线上，但可选一可逆的等压过程 AC 与一可逆的等体过程 CB 将始末态连接起来，如图 8.29 所示。对于等压过程 AC，由于 $\mathrm{d}Q_p=\nu C_{p,m}\mathrm{d}T$，其熵差为

$$\Delta S_1=\int_A^C\frac{\mathrm{d}Q}{T}=\int_A^C\frac{\nu C_{p,m}\mathrm{d}T}{T}=\nu C_{p,m}\ln\frac{T_C}{T_A}$$

氮气的 $C_{p,m}=7R/2$。针对等压过程 AC，利用理想气体状态方程 $pV=\nu RT$ 可得

$$\frac{T_C}{T_A}=2$$

则
$$\Delta S_1=2\times\frac{7}{2}R\times\ln2=7R\ln2$$

对于等体过程 CB，由于 $\mathrm{d}Q_V=\nu C_{V,m}\mathrm{d}T$，其熵差为

$$\Delta S_2=\int_C^B\frac{\mathrm{d}Q}{T}=\int_C^B\frac{\nu C_{V,m}\mathrm{d}T}{T}=\nu C_{V,m}\ln\frac{T_B}{T_C}$$

氮气的 $C_{V,m}=5R/2$。针对等体过程 CB，由 $pV=\nu RT$ 可得

$$\frac{T_B}{T_C}=2$$

则
$$\Delta S_2=2\times\frac{5}{2}R\times\ln2=5R\ln2$$

始末状态的熵差则为

$$\Delta S=\Delta S_1+\Delta S_2=12R\ln2=69.12\ \mathrm{J/K}$$

另解： 由状态方程 $pV=\nu RT$ 得

$$p=\frac{\nu RT}{V}$$

微分形式的第一定律为

$$dQ=dE+pdV=\nu\frac{i}{2}RdT+\frac{\nu RT}{V}dV$$

代入 $\Delta S=\int\frac{dQ}{T}$ 得到

$$\Delta S=\int_{T_A}^{T_B}\frac{\nu\frac{i}{2}RdT}{T}+\int_{V_A}^{V_B}\frac{\nu R}{V}dV=\nu\frac{i}{2}R\ln\frac{T_B}{T_A}+\nu R\ln\frac{V_B}{V_A}$$

由状态方程 $pV=\nu RT$ 得

$$\frac{T_B}{T_A}=\frac{2p_0\cdot 2V_0}{p_0\cdot V_0}=4$$

得

$$\Delta S=2\times\frac{5}{2}\times 8.31\times\ln 4+2\times 8.31\times\ln 2=69.12\ \text{J/K}$$

8.6.5 熵增原理

对于不可逆机，由卡诺定理可知，不可逆机的效率 $\eta_{\text{不可逆}}=1-\frac{Q_2}{Q_1}<1-\frac{T_2}{T_1}$，则有

$$\frac{Q_1}{T_1}+\frac{Q_2}{T_2}<0$$

可见，不可逆机的卡诺循环中，系统热温比之和总是小于零。将图 8.28 中的循环视为不可逆循环，那么对于一个任意的不可逆循环，可以将该循环看成是由一系列微小的不可逆卡诺循环组成。将各微小不可逆卡诺循的热温比相加，则有

$$\sum_{i=1}^{n}\frac{Q_i}{T_i}<0\quad 或\quad \oint\frac{dQ}{T}<0$$

上式称为**克劳修斯不等式**。见图 8.28，在不可逆循环上任意取两状态点 A 与 B，将循环分成不可逆过程 ACB 与可逆过程 BDA 过程，则有

$$\oint\frac{dQ}{T}=\int_{ACB}\frac{dQ}{T}+\int_{BDA}\frac{dQ}{T}=\int_{ACB}\frac{dQ}{T}-\int_{ADB}\frac{dQ}{T}<0$$

则有

$$\int_{ACB}\frac{dQ}{T}<\int_{ADB}\frac{dQ}{T}=S_B-S_A=\Delta S$$

上式中用到式(8.8)。即

$$S_B-S_A>\int_{ACB}\frac{dQ}{T}$$

对于孤立系统中的不可逆过程 ACB，由于孤立系统与外界无能量交换，必有 $dQ=0$，即 $\int_{ADB}\frac{dQ}{T}=0$，则有

$$S_B - S_A > 0$$

而对于孤立系统中的可逆过程 ACB，由式(8.8)，于是

$$S_B - S_A = \int_{ACB} \frac{dQ}{T} = 0$$

因此，对于孤立系统中的任意过程必有

$$S_B - S_A = \int_A^B \frac{dQ}{T} \geqslant 0 \quad 或 \quad dS \geqslant 0$$

上式称为**熵增原理**，它表明：孤立系统中的可逆过程，其熵不变；而孤立系统中的不可逆过程，其熵要增加。

自然界实际发生的热力学过程都是不可逆，根据熵增加原理可知：孤立系统内发生的一切热力学过程都会使系统的熵增加。也就是说，在孤立系统中，一切实际热力学过程只能朝熵增加的方向进行，直到熵达到最大值为止。由于熵增加原理与热力学第二定律都是表述热力学过程自发进行的方向与条件，所以，熵增加原理是热力学第二定律的数学表达式，它是判别热力学过程进行方向的准则。

需要注意的是，熵增加原理中的熵增加是指组成孤立系统的所有物体的熵之和的增加。而对于系统中的个别物体来说，热力学过程中的熵增加或者减少都是可能的。另外，熵增加原理只适用于绝热系或孤立系。非绝热系或非孤立系的熵是可以减少，例如当一个系统经历放热的过程，熵就可以减小。

如果将熵增原理应用于整个宇宙会得到什么结论？根据熵增原理，宇宙的熵应该不断增大，最终趋于一个极大值。趋于极大值时整个宇宙各处的温度、压强与分子数密度等都达到均匀不变，处于平衡态，这样的宇宙就处于一个死寂状态，这称为“热寂说”。据大爆炸的观点，我们所在的宇宙诞生于约 138.2 亿年前的大爆炸，如今宇宙的直径约 10^{26} m。那为何这么长时间过去了，宇宙还没有达到平衡态？最大的原因可能是熵增原理忽视了引力等力的作用，引力可以使宇宙远离平衡的状态。

*8.7　热力学第二定律的统计意义

8.7.1　微观态与玻尔兹曼熵

1. 微观态

以一个例子来了解热力学系统的微观态。如图 8.30 所示，容器中有一条分界线将容器等分成体积相等的两部分 A 与 B，其中有 4 个可分辨的分子 a、b、c、d。A 与 B 两部分中分子数的不同分布称为一种**宏观态**，例如 A 中 3 个分子 B 中 1 个分子。在一个宏观态下 4 个分子的分布各有不同，每个不同的分

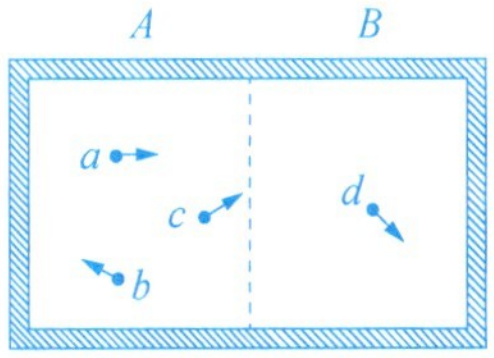

图 8.30　微观态

布称为一个**微观态**。4 个分子的宏观态及相应的微观态如表 8.1 所示。

表 8.1 宏观态与微观态

宏观状态		Ω40	Ω31				Ω22						Ω13				Ω04
微观状态	*A*	*a b c d*	*a b c*	*b c d*	*c d a*	*d a b*	*a b*	*a c*	*a d*	*b c*	*b d*	*c d*	*a*	*b*	*c*	*d*	
	B		*d*	*a*	*b*	*c*	*c d*	*b d*	*b c*	*a d*	*a c*	*a b*	*b c d*	*c d a*	*d a b*	*a b c*	*a b c d*
宏观态包含的微观态数 Ω(个)		1	4				6						4				1

从统计物理的观点来看，孤立系统内各微观态出现的机会是相同的，是等概率的。某个宏观态所对应的微观态的个数称为该宏观态的**热力学概率**，用 Ω 表示。见表中 Ω22 宏观态中包含有 6 种微观态，其热力学概率 $\Omega=6$。

每一宏观态包含有许多微观态，而各宏观态所包容的微观态数目是不相等的。因此，各宏观态的出现就不是等概率的，哪一个宏观态所包容的微观态数目越多，则该宏观态出现的概率就越大。由表 8.1 可见，Ω22 宏观态的概率最大，而该宏观态是热力学系统中分子处于均匀分布的宏观态，该宏观态即是热力学系统所处的平衡态。统计理论表明，随着总分子数的增加，平衡态及附近宏观态所对应的热力学概率会急剧增加，在所有宏观态中所占的比例也急剧增大，几乎接近 100%，而其他宏观态的概率很小，在所有宏观态中所占的比例可以忽略。宏观态的概率 Ω 的值越大，该宏观态所包含的微观态数目就越多，这表明该宏观态的无序程度越大，也就意味着处于平衡态的热力学系统的无序程度最大。可见，热力学概率 Ω 是分子热运动无序程度的一种量度。

2. 玻尔兹曼熵

有鉴于概率 Ω 是分子运动热无序程度的量度，玻耳兹曼引入一个状态函数熵，称为**玻尔兹曼熵**，用 S 表示，其与热力学概率 Ω 的关系为

$$S=k\ln\Omega$$

上式中 k 为玻耳兹曼常数。正如克劳修斯熵，玻尔兹曼熵也是热力学系统的状态函数。对于热力学系统的每一个宏观态，就对应一个 Ω 值，也就对应一个熵值 S。与 Ω 一样，熵的微观意义即是系统内分子热运动无序程度的一种量度。

在孤立系统内，小概率对应的热力学状态是非平衡态，大概率对应的热力学状态是平衡态，而孤立系统中的自然过程总是由非平衡态向平衡态变化，因此热力学系统总是从热力学概率小的宏观态向热力学概率大的宏观态变化，即从有序向无序变化。当 Ω 变化至最

大值 Ω_{max}（对应的 S 最大）时，该过程就停止了，系统处于平衡态。总之，自然过程总是沿着使分子运动更加无序的方向进行。

8.7.2　热力学第二定律的微观意义

由大量原子、分子等微观粒子组成的热力学系统，热力学过程就是大量分子无序运动状态的变化。如上所述，自然过程总是向微观状态数最多的无序程度最大的平衡状态变化。

对于功热转换过程，宏观上看是机械能转变为系统的内能，而从微观上看是分子的有序定向运动转变为分子的无序热运动。可见，在功热转换的过程中，自然过程总是沿着使大量分子从有序状态向无序状态方向进行。对于热传导过程，始态两物体温度不同，此时尚能按分子的平均动能的大小来区分两物体，而末态两物体温度相同，此时不能按分子的平均动能的大小来区分两物体。能区分表明系统的无序程度小，不能区分即表示系统的无序程度大。可见由于热传导，大量分子运动的无序程度增大了。对于气体在真空中自由膨胀的过程，始态分子占据较小空间，末态分子占据较大空间，可见分子的运动状态（分子的位置分布）更加无序了。

微观上，热力学第二定律是反映大量分子运动的无序程度变化的规律。一切自然过程总是沿着无序性增大的方向进行，这就是热力学第二定律的微观意义。

不仅热力学中有玻尔兹曼熵，它在物理学的其他领域，以及数学、信息学等领域也有广泛的应用。

习　题

8.1　如题8.1图所示为一定量的理想气体的 p-V 图，由图可得出结论（　　）。

A. AB 是等温过程　　B. $T_A>T_B$

C. $T_A<T_B$　　D. $T_A=T_B$

8.2　如题8.2图所示，bca 为某理想气体的绝热过程，$b1a$ 与 $b2a$ 则是该气体的某准静态过程，关于这两个过程中气体做功与吸收热量的情况是（　　）。

A. $b1a$ 过程放热，做负功；$b2a$ 过程放热，做负功

B. $b1a$ 过程放热，做正功；$b2a$ 过程吸热，做正功

C. $b1a$ 过程吸热，做正功；$b2a$ 过程吸热，做负功

D. $b1a$ 过程吸热，做负功；$b2a$ 过程放热，做负功

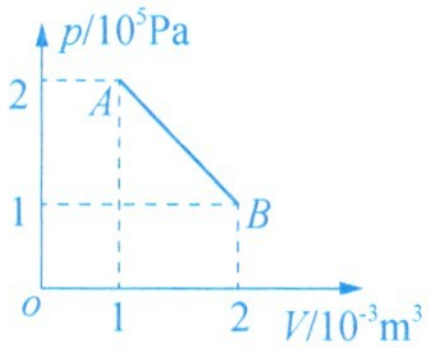

题8.1图

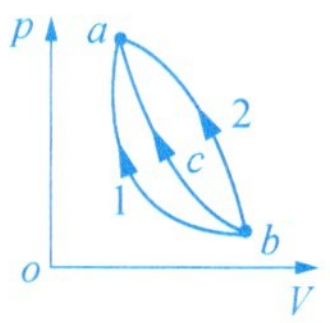

题8.2图

8.3 在下列理想气体过程中，不可能发生的过程是(　　)。

A. 绝热压缩时，压强升高，同时内能增加

B. 等温膨胀时，压强减小，同时吸热

C. 等体加热时，内能减小，同时压强升高

D. 等压压缩时，内能减小，同时放热

8.4 两个相同的容器，保持容积不变，分别装有理想气体氦气与氢气，两种气体分子均看成是刚性分子。它们的压强与温度都相等，现将 9 J 的热量传给氦气，使氦气温度升高。如果使氢气升高同样的温度，则应向氢气传递的热量是(　　)。

A. 5 J　　B. 6 J　　C. 7.5 J　　D. 9.5 J

8.5 一定量的某理想气体按 $pV^3=C$(C 为恒量)的规律被压缩，则压缩后理想气体的温度(　　)。

A. 不变　　B. 将升高

C. 将降低　　D. 不能确定升高还是降低

8.6 如题 8.6 图所示，理想气体卡诺循环过程的两条绝热线下的面积大小分别为 S_1 和 S_2，则两者的大小关系为(　　)。

A. $S_1>S_2$

B. $S_1<S_2$

C. $S_1=S_2$

D. 无法确定

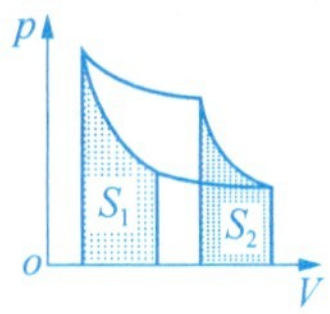

题 8.6 图

8.7 某理想气体经历了一个准静态过程，其理想气体状态方程的微分形式为 $V\mathrm{d}p=\nu R\mathrm{d}T$，则该过程是________过程。

8.8 常温常压下，一定量的理想气体氮气可视为刚性分子，在等压过程吸热为 Q，对外做功为 W，内能增加为 ΔE，则 $Q/W=$ ________。

8.9 对下表所列的理想气体各过程，以及题 8.9(a)、8.9(b)图中过程，填表判断系统的内能增量 ΔE，对外做功 W 和吸收热量 Q 的正负(用符号“+”“-”、“0”表示)。

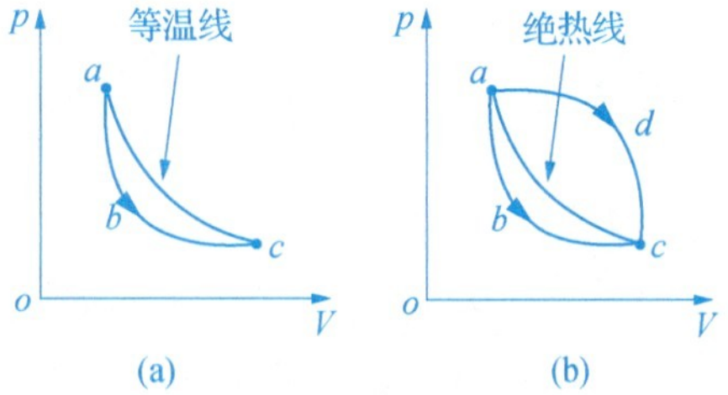

题 8.9 图

过程		ΔE	W	Q
等体降压				
等压压缩				
绝热膨胀				
(a)	$a\to b\to c$			
(b)	$a\to b\to c$			
	$a\to d\to c$			

8.10　在温度分别为 600 K 和 300 K 的高低温热源之间工作的热机，理论上的最大效率为________。

8.11　一理想卡诺制冷机在温度为 300 K 和 600 K 的两个热源之间工作。若把低温热源温度降低 100 K，则其制冷系数将为原来的________倍。

8.12　将 2 mol 的氮气理想气体从 300 K 经准静态过程加热到 400 K，若在升温过程中，(1) 体积保持不变；(2) 压强保持不变；(3) 不与外界交换热量。试分别求出内能的改变、吸收的热量、气体对外界所做的功。

8.13　如题 8.13 图示，侧面绝热的气缸内有氮气，其温度为 $T_0=300$ K，压强等于外界压强 $p_0=1.01\times10^5$ Pa。绝热的活塞面积 $S=0.02\ \mathrm{m}^2$，活塞质量 $m=100$ kg。活塞起初停在距气缸底部 $l_1=1$ m 处。今从底部缓慢加热气缸使活塞上升了 $l_2=0.5$ m。若活塞运动时无摩擦，不漏气。求：(1) 氮气的摩尔数；(2) 氮气吸收的热量。

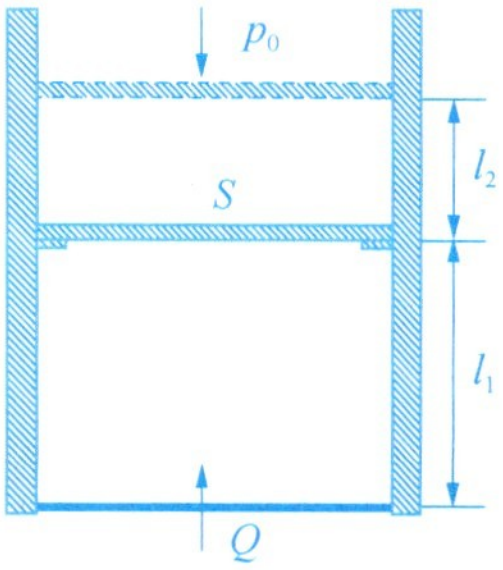

题 8.13 图

8.14　某种理想气体在标准状态下的密度为 $\rho=0.1785\ \mathrm{kg/m^3}$，求该气体的定体摩尔热容与定压摩尔热容。

8.15　器壁与活塞均绝热的容器中间被一隔板等分为两部分，如题 8.15 图所示，其中左边贮有 1 mol 处于标准状态的氮气，另一边为真空。现先把隔板拉开，待气体平衡后，再缓慢向左推动活塞，把气体压缩至原来的体积，求：(1) 气体膨胀至平衡时氮气的温度与压强；(2) 最终氮气温度的改变量。(提示：气体向真空中的自由膨胀不是准静态过程)

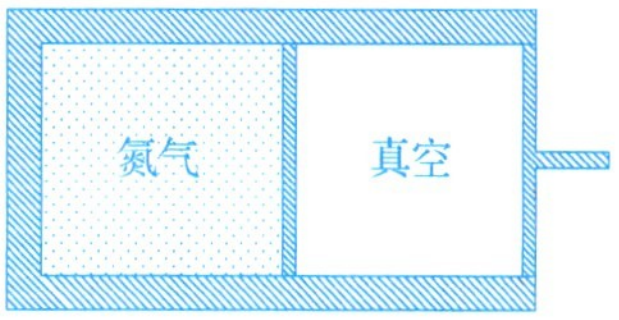

题 8.15 图

8.16　一定量的气体的初始温度、体积与压强分别为 T_0、V_0 和 p_0。为测定该气体的绝热系数 γ，可用下列方法：用一根通电铂丝对它加热，设两次加热电流和时间相同，使气体吸收热量保持一样。第一次保持气体体积 V_0 不变，而温度和压强变为 T_1、p_1；第二次保持压强 p_0 不变，而温度和体积则变为 T_2、V_2。试证明 $\gamma=\dfrac{(p_1-p_0)V_0}{(V_2-V_0)p_0}$。

8.17　某理想气体的过程方程为 $pV^2=c$，c 为常数。当气体经历准静态过程体积从 V_1 膨胀到 V_2 时，试证明此过程气体与外界交换的热量为 $Q=c\left(\dfrac{1}{V_2}-\dfrac{1}{V_1}\right)\left(\dfrac{i}{2}-1\right)$。

8.18　题 8.18 图中为某循环过程在 $V-T$ 图中的循环图 abc，试指出：(1) ab、bc、ca 各是什么过程；(2) 在 $p-V$ 图中画出该循环图；(3) 该循环是不是正循环？(4) 该循环做的功是否等于三角形 abc 的面积？(5) 用图中的热量 Q_{ab}、Q_{bc}、Q_{ca} 表示其热机效率或制冷系数。

8.19　1 mol 氦气做如图 8.19 所示的循环，ab 是等压过程，bc 是等体过程，ca 是等温过程，求此循环效率。

8.20　某热机循环由两条等温线与两条等体线构成，如题8.20图所示。两条等温线的温度关系为 $T_1=2T_2$，两条等体线的体积关系为 $V_2=2V_1$。氦气为工质，求热机的效率。

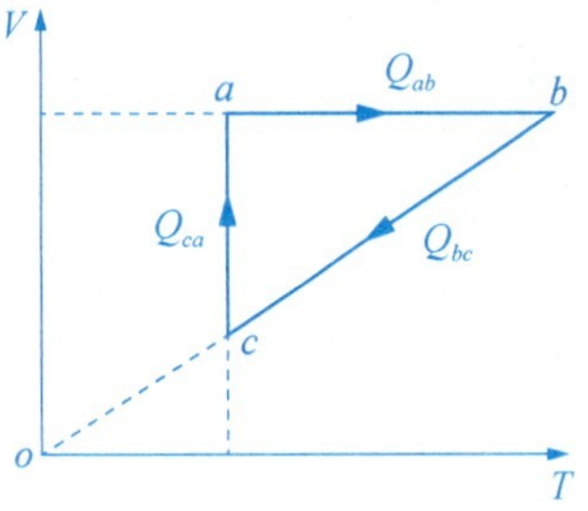

题8.18图

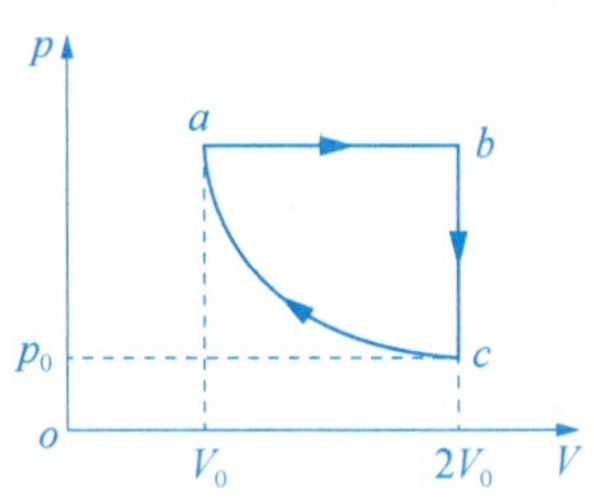

题8.19图

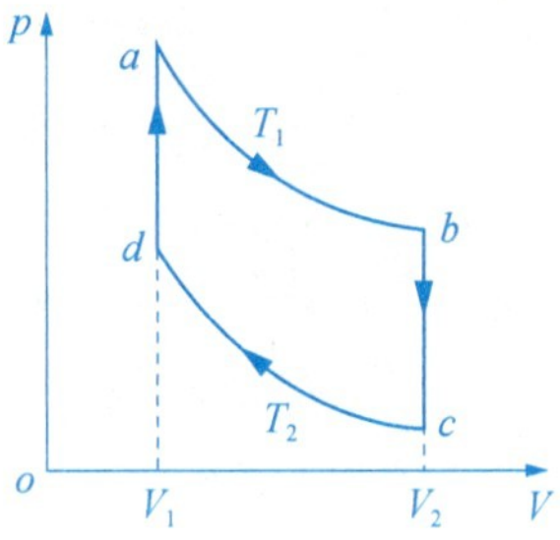

题8.20图

8.21　设以氮气(视为刚性分子理想气体)为工作物质进行卡诺循环，在绝热膨胀过程中气体的体积增大到原来的两倍，求循环的效率。

8.22　如果能利用表层海水与深层海水的温差制成热机，已知热带海域表层水温为298 K，300 m深层水温为278 K。求：(1)在这两个温度之间工作的卡诺热机的效率；(2)如果该卡诺热机输出的机械功率是1 MW，它向278 K的水排出废热的速率；(3)如果该卡诺热机输出的机械功率是1 MW，它单位时间取用298 K的水的速率。($c_{水}=4.18\times10^3$ J/kg·K)

8.23　一台家用冰箱，放在气温为300 K的房间内，做一块−13℃的冰块需从冷冻室中取走 2.09×10^5 J的热量，设冰箱为理想卡诺制冷机。求：(1)做一块冰需要的功；(2)若此冰箱能以 2.09×10^2 J/s的速率取出热量，所需要的电功率；(3)做冰块所需要的时间。

8.24　一个人一天大约向周围环境散发 8.0×10^6 J的热量，试估算此人一天产生多少熵？忽略饮食时带进人体内的熵。人体的温度取36℃，环境温度0℃。

8.25　有1 mol的理想气体氦气，初始状态为 $A(T_0,V_0)$，末状态为 $B(2T_0,3V_0)$，求该气体始末状态的熵差。

大学物理专业术语英文词汇

力学

牛顿力学	Newtonian mechanics	经典力学	classical mechanics
机械运动	mechanical movement	质点运动学	particle kinematics
参照物	object of reference	参考系	frame of reference
坐标系	coordinate system	长度	length
时间	time	质量	mass
物体	object	物理模型	physical model
质点	mass point/particle	位置矢量	position vector
单位矢量	unit vector	标量	scalar
运动方程	equation of motion	轨道方程	orbital equation
位移	displacement	路程	distance
速度	velocity	速率	speed
加速度	acceleration	圆周运动	circular motion
角位置	angular position	角位移	angular displacement
角速度	angular velocity	角加速度	angular acceleration
自然坐标系	natural coordinate system	切向单位矢量	tangential unit vector
法向单位矢量	normal unit vector	切向加速度	tangential acceleration
法向加速度	normal acceleration	相对运动	relative motion
力	force	惯性	inertia
惯性系	inertial frame	万有引力	universal gravitation
电磁力	electromagnetic force	摩擦力	friction force
重力	gravity	流体阻力	fluid resistance
弹性力	elastic force	拉力	tension force/pullingforce
表面张力	surface tension	回复力	restoring force
浮力	buoyancyforce	支持力	supportforce
压力	pressure	向心力	centripetal force
非惯性系	non-inertial frame	惯性力	inertial force
惯性离心力	inertial centrifugal force	动量	momentum
冲量	impulse	冲力	impulsive force

续表

质心	centroid	力矩	moment
角动量	angular momentum	动量守恒	conservation of momentum
角动量守恒	conservation of angular momentum	功	work
功率	power	动能	kinetic energy
保守力	conservative force	非保守力	non-conservative force
势能	potential energy	机械能	mechanical energy
流体	fluid	定常流动	steady flow
流线	streamline	流管	flow tube
流速	flow rate	刚体	rigid body
平动	translational motion	定轴转动	fixed axis rotation
定点转动	fixed-point rotation	转动惯量	moment of inertia
陀螺仪	gyroscope	进动	precession

振动与波

机械振动	mechanical oscillation	简谐振动	harmonic oscillation
弹簧振子	spring oscillator	单摆	simple pendulum
振幅	amplitude	周期	period
频率	frequency	角频率	frequency
相位	phase	相位	phase
旋转矢量	rotating vector	合成	synthesis
阻尼振动	damped oscillation	受迫振动	forced oscillation
共振	resonance	波	wave
机械波	mechanical wave	电磁波	electromagnetic ware
横波	transversal waves	纵波	longitudinal waves
波线	ray	波面	ware surface
波前	wave front	平面波	plane wave
球面波	spherical waves	简谐波	harmonic waves
波函数	wave function	波长	wavelength
波数	wave number	波速	wave speed
波的能量	wave energy	声强	sound intensity
能流密度	energy flow density	坡印廷矢量	Poynting's vector
惠更斯原理	Huygens principle	相干波	coherent wave
干涉	interference	相长干涉	constructive interference
相消干涉	destructive interference	驻波	standing wave
半波损失	half wave loss	多普勒效应	Doppler effect

相对论

相对论	theory of relativity	时空观	space-time view
光速	light speed	伽利略变换	Galileo transformation
相对性原理	principle of relativity	洛仑兹变换	Lorentz transformation
长度收缩	length contraction	时间膨胀	time dilation
因果关系	causal relationship	静止质量	rest mass
质速关系	mass-velocity relationship	质能关系	mass-energy relationship

热学

平衡态	equilibrium state	温度	temperature
物质的量	amount of substance	热力学温度	thermodynamic temperature
理想气体	ideal gas	压强	pressure
大气压	atmospheric pressure	摩尔质量	standard condition
普适气体常量	universal gas constant	分子数密度	molecular number density
阿伏伽德罗数	Avogadro's number	玻尔兹曼常数	Boltzmann constant
平均平动动能	mean translational kinetic energy	自由度	degree of freedom
单原子分子	monatomic molecule	双原子分子	diatomic molecule
多原子分子	polyatomic molecule	刚性分子	rigid molecule
平均动能	average kinetic energy	内能	internal energy
能量均分定理	theorem of equipartition of energy	速率分布函数	distribution function of speed
最概然速率	most probable speed	平均速率	average speed
方均根速率	root-mean-square speed	自由程	free path
碰撞频率	collision frequency	准静态过程	quasi-static process
等容过程	isochoric process	等压过程	isobaric process
等温过程	isothermal process	绝热过程	adiabatic process
摩尔热容	Molar heat capacity	比热容比	specific heat capacity ratio
绝热系数	adiabatic coefficient	循环过程	cyclic process
热机	heat engine	制冷机	refrigerator
卡诺循环	Carnot cycle	可逆过程	reversible process
不可逆过程	irreversible process	熵增原理	principle of entropy increase
克劳修斯熵	Clausius entropy	玻尔兹曼熵	Boltzmann entropy

参考文献

[1] 漆慎安，杜婵英. 力学基础[M]. 北京：高等教育出版社，1982.

[2] 赵凯华，罗蔚茵. 力学[M]. 第二版. 北京：高等教育出版社，2004.

[3] 程守洙，江之永. 普通物理学[M]. 第五版上下册. 北京：高等教育出版社，1998.

[4] 东南大学等七所工科院校，马文蔚. 物理学[M]. 第五版上下册. 北京：高等教育出版社，2006.

[5] 张三慧. 大学基础物理学[M]. 第 2 版上下册. 北京：清华大学出版社，2007.

[6] 赵近芳，王登龙. 大学物理学[M]. 第 6 版上下册. 北京：北京邮电大学出版社，2021.

[7] 刘克哲，张承琚. 物理学[M]. 第三版上下册. 北京：高等教育出版社，2005.

[8] 马文蔚，等. 物理学原理在工程技术中的应用[M]. 第三版. 北京：高等教育出版，2006.

[9] 韩家骅. 大学物理学[M]. 第二版上下册. 合肥：安徽大学出版社，2009.

[10] 王济民，等. 新编大学物理[M]. 第 2 版上下册. 北京：科学出版社，2016.

[11] 吴百诗. 大学物理学[M]. 上中下册. 北京：高等教育出版社，2004.

[12] 王少杰，等. 大学物理学[M]. 第 5 版上下册. 北京：高等教育出版社出版，2017.

[13] 罗益民，余燕. 大学物理[M]. 上下册. 北京：北京邮电大学出版社，2004.

[14] 罗纳德 · 莱恩 · 里斯. 大学物理[M]. 北京：机械工业出版社，2002.

[15] 弗 · 卡约里著. 戴念祖译. 物理学史[M]. 桂林：广西师范大学出版社，2002.